注册消防工程师考试点石成金系列丛书

根据2017—2019年消防考试真题编写

2020年

注册消防工程师考试真题精讲一本通

历年真题解析与视频讲解

帮考网　组织编写

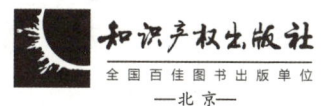

全国百佳图书出版单位

——北京——

图书在版编目（CIP）数据

2020年注册消防工程师考试真题精讲一本通：历年真题解析与视频讲解/帮考网组织编写．—北京：知识产权出版社，2020.1

（注册消防工程师考试点石成金系列丛书）

ISBN 978－7－5130－6701－0

Ⅰ.①2… Ⅱ.①帮… Ⅲ.①消防—安全技术—资格考试—题解 Ⅳ.①TU998.1－44

中国版本图书馆CIP数据核字（2019）第289220号

内容提要：

《注册消防工程师考试真题精讲一本通》属于《注册消防工程师考试点石成金系列丛书》，是配合《注册消防工程师考试点石成金一本通》而编写的一本真题辅导用书。本书严格依据国家消防标准规范编写，集2017—2019年《消防安全技术实务》《消防安全技术综合能力》《消防安全案例分析》3个科目共9套真题于一体，对真题进行详细分析和深入讲解，帮助考生在短时间内了解考试的考查要点，掌握命题思路，提高应试水平。

责任编辑：尹　娟　　　　　　　　　　　　责任印制：刘译文

2020年注册消防工程师考试真题精讲一本通

历年真题解析与视频讲解

2020 NIAN ZHUCE XIAOFANG GONGCHENGSHI KAOSHI ZHENTI JINGJIANG YI BEN TONG
LINIAN ZHENTI JIEXI YU SHIPIN JIANGJIE

帮考网　组织编写

出版发行：知识产权出版社有限责任公司	网　　址：http://www.ipph.cn
电　　话：010－82004826	http://www.laichushu.com
社　　址：北京市海淀区气象路50号院	邮　　编：100081
责编电话：010－82000860转8702	责编邮箱：yinjuan@cnipr.com
发行电话：010－82000860转8101	发行传真：010－82000893
印　　刷：三河市国英印务有限公司	经　　销：各大网上书店、新华书店及相关专业书店
开　　本：889mm×1194mm　1/16	印　　张：17.75
版　　次：2020年1月第1版	印　　次：2020年1月第1次印刷
字　　数：525千字	定　　价：68.00元
ISBN 978-7-5130-6701-0	

出版权专有　侵权必究

如有印装质量问题，本社负责调换。

前 言

《注册消防工程师考试真题精讲一本通》属于《注册消防工程师考试点石成金系列丛书》，是配合《注册消防工程师考试点石成金一本通》而编写的一本高质量辅导用书。2019 年《注册消防工程考试点石成金一本通》发行突破数万册，上市后考生反响热烈！2019 年 11 月，一级注册消防工程师资格考试后，《注册消防工程师考试真题精讲一本通》应运而生，我们力求编写一本**严谨**、**专业**、**系统**的真题精讲用书回馈广大考生。

本书的主要特色有：

★ **最新标准，精益求精**：严格按照最新考试大纲的要求，依据最新国家消防标准规范编写，集 2017—2019 年《消防安全技术实务》《消防安全技术综合能力》《消防安全案例分析》3 个科目共 9 套历年真题于一体，对历年真题进行细致精解，论证客观全面，提供精确答案，讲解深入透彻，点拨难点陷阱，明晰难度系数。

★ **追溯规范，触类旁通**：微观上，解析追溯到所涉及的法律法规、技术标准，明确考点，点面结合，全面突破，让考生知其然，并知其所以然；宏观上，揭示命题规律和复习技巧，以举一反三、融会贯通的讲解为核心，科学编排，统筹推进。

★ **视频免费，谁与争锋**：每一道题目均由注册消防工程师培训业界的权威教师进行讲解，微信扫码可免费获得视频课程。

本书的编写以及审稿工作得到了消防行业从业专家的大力支持，他们提出了许多宝贵的修改意见，在此表示衷心的感谢！

科技改变世界，帮考网为考证而生。从 2005 年成立至今，帮考网一直致力于人工智能教学体系的研发，十五年来，积累了数亿条考生学习数据，通过大数据、人工智能、自适应等技术，分析考生的学习行为，为每个考生提供有针对性的个性化学习方案，实现了人工智能与"学、练、管、测、评"闭环的融合。由于各项技术的不断突破，帮考网 2016 年 12 月被认定为国家级高新技术企业，再一次得到国家的认可。个性化学习方案的背后，有着先进的科技保驾护航。自 2015 年注册消防工程师资格考试开考以来，帮考网为考生所提供的个性化学习方案产生的学习效果得到了广大考生的认可。

本书旨在帮助奋斗在"注册消防工程师资格考试"路上的考生顺利通过考试，成为一名真正的消防从业人员。对于书中的疏漏、错误之处，恳请读者指正。

目录 CONTENTS

第一部分　消防安全技术实务历年真题解析与视频讲解

2019 年消防安全技术实务试卷 ……………………………………………………… **3**
参考答案解析与视频讲解 ………………………………………………………………… 17
2018 年消防安全技术实务试卷 ……………………………………………………… **44**
参考答案解析与视频讲解 ………………………………………………………………… 58
2017 年消防安全技术实务试卷 ……………………………………………………… **81**
参考答案解析与视频讲解 ………………………………………………………………… 91

第二部分　消防安全技术综合能力历年真题解析与视频讲解

2019 年消防安全技术综合能力试卷 ………………………………………………… **111**
参考答案解析与视频讲解 ………………………………………………………………… 126
2018 年消防安全技术综合能力试卷 ………………………………………………… **157**
参考答案解析与视频讲解 ………………………………………………………………… 171
2017 年消防安全技术综合能力试卷 ………………………………………………… **190**
参考答案解析与视频讲解 ………………………………………………………………… 204

第三部分　消防安全案例分析历年真题解析与视频讲解

2019 年消防安全案例分析试卷 ……………………………………………………… **229**
参考答案解析与视频讲解 ………………………………………………………………… 237
2018 年消防安全案例分析试卷 ……………………………………………………… **248**
参考答案解析与视频讲解 ………………………………………………………………… 256
2017 年消防安全案例分析试卷 ……………………………………………………… **263**
参考答案解析与视频讲解 ………………………………………………………………… 269

第一部分 消防安全技术实务
历年真题解析与视频讲解

2019年消防安全技术实务试卷

（考试时间：150分钟，总分120分）

一、单项选择题（共80题，每题1分。每题的备选项中，只有一个最符合题意）

1. 某建筑高度为50m的民用建筑，地下1层，地上15层。地下室、首层和第二层的建筑面积均为1500m²，其他楼层均为1000m²。地下室为车库，首层和第二层为商场，第三层至第七层为老年人照料设施，第八层至第十五层为宿舍。该建筑的防火设计应符合（   ）的规定。
   A. 一类公共建筑
   B. 二类住宅
   C. 二类公共建筑
   D. 一类老年人照料设施

2. 某木结构建筑，屋脊高度分别为21m、15m、9m，如果不同高度的屋顶承重构件取相同的防火设计参数，则屋顶承重构件的燃烧性能和耐火极限至少应为（   ）。
   A. 可燃性 0.5h
   B. 难燃性 0.5h
   C. 难燃性 0.75h
   D. 难燃性 1.0h

3. 用于收集火灾工况下受污染的消防水、污染的雨水及可能泄漏的可燃液体的事故水池，适宜布置在厂区边缘较低处。事故水池距离明火地点的防火间距不应小于（   ）。
   A. 100m
   B. 25m
   C. 60m
   D. 50m

4. 集中电动汽车充电设施区设置在单层、多层、地下汽车库内时，根据现行国家标准《电动汽车分散充电设施工程技术标准》（GB/T 51313），每个防火单元最大允许建筑面积分别不应大于（   ）。
   A. 3000m²、2500m²、2000m²
   B. 3000m²、2000m²、1000m²
   C. 1500m²、1250m²、1000m²
   D. 2500m²、1200m²、600m²

5. 某燃煤电厂主厂房内的煤仓间带式输送机层采用防火隔墙与其他部位隔开，防护隔墙的耐火极限不应小于（   ）。
   A. 2.0h
   B. 1.5h
   C. 1.0h
   D. 0.5h

6. 地铁工程中防火隔墙的设置正确的是（   ）。
   A. 隔墙上的窗口应采用固定式甲级防火窗或火灾时能自行关闭的甲级防火窗
   B. 隔墙上的窗口应采用固定式乙级防火窗或火灾时能自行关闭的乙级防火窗
   C. 多线同层站台平行换乘车站的每个站台之间的防火隔墙，应延伸至站台有效长度外不小于5m
   D. 管道穿越防火隔墙处两侧各0.5m范围内的管道保温材料应采用不燃材料

7. 某仓库储存一定量的可燃材料，火源热释放速率达1MW时，火灾发展所需时间为292s。仓库内未设置自动喷水灭火系统，若不考虑其在初期的点燃过程，则仓库储存的材料可能是（   ）。
   A. 塑料泡沫
   B. 堆放的木架
   C. 聚酯床垫
   D. 易燃的装饰家具

8. 某大型石油化工企业，设有甲类厂房及工艺装置生产区、液化烃罐组区、可燃液体罐组区、全厂性高架火炬等。该企业选址及总平面布置的下列设计方案中，正确的是（   ）。
   A. 将该石油化工企业布置在四面环山、人烟稀少的丘陵地带
   B. 在可燃液体罐组区防火堤内种植生长高度不超过15cm、含水分多的四季常青的草皮
   C. 当地一条公路穿越该企业生产区，与有甲类厂房及工艺装置生产区、液化烃罐组区、可燃液体罐均保持50m的防火间距，与高架火炬保持80m的防火间距
   D. 将液化烃罐组毗邻布置在高于工艺装置的山坡平台上，并严格按相关要求设置防火堤，防止可燃液体泄漏流散

9. 单独建造的地下民用建筑的下列场所中，地面不应采用 B_1 级材料装修的是（   ）。
   A. 歌舞娱乐厅　　　　　　　　　　　　B. 餐厅
   C. 教学实验室　　　　　　　　　　　　D. 宾馆客房

10. 下列建筑靠外墙的部位和场所的内保温设计方案中，正确的是（   ）。
    A. 建筑高度为 9m 的小商品集散中心，共 2 层，每层面积为 20000m²，走道采用 B_1 级的保温材料，保温系统不燃材料防护层厚度 10mm
    B. 建筑高度为 12m 的酒楼，共 3 层，厨房采用 B_1 级的保温材料，保温系统不燃材料防护层厚度 10mm
    C. 建筑高度为 15m 的医院，共 4 层，病房采用 B_1 级的保温材料，保温系统不燃材料防护层厚度 10mm
    D. 建筑高度为 18m 的办公楼，共 5 层，办公区采用 B_1 级的保温材料，保温系统不燃材料防护层厚度 10mm

11. 某加油站，拟设埋地汽油罐及柴油罐各 3 个，每个油罐容积均为 30m³。该加油站的下列设计中，正确的是（   ）。
    A. 罩棚设置在杆高 8m 的架空电线下方，埋地油罐与该电线的水平间距为 13m
    B. 汽油罐与柴油罐的通气管道分开设置，通气管口高出地面 3.6m
    C. 布置在城市中心区，靠近城市道路，并远离城市干道交叉路口
    D. 站内道路转弯半径 9m，站内停车场及道路路面采用沥青路面

12. 某地下变电站设有 4 台变压器，其中，额定容量为 5MV·A 的 35kV 铝线电力变压器 2 台，每台存油量 2.5t；额定容量为 10MV·A 的 110kV 双卷铝线电力变压器 2 台，每台存油量 5.0t。该变电站的事故贮油池最小容量应是（   ）。
    A. 2.5t　　　　B. 7.5t　　　　C. 15.0t　　　　D. 5.0t

13. 某燃油锅炉房拟采用细水雾灭火系统。为确定设计参数，进行了实体火灾模拟实验，实验结果为：喷头安装高度为 4.5m，布置间距为 2.8m，喷雾强度为 0.8L/(min·m²)，最不利点喷头的工作压力为 9MPa。下列根据模拟实验结果确定的设计方案中，正确的是（   ）。
    A. 喷头设计安装高度为 5m
    B. 设计喷雾强度为 1.0L/(min·m²)
    C. 喷头设计布置间距为 3m
    D. 喷头设计最低工作压力为 8MPa

14. 某实验室，室内净高为 3.2m，使用面积为 100m²。下列试剂单独存放在实验室时，可不按物质危险特性确定生产火灾危险性类别的是（   ）。

可不按物质危险性特性确定生产火灾危险性类别的最大允许值量

火灾危险性特性	最大允许值	
	与房间容积的比值	总量
闪点小于 28℃ 的液体	0.004L/m³	100L
闪点大于或等于 28℃ 至 60℃ 的液体	0.02L/m³	200L

   A. 6L 正庚烷　　　　　　　　　　　　B. 10L 煤油
   C. 6L 1-硝基丙烷　　　　　　　　　　D. 10L 异戊醇

15. 关于干粉灭火系统的说法，正确的是（   ）。
    A. 管道分支不应使用四通管件

B. 干粉储存器设计压力可取 2.5MPa 或 4.2MPa 压力级
C. 官网中阀门之间的封闭管段不应设置任何开口和装置
D. 干粉储存容器的装量系数不应大于 0.75

16. 某单孔单向城市交通隧道，封闭段长度为 1600m，仅限通行非危险化学品机动车。该隧道的下列设计方案中，正确的是（　　）。
A. 消防用电按二级负荷供电
B. 在隧道两侧均设置 ABC 类灭火器，每个设置点 2 具
C. 机械排烟系统采用纵向排烟方式，纵向气流速度小于临界风速
D. 通风机房与车行隧道之间采用耐火极限 2.00h 的防火隔墙和乙级防火门分隔

17. 某化工厂主控楼设置了消防控制室，生产装置拟设置可燃气体探测报警系统。该火灾可燃气体探测报警系统的下列设计方案中，错误的是（　　）。
A. 可燃气体探测器设置在可燃气体管道阀门、进料口等部位附近
B. 可燃气体探测器同时接入生产装置的 DCS 系统和可燃气体报警控制器
C. 可燃气体探测器直接将报警信号传输至消防控制室图形显示装置
D. 可燃气体报警控制器设置在防护区附近

18. 某些易燃气体泄漏后，会在沟渠、隧道、厂房死角等处长时间聚集，易与空气在局部形成爆炸性混合气体，遇引火源可发生着火或爆炸。下列气体中，最易产生此类着火或爆炸的是（　　）。
A. 丙烯　　　　B. 丁烷　　　　C. 二甲醚　　　　D. 环氧乙烷

19. 某商场设置火灾自动报警系统，首层 2 个防火分区共用火灾报警控制器的 2#回路总线。其中防火分区一设置 30 只感烟火灾探测器、10 只手动火灾报警按钮、10 只总线模块（2 输入 2 输出）；防火分区二设置 28 只感烟火灾探测器、8 只手动火灾报警按钮、10 只总线模块（2 输入 2 输出）。控制器 2#回路总线设置短路隔离器的数量至少为（　　）。
A. 3 只　　　　B. 6 只　　　　C. 5 只　　　　D. 4 只

20. 某地下 3 层汽车库，每层建筑面积均为 1650m²，室外坡道建筑面积为 80m²，各层均设有 48 个车位。该汽车库属于（　　）车库。
A. Ⅰ类　　　　B. Ⅲ类　　　　C. Ⅱ类　　　　D. Ⅳ类

21. 最小点火能是在规定试验条件下，能够引燃某种可燃气体混合物所需的最低电火花能量。下列可燃气体或蒸气中，最小点火能最低的是（　　）。
A. 乙烷　　　　B. 乙醛　　　　C. 乙醚　　　　D. 环氧乙烷

22. 某小区设有 3 栋 16 层住宅，建筑高度均为 49m。3 栋住宅室内消火栓系统共用一套临时高压消防给水系统。该小区消火栓系统供水设施的下列设计方案中，错误的是（　　）。
A. 高位消防水箱的有效容积为 12m³
B. 当该小区室外消火栓采用低压消防给水系统，并采用市政给水管网供水时，采用两路消防供水
C. 高位消防水箱最低有效水位满足室内消火栓最不利点的静水压力不低于 0.05MPa
D. 水泵接合器在每栋住宅附近设置，且距室外消火栓 30m

23. 某燃煤火力发电厂，单机容量 200MW，该发电厂火灾自动报警系统的下列设计方案中，正确的是（　　）。
A. 运煤系统内的火灾探测器防护等级为 IP65
B. 厂区设置集中报警系统
C. 消防控制室与集中控制室分别独立设置
D. 灭火过程中，消防水泵根据管网压力变化自动启停

24. 影响灭火器配置数量的主要因素不包括（　　）。

A. 建筑物的耐火等级 B. 建筑的使用性质
C. 火灾蔓延速度 D. 火灾扑救难易程度

25. 某高层建筑，一至三层为汽车库，三层屋面布置露天停车场和办公楼、星级酒店、百货楼、住宅楼等4栋塔楼，其外墙均开设普通门窗，办公楼与住宅楼建筑高度超过100m。关于各塔楼与屋面停车场防火间距的说法，正确的是（   ）。
A. 办公楼与屋面停车场的防火间距不应小于13m
B. 百货楼与屋面停车场的防火间距不应小于6m
C. 酒店与屋面停车场的防火间距不应小于10m
D. 住宅楼与屋面停车场的防火间距不应小于9m

26. 关于七氟丙烷灭火系统设计的说法，正确的是（   ）。
A. 防护区实际应用的浓度不应大于灭火设计浓度的1.2倍
B. 防护区实际应用的浓度不应大于灭火设计浓度的1.3倍
C. 油浸变压器室防护区，设计喷放时间不应大于10s
D. 电子计算机房防护区，设计喷放时间不应大于10s

27. 某建筑高度为50m的大型公共建筑，若避难走道一端设置安全出口且仅在避难走道前室设置机械加压送风系统，则避难走道的总长度应小于（   ）。
A. 30m B. 60m C. 40m D. 50m

28. 某住宅小区，建有10栋建筑高度为110m的住宅，在小区物业服务中心设置消防控制室。该小区的火灾自动报警系统（   ）。
A. 应采用集中报警系统 B. 应采用区域报警系统
C. 应采用区域集中报警系统 D. 应采用控制中心报警系统

29. 关于火灾探测器分类的说法，正确的是（   ）。
A. 点型感温火灾探测器按其应用和动作温度不同，分为A1、A2、B、C、D型
B. 线型感温火灾探测器按其敏感部件形式不同，分为缆式、分布光纤式和空气管式
C. 吸气式感烟火灾探测器按其响应阈值范围不同，分为普通型和灵敏型
D. 吸气式感烟火灾探测器按其采样方式不同，分为管路采样式和点型采样式

30. 某多层商业建筑，营业厅净高5.5m，采用自然排烟方式。该营业厅的防烟分区内任一点与最近的自然排烟窗之间的水平距离不应大于（   ）。
A. 37.5m B. 室内净高的2.8倍
C. 室内净高的3倍 D. 30m

31. 某面粉加工厂，加工车间设在地上一至三层，地下一层为设备用房，每层划分两个防火分区。车间内设有通风系统，该通风系统的下列设计方案中，正确的是（   ）。
A. 风管采用难燃性管道并直接通向室外安全地带
B. 竖向风管设置在管道井中，井壁耐火极限为1.0h
C. 在风管穿越通风机房的隔墙处设置排烟防火阀
D. 风机设置在地下一层

32. 某公共建筑，建筑高度为98m，地下3层，地上30层，防烟楼梯间和前室均设有机械加压送风系统且地上部分与地下部分加压送风系统分别独立设置。关于该加压送风系统设计的说法，正确的是（   ）。
A. 地上楼梯间顶部应设置不小于2m²的固定窗
B. 前室的计算风量仅考虑着火层所需风量
C. 地上楼梯间送风系统竖向可不分段设置

D. 前室的计算风量仅考虑着火层和上一层所需风量

33. 某单向通行的城市交通隧道，长度为 3100m。根据现行国家标准《消防给水及消火栓系统技术规范》（GB 50974），其室内消火栓系统的下列设计方案中，错误的是（　　）。
   A. 设置独立的临时高压消防给水系统
   B. 在用水量达到最大时，消火栓管道的最低供水压力为 0.35MPa
   C. 消火栓间距为 30m
   D. 消火栓栓口出水压力大于 0.8MPa 时，设置减压设施

34. 在某一甲类液体储罐防火堤外有 7 个室外消火栓，消火栓与该罐罐壁的最小距离分别为 160m、110m、90m、60m、40m、30m 和 14m。上述室外消火栓中，有（　　）可计入该罐的室外消火栓设计数量。
   A. 5 个　　　　　　　　B. 7 个　　　　　　　　C. 6 个　　　　　　　　D. 4 个

35. 某低温冷库拟配置手提式灭火器，可以选择的类型、规格是（　　）。
   A. MP/AR6　　　　　　B. MF/ABC3　　　　　　C. MS/T6　　　　　　D. MP6

36. 某石油化工企业工艺装置区采用高压消防给水系统。该装置区室外消火栓的设置数量应根据设计流量经计算确定，且布置间距不应大于（　　）。
   A. 110m　　　　　　　B. 60m　　　　　　　　C. 120m　　　　　　　D. 150m

37. 某燃煤电厂的汽机房按相关规定设置了火灾自动报警系统和自动灭火系统，汽机房最远工作地点到直通室外的安全出口或疏散楼梯的距离不应大于（　　）。
   A. 30m　　　　　　　　B. 40m　　　　　　　　C. 75m　　　　　　　　D. 50m

38. 某剧院舞台葡萄架下设有雨淋系统，雨淋报警阀组设置在舞台附近，距离消防泵房 30m 处。关于该雨淋报警阀组控制方式的说法，错误的是（　　）。
   A. 可采用火灾自动报警系统自动控制开启雨淋报警阀组
   B. 应能够在消防泵房远程控制开启雨淋报警阀组
   C. 应能够在消防控制室远程控制开启雨淋报警阀组
   D. 应能够在雨淋报警阀处现场手动机械开启雨淋报警阀组

39. 某 3 层展览建筑，建筑高 27m、长 160m、宽 90m，建筑南、北为长边，建筑北面为城市中心湖，湖边与建筑北面外墙距离为 10m，建筑南面临城市中心道路。该建筑消防车道的下列设计方案中，正确的是（　　）。
   A. 沿建筑的南、北两个边设置消防车道，建筑南、北立面为消防车登高操作面
   B. 沿建筑的南、东两个边设置消防车道，建筑南、东立面为消防车登高操作面
   C. 沿建筑的南、北两个边设置消防车道，并在建筑中部设置贯通南北穿过建筑物的消防车道，建筑南立面为消防车登高操作面
   D. 沿建筑的南、东、西边设置消防车道，建筑东、西立面为消防车登高操作面

40. 室内火灾发展过程中可能会出现轰燃现象。下列条件中，可能使轰燃提前的是（　　）。
   A. 将室内地面接受的辐射热通量降低 15%　　　B. 将室内空间高度提高 20%
   C. 将室内沙发由靠近墙壁移至室内中央部位　　D. 将室内装饰材料的热惯性降低 25%

41. 某单罐容积为 60000m³ 的轻柴油内浮顶储罐，设置低倍数泡沫灭火系统时，应选用（　　）。
   A. 半固定式液上喷射系统　　　　　　　　　　B. 固定式半液下喷射系统
   C. 固定式液下喷射系统　　　　　　　　　　　D. 固定式液上喷射系统

42. 某 1200m³ 液化烃球罐采用水喷雾灭火系统进行防护冷却。关于水雾喷头布置的说法，正确的是（　　）。
   A. 水雾喷头的喷口应朝向该喷头所在环管的圆心

B. 水雾锥沿纬线方向应相交

C. 水雾锥沿经线方向宜相交

D. 赤道以上环管之间的距离不应大于 4m

43. 当采用自然排烟方式时，储烟仓的厚度不应小于空间净高的（   ），且不应小于 500mm，同时储烟仓底部距地面的高度应大于安全疏散所需的最小清晰高度。

   A. 25%　　　　　　　B. 15%　　　　　　　C. 10%　　　　　　　D. 20%

44. 下列汽车库、修车库中，应设置自动灭火系统的是（   ）。

   A. 总建筑面积 2000m² 设 56 个停车位的地上敞开式汽车库

   B. 总建筑面积 500m² 设 10 个停车位的地下汽车库

   C. 总建筑面积 2000m² 设 12 个车位的修车库

   D. 总建筑面积 500m² 设 30 个停车位的地上机械式汽车库

45. 下列建筑中，消防用电应按二级负荷供电的是（   ）。

   A. 建筑高度为 24m 且室外消防用水量为 35L/s 的乙类厂房

   B. 建筑高度为 51m 且室外消防用水量为 30L/s 的丙类厂房

   C. 建筑高度为 30m 且室外消防用水量为 25L/s 的丙类厂房

   D. 建筑高度为 18m 且室外消防用水量为 25L/s 的乙类厂房

46. 关于泡沫灭火系统的说法，错误的是（   ）。

   A. 半固定系统是由移动式泡沫产生器、固定的泡沫消防水泵或泡沫混合液泵、泡沫比例混合器（装置），用管线或水带连接组成的灭火系统

   B. 泡沫混合液泵是为采用环泵式比例混合器的泡沫灭火系统供给泡沫混合液的水泵

   C. 泡沫消防水泵是为采用压力式等比例混合装置的泡沫灭火系统供水的水泵

   D. 当采用压力式比例混合装置时，泡沫液储罐的单罐容积不应大于 10m³

47. 某商场设置了集中控制型消防应急照明和疏散指示系统，灯具采用自带蓄电池电源供电。关于系统组成的说法，正确的是（   ）。

   A. 该系统应由应急照明控制器、应急照明分配电装置和自带电源型灯具及相关附件组成

   B. 该系统应由应急照明控制器、应急照明配电箱和自带电源型灯具及相关附件组成

   C. 该系统应由应急照明控制器、应急照明集中电源、应急照明分配电装置和自带电源型灯具及相关附件组成

   D. 该系统应由应急照明控制器、应急照明集中电源和自带电源型灯具及相关附件组成

48. 某 8 层建筑，每层建筑面积均为 1350m²，室外出入口地坪标高 -0.30m。一至三层为封闭式汽车库，每层层高 4m，均设有 40 个车位；四至八层为办公场所，每层层高 3m。关于该车库防火设计的说法，错误的是（   ）。

   A. 该车库可采用 2 台汽车专用升降机作为汽车疏散出口

   B. 该车库可不设置火灾自动报警系统

   C. 该车库可仅设置 1 个双车道汽车疏散出口

   D. 该车库疏散楼梯可采用封闭楼梯间

49. 某大型 KTV 场所设置了集中控制型消防应急照明和疏散指示系统。该场所下列消防应急灯具的选型中，正确的是（   ）。

   A. 主要疏散通道地面上采用自带电源 A 型地埋式标志灯

   B. 采用的地埋式标志灯的防护等级为 IP65

   C. 净高 3.3m 的疏散走道上方采用小型标志灯

   D. 楼梯间采用蓄光型指示标志

50. 某6层宾馆，建筑高度为23m，建筑体积26000m³，设有消火栓系统和自动喷水灭火系统。该宾馆室外消火栓设计流量为30L/s，室内消火栓设计流量为20L/s，自动喷水灭火系统设计流量为20L/s。按上述设计参数，该宾馆一次火灾的室内外消防用水量为（　　）。

　　A. 504m³　　　　　　　　B. 432m³　　　　　　　　C. 522m³　　　　　　　　D. 612m³

51. 某油漆喷涂车间，拟采用自动喷水灭火系统，该灭火系统应采用（　　）。

　　A. 雨淋系统　　　　　　　　　　　　　　　B. 湿式系统
　　C. 干式系统　　　　　　　　　　　　　　　D. 预作用系统

52. 地铁车站的下列区域中，可设置报刊亭的是（　　）。

　　A. 站厅付费区　　　　　　　　　　　　　　B. 站厅非付费区乘客疏散区外
　　C. 出入口通道乘客集散区　　　　　　　　　D. 站台层有人值守的设备管理区外

53. 下列物质中，潮湿环境下堆积能发生自燃的是（　　）。

　　A. 多孔泡沫　　　　　　　　　　　　　　　B. 粮食
　　C. 木材　　　　　　　　　　　　　　　　　D. 废弃电脑

54. 关于控制中心报警系统组成的说法，错误的是（　　）。

　　A. 只设置一个消防控制室时，可只设置一台起集中控制功能的火灾报警控制器（联动型）
　　B. 采用火灾报警控制器（联动型）时，可不设置消防联动控制器
　　C. 不可采用火警传输设备替代消防控制室图形显示装置
　　D. 不可采用背景音乐系统替代消防应急广播系统

55. 某高层建筑内设置有常压燃气锅炉房，建筑体积为1000m³，燃气为天然气，建筑顶层未布置人员密集场所，该锅炉房的下列防火设计方案中，正确的是（　　）。

　　A. 排风机正常通风量为5600m³/h
　　B. 锅炉设置在屋顶上，距通向屋面的安全出口5.0m
　　C. 在进入建筑物前和设备间内的燃气管道上设置自动和手动切断阀
　　D. 排风机事故通风量为10800m³/h

56. 某建筑高度为248m的公共建筑，避难层设置机械加压送风系统。关于该建筑避难层防火设计的说法，错误的是（　　）。

　　A. 设备间应采用耐火极限不低于2.0h的防火隔墙与避难区分隔
　　B. 避难层应在外墙上设置可开启外窗，该外窗的有效面积不应小于该避难层地面面积的1%
　　C. 设备管道区应采用耐火极限不低于3.0h的防火隔墙与避难区分隔
　　D. 避难层应在外墙上设置固定窗，窗口面积不应小于该避难层地面面积的2%

57. 下列场所中，不应设置在人防工程地下二层的是（　　）。

　　A. 电影院的观众厅　　　　　　　　　　　　B. 商业营业厅
　　C. 员工宿舍　　　　　　　　　　　　　　　D. 溜冰馆

58. 某电信楼共有6个通讯机房，室内净高均为4.5m，通讯机房设置了组合分配式七氟丙烷灭火系统，该灭火系统的下列设计方案中，错误的是（　　）。

　　A. 喷头安装高度为4m，喷头保护半径为8m
　　B. 设计喷放时间为7s
　　C. 6个防护区由一套组合分配系统保护
　　D. 集流管和储存容器上设置安全泄压装置

59. 某商场内的防火卷帘采用水幕系统进行防护冷却，喷头设置高度为7m，水幕系统的喷水强度不应小于（　　）。

　　A. 0.5L/(s·m)　　　　　　　　　　　　　B. 0.8L/(s·m)

C. 0.6L/(s·m)　　　　　　　　　　　　D. 0.7L/(s·m)

60. 地铁两条单线载客运营地下区间之间应按规定设置联络通道，相邻两条联络通道之间的最小水平距离不应大于（　　）。

A. 1200m　　　　B. 1000m　　　　C. 600m　　　　D. 500m

61. 集中控制型消防应急照明和疏散指示系统灯具采用集中电源供电方式时，正确的做法是（　　）。

A. 应急照明集中电源仅为灯具提供蓄电池电源
B. 应急照明控制器直接控制灯具的应急启动
C. 应急照明集中电源不直接连锁控制消防应急灯具的工作状态
D. 应急照明控制器通过应急照明集中电源连接灯具

62. 某餐厅采用格栅吊顶，吊顶镂空面积与总面积之比为15%。关于该餐厅点型感烟火灾探测器设置的说法，正确的是（　　）。

A. 探测器应设置在吊顶的下方
B. 探测器应设置在吊顶的上方
C. 探测器设置部位应根据实际试验结果确定
D. 探测器可设置在吊顶的上方，也可设置在吊顶的下方

63. 某2层钢结构戊类洁净厂房，建筑高8m，长30m，宽20m，洁净区疏散走道靠外墙设置，关于该厂房防火设计的说法，正确的是（　　）。

A. 该厂房可不设置消防给水设施
B. 该厂房生产层、机房、站房均应设置火灾报警探测器
C. 该厂房洁净区疏散走道自然排烟设施的有效排烟面积，不应小于走道建筑面积的20%
D. 该厂房柱、梁的耐火极限可分别为2.00h，1.50h

64. 某酒店地上11层，地下2层，每层1个防火分区，该酒店设置了1套自动喷水灭火系统，在第十一层设有两种喷头，流量系数分别为80和115。该系统末端试水装置的设置，错误的是（　　）。

A. 末端试水装置的出水采用软管连接排入排水管道
B. 末端试水装置设置在第十一层
C. 末端试水装置选用出水口流量系数为80的试水接头
D. 末端试水装置由试水阀、压力表和试水接头组成

65. 某公共建筑，建筑高66m，长80m、宽30m，地下1层，地上15层，地上一至三层为商业营业厅，四至十五层为办公场所。该建筑消防车登高操作场地的下列设计方案中，正确的是（　　）。

A. 消防车登高操作场地靠建筑外墙一侧的边缘距外墙10m
B. 消防车登高操作场地最大间隔为25m，场地总长度为90m
C. 在建筑位于消防车登高操作场地一侧的外墙上设置一个挑出5m、宽10m的雨棚
D. 消防车登高操作场地最小长度为15m

66. 某地下商场，总建筑面积为2500m²，净高7m，装有网格吊顶，吊顶通透面积占吊顶总面积的75%，采用的自动喷水灭火系统为湿式系统。该系列的下列喷头选型中，正确的是（　　）。

A. 选用隐蔽型洒水喷头
B. 选用RTI为28 (m·s)$^{0.5}$的直立型洒水喷头
C. 选用吊顶型洒水喷头
D. 靠近端墙的部位，选用边墙型洒水喷头

67. 某教学楼，建筑高度为8m，每层建筑面积为1000m²，共2层，第一层为学生教室，第二层为学生教室及教研室，该教学楼拟配置MF/ABC4型手提式灭火器。下列配置方案中，正确的是（　　）。

A. 当室内设有消火栓系统和灭火系统时，至少应配置6具灭火器

B. 当室内设有灭火系统和自动报警系统时，至少应配置 8 具灭火器

C. 当室内设有消火栓系统和自动报警系统时，至少应配置 12 具灭火器

D. 当室内未设有消火栓系统和灭火系统时，至少应配置 16 具灭火器

68. 某高层办公建筑每层划分为一个防火分区，其防烟楼梯间和前室均设有机械加压送风系统，第三层的 2 只独立感烟火灾探测器发出火灾报警信号后，下列消防联动控制器的控制功能，符合规范要求的是（　　）。

A. 前室送风口开启后，联动控制前室加压送风机的启动

B. 联动控制该建筑楼梯间所有送风口的开启

C. 能手动控制前室、楼梯间送风口的开启

D. 联动控制第二层、三层、四层前室送风口开启

69. 关于消防控制室控制和显示功能的说法，错误的是（　　）。

A. 消防联动控制器应能控制并显示信号阀的工作状态

B. 通过消防联动控制器手动直接控制消防水泵的控制信号的电压等级不应采用 DC36V

C. 消防控制室应能手动或按预设控制逻辑联动控制选择广播分区并显示广播分区的工作状态

D. 消防联动控制器应能显示喷淋泵电源的工作状态

70. 某建筑高度为 55m 的省级电力调度指挥中心，设有自动喷水灭火系统、机械排烟系统、防火卷帘等消防设施，采用柴油发电机作为消防设备的备用电源。该中心消防设备的下列配电设计方案中，错误的是（　　）。

A. 各楼层消防电源配电箱由低压配电室采用分区树干式配电

B. 防火卷帘由楼层消防配电箱采用放射式配电

C. 柴油发电机设置自动启动装置，自动启动响应时间为 20s

D. 消防水泵组的电源由低压配电室采用树干式配电

71. 某工业园区拟新建的下列 4 座建筑中，可不设置室内消火栓系统的是（　　）。

A. 耐火等级为三级，占地面积为 600m²，建筑体积为 2900m³ 的丁类仓库

B. 耐火等级为四级，占地面积为 800m²，建筑体积为 5100m³ 的戊类厂房

C. 耐火等级为四级，占地面积为 800m²，建筑体积为 5100m³ 的戊类仓库

D. 耐火等级为三级，占地面积为 600m²，建筑体积为 2900m³ 的丁类厂房

72. 关于 B 类火灾场所灭火器配置的设法，正确的是（　　）。

A. 中危险级单位灭火级别最大保护面积为 1.0m²

B. 每个设置点的灭火器数量不宜多于 3 具

C. 轻危险级单具灭火器最小配置灭火级别为 27B

D. 严重危险级单具灭火器最小配置灭火级别为 79B

73. 某人防工程，地下 2 层，每层层高 5.1m，室外出入口地坪标高 -0.30m。地下一层为旅馆、商店、网吧，建筑面积分别为 600m²、500m²、200m²，地下二层为健身体育场所、餐厅，建筑面积分别为 500m²、800m²。关于该人防工程防火设计的说法，正确的是（　　）。

A. 该人防工程应设置防烟楼梯间

B. 该人防工程消防用电可按二级负荷供电

C. 该人防工程餐厅厨房燃料可使用相对密度为 0.76 的可燃气体

D. 该人防工程健身体育场所、网吧应设置火灾自动报警系统

74. 某地铁地上车站，建筑高度为 18m，站台层与站厅层之间设有建筑面积为 1000m² 的商场，各层均能满足自然排烟条件。该车站的下列防火设计方案中，错误的是（　　）。

A. 车站站厅顶棚采用硅酸钙板、墙面采用烤瓷铝板、地面采用硬质 PVC 塑料地板进行装修，广

告灯箱及座椅采用难燃聚氯乙烯塑料

B. 沿车站的一个长边设置消防车道

C. 车站站台至站厅的楼梯穿越商场的部位周围，设置耐火极限3.00h的防火墙分隔，且在商场疏散平台处开设的门洞采用甲级防火门分隔

D. 车站的站厅公共区相邻两个安全出口之间的最小水平距离为20m

75. 某三层办公建筑在底层设有低压配电间，每个楼层设有1个楼层配电箱，实测低压配电间的出线端固定泄漏电流为800mA，每层泄漏电流相同，该建筑设置电气火灾监控系统，未设置消防控制室，剩余电流式电气火灾监控探测器的下列设计方案中，错误的是（　　）。

A. 低压配电间的出线端设置1只探测器，探测器的报警电流设为1200mA

B. 各楼层配电箱的进线端分别设置1只探测器，探测器的报警电流设为400mA

C. 探测器采用独立式探测器

D. 探测器报警时，不切断楼层配电箱的电源

76. 5座单层丙类工业厂房，从东至西一字排开，成组布置，建筑体积依次为1000m³、1500m³、3000m³、1800m³、1200m³，厂房的耐火等级均为一级，上述厂房室外消火栓的设计流量不应小于（　　）。

建筑物室外消火栓设计流量　　　　　　（单位：L/s）

耐火等级	建筑物名称及类别	建筑体积（m³）			
		$V \leq 1500$	$1500 < V \leq 3000$	$3000 < V \leq 5000$	$5000 < V \leq 20000$
一级	丙类厂房	15	15	20	25

A. 15L/s　　　　B. 25L/s　　　　C. 20L/s　　　　D. 30L/s

77. 某油浸变压器油箱外形为长方体，长、宽、高分别为5m、3m、4m，散热器的外表面积为21m²，油枕及集油坑的投影面积为22m²。若采用水喷雾灭火系统保护，则该变压器的保护面积至少应为（　　）。

A. 58m²　　　　B. 100m²　　　　C. 122m²　　　　D. 137m²

78. 某4层商场，建筑高度为21m。每层建筑面积为10000m²，划分为2个防火分区，每层净高为4m，走道净高为3m，设有自动喷水灭火系统、机械排烟系统。该商场机械排烟系统的下列设计方案中，正确的是（　　）。

A. 设置在屋顶的固定窗采用可熔性采光窗，采光窗的有效面积为楼地面面积的10%

B. 排烟口设置在开孔率为20%的非封闭式吊顶内

C. 走道侧墙上的排烟口，其上缘距吊顶0.5m

D. 每层采用一套机械排烟系统

79. 下列灭火器中，不适合扑救A类火灾的是（　　）。

A. 碳酸氢钠干粉灭火器　　　　B. 卤代烷灭火器

C. 泡沫灭火器　　　　D. 磷酸铵盐干粉灭火器

80. 关于装修材料的燃烧性能等级的说法，正确的是（　　）。

A. 施涂于B_1级基材上的有机装饰涂料，其湿涂覆比小于1.5kg/m²且涂层干膜厚度为1.0mm，可作为B_2级装饰材料使用

B. 单位面积质量小于300g/m²的布质壁纸，直接粘贴在B_1级基材上时，可作为B_2级装饰材料使用

C. 单位面积质量小于300g/m²的纸质壁纸，直接粘贴在A级基材上时，可作为A级装饰材料使用

D. 施涂于 A 级基材上的有机装饰材料，其湿涂覆比小于 1.5kg/m² 且涂层干膜厚度为 1.0mm，可作为 B₁ 级装饰材料使用

二、多项选择题（共 20 题，每题 2 分。每题的备选项中，有 2 个或 2 个以上符合题意，至少有 1 个错项。错选，本题不得分；少选，所选的每个选项得 0.5 分）

81. 某大型商业综合体首层某防火分区设有机械排烟系统，共划分 4 个防烟分区。防烟分区间采用电动挡烟垂壁分隔，每个防烟分区均设 5 个排烟口。该防火分区机械排烟系统的下列控制设计方案中，错误的有（　　）。

A. 由防火分区内 1 只感烟火灾探测器和 1 只手动火灾报警按钮的报警信号（"与"逻辑）作为排烟口开启的联动触发信号

B. 消防联动控制器接收到符合排烟口联动开启控制逻辑的触发信号后，联动控制开启排烟口的数量为 10 个

C. 消防联动控制器接收到防火分区内 2 只感烟火灾探测器的报警信号后，应联动控制排烟口的开启和排烟风机的启动

D. 由防火分区内 2 只感烟火灾探测器的报警信号（"与"逻辑）作为电动挡烟垂壁下降的联动触发信号

E. 消防联动控制器分时联动控制排烟口的开启和电动挡烟垂壁的下降

82. 关于建筑供配电系统电气防火要求的说法，正确的有（　　）。

A. 空调器具、防排烟风机的配电回路应设置过载保护装置

B. 服装仓库内设置的配电箱与周边可燃物的距离不应小于 5m 或采取相应的隔热措施

C. 在采用金属导管保护时，墙壁插座的配电线路可紧贴通风管道外壁敷设

D. 在有可燃物的闷顶敷设时，照明灯具的配电线路应采用金属导管保护

E. 建筑面积为 300m² 的老年人照料设施的非消防用电负荷可不设置电气火灾监控系统

83. 某地上商场，总建筑面积为 4000m²，设置自动喷水灭火系统，采用直立型标准覆盖面积洒水喷头。该喷头布置中，错误的有（　　）。

A. 喷头呈正方形布置，边长为 3.8m

B. 喷头呈平行四边形布置，长边和短边分别为 3.5m 和 1.5m

C. 喷头呈长方形布置，长边和短边分别为 4.0m 和 3.0m

D. 喷头与端墙的距离为 2.0m

E. 喷头与端墙的距离为 0.2m

84. 某储罐区共有 7 个直径 32m 的非水溶性丙类液体固定顶储罐，均设置固定式液上喷射低倍数泡沫灭火系统。关于该灭火系统设计的说法，正确的有（　　）。

A. 泡沫灭火系统应具备半固定式系统功能

B. 每个储罐的泡沫产生器不应小于 3 个

C. 泡沫混合液供给强度不应小于 4L/(min·m²)

D. 泡沫混合液泵启动后，将泡沫混合液输送到保护对象的时间不应大于 5min

E. 泡沫混合液连续供给时间不应小于 30min

85. 某办公楼的自动喷水灭火系统采用湿式系统。通过（　　）可直接自动启动该湿式系统的消防水泵。

A. 手动火灾报警按钮
B. 每个楼层设置的水流指示器
C. 消防水泵出水干管上设置的压力开关
D. 高位消防水箱出水管上的流量开关
E. 报警阀组压力开关

86. D级建筑材料及制品燃烧性能的附加信息包括（　　）。
A. a0（或 a1、a2）
B. t0（或 t1、t2）
C. s1（或 s2、s3）
D. d0（或 d1、d2）
E. b0（或 b1、b2）

87. 某汽车加油加气站，设有埋地汽油储罐及地上 LNG 储罐，加油岛及加气岛上方罩棚的净空高度为 4.5m，关于该站爆炸危险区域划分和电气设备选型的说法，正确的有（　　）。
A. 以汽油罐密闭卸油口为中心，半径为 0.5m 的球形空间应划分为 1 区，加油机壳体内部空间应划分为 2 区
B. 加气机地坪以下的坑应划分为 1 区，罩棚顶板以上空间可划分为非防爆区
C. 罩棚下的照明灯具选用的级别与组别分别不应低于ⅡB、T1
D. 罩棚下的照明灯具可选用隔爆型灯具
E. 罩棚下的照明灯具可选用增安型灯具

88. 下列防烟分区划分设计要求中，适用于地铁站厅公共区的有（　　）。
A. 防烟分区不应跨越防火分区
B. 防烟分区的最大允许面积与空间净高相关
C. 防烟分区的长边最大允许长度与空间净高相关
D. 当空间高度大于规定值时，防烟分区之间可不设挡烟设施
E. 采用挡烟垂壁或建筑结构划分防烟分区

89. 火力发电厂的液氨储罐区应（　　）。
A. 设置不低于 2.0m 的不燃烧体实体围墙
B. 位于厂区全年最小频率风向的上风侧
C. 与厂外道路保持 15m 以上的防火间距
D. 布置在通风良好的厂区边缘地带
E. 避开人员集中活动场所和主要人流出入口

90. 某一级耐火等级的服装厂，共 7 层，建筑高度 32m，每层划分为一个防火分区，各层使用人数为：第二层 300 人，第三层 260 人，第四层 280 人，第五层至第七层每层 290 人。关于该厂房疏散楼梯的说法，正确的有（　　）。
A. 四层至三层的疏散楼梯总净宽度不应小于 2.90m
B. 二层至一层的疏散楼梯总净宽度不应小于 3.00m
C. 五层至四层的疏散楼梯总净宽度不应小于 3.00m
D. 三层至二层的疏散楼梯总净宽度不应小于 2.40m
E. 疏散楼梯应采用封闭楼梯间或室外楼梯

91. 某商场设有火灾自动报警系统和室内消火栓系统，商场屋顶设有高位消防水箱。根据现行国家标准《火灾自动报警系统设计规范》（GB 50116），该商场室内消火栓系统的下列控制设计方案中，错误的有（　　）。
A. 消火栓按钮的动作信号直接控制消火栓泵的启动
B. 消防联动控制器处于自动状态时，高位消防水箱出水干管流量开关的动作信号不能直接联锁控制消火栓泵启动
C. 消防联动控制器处于自动状态时，该控制器不能手动控制消火栓泵启动
D. 消防联动控制器处于手动或自动状态，高位消防水箱出水干管流量开关的动作信号均能直接联锁控制消火栓泵启动
E. 消防联动控制器处于手动状态时，该控制器不能联动控制消火栓泵启动

92. 某单层非密集柜式档案馆,建筑高度为7m,自动喷水灭火系统采用预作用系统,该预作用系统的喷头应采用( )。

   A. 下垂型标准响应喷头　　　　　　　B. 直立型标准响应喷头
   C. 下垂型快速响应喷头　　　　　　　D. 干式下垂型标准响应喷头
   E. 直立型快速响应喷头

93. 某综合楼建筑高度为110m,设置自动喷水灭火系统。该综合楼内柴油发电机房的下列设计方案中,正确的有( )。

   A. 机房内设置自动喷水灭火系统
   B. 机房与周围场所采用耐火极限2.0h的防火隔墙和1.0h的不燃性楼板分隔
   C. 为柴油发电机供油的12m³储罐直埋于室外距综合楼外墙3m处,毗邻油罐的外墙4m范围内为防火墙
   D. 储油间采用耐火极限为2.5h的防火隔墙与发电机间分隔,隔墙上设置甲级防火门
   E. 柴油发电机房布置在地下二层

94. 下列物质中,燃烧时燃烧类型既存在表面燃烧也存在分解燃烧的有( )。

   A. 纯棉织物　　　　　　　　　　　　B. PVC电缆
   C. 金属铝条　　　　　　　　　　　　D. 木制人造板
   E. 电视机外壳

95. 某办公楼,建筑高度为56m,每层建筑面积为1000m²。该建筑内部装修的下列设计方案中,正确的有( )。

   A. 建筑面积为100m²的B级电子信息系统机房铺设半硬质PVC塑料地板
   B. 建筑面积为50m²的重要档案资料室采用B_2级阻燃织物窗帘
   C. 建筑面积为100m²的办公室内墙面粘贴塑料壁纸
   D. 建筑面积为150m²的餐厅内采用B_2级木制桌椅
   E. 建筑面积为150m²的会议室内装饰彩色图纹羊毛挂毯

96. 为了节约用地,减少管线投资并方便操作管理,满足一定安全条件的甲、乙、丙类液体储罐可成组布置。关于液化烃地上储罐成组布置的说法,正确的有( )。

   A. 组内全冷冻式储罐不应多于10个
   B. 组内的储罐不应超过2排
   C. 全冷冻式储罐应单独成组布置
   D. 组内全压力式储罐不应多于10个
   E. 储罐不能适应罐组内任一介质泄漏所产生的最低温度时,不应布置在同一罐组内

97. 某石油化工企业的储罐区,布置有多个液体储罐,当采用低倍数泡沫灭火系统时,储罐区的下列储罐中,应采用固定式泡沫灭火系统的有( )。

   A. 单罐容积为10000m³的汽油内浮顶储罐,浮盘为易熔材料
   B. 单罐容积为10000m³的润滑油固定顶储罐
   C. 单罐容积为600m³的乙醇固定顶储罐
   D. 单罐容积为1000m³的甲苯内浮顶储罐
   E. 单罐容积为600m³的甲酸固定顶储罐

98. 某办公楼地上8层,建筑高度为32m,室内消火栓采用临时高压消防给水系统,并设有稳压泵。该消防给水系统稳压泵的下列设计方案中,正确的有( )。

   A. 稳压泵不设置备用泵

B. 稳压泵的设计流量不小于室内消火栓系统管网的正常泄漏量和系统自动启动流量

C. 稳定泵采用单吸多级离心泵

D. 稳压泵的设计压力保持系统最不利点处室内消火栓在准工作状态时的静水压力为 0.10MPa

E. 稳压泵叶轮材质采用不锈钢

99. 关于管网式气体灭火系统，说法错误的是（ ）。

A. 图书馆书库防护区设七氟丙烷灭火系统灭火设计浓度采用 8%

B. 灭火剂喷放指示灯信号应保持到防护区通风换气后，手动解除

C. 灭火设计浓度 40% 的 IG541 混合气体灭火系统的防护区，可不设置手动与自动控制的转换装置

D. 组合分配系统启动时，选择阀在容器阀开启前或与容器阀同时打开

E. 灭火设计浓度 9.5% 的七氟丙烷灭火系统的防护区，可不设手动与自动控制的转换装置

100. 某体育馆，耐火等级二级，可容纳 8600 人，若疏散门净宽为 2.2m，则下列设计参数中，适用于该体育馆疏散门设计的有（ ）。

A. 允许疏散时间不大于 3.0min

B. 允许疏散时间不大于 3.5min

C. 疏散门的设置数量为 17 个

D. 每 100 人所需最小疏散净宽度为 0.43m

E. 通向疏散门的纵向走道的通行人流股数为 5 股

参考答案解析与视频讲解

一、单项选择题

1. 【答案】C

【解析】本题考查的知识点是建筑高度分类。根据《建筑设计防火规范》(GB 50016—2014)(2018年版) 表 5.1.1(原表号,见表 1-1-1)及条文说明可知,与其他建筑上下组合建造或设置在其他建筑内的老年人照料设施,不属于独立建造的老年人照料设施,其防火设计要求应根据该建筑的主要用途确定其建筑分类,所以该建筑属于多功能组合建筑,24m以上部分任一楼层建筑面积不大于1000m²,属于二类高层公共建筑。C选项符合题意。

表 1-1-1 民用建筑的分类

名称	高层民用建筑		单、多层民用建筑
	一类	二类	
住宅建筑	建筑高度大于54m的住宅建筑(包括设置商业服务网点的住宅建筑)	建筑高度大于27m,但不大于54m的住宅建筑(包括设置商业服务网点的住宅建筑)	建筑高度不大于27m的住宅建筑(包括设置商业服务网点的住宅建筑)
公共建筑	1. 建筑高度大于50m的公共建筑; 2. 建筑高度24m以上部分任一楼层建筑面积大于1000m²的商店、展览、电信、邮政、财贸金融建筑和其他多种功能组合的建筑; 3. 医疗建筑、重要公共建筑、独立建造的老年人照料设施; 4. 省级及以上的广播电视和防灾指挥调度建筑、网局级和省级电力调度建筑; 5. 藏书超过100万册的图书馆、书库	除一类高层公共建筑外的其他高层公共建筑	建筑高度大于24m的单层公共建筑; 建筑高度不大于24m的其他公共建筑

2. 【答案】C

【解析】本题考查的知识点是木结构的耐火极限。根据《建筑设计防火规范》(GB 50016—2014)(2018年版) 表 11.0.1 注 1:除本规范另有规定外,当同一座木结构建筑存在不同高度的屋顶时,较低部分的屋顶承重构件和屋面不应采用可燃性构件,采用难燃性屋顶承重构件时,其耐火极限不应低于 0.75h。C选项符合题意。

3. 【答案】B

【解析】本题考查的知识点是石油化工防火。根据《石油化工企业设计防火标准》(GB 50160) 第 4.2.8A 条,事故水池和雨水监测池宜布置在厂区边缘的较低处,可与污水处理场集中布置。事故水池距明火地点的防火间距不应小于25m,距可能携带可燃液体的高架火炬防火间距不应小于60m。B选项正确。

4. 【答案】C

【解析】本题考查的知识点是电动汽车防火。根据《电动汽车分散充电设施工程技术标准》（GB/T 51313）中第6.1.5条第2款，新建汽车库内配建的分散充电设施在同一防火分区内应集中布置，并应符合下列规定：设置独立的防火单元，每个防火单元的最大允许建筑面积应符合表6.1.5（原表号，见表1-1-2）的规定。

表1-1-2 集中布置的充电设施区防火单元最大允许建筑面积 （单位：m²）

耐火等级	单层汽车库	多层汽车库	地下汽车库或高层汽车库
一、二级	1500	1250	1000

5. 【答案】C

【解析】本题考查的知识点是火力发电厂防火。根据《火力发电厂与变电站设计防火标准》（GB 50229）第5.3.5条，主厂房煤仓间带式输送机层应采用耐火极限不小于1.00h的防火隔墙与其他部位隔开，隔墙上的门均应采用乙级防火门。

6. 【答案】B

【解析】本题考查的知识点是地铁防火隔墙。根据《地铁设计防火标准》（GB 51298）的相关规定：

6.1.8 防火隔墙上的窗口应采用固定式乙级防火窗，必须设置活动式防火窗时，应具备火灾时能自动关闭的功能。A选项错误，B选项正确。

4.2.5 多线同层站台平行换乘车站的各站台之间应设置耐火极限不低于2.00h的纵向防火隔墙，该防火隔墙应延伸至站台有效长度外不小于10m。C选项错误。

6.1.1 在所有管线（道）穿越防火墙、防火隔墙、楼板、电缆通道和管沟隔墙处，均应采用防火封堵材料紧密填实。在难燃或可燃材质的管线（道）穿越防火墙、防火隔墙、楼板处，应在墙体或楼板两侧的管线（道）上采取防火封堵措施。在管道穿越防火墙、防火隔墙、楼板处两侧各1.0m范围内的管道保温材料应采用不燃材料。D选项错误。

7. 【答案】C

【解析】本题考查的知识点是热释放速率。根据教材《消防安全技术实务》（2019年版）表5-4-1（原表号，见表1-1-3）火灾发展所需时间292s为中速，包括无棉制品、聚酯床垫。C选项正确。

表1-1-3 火焰水平蔓延速度参数值

可燃材料	火焰蔓延分级	a (kW/s²)	$Q=1MW$ 时所需的时间（s）
没有注明	慢速	0.0029	584
无棉制品、聚酯床垫	中速	0.0117	292
塑料泡沫、堆积的木板、装满邮件的邮袋	快速	0.0469	146
甲醇、快速燃烧的软垫座椅	极快	0.1876	73

8. 【答案】B

【解析】本题考查的知识点是石油化工防火。根据《石油化工企业设计防火标准》（GB 50160）的相关规定：

4.1.3 在山区或丘陵地区，石油化工企业的生产区应避免布置在窝风地带。A选项不正确。

4.2.11 厂区的绿化应符合下列规定：

1 生产区不应种植含油脂较多的树木，宜选择含水分较多的树种。

2　工艺装置或可燃气体、液化烃、可燃液体的罐组与周围消防车道之间不宜种植绿篱或茂密的灌木丛。

3　在可燃液体罐组防火堤内可种植生长高度不超过15cm、含水分多的四季常青的草皮。B选项正确。

4.1.6　公路和地区架空电力线路严禁穿越生产区。C选项不正确。

4.2.3　全厂性办公楼、中央控制室、中央化验室、总变电所等重要设施应布置在相对高处。液化烃罐组或可燃液体罐组不应毗邻布置在高于工艺装置、全厂性重要设施或人员集中场所的阶梯上。但受条件限制或有工艺要求时，可燃液体原料储罐可毗邻布置在高于工艺装置的阶梯上，但应采取防止泄漏的可燃液体流入工艺装置、全厂性重要设施或人员集中场所的措施。D选项不正确。

9.【答案】B

【解析】本题考查的知识点是建筑内部装修。根据《建筑内部装修设计防火规范》（GB 50222）表5.3.1（原表号，见表1-1-4）地下民用建筑内部各部位装修材料的燃烧性能等级可知，歌舞娱乐厅、教学实验室、宾馆客房的材料装修等级均不应低于B_1级，餐厅地面不应低于A级。

表1-1-4　地下民用建筑内部各部位装修材料的燃烧性能等级（节选）

序号	建筑物及场所	装修材料燃烧性能等级					
		顶棚	墙面	地面	隔断	固定家具	装饰织物	其他装修装饰材料
2	宾馆、饭店的客房及公共活动用房等	A	B_1	B_1	B_1	B_1	B_1	B_2
4	教学场所、教学实验场所	A	A	B_1	B_2	B_2	B_1	B_2
7	歌舞娱乐游艺场所	A	B_1	B_1	B_1	B_1	B_1	B_1
9	餐饮场所	A	A	A	B_1	B_1	B_1	B_2

10.【答案】D

【解析】本题考查的知识点是建筑内保温。根据《建筑设计防火规范》（GB 50016—2014）（2018年版）的相关规定：

6.7.2　建筑外墙采用内保温系统时，保温系统应符合下列规定：

1　对于人员密集场所，用火、燃油、燃气等具有火灾危险性的场所以及各类建筑内的疏散楼梯间、避难走道、避难间、避难层等场所或部位，应采用燃烧性能为A级的保温材料。A、B、C选项均应用A级保温材料。

2　对于其他场所，应采用低烟、低毒且燃烧性能不低于B_1级的保温材料。

3　保温系统应采用不燃材料做防护层。采用燃烧性能为B_1级的保温材料时，防护层的厚度不应小于10mm。

11.【答案】C

【解析】本题考查的知识点是加油站。该加油站油罐总容积为：$3 \times 30m^3 + 3 \times 15m^3 = 135m^3$（柴油罐容积可折半计入油罐总容积），故该加油站属于二级。

根据《汽车加油加气站设计与施工规范》（GB 50156）的相关规定：

4.0.13　架空电力线路不应跨越加油加气站的加油加气作业区。A选项错误。

6.3.8　汽油罐与柴油罐的通气管应分开设置。通气管管口高出地面的高度不应小于4m。沿建（构）筑物的墙（柱）向上敷设的通气管，其管口应高出建筑物的顶面1.5m及以上。通气管管口应设置阻火器。B选项错误。

4.0.2 在城市建成区不宜建一级加油站、一级加气站、一级加油加气合建站、CNG加气母站。在城市中心区不应建一级加油站、一级加气站、一级加油加气合建站、CNG加气母站。

4.0.3 城市建成区内的加油加气站，宜靠近城市道路，但不宜选在城市干道的交叉路口附近。C选项正确。

5.0.2-4 站区内停车位和道路应符合的规定：加油加气作业区内的停车位和道路路面不应采用沥青路面。D选项错误。

12.【答案】D

【解析】本题考查的知识点是火力发电厂防火。根据《火力发电厂与变电站设计防火标准》（GB 50229）11.3.5 地下变电站的变压器应设置能贮存最大一台变压器油量的事故贮油池。D选项正确。

13.【答案】B

【解析】本题考查的知识点是细水雾灭火系统。根据《细水雾灭火系统技术规范》（GB 50898）表3.4.4（原表号，见表1-1-5）可知系统的最小喷雾强度不应低于1.0L/(min·m²)，设计方案应该增加喷雾强度（B选项正确），A选项增加安装高度、C选项增加喷头安装间距、D选项降低最低工作压力都不正确。

表1-1-5 采用全淹没应用方式开式系统的喷雾强度、喷头的布置间距、安装高度和工作压力

应用场所		喷头的工作压力（MPa）	喷头的安装高度（m）	系统的最小喷雾强度[L/(min·m²)]	喷头的最大布置间距（m）
油浸变压器室，液压站，润滑油站，柴油发电机房，燃油锅炉房		>1.2且≤3.5	≤7.5	2.0	2.5
电缆隧道，电缆夹层			≤5.0	2.0	
文物库，以密集柜储存的图书库、资料库、档案库			≤3.0	0.9	
油浸变压器室，涡轮机房等		≥10	≤7.5	1.2	3.0
液压站，柴油发电机房，燃油锅炉房等			≤5.0	1.0	
电缆隧道，电缆夹层			>3.0且≤5.0	2.0	
			≤3.0	1.0	
文物库，以密集柜储存的图书库、资料库、档案库			>3.0且≤5.0	2.0	
			≤3.0	1.0	
电子信息系统机房	主机工作空间		≤3.0	0.7	
	地板夹层		≤0.5	0.3	

14.【答案】C

【解析】本题考查的知识点是物质的火灾危险性分类。

正庚烷属于甲类，6/320＞0.004（与房间容积的比值）。A选项不符合要求。

煤油属于乙类，10/320＞0.02（与房间容积的比值）。B选项不符合要求。

1-硝基丙烷属于乙类，6/320＜0.02（与房间容积的比值）。C选项符合要求。

异戊醇属于乙类，10/320＞0.02（与房间容积的比值）。D选项不符合要求。

15.【答案】A

【解析】本题考查的知识点是干粉灭火系统。根据《干粉灭火系统设计规范》（GB 50347）的相关规定：

5.3.1-7 管道及附件应能承受最高环境温度下工作压力，并应符合规定：管道分支不应使用四通管件。A选项说法正确。

5.1.1-2 储存装置宜由干粉储存容器、容器阀、安全泄压装置、驱动气体储瓶、瓶头阀、集流管、减压阀、压力报警及控制装置等组成。并应符合下列规定：干粉储存容器设计压力可取1.6MPa或2.5MPa压力级；其干粉灭火剂的装量系数不应大于0.85；其增压时间不应大于30s。B、D选项说法错误。

5.3.3 管网中阀门之间的封闭管段应设置泄压装置，其泄压动作压力取工作压力的（115±5)%。C选项说法错误。

16.【答案】D

【解析】本题考查的知识点是城市交通隧道。根据《建筑设计防火规范》（GB 50016—2014）（2018年版）表12.1.2可知，该隧道属于二类交通隧道。

根据本规范的相关规定：

12.5.1 一、二类隧道的消防用电应按一级负荷要求供电；三类隧道的消防用电应按二级负荷要求供电。A选项不正确。

12.2.4-1 隧道内应设置ABC类灭火器，并应符合规定：通行机动车的一、二类隧道和通行机动车并设置3条及以上车道的三类隧道，在隧道两侧均应设置灭火器，每个设置点不应少于4具。B选项不正确。

12.3.4-2 隧道内设置的机械排烟系统应符合规定：采用纵向排烟方式时，应能迅速组织气流、有效排烟，其排烟风速应根据隧道内的最不利火灾规模确定，且纵向气流的速度不应小于2m/s，并应大于临界风速。C选项不正确。

12.1.9 隧道内的变电站、管廊、专用疏散通道、通风机房及其他辅助用房等，应采取耐火极限不低于2.00h的防火隔墙和乙级防火门等分隔措施与车行隧道分隔。D选项正确。

17.【答案】C

【解析】本题考查的知识点是可燃气体探测报警系统。根据《火灾自动报警系统设计规范》（GB 50116）8.2.2可燃气体探测器宜设置在可能产生可燃气体部位附近。A选项正确。

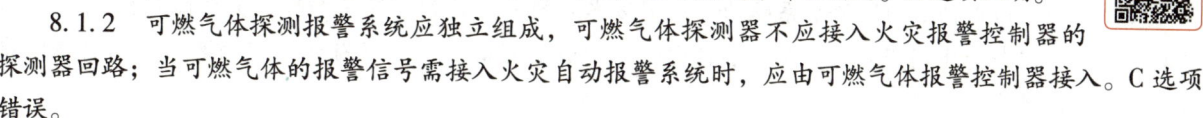

8.1.2 可燃气体探测报警系统应独立组成，可燃气体探测器不应接入火灾报警控制器的探测器回路；当可燃气体的报警信号需接入火灾自动报警系统时，应由可燃气体报警控制器接入。C选项错误。

8.3.1 当有消防控制室时，可燃气体报警控制器可设置在保护区域附近；当无消防控制室时，可燃气体报警控制器应设置在有人值班的场所。D选项正确。

石化行业涉及过程控制的可燃气体探测器，可接入DCS等生产控制系统，但其报警信号应接入消防控制室。B选项正确。

18.【答案】B

【解析】本题考查的知识点是爆炸极限。二甲醚的爆炸下限为3%，丙烯的爆炸下限为2.0%，丁烷的爆炸下限为1.5%，环氧乙烷的爆炸下限为2.6%。爆炸下限越低越容易着火或爆炸。B选项符合题意。

19.【答案】D

【解析】本题考查的知识点是总线短路隔离器。根据《火灾自动报警系统设计规范》(GB 50116) 3.1.6 系统总线上应设置总线短路隔离器，每只总线短路隔离器保护的火灾探测器、手动火灾报警按钮和模块等消防设备的总数不应超过32点；总线穿越防火分区时，应在穿越处设置总线短路隔离器。

防火分区一：30 + 10 + 10 = 50，50/32 = 1.6，设置2个；

防火分区二：28 + 8 + 10 = 46，46/32 = 1.4，设置2个；

则应设置总线短路隔离器的数量为4个。D选项正确。

20. 【答案】B

【解析】本题考查的知识点是汽车库分类。根据《汽车库、修车库、停车场设计防火规范》(GB 50067) 3.0.1 注2：室外坡道、屋面露天停车场的建筑面积可不计入汽车库的建筑面积之内。

故该汽车库共 $3 \times 48 = 144$ 个车位，总面积为 $3 \times 1650 = 4950$（m^2）。即为Ⅲ类汽车库。B选项正确。

21. 【答案】D

【解析】本题考查的知识点是最小点火能。根据教材《消防安全技术实务》(2019年版) 表 1-3-5（原表号，见表 1-1-6）可知：选项中各物质的最小点火能，乙烷为 0.285mJ，乙醛为 0.325mJ，乙醚为 0.49mJ，环氧乙烷为 0.087mJ。综上，环氧乙烷的最小点火能最低，D选项符合题意。

表 1-1-6 部分可燃气体和蒸气在空气中的最小点火能（节选） （单位：mJ）

物质名称	最小点火能	物质名称	最小点火能
乙烷	0.285	丁酮	0.680
乙炔	0.020	乙醚	0.490
甲醇	0.215	环氧乙烷	0.087
乙醛	0.325	氢	0.020

22. 【答案】C

【解析】本题考查的知识点是消火栓系统供水设施。根据《消防给水及消火栓系统技术规范》(GB 50974) 的相关规定：

5.2.1-3 临时高压消防给水系统的高位消防水箱的有效容积应满足初期火灾消防用水量的要求，并应符合下列规定：二类高层住宅，不应小于$12m^3$。该小区住宅建筑均为二类高层住宅建筑，A选项设计方案正确。

6.1.3 建筑物室外宜采用低压消防给水系统，当采用市政给水管网供水时，应符合下列规定：

1 应采用两路消防供水，除建筑高度超过54m的住宅外，室外消火栓设计流量小于等于20L/s时可采用一路消防供水；

2 室外消火栓应由市政给水管网直接供水。B选项设计方案正确。

5.2.2-2 高位消防水箱的设置位置应高于其所服务的水灭火设施，且最低有效水位应满足水灭火设施最不利点处的静水压力，并应按下列规定确定：高层住宅、二类高层公共建筑、多层公共建筑，不应低于0.07MPa，多层住宅不宜低于0.07MPa。该小区住宅建筑均为二类高层住宅建筑，室内消火栓最不利点的静水压力不应低于0.07MPa，所以C选项设计方案错误。

5.4.7 水泵接合器应设在室外便于消防车使用的地点，且距室外消火栓或消防水池的距离不宜小于15m，并不宜大于40m。D选项设计方案正确。

23.【答案】A

【解析】本题考查的知识点是火力发电厂防火。根据《火力发电厂与变电站设计防火标准》（GB 50229）的相关规定：

7.13.8 运煤系统内的火灾探测器及相关连接件的IP防护等级不应低于IP55。A选项正确。

7.13.2 单机容量为200MW及以上的燃煤电厂，应设置控制中心报警系统。B选项不正确。

7.13.4 消防控制室应与集中控制室合并设置。C选项不正确。

7.13.13 消防设施的就地启动、停止控制设备应具有明显标志，并应有防误操作保护措施。消防水泵的停运应为手动控制。消防水泵可按定期人工巡检方式设计。D选项不正确。

24.【答案】A

【解析】本题考查的知识点是灭火器。根据《建筑灭火器配置设计规范》（GB 50140）的相关规定：

3.2.1 工业建筑灭火器配置场所的危险等级，应根据其生产、使用、储存物品的火灾危险性，可燃物数量，火灾蔓延速度，扑救难易程度等因素，划分为严重危险级、中危险级、轻危险级三级。

3.2.2 民用建筑灭火器配置场所的危险等级，应根据其使用性质，人员密集程度，用电用火情况，可燃物数量，火灾蔓延速度，扑救难易程度等因素，划分为严重危险级、中危险级、轻危险级三级。

综上所述，影响灭火器配置数量的主要因素不包括建筑物的耐火等级，A选项符合题意。

25.【答案】B

【解析】本题考查的知识点是停车场防火间距。根据《汽车库、修车库、停车场设计防火规范》（GB 50067）的相关规定：

4.2.11 屋面停车区域与建筑其他部分或相邻其他建筑物的防火间距，应按地面停车场与建筑的防火间距确定。

4.2.1 除本规范另有规定外，汽车库、修车库、停车场之间及汽车库、修车库、停车场与除甲类物品仓库外的其他建筑物的防火间距，不应小于表4.2.1（原表号，见表1-1-7）的规定。

题干中的建筑为一个整体，属于超高层公共建筑，耐火等级不应低于一级，所以4栋塔楼与屋面停车场的防火间距至少应为6m，B选项正确。

表1-1-7 汽车库、修车库、停车场之间及汽车库、修车库、停车场与
除甲类物品仓库外的其他建筑物的防火间距　　　　　　　　　　（单位：m）

名称和耐火等级	汽车库、修车库		厂房、仓库、民用建筑		
	一、二级	三级	一、二级	三级	四级
一、二级汽车库、修车库	10	12	10	12	14
三级汽车库、修车库	12	14	12	14	16
停车场	6	8	6	8	10

26.【答案】C

【解析】本题考查的知识点是七氟丙烷灭火系统。根据《气体灭火系统设计规范》（GB 50370）3.3 七氟丙烷灭火系统的相关规定：

3.3.6 防护区实际应用的浓度不应大于灭火设计浓度的1.1倍。A、B选项说法不正确。

3.3.7 在通讯机房和电子计算机房等防护区，设计喷放时间不应大于8s；在其他防护区，设计喷

放时间不应大于10s。C选项说法正确，D选项说法不正确。

27. 【答案】A

【解析】本题考查的知识点是防烟系统。根据《建筑防烟排烟系统技术标准》（GB 51251）的相关规定：

3.1.9 避难走道应在其前室及避难走道分别设置机械加压送风系统，但下列情况可仅在前室设置机械加压送风系统：

1 避难走道一端设置安全出口，且总长度小于30m。A选项符合题意。

2 避难走道两端设置安全出口，且总长度小于60m。

28. 【答案】D

【解析】本题考查的知识点是火灾自动报警系统。根据《火灾自动报警系统设计规范》（GB 50116）的相关规定：

3.2.1 条文说明，建筑设定的安全目标直接关系到火灾自动报警系统形式的选择。区域报警系统，适用于仅需要报警，不需要联动自动消防设备的保护对象；集中报警系统适用于具有联动要求的保护对象；控制中心报警系统一般适用于建筑群或体量很大的保护对象，这些保护对象中可能设置几个消防控制室，也可能由于分期建设而采用了不同企业的产品或同一企业不同系列的产品，或由于系统容量限制而设置了多个起集中作用的火灾报警控制器等情况，这些情况下均应选择控制中心报警系统。

综上所述，D选项符合题意。

29. 【答案】D

【解析】本题考查的知识点是火灾探测器。根据《点型感温火灾探测器》（GB 4716）3.2分类，探测器应符合表1中划分的A1、A2、B、C、D、E、F和G中的一类或多类。A选项不正确。

根据《线型感温火灾探测器》（GB 16280）3.1线型感温火灾探测器按敏感部件形式分类：

a) 缆式；b) 空气管式；c) 分布式光纤；d) 光纤光栅；e) 线式多点型。B选项不正确。

根据《吸气式感烟火灾探测报警系统设计、施工及验收规范》（DB 11/1026）3.1.2 探测器按其所支持的采样孔灵敏度分为高灵敏型、灵敏型及普通型三类。C选项不正确。

吸气式感烟火灾探测器按其采样方式不同，分为管路采样式和点型采样式。D选项正确。

30. 【答案】D

【解析】本题考查的知识点是排烟系统。根据《建筑防烟排烟系统技术标准》（GB 51251）第4.3.2条防烟分区内自然排烟窗（口）的面积、数量、位置应按本标准第4.6.3  条规定经计算确定，且防烟分区内任一点与最近的自然排烟窗（口）之间的水平距离不应大于30m。当工业建筑采用自然排烟方式时，其水平距离尚不应大于建筑内空间净高的2.8倍；当公共建筑空间净高大于或等于6m，且有自然对流条件时，其水平距离不应大于37.5m。D选项符合题意。

31. 【答案】B

【解析】本题考查的知识点是通风系统。根据《建筑设计防火规范》（GB 50016—2014）(2018年版)的相关规定：

9.3.9 排除有燃烧或爆炸危险气体、蒸气和粉尘的排风系统，应符合下列规定：

1 排风系统应设置导除静电的接地装置。

2 排风设备不应布置在地下或半地下建筑（室）内。D选项方案不正确。

3 排风管应采用金属管道，并应直接通向室外安全地点，不应暗设。A选项采用难燃性管道不正确。

6.2.9-2 建筑内的电缆井、管道井、排烟道、排气道、垃圾道等竖向井道，应分别独立设置。井壁的耐火极限不应低于1.00h，井壁上的检查门应采用丙级防火门。B选项方案正确。

9.3.11-2 通风、空气调节系统的风管在穿越通风、空气调节机房的房间隔墙和楼板处应设置公称动作温度为70℃的防火阀。C选项方案不正确。

32.【答案】C

【解析】本题考查的知识点是防烟系统。根据《建筑防烟排烟系统技术标准》(GB 51251)的相关规定：

3.3.11 设置机械加压送风系统的封闭楼梯间、防烟楼梯间，尚应在其顶部设置不小于$1m^2$的固定窗。靠外墙的防烟楼梯间，尚应在其外墙上每5层内设置总面积不小于$2m^2$的固定窗。A选项不正确。

3.3.1 建筑高度大于100m的建筑，其机械加压送风系统应竖向分段独立设置，且每段高度不应超过100m。C选项正确。

3.4.2 注：2. 表中风量按开启着火层及其上下层，共开启三层的风量计算。B、D选项不正确。

33.【答案】D

【解析】本题考查的知识点是城市交通隧道室内消火栓系统。根据《消防给水及消火栓系统技术规范》(GB 50974)的相关规定：

7.4.16 城市交通隧道室内消火栓系统的设置应符合下列规定：

1 隧道内宜设置独立的消防给水系统。A选项方案正确。

2 管道内的消防供水压力应保证用水量达到最大时，最低压力不应小于0.30MPa，但当消火栓栓口处的出水压力超过0.70MPa时，应设置减压设施。B选项方案正确，D选项方案错误。

3 在隧道出入口处应设置消防水泵接合器和室外消火栓。

4 消火栓的间距不应大于50m，双向同行车道或单行通行但大于3车道时，应双面间隔设置。C选项方案正确。

34.【答案】A

【解析】本题考查的知识点是室外消火栓系统。根据《消防给水及消火栓系统技术规范》(GB 50974)的相关规定：

7.3.6 甲、乙、丙类液体储罐区和液化烃罐罐区等构筑物的室外消火栓，应设在防火堤或防护墙外，数量应根据每个罐的设计流量经计算确定，但距罐壁15m范围内的消火栓，不应计算在该罐可使用的数量内。

7.3.2 建筑室外消火栓的数量应根据室外消火栓设计流量和保护半径经计算确定，保护半径不应大于150.0m，每个室外消火栓的出流量宜按10~15L/s计算。

综上，符合条件的距离值范围为15~150m，A选项正确。

35.【答案】B

【解析】本题考查的知识点是灭火器。根据《建筑灭火器配置设计规范》(GB 50140)的相关规定：

附录A 建筑灭火器配置类型、规格和灭火级别基本参数举例：MP/AR6、MP6为泡沫灭火器，灭火级别为1A；MF/ABC3为干粉灭火器，灭火级别为2A；MS/T6为水型灭火器，灭火级别为1A。根据《建筑灭火器配置验收及检查规范》(GB 50444—2008)第3.1.5条，灭火器设置点的环境温度不得超出灭火器的使用温度范围。低温场所不适合水型和泡沫灭火器。

综上，B选项符合要求。

36. 【答案】B

【解析】本题考查的知识点是石油化工防火。根据《石油化工企业设计防火标准》(GB 50160)第8.5.7条，罐区及工艺装置区的消火栓应在其四周道路边设置，消火栓的间距不宜超过60m。当装置内设有消防道路时，应在道路边设置消火栓。距被保护对象15m以内的消火栓不应计算在该保护对象可使用的数量之内。B选项正确。

37. 【答案】C

【解析】本题考查的知识点是火力发电厂防火。根据《火力发电厂与变电站设计防火标准》(GB 50229)第5.1.2条，汽机房、除氧间、煤仓间、锅炉房最远工作地点到直通室外的安全出口或疏散楼梯的距离不应大于75m；集中控制楼最远工作地点到直通室外的安全出口或楼梯间的距离不应大于50m。C选项正确。

38. 【答案】B

【解析】本题考查的知识点是自动喷水灭火系统。《自动喷水灭火系统设计规范》(GB 50084)的相关规定：

11.0.7 预作用系统、雨淋系统和自动控制的水幕系统，应同时具备下列三种开启报警阀组的控制方式：

1 自动控制。A选项正确。

2 消防控制室（盘）远程控制。C选项正确。

3 预作用装置或雨淋报警阀处现场手动应急操作。D选项正确。

39. 【答案】C

【解析】本题考查的知识点是消防车道。《建筑设计防火规范》(GB 50016—2014)(2018年版)的相关规定：

7.2.1 高层建筑应至少沿一个长边或周边长度的1/4且不小于一个长边长度的底边连续布置消防车登高操作场地，该范围内的裙房进深不应大于4m。

建筑高度不大于50m的建筑，连续布置消防车登高操作场地确有困难时，可间隔布置，但间隔距离不宜大于30m，且消防车登高操作场地的总长度仍应符合上述规定。

7.2.2 消防车登高操作场地应符合下列规定：

1 场地与厂房、仓库、民用建筑之间不应设置妨碍消防车操作的树木、架空管线等障碍物和车库出入口。

2 场地的长度和宽度分别不应小于15m和10m。对于建筑高度大于50m的建筑，场地的长度和宽度分别不应小于20m和10m。

3 场地及其下面的建筑结构、管道和暗沟等，应能承受重型消防车的压力。

4 场地应与消防车道连通，场地靠建筑外墙一侧的边缘距离建筑外墙不宜小于5m，且不应大于10m，场地的坡度不宜大于3%。A选项错误。

7.1.1 街区内的道路应考虑消防车的通行，道路中心线间的距离不宜大于160m。

当建筑物沿街道部分的长度大于150m或总长度大于220m时，应设置穿过建筑物的消防车道。确有困难时，应设置环形消防车道。C选项正确。

7.1.2 高层民用建筑，超过3000个座位的体育馆，超过2000个座位的会堂，占地面积大于3000m²的商店建筑、展览建筑等单、多层公共建筑应设置环形消防车道，确有困难时，可沿建筑的两个长边设置消防车道；对于高层住宅建筑和山坡地或河道边临空建造的高层民用建筑，可沿建筑的一个长边设置消防车道，但该长边所在建筑立面应为消防车登高操作面。

该建筑占地面积为：160×90=14400(m²)>3000(m²)。B、D选项错误。

40. 【答案】D

【解析】 本题考查的知识点是轰燃。影响轰燃发生的重要因素包括室内可燃物的数量、燃烧特性与布局、房间的大小与形状、开口的大小、位置与形状、室内装修装饰材料热惯性。

材料的热惯性是热传导系数、密度和比热容的乘积，是表达材料导热能力和吸热能力的参数。如果建筑使用的内衬材料热惯性比较小，则其吸收热量的能力小，会导致室内温升过快，加速室内热量的积累，使轰燃发生的可能大大增加，故 D 选项正确。

41. 【答案】 D

【解析】 本题考查的知识点是泡沫灭火系统相关知识，外浮顶和内浮顶储罐应选用液上喷射系统。

根据《石油天然气工程设计防火规范》（GB 50183）8.4.2 油罐区低倍数泡沫灭火系统的设置，应符合下列规定：

1 单罐容量不小于10000m³的固定顶罐、单罐容量不小于50000m³的浮顶罐、机动消防设施不能进行保护或地形复杂消防车扑救困难的储罐区，应设置固定式低倍数泡沫灭火系统。

根据《泡沫灭火系统设计规范》（GB 50151）的相关规定：

4.1.2 储罐区低倍数泡沫灭火系统的选择，应符合下列规定：

1 非水溶性甲、乙、丙类液体固定顶储罐，应选用液上喷射、液下喷射或半液下喷射系统。

2 水溶性甲、乙、丙类液体和其他对普通泡沫有破坏作用的甲、乙、丙类液体固定顶储罐，应选用液上喷射系统或半液下喷射系统。

3 外浮顶和内浮顶储罐应选用液上喷射系统。D 选项符合要求。

42. 【答案】 B

【解析】 本题考查的知识点是水喷雾灭火系统。依据《水喷雾灭火系统技术规范》（GB 50219）的相关规定：

3.2.7 当保护对象为球罐时，水雾喷头的布置尚应符合下列规定：

1 水雾喷头的喷口应朝向球心。A 选项错误。

2 水雾锥沿纬线方向应相交，沿经线方向应相接。

3 当球罐的容积不小于1000m³时，水雾锥沿纬线方向应相交，沿经线方向宜相接。B 选项正确，C 选项错误。但赤道以上环管之间的距离不应大于3.6m。D 选项错误。

43. 【答案】 D

【解析】 本题考查的知识点是储烟仓。根据《建筑防烟排烟系统技术标准》（GB 51251）第4.6.2条，当采用自然排烟方式时，储烟仓的厚度不应小于空间净高的20%，且不应小于500mm。同时储烟仓底部距地面的高度应大于安全疏散所需的最小清晰高度。D 选项正确。

44. 【答案】 D

【解析】 本题考查的知识点是汽车库、修车库。根据《汽车库、修车库、停车场设计防火规范》（GB 50067）的相关规定：

7.2.1 除敞开式汽车库、屋面停车场外，下列汽车库、修车库应设置自动喷水灭火系统：

1 Ⅰ、Ⅱ、Ⅲ类地上汽车库；

2 停车数大于10辆的地下、半地下汽车库；

3 机械式汽车库；

4 采用汽车专用升降机作汽车疏散出口的汽车库；

5 Ⅰ类修车库。

A 选项为敞开汽车库，可不设置。B 选项为Ⅳ类，可不设置。C 选项为Ⅱ类修车库，可不设置。

D 选项机械式汽车库，需要设置。

45．【答案】A

【解析】本题考查的知识点是消防供配电。根据《建筑设计防火规范》（GB 50016—2014）（2018 年版）的相关规定：

10.1.2 下列建筑物、储罐（区）和堆场的消防用电应按二级负荷供电：

1 室外消防用水量大于 30L/s 的厂房（仓库）。A 选项正确。

2 室外消防用水量大于 35L/s 的可燃材料堆场、可燃气体储罐（区）和甲、乙类液体储罐（区）。

3 粮食仓库及粮食筒仓。

4 二类高层民用建筑。

5 座位数超过 1500 个的电影院、剧场，座位数超过 3000 个的体育馆，任一层建筑面积大于 3000m² 的商店和展览建筑，省（市）级及以上的广播电视、电信和财贸金融建筑，室外消防用水量大于 25L/s 的其他公共建筑。

46．【答案】A

【解析】本题考查的知识点是泡沫灭火系统。半固定式系统是指由固定的泡沫产生器与部分连接管道、泡沫消防车或机动消防泵，用水带连接组成的灭火系统。A 选项错误。

47．【答案】B

【解析】本题考查的知识点是消防应急照明系统。该系统为灯具采用自带蓄电池供电方式的集中控制型系统，根据《消防应急照明和疏散指示系统技术标准》（GB 51309）的相关规定：

3.6.1 系统控制架构的设计应符合下列规定：

1 系统设置多台应急照明控制器时，应设置一台起集中控制功能的应急照明控制器；

2 应急照明控制器应通过集中电源或应急照明配电箱连接灯具，并控制灯具的应急启动、蓄电池电源的转换。

该系统应由应急照明控制器，应急照明配电箱和自带电源型灯具及相关附件组成；B 选项正确。

48．【答案】A

【解析】本题考查的知识点是汽车库、修车库。该车库总建筑面积 4050m²，120 个停车位，属于Ⅲ类汽车库，根据《汽车库、修车库、停车场设计防火规范》（GB 50067）的相关规定：

6.0.12 Ⅳ类汽车库设置汽车坡道有困难时，可采用汽车专用升降机作汽车疏散出口，升降机的数量不应少于 2 台，停车数量少于 25 辆时，可设置 1 台。A 选项错误。

9.0.7 除敞开式汽车库、屋面停车场外，下列汽车库、修车库应设置火灾自动报警系统：

1 Ⅰ类汽车库、修车库；

2 Ⅱ类地下、半地下汽车库、修车库；

3 Ⅱ类高层汽车库、修车库；

4 机械式汽车库；

5 采用汽车专用升降机作汽车疏散出口的汽车库。B 选项正确。

6.0.10 当符合下列条件之一时，汽车库、修车库的汽车疏散出口可设置 1 个：

1 Ⅳ类汽车库；

2 设置双车道汽车疏散出口的Ⅲ类地上汽车库；C 选项正确。

3 设置双车道汽车疏散出口、停车数量小于或等于 100 辆且建筑面积小于 4000m² 的地下或半地下汽车库；

4 Ⅱ、Ⅲ、Ⅳ类修车库。

6.0.3　汽车库、修车库的疏散楼梯应符合下列规定：

1　建筑高度大于32m的高层汽车库、室内地面与室外出入口地坪的高差大于10m的地下汽车库应采用防烟楼梯间，其他汽车库、修车库应采用封闭楼梯间。D选项正确。

49.【答案】C

【解析】本题考查的知识点是消防应急照明系统。根据《消防应急照明和疏散指示系统技术标准》（GB 51309）的相关规定：

3.2.1-4　设置在距地面8m及以下的灯具的电压等级及供电方式应符合下列规定：

1）应选择A型灯具；

2）地面上设置的标志灯应选择集中电源A型灯具。A选项自带电源型不正确。

3.2.1-7　灯具及其连接附件的防护等级应符合下列规定：

1）在室外或地面上设置时，防护等级不应低于IP67。B选项不正确。

2）在隧道场所、潮湿场所内设置时，防护等级不应低于IP65。

3）B型灯具的防护等级不应低于IP34。

3.2.1-6　标志灯的规格应符合下列规定：

1）室内高度大于4.5m的场所，应选择特大型或大型标志灯。

2）室内高度为3.5~4.5m的场所，应选择大型或中型标志灯。

3）室内高度小于3.5m的场所，应选择中型或小型标志灯。C选项正确。

3.2.1-2　不应采用蓄光型指示标志替代消防应急标志灯具。D选项不正确。

50.【答案】B

【解析】本题考查的知识点是消防用水量的计算。根据《消防给水及消火栓系统技术规范》（GB 50974）的相关规定：火灾延续时间为2h。

室外消火栓用水量：$30 \times 2 \times 3.6 = 216(m^3)$

室内消火栓用水量：$20 \times 2 \times 3.6 = 144(m^3)$

自喷用水量：$20 \times 1 \times 3.6 = 72(m^3)$

消防用水量：$216 + 144 + 72 = 432(m^3)$

综上B选项正确。

51.【答案】A

【解析】本题考查的知识点是自动喷水灭火系统。根据《自动喷水灭火系统设计规范》（GB 50084）的相关规定：

4.2.6　具有下列条件之一的场所，应采用雨淋系统：

1　火灾的水平蔓延速度快、闭式洒水喷头的开放不能及时使喷水有效覆盖着火区域的场所；

2　设置场所的净空高度超过本规范第6.1.1条的规定，且必须迅速扑救初期火灾的场所；

3　火灾危险等级为严重危险级Ⅱ级的场所。（喷漆车间属于严重危险Ⅱ级）A选项正确。

52.【答案】B

【解析】本题考查的知识点是地铁防火。根据《地铁设计防火标准》（GB 51298）的相关规定：

4.1.5　车站内的商铺设置以及与地下商业等非地铁功能的场所相邻的车站应符合下列规定：

1　站台层、站厅付费区、站厅非付费区的乘客疏散区以及用于乘客疏散的通道内，严禁设置商铺和非地铁运营用房。A、C、D选项不符合要求。

2　在站厅非付费区的乘客疏散区外设置的商铺，不得经营和储存甲、乙类火灾危险性的商品，不得储存可燃性液体类商品。B 选项符合要求。

53. 【答案】B

【解析】本题考查的知识点是自燃。粮食在潮湿的环境中堆积会发热；当温度升高到 38~40℃时，就会发霉变质，继续积聚热量，逐渐由物理反应转化为化学反应，最后达到自燃点，引起自燃。B 选项符合题意。

54. 【答案】A

【解析】本题考查的知识点是火灾自动报警系统。根据《火灾自动报警系统设计规范》（GB 50116）第 3.2.1 条第 3 款，设置两个及以上集中报警系统的保护对象或设置两个及以上消防控制室的保护对象，应采用控制中心报警系统。A 选项错误。

55. 【答案】C

【解析】本题考查的知识点是燃气锅炉房。锅炉的燃料供给管道应在进入建筑物前和设备间内的管道上设置自动和手动切断阀。C 选项正确。

按换气次数计算法（无特别要求的情况下均可采用），换气次数指的是 1.00h 这个房间要更换几次空气，单位：次/h，燃气锅炉房正常通风量不少于 6 次/h，排风机正常通风量为：$6 \times 1000 = 6000(m^3/h)$。A 选项错误。燃气锅炉房事故排风量不少于 12 次/h，排风机事故通风量为：$12 \times 1000 = 12000(m^3/h)$。D 选项错误。锅炉设置在屋顶上，距通向屋面的安全出口不应小于 6.0m。B 选项错误。

56. 【答案】D

【解析】本题考查的知识点是防烟系统。根据《建筑防烟排烟系统技术标准》（GB 51251）第 3.3.12 条，设置机械加压送风系统的避难层（间），尚应在外墙设置可开启外窗，其有效面积不应小于该避难层（间）地面面积的 1%。D 选项错误。

57. 【答案】C

【解析】本题考查的知识点是人防工程。根据《人民防空工程设计防火规范》（GB 50098）的相关规定：

4.1.1 人防工程内应采用防火墙划分防火分区，当采用防火墙确有困难时，可采用防火卷帘等防火分隔设施分隔，防火分区划分应符合下列要求：

5 工程内设置有旅店、病房、员工宿舍时，不得设置在地下二层及以下层，并应划分为独立的防火分区，且疏散楼梯不得与其他防火分区的疏散楼梯共用。C 选项不符合题意。

58. 【答案】A

【解析】本题考查的知识点是气体灭火系统。根据《气体灭火系统设计规范》（GB 50370）的相关规定：

3.1.12 喷头的保护高度和保护半径，应符合下列规定：

1 最大保护高度不宜大于 6.5m；

2 最小保护高度不应小于 0.3m；

3 喷头安装高度小于 1.5m 时，保护半径不宜大于 4.5m；

4 喷头安装高度不小于 1.5m 时，保护半径不应大于 7.5m。A 选项错误。

59. 【答案】B

【解析】本题考查的知识点是自动喷水灭火系统。根据《自动喷水灭火系统设计规范》（GB 50084）的相关规定：

5.0.14 水幕系统的设计基本参数应符合表 5.0.14（原表号，见表 1-1-8）的规定：

表1-1-8 水幕系统的设计基本参数

水幕系统类别	喷水点高度（m）	喷水强度[L/(s·m)]	喷头工作压力（MPa）
防火分隔水幕	≤12	2	0.1
防护冷却水幕	≤4	0.5	

注：防护冷却水幕的喷水点高度每增加1m，喷水强度应增加0.1L/(s·m)，但超过9m时喷水强度仍采用1.0L/(s·m)，系统持续喷水时间不应小于系统设置部位的耐火极限要求。喷头布置应符合本规范第7.1.16条的规定。

喷头设置高度为7m，$0.5+(7-4)\times 0.1=0.8$ L/(s·m)，喷水强度不应小于0.8L/(s·m)。B选项正确。

60. 【答案】C

【解析】本题考查的知识点是地铁防火。根据《地铁设计防火标准》（GB 51298）第5.4.2条，两条单线载客运营地下区间之间应设置联络通道，相邻两条联络通道之间的最小水平距离不应大于600m，通道内应设置一道并列二樘且反向开启的甲级防火门。C选项正确。

61. 【答案】D

【解析】本题考查的知识点是消防应急照明系统。应急照明控制器通过应急照明集中电源连接灯具，D选项正确，如图1-1-1所示。

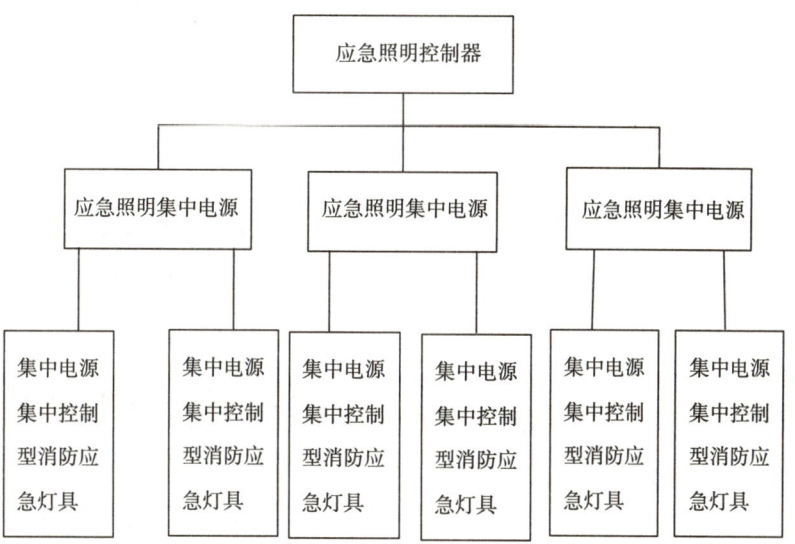

图1-1-1 灯具采用集中电源供电方式的集中控制型系统

62. 【答案】A

【解析】本题考查的知识点是火灾探测器。根据《火灾自动报警系统设计规范》（GB 50116）的相关规定：

6.2.18 感烟火灾探测器在格栅吊顶场所的设置，应符合下列规定：
1 镂空面积与总面积的比例不大于15%时，探测器应设置在吊顶下方。A选项正确。
2 镂空面积与总面积的比例大于30%时，探测器应设置在吊顶上方。
3 镂空面积与总面积的比例为15%～30%时，探测器的设置部位应根据实际试验结果确定。
4 探测器设置在吊顶上方且火警确认灯无法观察时，应在吊顶下方设置火警确认灯。
5 地铁站台等有活塞风影响的场所，镂空面积与总面积的比例为30%～70%时，探测器宜同时设置在吊顶上方和下方。

63.【答案】B

【解析】本题考查的知识点是洁净厂房。根据《洁净厂房设计规范》（GB 50073）的相关规定：

7.4.1 洁净厂房必须设置消防给水设施，消防给水设施设置设计应根据生产的火灾危险性、建筑物耐火等级以及建筑物的体积等因素确定。A选项错误。

6.5.7 洁净厂房排烟设施的设置应符合下列规定：

1 洁净厂房中的疏散走廊应设置机械排烟设施。C选项错误。

5.2.1 洁净厂房的耐火等级不应低于二级。二级耐火等级的厂房柱、梁的耐火极限分别不应低于2.5h、1.5h。D选项错误。

洁净厂房的生产层、技术夹层、机房、站房等均应设置火灾报警探测器。B选项正确。

64.【答案】A

【解析】本题考查的知识点是自动喷水灭火系统。根据《自动喷水灭火系统设计规范》（GB 50084）的相关规定：

6.5.1 每个报警阀组控制的最不利点洒水喷头处应设末端试水装置。B选项正确，其他防火分区、楼层均应设直径为25mm的试水阀。

6.5.2 末端试水装置应由试水阀、压力表以及试水接头组成。D选项正确。

试水接头出水口的流量系数，应等同于同楼层或防火分区内的最小流量系数洒水喷头。C选项正确。

末端试水装置的出水，应采取孔口出流的方式排入排水管道，排水立管宜设伸顶通气管，且管径不应小于75mm。A选项未采用孔口出流的方式，故错误。

65.【答案】A

【解析】本题考查的知识点是消防车登高操作场地。根据《建筑设计防火规范》（GB 50016）的相关规定：

7.2.1 高层建筑应至少沿一个长边或周边长度的1/4且不小于一个长边长度的底边连续布置消防车登高操作场地。消防车登高操作场地最小长度应为80m，D选项错误。该范围内的裙房进深不应大于4m。雨棚挑出超过4m，C选项错误。

建筑高度不大于50m的建筑，连续布置消防车登高操作场地确有困难时，可间隔布置，但间隔距离不宜大于30m，且消防车登高操作场地的总长度仍应符合上述规定。本题建筑高度大于50m，所以消防车登高操作场地不可连续布置，B选项错误。

7.2.2 消防车登高操作场地应符合下列规定：

1 场地与厂房、仓库、民用建筑之间不应设置妨碍消防车操作的树木、架空管线等障碍物和车库出入口。

2 场地的长度和宽度分别不应小于15m和10m。对于建筑高度大于50m的建筑，场地的长度和宽度分别不应小于20m和10m。

3 场地及其下面的建筑结构、管道和暗沟等，应能承受重型消防车的压力。

4 场地应与消防车道连通，场地靠建筑外墙一侧的边缘距离建筑外墙不宜小于5m，且不应大于10m，场地的坡度不宜大于3%。A选项正确。

66.【答案】B

【解析】本题考查的知识点是自动喷水灭火系统。总面积为2500m²的地下商场为自动喷水灭火系统设置场所，危险等级为中危险Ⅱ级。根据《自动喷水灭火系统设计规范》（GB 50084）的相关规定：

6.1.3-7 湿式系统的洒水喷头不宜选用隐蔽式洒水喷头;确需采用时,应仅适用于轻危险级和中危险级Ⅰ级场所。A选项错误。

6.1.3-3 顶板为水平面的轻危险级、中危险级Ⅰ级住宅建筑、宿舍、旅馆建筑客房、医疗建筑病房和办公室,可采用边墙型洒水喷头。D选项错误。

7.1.13 装设网格、栅板类通透性吊顶的场所,当通透面积占吊顶总面积的比例大于70%时,喷头应设置在吊顶上方。根据题意,本题喷头应设置在吊顶上方。

6.1.7-4 地下商业场所宜采用快速响应洒水喷头。响应时间指数RTI≤50 (m·s)$^{0.5}$的闭式洒水喷头为快速响应洒水喷头。B选项正确,C选项错误。

67.【答案】C

【解析】本题考查的知识点是灭火器。每层为一个计算单元,根据公式 $Q = KS/U$ 进行验算。

A选项:$Q = 0.5 \times 1000/75 \approx 6.67A$,每具MF/ABC4的灭火级别为2A,每层至少应配备 $6.67/2 \approx 4$ 具,该建筑至少需配备8具,故A选项错误。

B选项:$Q = 0.7 \times 1000/75 \approx 9.33A$,每具MF/ABC4的灭火级别为2A,每层至少应配备 $9.33/2 \approx 5$ 具,该建筑至少需配备10具,故B选项错误。

C选项:$Q = 0.9 \times 1000/75 = 12A$,每具MF/ABC4的灭火级别为2A,每层至少应配备 $12/2 = 6$ 具,该建筑至少需配备12具,故C选项正确。

D选项:$Q = 1 \times 1000/75 = 13.33A$,每具MF/ABC4的灭火级别为2A,每层至少应配备 $13.33/2 \approx 7$ 具,该建筑至少需配备14具,故D选项错误。

68.【答案】D

【解析】本题考查的知识点是防烟系统。根据《建筑防烟排烟系统技术标准》(GB 51251)的相关规定:

5.1.3 当防火分区内火灾确认后,应能在15s内联动开启常闭加压送风口和加压送风机。并应符合下列规定:

1 应开启该防火分区楼梯间的全部加压送风机;

2 应开启该防火分区内着火层及其相邻上下层前室及合用前室的常闭送风口,同时开启加压送风机。A选项不符合要求,D选项符合要求。

楼梯间的送风口本身就是常开的,所以B、C选项不符合要求。

69.【答案】A

【解析】本题考查的知识点是火灾自动报警系统。对自动喷水灭火系统的控制和显示应符合下列要求:应能显示喷淋泵电源的工作状态。D选项正确。应能显示喷淋泵(稳压或增压泵)的启、停状态和故障状态,并显示水流指示器、信号阀、报警阀、压力开关等设备的正常工作状态和动作状态。未说明能控制信号阀,A选项错误。

消防应急广播控制装置应符合下列要求:应能显示处于应急广播状态的广播分区、预设广播信息;应能分别通过手动和按照预设控制逻辑自动控制选择广播分区、启动或停止应急广播,并在扬声器进行应急广播时自动对广播内容进行录音。C选项正确。

消防联动控制器的电压控制输出应采用直流24V。B选项正确。

70.【答案】D

【解析】本题考查的知识点是消防供配电。消防水泵、喷淋水泵、水幕泵和消防电梯要由变配电站或主配电室直接出线,采用放射式供电。D选项错误。

71. 【答案】D

【解析】本题考查的知识点是室内消火栓系统。根据《建筑设计防火规范》(GB 50016—2014)(2018 年版)第 8.2.2 条第 2 款，耐火等级为三、四级且建筑体积不大于 3000m³ 的丁类厂房，耐火等级为三、四级且建筑体积不大于 5000m³ 的戊类厂房（仓库），可不设置室内消火栓系统，但宜设置消防软管卷盘或轻便消防水龙。D 选项符合题意。

72. 【答案】A

【解析】本题考查的知识点是灭火器。根据《建筑灭火器配置设计规范》(GB 50140) 第 6.1.2 条，每个设置点的灭火器数量不宜多于 5 具。B 选项错误。

表 6.2.1 中危险级单位灭火级别最大保护面积为 $1.0m^2$。A 选项正确。

轻危险级单具灭火器最小配置灭火级别为 21B，严重危险级单具灭火器最小配置灭火级别为 89B。C、D 选项错误。

73. 【答案】B

【解析】本题考查的知识点是人防工程。根据《人民防空工程设计防火规范》(GB 50098) 的相关规定：

5.2.1-2 人防工程中设有建筑面积大于 500m² 的旅馆，当底层室内地面与室外出入口地坪高差大于 10m 时，应设置防烟楼梯间；当地下为两层，且地下第二层的室内地面与室外出入口地坪高差不大于 10m 时，应设置封闭楼梯间。本题底层室内地面与室外出入口地坪高差为 9.9m，故应设封闭楼梯间。A 选项错误。

8.1.1 建筑面积大于 5000m² 的人防工程，其消防用电应按一级负荷要求供电；建筑面积小于或等于 5000m² 的人防工程可按二级负荷要求供电。B 选项正确。

3.1.2 人防工程内不得使用和储存液化石油气、相对密度（与空气密度比值）大于或等于 0.75 的可燃气体和闪点小于 60℃ 的液体燃料。C 选项错误。

8.4.1 下列人防工程或部位应设置火灾自动报警系统：

1 建筑面积大于 500m² 的地下商店、展览厅和健身体育场所。D 选项错误。

74. 【答案】C

【解析】本题考查的知识点是地铁防火。根据《地铁设计防火标准》(GB 51298) 的相关规定：

6.3.6 站厅、站台、人员出入口、疏散楼梯及楼梯间、疏散通道、避难走道、联络通道等人员疏散部位和消防专用通道，其墙面、地面、顶棚及隔断装修材料的燃烧性能均应为 A 级，但站台门的绝缘层和地上具有自然排烟条件的房间地面装修材料的燃烧性能可为 B_1 级。A 选项正确。

3.1.1 地上车站建筑的周围应设置环形消防车道，确有困难时，可沿车站建筑的一个长边设置消防车道。B 选项正确。

4.1.5-3 在站厅层与站台层之间设置商业等非地铁功能的场所时，站台至站厅的楼梯或扶梯不应与商业等非地铁功能的场所连通，楼梯或扶梯穿越商业等非地铁功能的场所的部位周围应设置无门窗洞口的防火墙。C 选项错误。

5.1.4 每个站厅公共区应至少设置 2 个直通室外的安全出口。安全出口应分散布置，且相邻两个安全出口之间的最小水平距离不应小于 20m。D 选项正确。

75. 【答案】A

【解析】本题考查的知识点是火灾自动报警系统。根据《火灾自动报警系统设计规范》(GB 50116) 的相关规定：

9.2.1 剩余电流式电气火灾监控探测器应以设置在低压配电系统首端为基本原则，宜

设置在第一级配电柜（箱）的出线端。在供电线路泄漏电流大于500mA时，宜在其下一级配电柜（箱）设置。

9.2.2 剩余电流式电气火灾监控探测器不宜设置在IT系统的配电线路和消防配电线路中。

9.2.3 选择剩余电流式电气火灾监控探测器时，应计及供电系统自然漏流的影响，并应选择参数合适的探测器；探测器报警值宜为300~500mA。A选项不正确、B选项正确。

9.2.4 具有探测线路故障电弧功能的电气火灾监控探测器，其保护线路的长度不宜大于100m。

9.1.3 电气火灾监控系统应根据建筑物的性质及电气火灾危险性设置，并应根据电气线路敷设和用电设备的具体情况，确定电气火灾监控探测器的形式与安装位置。在无消防控制室且电气火灾监控探测器设置数量不超过8只时，可采用独立式电气火灾监控探测器。C选项正确。

9.1.6 电气火灾监控系统的设置不应影响供电系统的正常工作，不宜自动切断供电电源。D选项正确。

76. 【答案】C

【解析】本题考查的知识点是室外消火栓系统设计流量。根据《消防给水及消火栓系统技术规范》（GB 50974）表3.3.2注1成组布置的建筑物应按消火栓设计流量较大的相邻两座建筑物的体积之和确定。

本题中消火栓设计流量较大的相邻两座建筑物的体积之和为3000m³+1800m³=4800m³，查表可知室外消火栓的设计流量不应小于20L/s。

77. 【答案】C

【解析】本题考查的知识点是水喷雾灭火系统。变压器的保护面积除应按扣除底面面积以外的变压器油箱外表面面积确定外，还应包括散热器的外表面面积和油枕及集油坑的投影面积。

扣除底面面积以外的变压器油箱外表面面积：（5×4+5×3+4×3）×2-5×3=79（m²）

散热器的外表面面积和油枕及集油坑的投影面积：21+22=43（m²）

该变压器的保护面积至少应为79+43=122（m²）。C选项正确。

78. 【答案】C

【解析】本题考查的知识点是防排烟系统。根据《建筑防烟排烟系统技术标准》（GB 51251）的相关规定：

4.4.17 除洁净厂房外，设置机械排烟系统的任一层建筑面积大于2000m²的制鞋、制衣、玩具、塑料、木器加工储存等丙类工业建筑，可采用可熔性采光带（窗）替代固定窗。本题为商场，A选项错误。

4.4.13 当排烟口设在吊顶内且通过吊顶上部空间进行排烟时，应符合下列规定：

1 吊顶应采用不燃材料，且吊顶内不应有可燃物；

2 封闭式吊顶上设置的烟气流入口的颈部烟气速度不宜大于1.5m/s；

3 非封闭式吊顶的开孔率不应小于吊顶净面积的25%，且孔洞应均匀布置。B选项错误。

4.4.12-2 排烟口应设在储烟仓内，但走道、室内空间净高不大于3m的区域，其排烟口可设置在其净空高度的1/2以上；当设置在侧墙时，吊顶与其最近边缘的距离不应大于0.5m。C选项正确。

4.4.1 当建筑的机械排烟系统沿水平方向布置时，每个防火分区的机械排烟系统应独立设置。D选项错误，至少需设两套机械排烟系统。

79. 【答案】A

【解析】本题考查的知识点是灭火器。根据《建筑灭火器配置设计规范》（GB 50140）

4.2.1 A类火灾场所应选择水型灭火器、磷酸铵盐干粉灭火器、泡沫灭火器或卤代烷灭火器。

80. 【答案】D

【解析】 本题考查的知识点是建筑内部装修防火。根据《建筑内部装修设计防火规范》（GB 50222）的相关规定：

3.0.5 单位面积质量小于 300g/m² 的纸质、布质壁纸，当直接粘贴在 A 级基材上时，可作为 B_1 级装修材料使用。B、C 选项错误。

3.0.6 施涂于 A 级基材上的无机装修涂料，可作为 A 级装修材料使用；施涂于 A 级基材上，湿涂覆比小于 1.5kg/m²，且涂层干膜厚度不大于 1.0mm 的有机装修涂料，可作为 B_1 级装修材料使用。A 选项错误、D 选项正确。

二、多项选择题

81.【答案】 ABCD

【解析】 本题考查的知识点是排烟系统的联动控制。根据《火灾自动报警系统设计规范》（GB 50116—2013）的相关规定：

4.5.2 排烟系统的联动控制方式应符合下列规定：

1 应由同一防烟分区内的两只独立的火灾探测器的报警信号，作为排烟口、排烟窗或排烟阀开启的联动触发信号，并应由消防联动控制器联动控制排烟口、排烟窗或排烟阀的开启，同时停止该防烟分区的空气调节系统。A 选项错误。

2 应由排烟口、排烟窗或排烟阀开启的动作信号，作为排烟风机启动的联动触发信号，并应由消防联动控制器联动控制排烟风机的启动。C 选项错误，排烟风机的启动触发信号是排烟口、排烟窗或排烟阀开启的动作信号，而不是探测器的动作信号。

4.5.1-2 应由同一防烟分区内且位于电动挡烟垂壁附近的两只独立的感烟火灾探测器的报警信号，作为电动挡烟垂壁降落的联动触发信号，并应由消防联动控制器联动控制电动挡烟垂壁的降落。D 选项错误。

根据《建筑防烟排烟系统技术标准》（GB 51251）第 5.2.4 条，当火灾确认后，担负两个及以上防烟分区的排烟系统，应仅打开着火防烟分区的排烟阀或排烟口，其他防烟分区的排烟阀或排烟口应呈关闭状态。每个防烟分区 5 个排烟口，而 B 选项开启了 10 个排烟口。B 选项错误。

82.【答案】 CD

【解析】 本题考查的知识点是消防供配电。消防负荷的配电线路所设置的保护电器要具有短路保护功能，但不宜设置过负荷保护装置，如设置只能动作于报警而不能用于切断消防供电。防排烟风机属于此类，A 选项错误。

根据《建筑设计防火规范》（GB 50016—2014）（2018 年版）的相关规定：

10.2.5 可燃材料仓库内宜使用低温照明灯具，并应对灯具的发热部件采取隔热等防火措施，不应使用卤钨灯等高温照明灯具。配电箱及开关应设置在仓库外。配电箱设置在仓库内，B 选项错误。

10.2.7 老年人照料设施的非消防用电负荷应设置电气火灾监控系统。E 选项错误。

综上 C、D 选项正确。

83.【答案】 ABD

【解析】 本题考查的知识点是喷头的布置。地上商场建筑面积小于 5000m²，属于中危险 I 级。根据《自动喷水灭火系统设计规范》（GB 50084）第 7.1.2 条，直立型、下垂型标准覆盖面积洒水喷头的布置，包括同一根配水支管上喷头的间距及相邻配水支管的间距，应根据设置场所的火灾危险等级、洒水喷头类型和工作压力确定，并不应大于表 7.1.2（原表号，见表 1-1-9）的规定，且不应小于 1.8m。

表 1-1-9　直立型、下垂型标准覆盖面积洒水喷头的布置

火灾危险等级	正方形布置的边长（m）	矩形或平行四边形布置的长边边长（m）	一只喷头的最大保护面积（m²）	喷头与端墙的距离（m）最大	喷头与端墙的距离（m）最小
轻危险级	4.4	4.5	20.0	2.2	0.1
中危险级Ⅰ级	3.6	4.0	12.5	1.8	0.1
危险级Ⅱ级	3.4	3.6	11.5	1.7	0.1
严重危险级、仓库危险级	3.0	3.6	9.0	1.5	0.1

由上表内容可知，A 选项错误，B 选项错误（短边 1.5m < 1.8m），C 选项正确，D 选项错误，E 选项正确。

84.【答案】ADE

【解析】本题考查的知识点是泡沫灭火系统。根据《泡沫灭火系统设计规范》（GB 50151—2010）的相关规定：

4.1.9　储罐区固定式泡沫灭火系统应具备半固定式系统功能。A 选项正确。

4.2.3　液上喷射系统泡沫产生器的设置，应符合下列规定：

1　泡沫产生器的型号及数量，应根据本规范第 4.2.1 条和第 4.2.2 条计算所需的泡沫混合液流量确定，且设置数量不应小于表 4.2.3（原表号，见表 1-1-10）的规定；

表 1-1-10　泡沫产生器设置数量

储罐直径（m）	泡沫产生器设置数量（个）
≤10	1
>10 且 ≤25	2
>25 且 ≤30	3
>30 且 ≤35	4

根据上表，B 选项错误，储罐直径 32m 至少需要 4 个泡沫产生器。

4.2.2-1　非水溶性液体储罐液上喷射系统，其泡沫混合液供给强度和连续供给时间不应小于表 4.2.2-1（原表号，见表 1-1-11）的规定。可知 C 选项错误，E 选项正确。

表 1-1-11　泡沫混合液供给强度和连续供给时间

系统形式	泡沫液种类	供给强度 [L/(min·m²)]	连续供给时间（min）甲、乙类液体	连续供给时间（min）丙类液体
固定式、半固定式系统	蛋白	6.0	40	30
固定式、半固定式系统	氟蛋白、水成膜、成膜氟蛋白	5.0	45	30
移动式系统	蛋白、氟蛋白	8.0	60	45
移动式系统	水成膜、成膜氟蛋白	6.5	60	45

4.1.10　固定式泡沫灭火系统的设计应满足在泡沫消防水泵或泡沫混合液泵启动后，将泡沫混合液或泡沫输送到保护对象的时间不大于 5min。D 选项正确。

85.【答案】CDE

【解析】本题考查的知识点是自动喷水灭火系统。根据《自动喷水灭火系统设计规范》（GB 50084）11.0.1 湿式系统、干式系统应由消防水泵出水干管上设置的压力开关、高位消防水箱出水管上的流量开关和报警阀组压力开关直接自动启动消防水泵。

86. 【答案】CD

【解析】本题考查的知识点是建筑材料的附加信息标识。根据《建筑材料及制品燃烧性能分级》(GB 8624) 附录 B.1.2 A2 级、B 级和 C 级建筑材料及制品应给出以下附加信息：

——产烟特性等级；

——燃烧滴落物/微粒等级（铺地材料除外）；

——烟气毒性等级。

B.1.3 D 级建筑材料及制品应给出以下附加信息：

——产烟特性等级；

——燃烧滴落物/微粒等级。

87. 【答案】BDE

【解析】本题考查的知识点是汽车加油站爆炸危险区域。根据《汽车加油加气站设计与施工规范》(GB 50156)（2014 年版）附录 C 的相关规定：

C.0.4 汽油的地面油罐、油罐车和密闭卸油口的爆炸危险区域划分应符合下列规定：

1 地面油罐和油罐车内部的油品表面以上空间应划分为 0 区。

2 以通气口为中心，半径为 1.5m 的球形空间和以密闭卸油口为中心，半径为 0.5m 的球形空间，应划分为 1 区。

C.0.5 汽油加油机爆炸危险区域划分，应符合下列规定：

1 加油机壳体内部空间应划分为 1 区。A 选项错误。

C.0.2 汽油、LPG 和 LNG 设施的爆炸危险区域内地坪以下的坑或沟应划为 1 区。

C.0.15 当罩棚底部至地面距离 L 小于 5.5m 时，罩棚上部空间应为非防爆区。B 选项正确。

由图 C.0.15-2（原图号，如图 1-1-2 所示）可知罩棚以下是 2 区。

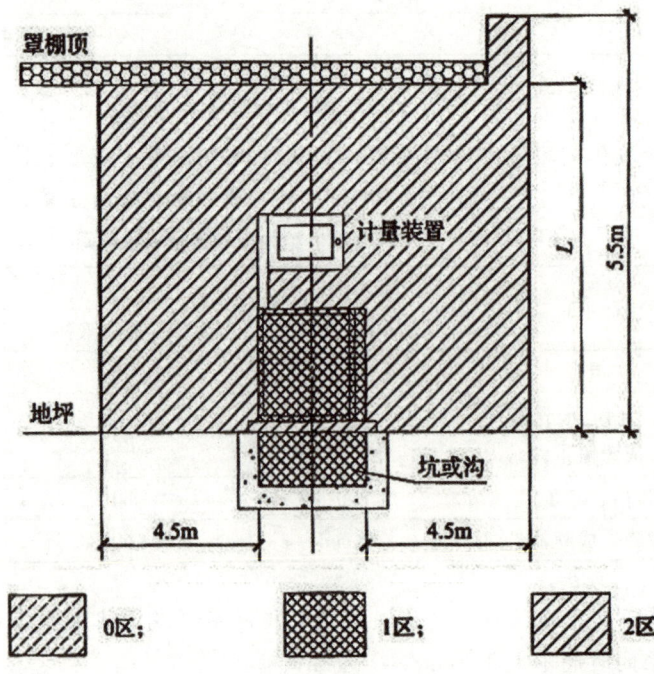

图 1-1-2 CNG 加气机、加气柱、卸气柱和 LNG 加气机的爆炸危险区域划分

根据建筑防爆内容：

隔爆型灯具适用于 1 区和 2 区，增安型灯具主要适用于 2 区，部分可用于 1 区，因此 D、E 选项均

正确。

爆炸物质分类为Ⅰ类（矿井甲烷），Ⅱ类（爆炸性气体混合物），Ⅲ类（爆炸性粉尘）。

LNG 为液化天然气，天然气的主要成分是甲烷，应选用灯具的级别应为Ⅰ类，而不该用Ⅱ类。C 选项不正确。

88. 【答案】AE

【解析】 本题考查的知识点是地铁防烟。根据《地铁设计防火标准》（GB 51298—2018）的相关规定：

8.1.5 站厅公共区和设备管理区应采用挡烟垂壁或建筑结构划分防烟分区，防烟分区不应跨越防火分区。A、E 选项正确。

站厅公共区内每个防烟分区的最大允许建筑面积不应大于2000m²，设备管理区内每个防烟分区的最大允许建筑面积不应大于750m²。B、C 选项错误，地铁防烟分区对长边最大允许长度没有明确规定。

8.1.6 公共区楼扶梯穿越楼板的开口部位、公共区吊顶与其他场所连接处的顶棚或吊顶面高差不足0.5m 的部位应设置挡烟垂壁。D 选项错误。

89. 【答案】BCDE

【解析】 本题考查的知识点是火力发电厂防火。根据《火力发电厂与变电站设计防火标准》（GB 50229）的相关规定：

4.0.13 液氨区的布置应符合下列规定：

1 液氨区应单独布置在通风条件良好的厂区边缘地带，选项 D 正确。避开人员集中活动场所和主要人流出入口，选项 E 正确。并宜位于厂区全年最小频率风向的上风侧，选项 B 正确。

2 液氨区应设置不低于2.2m 高的不燃烧体实体围墙（选项 A 正确）；当利用厂区围墙作为氨区的围墙时，该段围墙应采用不低于2.5m 高的不燃烧体实体围墙。

根据《建筑设计防火规范》（GB 50016）（2018 年版）4.3.6 可燃、助燃气体储罐与铁路、道路的防火间距不应小于表4.3.6（原表号，见表1-1-12）的规定。

表 1-1-12 可燃、助燃气体储罐与铁路、道路的防火间距 （单位：m）

名称	厂外铁路线中心线	厂内铁路线中心线	厂外道路路边	厂内道路路边 主要	厂内道路路边 次要
可燃、助燃气体储罐	25	20	15	10	5

液氨储罐，属于可燃气体储罐，与厂外道路路边不应小于15m。选项 C 正确。

90. 【答案】ABE

【解析】 本题考查的知识点是厂房的安全疏散。疏散总净宽度＝人数×百人宽度/100，该建筑层数>4 层，百人疏散宽度取1.0m。

4 层至 3 层的楼梯宽度，人数取 4 层及以上人数最多的一层，即 290 人。则需至少2.9m。A 选项正确。

2 层至 1 层的楼梯宽度，人数取 2 层及以上人数最多的一层，即 300 人，则需至少3m。B 选项正确。

5 层至 4 层的楼梯宽度，人数取 5 层及以上人数最多的一层，即 290 人，则需至少2.9m。C 选项错误。

3 层至 2 层的楼梯宽度，人数取 3 层及以上人数最多的一层，即 290 人，则需至少2.9m。D 选项错误。

该厂房为高层丙类厂房，高度为32m。根据《建筑设计防火规范》（GB 50016—2014）（2018 年版）的相关规定：

3.7.6 高层厂房和甲、乙、丙类多层厂房的疏散楼梯应采用封闭楼梯间或室外楼梯。建筑高度大于32m且任一层人数超过10人的厂房，应采用防烟楼梯间或室外楼梯。E选项正确。

91.【答案】ABC

【解析】本题考查的知识点是火灾自动报警系统。根据《火灾自动报警系统设计规范》(GB 50116)的相关规定：

4.3.1 联动控制方式，应由消火栓系统出水干管上设置的低压压力开关、高位消防水箱出水管上设置的流量开关或报警阀压力开关等信号作为触发信号，直接控制启动消火栓泵，联动控制不应受消防联动控制器处于自动或手动状态影响。当设置消火栓按钮时，消火栓按钮的动作信号应作为报警信号及启动消火栓泵的联动触发信号，由消防联动控制器联动控制消火栓泵的启动。选项A、B不正确，选项D正确。

4.3.2 手动控制方式，应将消火栓泵控制箱（柜）的启动、停止按钮用专用线路直接连接至设置在消防控制室内的消防联动控制器的手动控制盘，并应直接手动控制消火栓泵的启动、停止。选项C不正确，选项E正确。

92.【答案】BD

【解析】本题考查的知识点是自动喷水灭火系统的喷头选型。根据《自动喷水灭火系统设计规范》(GB 50084) 第6.1.4条，干式系统、预作用系统应采用直立型洒水喷头或干式下垂型洒水喷头。

93.【答案】AE

【解析】本题考查的知识点是柴油发电机房。根据《建筑设计防火规范》(GB 50016—2014)（2018年版）的相关规定：

5.1.4 建筑高度大于100m的民用建筑，其楼板的耐火极限不应低于2.00h。一、二级耐火等级建筑的上人平屋顶，其屋面板的耐火极限分别不应低于1.50h和1.00h。选项B不正确。

5.4.13 布置在民用建筑内的柴油发电机房应符合下列规定：

1 宜布置在首层或地下一、二层。选项E正确。

2 不应布置在人员密集场所的上一层、下一层或贴邻。

3 应采用耐火极限不低于2.00h的防火隔墙和1.50h的不燃性楼板与其他部位分隔，门应采用甲级防火门。

4 机房内设置储油间时，其总储存量不应大于1m³，储油间应采用耐火极限不低于3.00h的防火隔墙与发电机间分隔；确需在防火隔墙上开门时，应设置甲级防火门。选项D不正确。

5 应设置火灾报警装置。

6 应设置与柴油发电机容量和建筑规模相适应的灭火设施，当建筑内其他部位设置自动喷水灭火系统时，机房内应设置自动喷水灭火系统。选项A正确。

5.4.14 供建筑内使用的丙类液体燃料，其储罐应布置在建筑外，并应符合下列规定：

1 当总容量不大于15m²，且直埋于建筑附近、面向油罐一面4.0m范围内的建筑外墙为防火墙时，储罐与建筑的防火间距不限；此条款针对工业建筑厂房的要求，民用建筑无此要求。选项C不正确。

94.【答案】AD

【解析】本题考查的知识点是燃烧形式。各种燃烧形式的划分不是绝对的，有些可燃固体的燃烧往往包含两种或两种以上的形式。例如，在适当的外界条件下，木材、棉、麻、纸张等的燃烧会明显地存在表面燃烧、分解燃烧、阴燃等形式。

95. 【答案】CDE

【解析】本题考查的知识点是内部装修。根据《建筑内部装修设计防火规范》(GB 50222)的相关规定:

5.2.1 高层民用建筑内部各部位装修材料的燃烧性能等级,不应低于本规范表 5.2.1 (原表号,见表 1-1-13) 的规定。

表 1-1-13 高层民用建筑内部各部位装修材料的燃烧性能等级 (节选)

序号	建筑物及场所	建筑规模、性质	装修材料燃烧性能等级							
			顶棚	墙面	地面	隔断	固定家具	装饰织物			其他装修装饰材料
								窗帘	帷幕	床罩	家具包布	
10	存放文物、纪念展览物品、重要图书、档案、资料的场所	—	A	A	B_1	B_1	B_2	B_1	—	—	B_1	B_2
11	歌舞娱乐游艺场所	—	A	B_1	B_1	B_1	B_1	B_1	B_1	B_1	B_1
12	A、B级电子信息系统机房及装有重要机器、仪器的房间	—	A	A	B_1	B_1	B_1	B_1	—	B_1	B_1

半硬质 PVC 塑料地板 B_2 级;阻燃织物窗帘 B_2 级;塑料壁纸 B_2 级;木制桌椅 B_2 级;羊毛挂毯 B_2 级。

5.2.3 除本规范第 4 章规定的场所和本规范表 5.2.1 (原表号,见表 1-1-13) 中序号为 10~12 规定的部位外,以及大于 400m² 的观众厅、会议厅和 100m 以上的高层民用建筑外,当设有火灾自动报警装置和自动灭火系统时,除顶棚外,其内部装修材料的燃烧性能等级可在本规范表 5.2.1 (原表号,见表 1-1-13) 规定的基础上降低一级。

该建筑属于一类高层公共建筑,按照规范要求既要设置自动喷水灭火系统,又要设置火灾自动报警系统,所以,C、D、E 选项除顶棚外,均可在表格规定的基础上降低一级。

96. 【答案】BCE

【解析】本题考查的知识点是石油化工防火。根据《石油化工企业设计防火标准》(GB 50160—2008)(2018 年版)的相关规定:

6.3.2 液化烃储罐成组布置时应符合下列规定:

1 液化烃储罐组内的储罐不应超过 2 排。B 选项正确。
2 每组全压力式或半冷冻式储罐的个数不应多于 12 个。D 选项不正确。
3 全冷冻式储罐的个数不宜多于 2 个。A 选项不正确。
4 全冷冻式储罐应单独成组布置。C 选项正确。
5 储罐不能适应罐组内任一介质泄漏所产生的最低温度时,不应布置在同一罐组内。E 选项正确。

97. 【答案】ACE

【解析】本题考查的知识点是石油化工防火。根据《石油化工企业设计防火标准》(GB 50160—2008)(2018 年版)的相关规定:

8.7.2 下列场所应采用固定式泡沫灭火系统:

1 甲、乙类和闪点等于或小于 90℃ 的丙类可燃液体的固定顶罐及浮盘为易熔材料的内浮顶罐:
 1) 单罐容积等于或大于 10000m³ 的非水溶性可燃液体储罐。A 选项正确。

2) 单罐容积等于或大于 500m³ 的水溶性可燃液体储罐。C、E 选项正确，B 选项润滑油属于丙类，闪点大于 120℃，不在规范规定的范围内。B 选项不正确。

2 甲、乙类和闪点等于或小于 90℃ 的丙类可燃液体的浮顶罐及浮盘为非易熔材料的内浮顶罐：

1) 单罐容积等于或大于 50000m³ 的非水溶性可燃液体储罐；

2) 单罐容积等于或大于 1000m³ 的水溶性可燃液体储罐。

98.【答案】BCE

【解析】本题考查的知识点是稳压泵。根据《消防给水及消火栓系统技术规范》（GB 50974）的相关规定：

5.3.6 稳压泵应设置备用泵。A 选项不正确。

5.3.2 稳压泵的设计流量应符合下列规定：

1 稳压泵的设计流量不应小于消防给水系统管网的正常泄漏量和系统自动启动流量。B 选项正确。

2 消防给水系统管网的正常泄漏量应根据管道材质、接口形式等确定，当没有管网泄漏量数据时，稳压泵的设计流量宜按消防给水设计流量的 1%～3% 计，且不宜小于 1L/s；

3 消防给水系统所采用报警阀压力开关等自动启动流量应根据产品确定。

5.3.1 稳压泵宜采用离心泵，并宜符合下列规定：

1 宜采用单吸单级或单吸多级离心泵；C 选项正确。

2 泵外壳和叶轮等主要部件的材质宜采用不锈钢。E 选项符合要求。

5.3.3 稳压泵的设计压力应符合下列要求：

1 稳压泵的设计压力应满足系统自动启动和管网充满水的要求；

2 稳压泵的设计压力应保持系统自动启泵压力设置点处的压力在准工作状态时大于系统设置自动启泵压力值，且增加值宜为 0.07～0.10MPa；

3 稳压泵的设计压力应保持系统最不利点处水灭火设施在准工作状态时的静水压力应大于 0.15MPa。D 选项不正确。

99.【答案】AE

【解析】本题考查的知识点是气体灭火系统。根据《气体灭火系统设计规范》（GB 50370）的相关规定：

3.3.3 图书、档案、票据和文物资料库等防护区，灭火设计浓度宜采用 10%。A 选项说法错误。

6.0.2 防护区内的疏散通道及出口，应设应急照明与疏散指示标志。防护区内应设火灾声报警器，必要时，可增设闪光报警器。防护区的入口处应设火灾声、光报警器和灭火剂喷放指示灯，以及防护区采用的相应气体灭火系统的永久性标志牌。灭火剂喷放指示灯信号，应保持到防护区通风换气后，以手动方式解除。B 选项说法正确。

5.0.9 组合分配系统启动时，选择阀应在容器阀开启前或同时打开。D 选项说法正确。

5.0.4 灭火设计浓度或实际使用浓度大于无毒性反应浓度（NOAEL 浓度）的防护区和采用热气溶胶预制灭火系统的防护区，应设手动与自动控制的转换装置。当人员进入防护区时，应能将灭火系统转换为手动控制方式；当人员离开时，应能恢复为自动控制方式。防护区内外应设手动、自动控制状态的显示装置；根据附录 G：IG541 无毒性反应浓度（NOAEL 浓度）为 43%，七氟丙烷的无毒性反应浓度（NOAEL 浓度）为 9%，所以 C 选项说法正确，E 选项说法错误。

100.【答案】BCD

【解析】本题考察的知识点是体育馆的疏散。根据《建筑设计防火规范》（GB 50016—2014）（2018 年版）的相关规定：

5.5.20 条文说明：对于体育馆观众厅的人数容量，表 5.5.20-2 中规定的疏散宽度指标，按照观众厅容量的大小分为三档：（3000~5000）人、（5001~10000）人和（10001~20000）人。每个档次中所规定的百人疏散宽度指标，是根据人员出观众厅的疏散时间分别控制在 3min、3.5min、4min 来确定的。本题体育馆 8600 人，疏散时间应为 3.5min，A 选项错误，B 选项正确。

5.5.16 条文说明：疏散门的数量计算：可容纳 8600 人的体育馆，疏散门的百人疏散净宽度：当为平坡地面时为 0.37m/百人：$8600 \times 0.37/100 = 31.82(m)$，$31.82/2.2 = 14.46(个)$（进位取整为 15 个门）；

当为阶梯地面时为 0.43m/百人：$8600 \times 0.43/100 = 36.98(m)$，$36.98/2.2 = 16.80(个)$（进位取整为 17 个门）。比较，取大值为 17。验证：$8600/17 = 505.88(人)$，单个门疏散人数符合上述要求。C、D 选项符合要求。

疏散走道的宽度按疏散 1 股人流需要 0.55m 考虑，疏散门净宽是 2.2m，最多通过的人流股数是 4 股，E 选项不符合要求。

2018年消防安全技术实务试卷

（考试时间：150分钟，总分120分）

一、单项选择题（共80题，每题1分。每题的备选项中，只有1个最符合题意）

1. 木质桌椅燃烧时，不会出现的燃烧方式是（　　）。
   A. 分解燃烧　　　　B. 表面燃烧　　　　C. 熏烟燃烧　　　　D. 蒸发燃烧

2. 某电子计算机房，拟采用气体灭火系统保护，下列气体灭火系统中，设计灭火浓度最低的是（　　）。
   A. 氮气灭火系统　　B. IG541灭火系统　　C. 二氧化碳灭火系统　　D. 七氟丙烷灭火系统

3. 下列气体中，爆炸下限大于10%的是（　　）。
   A. 一氧化碳　　　　B. 丙烷　　　　　　C. 乙炔　　　　　　D. 丙烯

4. 下列可燃液体中火灾危险性为甲类的是（　　）。
   A. 戊醇　　　　　　B. 氯乙醇　　　　　C. 异丙醇　　　　　D. 乙二醇

5. 下列储存物品仓库中，火灾危险性为戊类的是（　　）。
   A. 陶瓷制品仓库（制品可燃包装与制品本身重量比为1:3）
   B. 玻璃制品仓库（制品可燃包装与制品本身重量比为3:5）
   C. 水泥刨花板制品仓库（制品无可燃包装）
   D. 硅酸铝纤维制品仓库（制品无可燃包装）

6. 某厂房的房间隔墙采用金属夹芯板。根据现行国家标准《建筑设计防火规范》（GB 50016），该金属夹芯板芯材的燃烧性能等级最低为（　　）。
   A. A级　　　　　　B. B_1级　　　　　C. B_2级　　　　　D. B_3级

7. 某建筑高度为110m的35层住宅建筑，首层设有商业服务网点，该住宅建筑构件耐火极限设计方案中，错误的是（　　）。
   A. 居住部分与商业服务网点之间隔墙的耐火极限为2.00h
   B. 居住部分与商业服务网点之间楼板的耐火极限为1.50h
   C. 居住部分疏散走道两侧隔墙的耐火极限为1.00h
   D. 居住部分分户墙的耐火极限为2.00h

8. 关于建筑机械防烟系统联动控制的说法，正确的是（　　）。
   A. 由同一防火分区内的两只独立火灾探测器作为相应机械加压送风机开启的联动触发信号
   B. 火灾确认后，火灾自动报警系统应能在30s内联动开启相应的机械加压送风机
   C. 加压送风口所在防火分区确认火灾后，火灾自动报警系统应仅联动开启所在楼层前室送风口
   D. 火灾确认后，火灾自动报警系统应能在20s内联动开启相应的常压加压送风口

9. 某服装加工厂，共4层，建筑高度23m，呈矩形布置，长40m，宽25m，设有室内消火栓系统和自动喷水灭火系统，该服装加工厂拟配置MF/ABC3型手提式灭火器，每层配置的灭火器数量至少应为（　　）。

A类火灾场所灭火器的最低配置基准选用表

危险等级	严重危险级	中危险级	轻危险级
单具灭火器最小配置灭火级别	3A	2A	1A
单位灭火级别最大保护面积（m²/A）	50	75	100

A. 6 具　　　　　　B. 5 具　　　　　　C. 4 具　　　　　　D. 3 具

10. 根据现行国家标准《建筑防烟排烟系统技术标准》（GB 51251），下列民用建筑楼梯间的防排烟设计方案中，错误的是（　　）。

　　A. 建筑高度97m的住宅建筑，防烟楼梯间及其前室均采用自然通风方式防烟
　　B. 采用自然通风方式的封闭楼梯间，在最高部位设置 1.0m² 的固定窗
　　C. 建筑高度48m的办公楼，防烟楼梯间及其前室采用自然通风方式防烟
　　D. 采用自然通风的防烟楼梯间，楼梯间外墙上开设的可开启外窗最大的布置间隔为3层

11. 根据现行国家标准《火灾自动报警系统设计规范》（GB 50116），关于电气火灾监控探测器设置的说法，正确的是（　　）。

　　A. 剩余电流式电气火灾探测器应设置在低压配电系统的末端配电柜内
　　B. 在无消防控制室且电气火灾监控探测器不超过10只时，非独立式电气火灾监控探测器可接入火灾报警控制器的探测器回路
　　C. 设有消防控制室时，电气火灾监控器的报警信息应在集中火灾报警控制器上显示
　　D. 电气火灾监控探测器发出报警信号后，应在3s内联动电气火灾监控器切断保护对象的供电电源

12. 根据现行国家标准，《消防给水及消火栓系统技术规范》（GB 50974），关于市政消火栓设置的说法，正确的是（　　）。

　　A. 市政消火栓最大保护半径应为120m
　　B. 当市政道路宽度不超过65m时，可在道路的一侧设置市政消火栓
　　C. 市政消火栓距路边不宜小于0.5m，不应大于5m
　　D. 室外地下式消火栓应设置直径为100mm和65mm的栓口各一个

13. 关于火灾风险评估方法的说法，正确的是（　　）。

　　A. 在评估对象运营之前，采用表格方式对潜在火灾危险性进行评估的方法属于安全检查表法
　　B. 运用安全检查表法进行火灾风险评估时，可通过事故树进行定性分析，找出评估对象的薄弱环节，将其作为安全检查的重点
　　C. 运用安全检查表法进行火灾风险评估时，每一个事件的可能的后续事件只能取完全对立的两种状态
　　D. 运用运筹学原理，对火灾事故原因和结果进行逻辑分析的方法属于事件树分析方法

14. 关于建筑消防电梯设置的说法，错误的是（　　）。

　　A. 建筑高度为30m的物流公司办公楼可不设置消防电梯
　　B. 埋深9m、总建筑面积4000m²的地下室可不设置消防电梯
　　C. 建筑高度为25m的门诊楼可不设置消防电梯
　　D. 建筑高度为32m的住宅建筑可不设置消防电梯

15. 某建筑高度为36m的病房楼，共9层，每层建筑面积3000m²，划分为3个护理单元。该病房楼避难间的下列设计方案中，正确的是（　　）。

　　A. 将满足避难要求的监护室兼作避难间
　　B. 在二至九层每层设置1个避难间
　　C. 避难间的门采用乙级防火门
　　D. 不靠外墙的避难间采用机械加压送风方式防烟

16. 某大型商业建筑，油浸变压器室、消防水池和消防水泵房均位于建筑地下一层，油浸变压器采用水喷雾灭火系统进行保护。经计算得到了水喷雾系统管道沿程和局部水头损失总计0.13MPa，最不利点处水雾喷头与消防水池的最低水位之间的静压差为0.02MPa，则该系统消防水泵的扬程至少应

为（　　）。

A. 0.30MPa　　　　B. 0.35MPa　　　　C. 0.65MPa　　　　D. 0.50MPa

17. 某室内净高为4.0m的档案馆拟设置七氟丙烷灭火系统。根据现行国家标准《气体灭火系统设计规范》(GB 50370)，该气体灭火系统的下列设计方案中，错误的是（　　）。

A. 泄压口下沿距顶棚1.0m
B. 一套系统保护5个防护区
C. 设计喷放时间为12s
D. 灭火设计浓度为10%

18. 根据现行国家标准《火力发电厂与变电站设计防火规范》(GB 50229)，下列燃煤电厂内的建筑物或场所中，可以不设置室内消火栓的是（　　）。

A. 网络控制楼
B. 脱硫工艺楼
C. 解冻室
D. 集中控制楼

19. 某耐火极限为二级的会议中心，地上5层，建筑高度为30m，第二层采用敞开式外廊作为疏散走道。该外廊的最小净宽度应为（　　）。

A. 1.3m　　　　B. 1.1m　　　　C. 1.2m　　　　D. 1.4m

20. 某建筑高度为54m的住宅建筑，其外墙保温系统保温材料的燃烧性能为B_1级。该建筑外墙及外墙保温系统的下列设计方案中，错误的是（　　）。

A. 采用耐火完整性为0.50h的外窗
B. 外墙保温系统中每层设置水平防火隔离带
C. 防火隔离带采用高度为300mm的不燃材料
D. 首层外墙保温系统采用厚度为10mm的不燃材料防护层

21. 某冷库冷藏室室内净高为4.5m，设计温度为5℃，冷藏间内设有自动喷水灭火系统，该冷藏间自动喷水灭火系统的下列设计方案中，正确的是（　　）。

A. 采用干式系统，选用公称动作温度为68℃的喷头
B. 采用湿式系统，选用公称动作温度为57℃的喷头
C. 采用预作用系统，选用公称动作温度为79℃的喷头
D. 采用雨淋系统，选用水幕喷头

22. 某城市交通隧道，封闭段长度为1500m，可通行危险化学品车，该隧道的下列防火设计方案中，正确的是（　　）。

A. 隧道内的地下设备用房按二级耐火等级确定构件的燃烧性能和耐火极限
B. 隧道的消防用电按二级负荷要求供电
C. 采用耐火极限不低于2.00h的防火隔墙将隧道内设置的10kV高压电缆与其他区域分隔
D. 采用防火墙和甲级防火门将隧道内设置的可燃气体管道与其他区域分隔

23. 建筑外墙外保温材料下列设计方案中，错误的是（　　）。

A. 建筑高度54m的住宅建筑，保温层与基层墙体、装饰层之间无空腔，选用燃烧性能为B_1级的外保温材料
B. 建筑高度32m的办公楼，保温层与基层墙体、装饰层之间无空腔，选用燃烧性能为B_1级的外保温材料
C. 建筑高度18m的展览建筑，保温层与基层墙体、装饰层之间无空腔，选用燃烧性能为B_1级的外保温材料
D. 建筑高度23m的旅馆建筑，保温层与基层墙体、装饰层之间有空腔，选用燃烧性能为B_1级的外保温材料

24. 某综合楼的变配电室拟配置灭火器。该配电室应配置的灭火器是（　　）。

A. 水基型灭火器
B. 磷酸铵盐干粉灭火器

C. 泡沫灭火器　　　　　　　　　　　　　　　D. 装有金属喇叭筒的二氧化碳灭火器

25. 根据现行国家标准《地铁设计规范》（GB 50157），地铁车站发生火灾时，该列车所载的乘客及站台上的候车人员全部撤离至安全区最长时间应为（　　）。
   A. 6min　　　　　　B. 5min　　　　　　C. 8min　　　　　　D. 10min

26. 某 35kV 地下变电站，设有自动灭火系统。根据现行国家标准《火力发电厂与变电站设计防火规范》（GB 50229），该变电站最大防火分区建筑面积应为（　　）。
   A. 2000m²　　　　　B. 600m²　　　　　C. 1000m²　　　　D. 1200m²

27. 根据现行国家标准《洁净厂房设计规范》（GB 50073），关于洁净厂房室内消火栓设计的说法，错误的是（　　）。
   A. 消火栓的用水量不应小于 10L/s　　　　　B. 可通行的技术夹层应设置室内消火栓
   C. 消火栓同时使用水枪数不应小于 2 支　　　D. 消火栓水枪充实水柱长度不应小于 7m

28. 某平战结合的人防工程，地下 3 层，每层建筑面积 30000m²，地下一层为商业和设备用房；地下二层和地下三层为车库、设备用房和商业用房，该人防工程的下列防火设计方案中，错误的是（　　）。
   A. 地下一层设置的下沉式广场疏散区域的净面积为 180m²
   B. 地下二层设置销售各种啤酒的超市
   C. 地下一层防烟楼梯间及前室的门为火灾时能自动关闭的常开式甲级防火门
   D. 地下一层防火隔间的墙为耐火极限 3.00h 的实体防火隔墙

29. 根据现行国家标准《人民防空工程设计防火规范》（GB 50098），人防工程疏散指示标志的下列设计方案中，正确的是（　　）。
   A. 沿墙面设置的疏散标志灯下边缘距地面的垂直距离为 1.2m
   B. 沿地面设置的灯光型疏散方向标志的间距为 10m
   C. 设置在疏散走道上方的疏散标志灯下边缘距室内地面的垂直距离为 2.2m
   D. 沿地面设置的蓄光型发光标志的间距为 10m

30. 某一类高层商业建筑，室内消火栓系统设计流量为 30L/s。该建筑室内消火栓系统设计灭火用水量至少应为（　　）。
   A. 108m³　　　　　B. 324m³　　　　　C. 216m³　　　　　D. 432m³

31. 消防用电负荷按供电可靠性及终端供电所造成的损失或影响程度分为一级负荷、二级负荷和三级负荷。下列供电方式中，不属于一级负荷的是（　　）。
   A. 来自两个不同发电厂的电源
   B. 来自同一变电站的两个 6kV 回路
   C. 来自两个 35kV 的区域变电站的电源
   D. 来自一个区域变电站和一台柴油发电机的电源

32. 某剧场舞台设有雨淋系统，雨淋报警阀组采用充水传动管控制。该雨淋系统消防水泵的下列控制方案中，错误的是（　　）。
   A. 由报警阀组压力开关信号直接连锁启动消防喷淋泵
   B. 由高位水箱出水管上设置的流量开关直接自动启动消防喷淋泵
   C. 由火灾自动报警系统报警信号直接自动启动消防喷淋泵
   D. 由消防水泵出水干管上设置的压力开关直接自动启动消防喷淋泵

33. 某场所内设置的自动喷水灭火系统，洒水喷头玻璃球工作液色标为黄色，则该洒水喷头公称动作温度为（　　）。
   A. 57℃　　　　　　B. 68℃　　　　　　C. 93℃　　　　　　D. 79℃

34. 根据现行国家标准《泡沫灭火系统设计规范》（GB 50151），油罐采用液下喷射泡沫灭火系统时，泡沫产生器应选用（　　）。

  A. 横式泡沫产生器　　　　　　　　　　B. 高背压泡沫产生器

  C. 立式泡沫产生器　　　　　　　　　　D. 高倍数泡沫产生器

35. 某耐火等级为二级的印刷厂房，地上5层，建筑高度30m，厂房内设有自动喷水灭火系统。根据现行国家标准《建筑设计防火规范》（GB 50016），该厂房首层任一点至最近安全出口的最大直线距离应为（　　）。

  A. 40m　　　　　　B. 45m　　　　　　C. 50m　　　　　　D. 60m

36. 某公共建筑的地下一层至地下三层为汽车库，每层建筑面积为2000m²，每层设有50个车位。根据现行国家标准《汽车库、修车库、停车场设计防火规范》（GB 50067），该汽车库属于（　　）车库。

  A. Ⅰ类　　　　　　B. Ⅲ类　　　　　　C. Ⅳ类　　　　　　D. Ⅱ类

37. 根据现行国家标准《汽车库、修车库、停车场设计防火规范》，附设在幼儿园建筑地下部分的汽车库的下列设计方案中，正确的是（　　）。

  A. 汽车库与幼儿园的疏散楼梯在首层采用耐火极限为3.00h的防火隔墙和甲级防火门分隔

  B. 汽车库与幼儿园的疏散楼梯在首层采用耐火极限为2.00h的防火隔墙和乙级防火门分隔

  C. 汽车库内设1个面积为100m²的充电间

  D. 汽车库与幼儿园之间采用耐火极限为2.00h的楼板完全分隔

38. 根据现行国家标准《火力发电厂与变电站设计防火规范》（GB 50229），变电站内的总事故贮油池与室外油浸变压器的最小安全间距应为（　　）。

  A. 10m　　　　　　B. 15m　　　　　　C. 18m　　　　　　D. 5m

39. 根据现行国家标准《汽车加油加气站设计与施工规范》（GB 50156），LPG加气站内加气机与学生人数为560人的中学教学楼的最小安全间距应为（　　）。

  A. 18m　　　　　　B. 25m　　　　　　C. 100m　　　　　　D. 50m

40. 某耐火等级为二级的5层建筑，高度为28m，每层建筑面积为12000m²，首层设有净空高度为6.2m的商店营业厅。建筑内全部采用不燃或难燃材料进行装修，并设置了湿式自动喷水灭火系统和火灾自动报警系统保护，该商店营业厅内至少应设置（　　）个水流指示器。

  A. 20　　　　　　　B. 3　　　　　　　C. 4　　　　　　　D. 19

41. 根据现行国家标准《自动喷水灭火系统设计规范》，下列自动喷水灭火系统中，可组成防护冷却系统的是（　　）。

  A. 闭式洒水喷头　湿式报警阀组　　　　B. 开式洒水喷头　雨淋报警阀组

  C. 水幕喷头　雨淋报警阀组　　　　　　D. 闭式洒水喷头　干式报警阀组

42. 根据现行国家标准《建筑灭火器配置设计规范》（GB 50140），下列建筑灭火器的配置方案中，正确的是（　　）。

  A. 某电子游戏厅，建筑面积150m²，配置2具MF/ABC4型手提式灭火器

  B. 某办公楼，将1间计算机房和5间办公室作为一个计算单元配置灭火器

  C. 某酒店建筑首层的门厅与二层相通，两层按照一个计算单元配置灭火器

  D. 某高校教室，配置的MF/ABC3型手提式灭火器，最大保护距离为25m

43. 根据现行国家标准《建筑灭火器配置设计规范》（GB 50140），下列配置灭火器的场所中，危险等级属于严重危险级的是（　　）。

  A. 中药材库房　　　　　　　　　　　　B. 酒精度数小于60度的白酒库房

  C. 工厂分控制室　　　　　　　　　　　D. 电脑、电视机等电子产品库房

44. 磷酸铵盐干粉灭火剂不适合扑救（　　）火灾。

A. 汽油　　　　　B. 石蜡　　　　　C. 钠　　　　　D. 木制家具

45. 根据国家标准《火灾自动报警系统设计规范》（GB 50116），（　　）不属于区域火灾报警系统的组成部分。

　　A. 火灾探测器　　　　　　　　　　B. 消防联动控制器
　　C. 手动火灾报警按钮　　　　　　　D. 火灾报警控制器

46. 某地铁地下车站，消防应急照明和疏散指示系统由一台应急照明控制器、2 台应急照明电箱和 50 只消防应急照明灯具组成。现有 3 只消防应急灯具损坏需要更换，更换消防应急灯具可选类型（　　）。

　　A. 自带电源集中控制型　　　　　　B. 集中电源非集中控制型
　　C. 自带电源非集中控制型　　　　　D. 集中电源集中控制型

47. 下列民用建筑房间中，可设一个疏散门的是（　　）。

　　A. 老年人日间照料中心内位于走道尽端，建筑面积为 50m² 的房间
　　B. 托儿所内位于袋形走道一侧，建筑面积为 60m² 的房间
　　C. 教学楼内位于袋形走道一侧，建筑面积为 70m² 的教室
　　D. 病房楼内位于两个安全出口之间、建筑面积为 80m² 的病房

48. 根据现行国家标准《建筑设计防火规范》（GB 50016），不宜分布在民用建筑附近的厂房是（　　）。

　　A. 橡胶制品硫化厂房　　　　　　　B. 活性炭制备厂房
　　C. 苯甲酸生产厂房　　　　　　　　D. 甘油制备厂房

49. 根据现行国家标准《火灾自动报警系统设计规范》（GB 50116），（　　）不应作为联动启动火灾声光警报器的触发器件。

　　A. 手动火灾报警按钮　　　　　　　B. 红紫外复合火灾探测器
　　C. 吸气式火灾探测器　　　　　　　D. 输出模块

50. 某商场中庭开口部位设置用作防火分隔的防火卷帘。根据现行国家标准《火灾自动报警系统设计规范》（GB 50116），关于该防火卷帘联动控制的说法，正确的是（　　）。

　　A. 应由设置在防火卷帘所在防火分区内任一专门联动防火卷帘的感温火灾探测器的报警信号作为联动触发信号，联动控制防火卷帘直接下降到楼板面
　　B. 防火卷帘下降到楼板面的动作信号和直接与防火卷帘控制器连接的火灾探测器报警信号，应反馈至消防控制室内的消防联动控制器
　　C. 应由防火卷帘一侧距卷帘纵深 0.5~5m 内设置的感温火灾探测器报警信号作为联动触发信号，联动控制防火卷帘直接下降到楼板面
　　D. 防火卷帘两侧设置的手动控制按钮应能控制防火卷帘的升降，在消防控制室内消防联动控制器上不得手动控制防火卷帘的降落

51. 根据现行国家标准《火灾自动报警系统设计规范》（GB 50116），关于消防控制室设计的说法，正确的是（　　）。

　　A. 消防控制室内的消防控制室图形显示装置应能显示消防安全管理信息
　　B. 设有 3 个消防控制室时，各消防控制室可相互控制建筑内的消防设备
　　C. 一类高层民用建筑的消防控制室不应与弱电系统的中央控制室合用
　　D. 消防控制室内双列布置的设备面板前的操作距离不应小于 1.5m

52. 根据现行国家标准《石油化工企业设计防火规范》（GB 50160），下列石油化工企业总平面布置方案中，正确的是（　　）。

　　A. 对穿越生产区的地区架空电力线路采取加大防火间距的安全措施
　　B. 厂外国家铁路线中心线与甲类工艺装置最外侧设备边缘的距离为 40m

C. 穿越厂区的地区输油管道埋地敷设

D. 空分站布置在散发粉尘场所的全年最小频率风向的上风侧

53. 根据现行国家标准《地铁设计规范》（GB 50157），下列场所中，可按二级耐火等级设计的是（　　）。

　　A. 高架车站　　　　　　　　　　　　B. 地下车站疏散楼梯间

　　C. 控制中心　　　　　　　　　　　　D. 地下车站风道

54. 某高层宿舍楼，标准层内走道长度为66m，走道两侧布置进深5m、建筑面积不超过20m² 的宿舍和附属用房，走道两端各设置一部疏散楼梯，室内消火栓设计流量为20L/s。该建筑每个标准层至少应设（　　）室内消火栓。

　　A. 2个　　　　　　B. 4个　　　　　　C. 3个　　　　　　D. 5个

55. 某多层科研楼设有室内消防给水系统，消防水泵采用两台离心式消防水泵，一用一备，该组消防水泵管路的下列设计方案中，正确的是（　　）。

　　A. 2台消防水泵的2条DN150吸水管通过1条DN200钢管接入消防水池

　　B. 2台消防水泵的2条DN150吸水管均采用同心异径管件与水泵相连

　　C. 消防水泵吸水口处设置吸水井，喇叭口在消防水池最低有效水位下的淹没深度为650mm

　　D. 消防水泵吸水口处设置旋流防止器，其在消防水池最低有效水位下的淹没深度为150mm

56. 下列水喷雾灭火系统喷头选型方案中，错误的是（　　）。

　　A. 用于白酒厂酒缸灭火保护的水喷雾灭火系统，选用离心雾化型水雾喷头

　　B. 用于液化石油气罐瓶间防护冷却的水喷雾灭火系统，选用撞击型水雾喷头

　　C. 用于电缆沟电缆灭火保护的水喷雾灭火系统，选用撞击型水雾喷头

　　D. 用于丙类液体固定顶储罐防护冷却的水喷雾灭火系统，选用离心雾化型水雾喷头

57. 某耐火等级为一级的公共建筑，地下1层，地上5层，建筑高度23m。地下一层为设备用房，地上一、二层为商店营业厅，三至五层为办公用房。该建筑设有自动喷水灭火系统和火灾自动报警系统，并采用不燃和难燃材料装修。该建筑下列防火分区划分方案中，错误的是（　　）。

　　A. 地下一层防火分区建筑面积最大为1000m²

　　B. 首层防火分区建筑面积最大为10000m²

　　C. 二层防火分区建筑面积最大为5000m²

　　D. 三层防火分区建筑面积最大为4000m²

58. 根据现行国家标准《汽车库、修车库、停车场设计防火规范》（GB 50067），汽车库的下列防火设计方案中，正确的是（　　）。

　　A. 汽车库外墙上、下层开口之间设置宽度为1.0m的防火挑檐

　　B. 汽车库与商场之间采用耐火极限为3.00h的防火隔墙分隔

　　C. 汽车库与商场之间采用耐火极限为1.50h的楼板分隔

　　D. 汽车库外墙上、下层开口之间设置高度为1.0m的实体墙

59. 某耐火等级为二级的多层电视机生产厂房，地上4层，设有自动喷水灭火系统，该厂房长200m，宽40m，每层划分为1个防火分区。根据现行国家标准《建筑设计防火规范》（GB 50016），供消防人员进入厂房的救援窗口的下列设计方案中，正确的是（　　）。

　　A. 救援窗口下沿距室内地面为1.1m

　　B. 救援窗口的净宽度为0.8m

　　C. 厂房二层沿一个长边设2个救援窗口

　　D. 利用天窗作为顶层救援窗口

60. 根据现行国家标准《城市消防远程监控系统技术规范》（GB 50440），关于城市消防远程监控

系统设计的说法，正确的是（　　）。
A. 城市消防远程监控中心应能同时接受不少于 3 个联网用户的火灾报警信息
B. 监控中心的城市消防通信指挥中心转发经确认的火灾报警信息的时间不应大于 5s
C. 城市消防远程监控中心的火灾报警信息、建筑消防设施运行状态信息等记录的保存周期不应少于 6 个月
D. 城市消防远程监控中心录音文件的保存周期不应少于 3 个月

61. 为修车库服务的下列附属建筑中，可与修车库贴邻，但应采用防火墙隔开，并应设置直通室外的安全出口的是（　　）。
A. 贮存 6 个标准钢瓶的乙炔气瓶库
B. 贮存量为 1.0t 的甲类物品库房
C. 3 个车位的封闭喷漆间
D. 总安装流量为 6m³/h 的乙炔发生器间

62. 根据现行国家标准《火灾自动报警系统设计规范》（GB 50116），（　　）属于线型火灾探测器。
A. 红紫外线复合火灾探测器
B. 红外光束火灾探测器
C. 图像型火灾探测器
D. 管路吸气式火灾探测器

63. 根据现行国家标准《建筑钢结构防火技术规范》（GB 51249），下列民用建筑钢结构的防火设计方案中，错误的是（　　）。
A. 一级耐火等级建筑，钢结构楼盖支撑设计耐火极限取 2.00h
B. 二级耐火等级建筑，钢结构楼面梁设计耐火极限取 1.50h
C. 一级耐火等级建筑，钢结构柱间支撑设计耐火极限取 2.50h
D. 二级耐火等级建筑，钢结构屋盖支撑设计耐火极限取 1.00h

64. 下列汽车库、修车库中，应设置 2 个汽车疏散出口的是（　　）。
A. 总建筑面积 1500m²、停车位 45 个的汽车库
B. 设有双车道汽车疏散出口、总建筑面积 3000m²、停车位 90 个的地上汽车库
C. 总建筑面积 3500m²、设 14 个修车位的修车库
D. 设有双车道汽车疏散出口、总建筑面积 3000m²、停车位 90 个的地下汽车库

65. 某建筑净空高度为 5m 的商业营业厅，设有机械排烟系统，共划分为 4 个防烟分区，最小防烟分区面积为 500m²，根据《建筑防烟排烟系统技术标准》（GB 51251），该建筑内机械排烟系统设置的下列方案中，正确的是（　　）。
A. 排烟口与最近安全出口的距离为 1.2m
B. 最小防烟分区的排烟量 30000m³/h
C. 防烟分区的最大长边长度为 40m
D. 最大防烟分区的建筑面积为 1500m²

66. 某建筑高度为 156m 的公共建筑设有机械加压送风系统。根据现行国家标准《建筑防烟排烟系统技术标准》（GB 51251），该机械加压送风系统的下列设计方案中，错误的是（　　）。
A. 封闭避难层的送风量按避难层净面积每平方米不小于 25m³/h 确定
B. 楼梯间与走道之间的压差为 40Pa
C. 前室与走道之间的压差为 25Pa
D. 机械加压送风系统按服务区段高度分段独立设置

67. 某百货商场，地上 4 层，每层建筑面积均为 1500m²，层高均为 5.2m，该商场的营业厅设置自动喷水灭火系统，该自动喷水灭火系统最低喷水强度应为（　　）。

A. 4L/(min·m²)　　　　B. 8L/(min·m²)　　　　C. 6L/(min·m²)　　　　D. 12L/(min·m²)

68. 可以安装在消防配电线路上，以保证消防用电设备供电安全性和可靠性的装置是（　　）。

　　A. 过流保护装置　　　　　　　　　　B. 剩余电流动作保护装置
　　C. 欠压保护装置　　　　　　　　　　D. 短路保护装置

69. 某储罐区中共有 6 个储存闪点为 65℃ 的柴油固定顶储罐，储罐直径均为 35m，均设置固定式液下喷射泡沫灭火系统保护，并配备辅助泡沫枪。根据现行国家标准《泡沫灭火系统设计规范》（GB 50151），关于该储罐区泡沫灭火系统设计的说法，正确的是（　　）。

　　A. 每支辅助泡沫枪的泡沫混合液流量不应小于 200L/min，连续供给时间不应小于 30min
　　B. 液下喷射泡沫灭火系统的泡沫混合液供给强度不应小于 5.0L/(min·m²)，连续供给时间不应小于 40min
　　C. 泡沫混合液泵启动后，将泡沫混合液输送到保护对象的时间不应大于 10min
　　D. 储罐区扑救一次火灾的泡沫混合液设计用量应按 1 个储罐罐内用量、罐辅助泡沫枪用量之和计算

70. 根据现行国家标准《建筑设计防火规范》（GB 50016），下列车间中，空气调节系统可直接循环使用室内空气的是（　　）。

　　A. 纺织车间　　　　　　　　　　　　B. 白兰地蒸馏车间
　　C. 植物油加工厂精炼车间　　　　　　D. 甲酚车间

71. 某文物库采用细水雾灭火系统进行保护，系统选型为全淹没应用方式的开式系统，该系统最不利点喷头最低工作压力应为（　　）。

　　A. 0.1MPa　　　　　　B. 1.0MPa　　　　　　C. 1.2MPa　　　　　　D. 1.6MPa

72. 某小型机场航站楼，消防应急照明和疏散指示系统由 1 台应急照明控制器、1 台应急照明集中电源、3 台应急照明分配电装置和 100 只消防应急灯具组成。当应急照明系统由正常工作状态转为应急状态时，发出应急转换控制信号，但消防应急灯具未正常点亮。据此，可以排除的故障原因是（　　）。

　　A. 应急照明控制器未向系统内应急照明集中电源发出联动控制信号
　　B. 消防应急灯具电池衰减无法保证灯具转入应急工作
　　C. 系统内应急照明集中电源未转入应急输出
　　D. 系统内应急照明分配电装置未转入应急输出

73. 某单层丙类厂房，室内净空高度为 7m。该建筑室内消火栓系统最不利点消火栓栓口最低动压应为（　　）。

　　A. 0.10MPa　　　　　B. 0.35MPa　　　　　C. 0.25MPa　　　　　D. 0.50MPa

74. 某多层办公建筑，设有自然排烟系统，未设置集中空气调节系统和自动喷水灭火系统。该办公建筑内建筑面积为 200m² 的房间有 4 种装修方案，各部位装修材料的燃烧性能等级见下表，其中正确的方案是（　　）。

方案	顶棚	墙面	地面
1	B₂	B₁	B₁
2	B₁	B₁	B₂
3	B₁	B₂	B₁
4	A	B₂	B₁

　　A. 方案 1　　　　　　B. 方案 2　　　　　　C. 方案 3　　　　　　D. 方案 4

75. 根据现行国家标准《汽车库、修车库、停车场设计防火规范》，关于汽车库排烟设计的说法，错误的是（　　）。

A. 建筑面积为1000m² 的地下一层汽车库应设置排烟系统
B. 自然排烟口的总面积不应小于室内地面面积的1%
C. 防烟分区的建筑面积不宜大于2000m²
D. 用从顶棚下突出0.5m的梁来划分防烟分区

76. 某2层商业建筑，呈矩形布置，建筑东西长为80m，南北宽为50m，该建筑室外消火栓设计流量为30L/s，周围无可利用的市政消火栓。该建筑周边至少应设置（　　）室外消火栓。

A. 2个　　　　　　B. 3个　　　　　　C. 4个　　　　　　D. 5个

77. 某工业园区地块内有5座单层丙类厂房，耐火等级均为二级。其中，2座厂房建筑高度为5m，占地面积均为1000m²；3座厂房建筑高度为10m，占地面积为2000m²；相邻厂房防火间距均为6m，各厂房均采用自然排烟。该工业园区地块建筑室外消火栓设计流量至少应为（　　）。

耐火等级为一、二级的丙类厂房建筑的室外消火栓设计流量选用表

建筑体积 V（m³）	$3000<V\leq5000$	$5000<V\leq20000$	$20000<V\leq50000$	$V>50000$
最小设计流量 Q（L/s）	20	25	30	40

A. 30L/s　　　　　B. 20L/s　　　　　C. 25L/s　　　　　D. 40L/s

78. 根据现行国家标准《火灾自动报警系统设计规范》（GB 50116），关于可燃气体探测器和可燃气体报警控制器设置的说法，正确的是（　　）。

A. 可燃气体探测器少于8只时，可直接接入火灾报警控制器的探测回路
B. 可燃气体报警控制器发出报警信号后，应由消防联动控制器启动防护区的火灾声光警报器
C. 人工煤气探测器可安装在保护区的顶部
D. 天然气探测器可安装在保护区的下部

79. 根据现行国家标准《火灾自动报警系统设计规范》（GB 50116），关于探测器设置的说法，正确的是（　　）。

A. 点型感烟火灾探测器距墙壁的水平距离不应小于0.5m
B. 在2.8m宽的内走道顶棚上安装的点型感温火灾探测器之间的间距不应超过15m
C. 相邻两组线性光束感烟火灾探测器的水平距离不应大于15m
D. 管路采样吸气式感烟火灾探测器的一个探测单元的采样管总长不宜超过100m

80. 某大学科研楼共6层，建筑高度22.8m，第六层为国家级工程实验中心，该中心设有自动喷水灭火系统和自然排烟系统，根据现行国家标准《建筑内部装修设计防火规范》（GB 50222）该工程实验中心的下列室内装修材料选用方案中，正确的是（　　）。

A. 墙面采用燃烧性能为 B_1 级的装修材料
B. 试验操作台采用燃烧性能为 B_1 级的装修材料
C. 窗帘等装饰织物采用燃烧性能为 B_2 级的装修材料
D. 地面采用燃烧性能为 B_2 级的装修材料

二、**多项选择题**（共20题，每题2分。每题的备选项中，有2个或2个以上符合题意，至少有1个错项。错选，本题不得分；少选，所选的每个选项得0.5分）

81. 根据现行国家标准《火灾自动报警系统设计规范》（GB 50116），消防联动控制器应具有切断火灾区域及相关区域非消防电源的功能。当局部区域发生电气设备火灾时，不可立即切断的非消防电源有（　　）。

A. 客用电梯电源　　　　　　　　　　　　B. 空调电源

C. 生活给水泵电源　　　　　　　　D. 自动扶梯电源
E. 正常照明电源

82. 根据现行国家标准《建筑设计防火规范》(GB 50016)，下列民用建筑防火间距设计方案中，正确的有（　　）。

A. 建筑高度为 32m 住宅建筑与建筑高度 25m 办公楼，相邻侧外墙均设有普通门窗，建筑之间的间距为 13m

B. 建筑高度为 22m 的商场建筑与 10kV 的预装式变电站，相邻侧商场建筑外墙设有普通门窗，建筑之间的间距为 3m

C. 建筑高度为 22m 的商场建筑与建筑高度为 120m 酒店，相邻侧外墙为防火墙，建筑之间间距不限

D. 建筑高度为 32m 住宅建筑与木结构体育馆，相邻侧外墙均设有普通门窗，建筑之间间距不限

E. 建筑高度为 32m 住宅建筑与建筑高度 22m 的二级耐火等级商场建筑，相邻侧外墙均设有普通门窗，建筑之间间距为 6m

83. 现行《火灾自动报警系统设计规范》(GB 50116) 关于火灾自动报警系统线缆选择说法正确的是（　　）。

A. 消防联动控制线采用阻燃铜芯电缆　　　B. 消防专用电话传输线采用耐高温铜芯导线
C. 供电线路应选择耐火铜芯电缆　　　　　D. 火灾探测报警总线应选择阻燃铜芯导线
E. 消防应急广播传输线路应选择耐火铜芯导线

84. 聚氯乙烯电缆燃烧时，燃烧产物有（　　）。

A. 炭瘤　　　　　　　　　　　　　B. 氮氧化物
C. 腐蚀性气体　　　　　　　　　　D. 熔滴
E. 水蒸气

85. 某植物油加工厂的浸出车间，地上 3 层，建筑高度为 15m。浸出车间设计方案中，正确的有（　　）。

A. 车间地面采用不发火花的地面
B. 浸出车间与工厂总控制室贴邻设置
C. 车间管、沟采取保护措施后与相邻厂房的管、沟相通
D. 浸出工段内的封闭楼梯间设置门斗
E. 泄压设施采用安全玻璃

86. 某商场建筑，地上 4 层，地下 2 层，每层建筑面积 1000m²，地下二层为汽车库和设备用房，地下一层为库房和设备用房，地上一至四层均为营业厅，该建筑内设置的柴油发电机房的下列设计方案中，正确的有（　　）。

A. 在储油间与发电机之间设置耐火极限为 2.00h 的防火隔墙
B. 柴油发电机房与营业厅之间设置耐火极限为 2.00h 的防火隔墙
C. 将柴油发电机房设置在地下二层
D. 柴油发电机房与营业厅之间设置耐火极限为 1.50h 的楼板
E. 储油间的柴油总储存量为 1m³

87. 下列民用建筑（场所）自动喷水灭火系统参数设计方案中，正确的有（　　）。

方案	建筑（场所）	室内净高	喷水强度	作用面积
1	高层办公楼	3.8m	6L/(min·m²)	160m²
2	地下汽车库	3.6m	8L/(min·m²)	200m²

续表

方案	建筑（场所）	室内净高	喷水强度	作用面积
3	商业中庭	10m	12L/(min·m²)	160m²
4	体育馆	13m	12L/(min·m²)	160m²
5	会展中心	16m	15L/(min·m²)	160m²

A. 方案 4 　　　　　　　　　　　　　　B. 方案 5

C. 方案 1 　　　　　　　　　　　　　　D. 方案 2

E. 方案 3

88. 下列建筑场所湿式自动喷水灭火系统喷头选型方案中，正确的有（　　）。

A. 办公楼附建的地下汽车库：选用直立型洒水喷头

B. 装有非通透性吊顶的商场：选用下垂型洒水喷头

C. 总建筑面积为 5000m² 的地下商场：选用隐蔽式洒水喷头

D. 多层旅馆客房：选用边墙型洒水喷头

E. 工业园区员工集体宿舍：选用家用喷头

89. 根据现行国家标准《自动喷水灭火系统设计规范》（GB 50084），下列湿式自动喷水灭火系统消防水泵控制方案中，正确的有（　　）。

A. 由消防水泵出水干管上设置的压力开关动作信号与高位水箱出水管上设置的流量开关信号作为联动与触发信号，自动启动消防喷淋泵

B. 由高位水箱出水管上设置的流量开关动作信号与火灾自动报警系统报警信号作为联动与触发信号，自动启动消防喷淋泵

C. 由消防水泵出水干管上设置的压力开关动作信号与火灾自动报警系统报警信号作为联动与触发信号，直接自动启动消防喷淋泵

D. 火灾自动报警联动控制器处于手动状态时，由报警阀组压力开关动作信号作为触发信号，直接控制启动消防喷淋泵

E. 火灾自动报警联动控制器处于自动状态时，由高位水箱出水管上设置的流量开关信号作为触发信号，直接自动启动消防喷淋泵

90. 固定顶储罐储存 5000m³ 航空煤油，则该顶储罐低倍数泡沫灭火系统可选用（　　）系统。

A. 半固定液下喷射 　　　　　　　　　　B. 半固定液上喷射

C. 固定半液下喷射 　　　　　　　　　　D. 固定液上喷射

E. 固定液下喷射

91. 根据现行国家标准《气体灭火系统设计规范》（GB 50370），关于七氟丙烷气体灭火系统的说法，正确的有（　　）。

A. 在防护区疏散出口门外应设置气体灭火装置的手动启动和停止按钮

B. 防护区外的手动启动按钮按下时，应通过火灾报警控制器联动控制气体灭火装置的启动

C. 防护区最低环境温度不应低于 −15℃

D. 手动与自动控制转换状态应在防护区内外的显示装置上显示

E. 同一防护区内多台预制灭火系统装置同时启动的动作响应时差不应大于 2s

92. 根据现行国家标准《石油库设计规范》（GB 50074），下列作业场所中，应设消除人体静电装置的有（　　）。

A. 润滑油泵房的门外 2m 范围内　　　　B. 轻柴油储罐的上罐扶梯入口处

C. 重柴油储罐的上罐扶梯入口处　　D. 石脑油装卸码头的上下船出入口处

E. 100 号重油装卸作业区内操作平台的扶梯入口处

93. 某公共建筑，共 4 层，建筑高度 22m，其中一至三层为商店，四层为电影院，电影院的独立疏散楼梯采用室外楼梯。该室外疏散楼梯的下列设计方案中，正确的有（　　）。

A. 室外楼梯平台耐火极限 0.5h

B. 建筑二、三、四层通向该室外疏散楼梯的门采用乙级防火门

C. 楼梯栏杆扶手高度 1.10 米

D. 楼梯倾斜角度 45°

E. 楼梯周围 2 米内墙面上不设门窗洞

94. 某多层科研楼设有室内消防给水系统，其高位消防水箱进水管管径为 DN100。该高位消防水箱溢流管的下列设置方案中，正确的有（　　）。

A. 溢流水管经排水沟与建筑排水管网连接　　B. 溢流水管上安装用于检修的闸阀

C. 溢流管采用 DN150 的钢管　　D. 溢流管的喇叭口直径为 250mm

E. 溢流水位低于进水管口的最低点 100mm

95. 某三层图书馆，建筑面积为 12000m²，室内最大净空高度为 4.5m，图书馆内全部设置自动喷水灭火系统，下列关于该自动喷水灭火系统的说法中，正确的有（　　）。

A. 系统的喷水强度为 4L/(min·m²)　　B. 共设置一套湿式报警阀组

C. 采用流量系数 $K=80$ 的洒水喷头　　D. 系统的作用面积为 160m²

E. 系统最不利点处喷头的工作压力 0.1MPa

96. 下列住宅建筑安全出口，疏散楼梯和户门的设计方案中，正确的有（　　）。

A. 建筑高度为 27m 的住宅，各单元每层的建筑面积为 700m²，每层设 1 个安全出口

B. 建筑高度为 36m 的住宅，采用封闭楼梯间

C. 建筑高度为 18m 的住宅，敞开楼梯间与电梯井相邻，户门采用乙级防火门

D. 建筑高度为 30m 的住宅，采用敞开楼梯间，户门采用乙级防火门

E. 建筑高度为 56m 的住宅，每个单元设置 1 个安全出口，户门采用乙级防火门

97. 下列办公建筑内会议厅的平面布置方案中，正确的有（　　）。

A. 耐火等级为二级的办公建筑，将建筑面积为 300m² 的会议厅布置在地下一层

B. 耐火等级为一级的办公建筑，将建筑面积为 600m² 的会议厅布置在地上四层

C. 耐火等级为一级的办公建筑，将建筑面积为 200m² 的会议厅布置在地下二层

D. 耐火等级为二级的办公建筑，将建筑面积为 500m² 的会议厅布置在地上三层

E. 耐火等级为三级的办公建筑，将建筑面积为 200m² 的会议厅布置在地上三层

98. 下列建筑中，属于一类高层民用建筑的有（　　）。

A. 建筑高度为 26m 的病房楼

B. 建筑高度为 32m 的员工宿舍楼

C. 建筑高度为 54m 的办公楼

D. 建筑高度为 26m、藏书量为 120 万册的图书馆建筑

E. 建筑高度为 33m 的住宅楼

99. 某综合楼，地上 5 层，建筑高度 18m，第三层设有电子游戏厅，设有火灾自动报警系统，自动喷水灭火系统和自然排烟系统。根据现行国家标准《建筑内部装修设计防火规范》（GB 50222），该电子游戏厅的下列装修方案中，正确的有（　　）。

A. 游艺厅设置燃烧性能为 B_2 级的座椅　　B. 墙面粘贴燃烧性能为 B_1 级的布质壁纸

C. 安装燃烧性能为 B_1 级的顶棚　　D. 室内装饰选用纯麻装饰布
E. 地面铺设燃烧性能为 B_1 级塑料地板

100. 下列厂房中，可设 1 个安全出口的有（　　）。

A. 每层建筑面积 $80m^2$，同一时间的作业人数为 4 人的赤磷制备厂房
B. 每房建筑面积 $160m^2$，同一时间的作业人数为 8 人的木工厂房
C. 每层建筑面积 $240m^2$，同一时间的作业人数为 12 人的空分厂房
D. 每层建筑面积 $400m^2$，同一时间的作业人数为 32 人的制砖车间
E. 每层建筑面积 $320m^2$，同一时间的作业人数为 16 人的热处理厂房

参考答案解析与视频讲解

一、单项选择题

1. 【答案】D

【解析】木材、棉、麻、纸张等燃烧会明显地存在分解燃烧、阴燃、表面燃烧等形式。熏烟燃烧又称阴燃,因此选项A、B、C均符合题意。

蒸发燃烧：硫、磷、钾、钠、蜡烛、松香等可燃固体,在受到火源加热时,先熔融蒸发,随后蒸气与氧气发生燃烧反应,这种形式的燃烧一般称为蒸发燃烧。樟脑、萘等易升华物质,在燃烧时不经过熔融过程,但其燃烧现象也可看作是一种蒸发燃烧。显然木质桌椅不会出现蒸发燃烧方式。

2. 【答案】D

【解析】根据《气体灭火系统设计规范》(GB 50370—2005)经查表附录A灭火浓度和惰化浓度,可知设计灭火浓度最低的是七氟丙烷灭火系统。

3. 【答案】A

【解析】根据教材《消防安全技术实务》(2018年版)表1-3-2,一氧化碳在空气中的爆炸下限为12.5%,在氧气中的爆炸下限为15.5%,均大于10%。

4. 【答案】C

【解析】根据《石油化工企业设计防火规范》(GB 50160—2008)中"3 火灾危险性分类"条文说明中表2,C项符合题意。

5. 【答案】D

【解析】根据教材《消防安全技术实务》(2018年版)表2-2-3,D项符合题意。

6. 【答案】A

【解析】根据《建筑设计防火规范》(GB 50016—2014)(2018年版)中第3.2.17条建筑中的非承重外墙、房间隔墙和屋面板,当确需采用金属夹芯板材时,其芯材应为不燃材料,且耐火极限应符合本规范有关规定。

7. 【答案】B

【解析】根据《建筑设计防火规范》(GB 50016—2014)(2018年版)的相关规定：第5.1.4条建筑高度大于100m的民用建筑,其楼板的耐火极限不应低于2.00h；第5.4.11条设置商业服务网点的住宅建筑,其居住部分与商业服务网点之间应采用耐火极限不低于2.00h且无门、窗、洞口的防火隔墙和1.50h的不燃性楼板完全分隔,住宅部分和商业服务网点部分的安全出口和疏散楼梯应分别独立设置。因此B项错误。

8. 【答案】A

【解析】根据《火灾自动报警系统设计规范》(GB 50116—2013)的相关规定：

4.5.1 防烟系统的联动控制方式应符合下列规定：

1 应由加压送风口所在防火分区内的两只独立的火灾探测器或一只火灾探测器与一只手动火灾报警按钮的报警信号,作为送风口开启和加压送风机启动的联动触发信号,并应由消防联动控制器联动控制相关层前室等需要加压送风场所的加压送风口开启和加压送风机启动。选项A正确。

根据《建筑防烟排烟系统技术标准》(GB 51251—2017)的相关规定：

5.1.2 加压送风机的启动应符合下列规定：

1 现场手动启动；

2 通过火灾自动报警系统自动启动；

3 消防控制室手动启动；

4 系统中任一常闭加压送风口开启时，加压风机应能自动启动。

5.1.3 当防火分区内火灾确认后，应能在15s内联动开启常闭加压送风口和加压送风机，并应符合下列规定：

2 应开启该防火分区内着火层及其相邻上下层前室及合用前室的常闭送风口，同时开启加压送风机。

选项B、C、D项错误。

9. 【答案】C

【解析】根据《建筑灭火器配置设计规范》（GB 50140—2005）附录C，服装加工厂的危险等级为中危险级，服装厂的主要火灾种类为A类火灾，由该规范表6.2.1可知，服装加工厂单位灭火级别最大保护面积$U=75m^2/A$，单具灭火器最小需配灭火级别为2A；该服装加工厂房设有室内消火栓系统和自动喷水灭火系统，由该规范表7.3.2可知修正系数$K=0.50$，计算单元的保护面积$S=40\times25=1000(m^2)$，计算单元的最小需配灭火级别$Q=K\dfrac{S}{U}=0.5\times\dfrac{1000}{75}=6.67A$，每层配置的灭火器数量$N=\dfrac{6.67}{2}=3.34$（具），进位向上取整，每层配置的灭火器数量至少应为4具。

10. 【答案】B

【解析】根据《建筑防烟排烟系统技术标准》（GB 51251—2017）的相关规定：

3.1.3 建筑高度小于或等于50m的公共建筑、工业建筑和建筑高度小于或等于100m的住宅建筑，其防烟楼梯间、独立前室、共用前室、合用前室（除共用前室与消防电梯前室合用外）及消防电梯前室应采用自然通风系统。选项A、D正确。

3.2.1 采用自然通风方式的封闭楼梯间、防烟楼梯间，应在最高部位设置面积不小于$1.0m^2$的可开启外窗或开口；当建筑高度大于10m时，尚应在楼梯间的外墙上每5层内设置总面积不小于$2.0m^2$的可开启外窗或开口，且布置间隔不大于3层。选项C正确。

3.3.11 设置机械加压送风系统的封闭楼梯间、防烟楼梯间，尚应在其顶部设置不小于$1m^2$的固定窗。靠外墙的防烟楼梯间，尚应在其外墙上每5层内设置总面积不小于$2m^2$的固定窗。选项B错误。

11. 【答案】C

【解析】根据《火灾自动报警系统设计规范》的相关规定：剩余电流式电气火灾监控探测器应以设置在低压配电系统首端为基本原则，宜设置在第一级配电柜（箱）的出线端。A项错误。非独立式电气火灾监控探测器，即自身不具有报警功能，需要配接电气火灾监控设备组成系统。电气火灾监控系统是一个独立的子系统，属于火灾预警系统，应独立组成。电气火灾监控探测器应接入电气火灾监控器，不应直接接入火灾报警控制器的探测器回路。B项错误。当电气火灾监控系统接入火灾自动报警系统中时，应由电气火灾监控器将报警信号传输至消防控制室图形显示装置或集中火灾报警控制器上。C项正确。电气火灾监控系统的设置不应影响供电系统的正常工作，不宜自动切断供电电源。D项错误。

12. 【答案】D

【解析】根据《消防给水及消火栓系统技术规范》（GB 50974—2014），第7.2.5条市政消火栓的保护半径不应超过150m，间距不应大于120m，选项A错误。第7.2.3条市政消火栓宜在道路的一侧设置，并宜靠近十字路口，但当市政道路宽度超过60m时，应在道路的两侧交叉错落设置市政消火栓，选项B错误。第7.2.6.1条市政消火栓距路边不宜小于0.5m，并不应大于2.0m，选项C错误。第7.2.2.2条室外地下式消火栓应有直径为100mm和65mm的栓口各一个，选项D正确。

13. 【答案】B
【解析】本题考查安全检查表的编制方法。
根据对编制的事故树的分析、评价结果来编制安全检查表。通过事故树进行定性分析，求出事故树的最小割集，按最小割集中基本事件的多少，找出系统中的薄弱环节，以这些薄弱环节作为安全检查的重点，编制安全检查表。选项 B 说法正确。
选项 A、C、D 说法均错误。选项 A 说法应为预先危险性分析法，在评估对象运营之前，预先危险性分析结果可列为一个表格；选项 C 说法应为事件树分析法，遵循每一事件可能的后续事件只能取完全独立的两种状态之一的原则；选项 D 说法应为运用运筹学原理，对火灾事故原因和结果进行逻辑分析的方法属于事故树分析法。

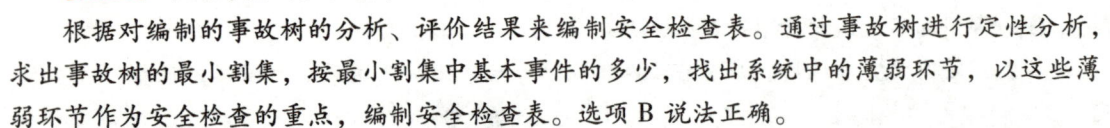

14. 【答案】C
【解析】根据《建筑设计防火规范》（GB 50016—2014）（2018 年版）的相关规定：
7.3.1　下列建筑应设置消防电梯：
1　建筑高度大于 33m 的住宅建筑；
2　一类高层公共建筑和建筑高度大于 32m 的二类高层公共建筑、5 层及以上且总建筑面积大于 3000m² （包括设置在其他建筑内五层及以上楼层）的老年人照料设施；
3　设置消防电梯的建筑的地下或半地下室，埋深大于 10m 且总建筑面积大于 3000m² 的其他地下或半地下建筑（室）。
建筑高度为 25m 的门诊楼为一类高层建筑，应设置消防电梯，因此 C 选项是错误的。

15. 【答案】A
【解析】根据《建筑设计防火规范》（GB 50016—2014）的相关规定：
5.5.24　高层病房楼应在二层及以上的病房楼层和洁净手术部设置避难间。避难间应符合下列规定：
1　避难间服务的护理单元不应超过 2 个，其净面积应按每个护理单元不小于 25.0m² 确定。选项 B 错误。
2　避难间兼作其他用途时，应保证人员的避难安全，且不得减少可供避难的净面积。
3　应靠近楼梯间，并应采用耐火极限不低于 2.00h 的防火隔墙和甲级防火门与其他部位分隔。选项 C 错误。
4　应设置消防专线电话和消防应急广播。
5　避难间的入口处应设置明显的指示标志。
6　应设置直接对外的可开启窗口或独立的机械防烟设施，外窗应采用乙级防火窗。选项 D 错误。
根据 5.5.24 条文说明，避难间可以利用平时使用的房间，如每层的监护室，也可以利用电梯前室。选项 A 正确。

16. 【答案】D
【解析】根据《水喷雾灭火系统技术规范》（GB 50219—2014）的相关规定：
7.2.4　消防水泵的扬程或系统入口的供给压力应按下式计算：
$$H = \sum h + P_0 + h_z$$
式中：H——消防水泵的扬程或系统入口的供给压力（MPa）；
$\sum h$——管道沿程和局部水头损失的累计值（MPa）；
P_0——最不利点水雾喷头的工作压力（MPa）；
h_z——最不利点处水雾喷头与消防水池的最低水位或系统水平供水引入管中心线之间的静压差（MPa）。
3.1.3　水雾喷头的工作压力，当用于灭火时不应小于 0.35MPa；当用于防护冷却时不应小于 0.2MPa，但对于甲_B、乙、丙类液体储罐不应小于 0.15MPa。

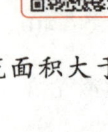

可知 $\sum h = 0.13\text{MPa}$，$P_0 = 0.35\text{MPa}$，$h_z = 0.02\text{MPa}$，代入公式计算：
$H = \sum h + P_0 + h_z = (0.13 + 0.35 + 0.02)\ \text{MPa} = 0.50\text{MPa}$。选项 D 正确。

17.【答案】C

【解析】根据《气体灭火系统设计规范》（GB 50370—2005）的相关规定：

3.2.7 防护区应设置泄压口，七氟丙烷灭火系统的泄压口应位于防护区净高的 2/3 以上。选项 A 正确。

3.1.4 两个或两个以上的防护区采用组合分配系统时，一个组合分配系统所保护的防护区不应超过 8 个。选项 B 正确。

3.3.7 在通讯机房和电子计算机房等防护区，设计喷放时间不应大于8s；在其他防护区，设计喷放时间不应大于10s。选项 C 错误。

3.3.3 图书、档案、票据和文物资料库等防护区，灭火设计浓度宜采用 10%。选项 D 正确。

18.【答案】B

【解析】根据《火力发电厂与变电站设计防火规范》（GB 50229）的相关规定：

7.3.1 下列建筑物或场所应设置室内消火栓：

1 主厂房（包括汽机房和锅炉房的底层、运转层；煤仓间各层；除氧器层；锅炉燃烧器各层平台）。

2 集中控制楼，主控制楼，网络控制楼，微波楼。继电器室，屋内高压配电装置（有充油设备），脱硫控制楼。

3 屋内卸煤装置，碎煤机室，转运站，筒仓皮带层，室内贮煤场。

4 解冻室，柴油发电机房。

5 生产、行政办公楼，一般材料库，特殊材料库。

6 汽车库。

7.3.2 下列建筑物或场所可不设置室内消火栓：

脱硫工艺楼，增压风机室，吸收塔，吸风机室，屋内高压配电装置（无油），除尘构筑物，运煤栈桥，运煤隧道，油浸变压器检修间，油浸变压器室，供、卸油泵房，油处理室，岸边水泵房、中央水泵房，灰浆、灰渣泵房，生活消防水泵房，稳定剂室、加药设备室，进水、净水构筑物，冷却塔，化学水处理室，循环水处理室，启动锅炉房，供氢站，推煤机库，消防车库，贮氢罐，空气压缩机室（有润滑油），热工、电气、金属实验室，天桥，排水、污水泵房，各分场维护间，污水处理构筑物，电缆隧道，材料库棚，机车库，警卫传达室。

故 B 项符合题意。

19.【答案】A

【解析】此建筑为二类高层公共建筑，根据《建筑设计防火规范》（GB 50016—2014）
（2018 年版）中第 5.5.18 条除本规范另有规定外，公共建筑内疏散门和安全出口的净宽度不应小于 0.90m，疏散走道和疏散楼梯的净宽度不应小于 1.10m。

高层公共建筑内楼梯间的首层疏散门、首层疏散外门、疏散走道和疏散楼梯的最小净宽度应符合表 5.5.18（原表号）的规定，见表 1-2-1。

表 1-2-1 高层公共建筑内楼梯间的首层疏散门、首层疏散外门、
疏散走道和疏散楼梯的最小净宽度（节选）　　　　　　　　　　　　（单位：m）

建筑类别	楼梯间的首层疏散门、首层疏散外门	走道 单面布房	走道 双面布房	疏散楼梯
高层医疗建筑	1.30	1.40	1.50	1.30
其他高层公共建筑	1.20	1.30	1.40	1.20

20. 【答案】D

【解析】根据《建筑设计防火规范》(GB 50016—2014)(2018年版)的相关规定：

6.7.7 除本规范第6.7.3条规定的情况外，当建筑的外墙外保温系统按本节规定采用燃烧性能为B_1、B_2级的保温材料时，应符合下列规定：

1 除采用B_1级保温材料且建筑高度不大于24m的公共建筑或采用B_1级保温材料且建筑高度不大于27m的住宅建筑外，建筑外墙上门、窗的耐火完整性不应低于0.50h。A选项正确。

2 应在保温系统中每层设置水平防火隔离带。防火隔离带应采用燃烧性能为A级的材料，防火隔离带的高度不应小于300mm。B、C选项正确。

6.7.8 建筑的外墙外保温系统应采用不燃材料在其表面设置防护层，防护层应将保温材料完全包覆。除本规范第6.7.3条规定的情况外，当按本节规定采用B_1、B_2级保温材料时，防护层厚度首层不应小于15mm，其他层不应小于5mm。D选项错误。

21. 【答案】B

【解析】湿式系统适用于不低于4℃且不高于70℃的场所。故B正确。

22. 【答案】C

【解析】根据《建筑设计防火规范》(GB 50016—2014)(2018年版)的相关规定：

12.1.2 单孔和双孔隧道应按其封闭段长度和交通情况分为一、二、三、四类，并应符合表12.1.2（原表号）的规定，见表1-2-2。

表1-2-2 单孔和双孔隧道分类

用途	一类	二类	三类	四类
	隧道封闭段长度L（m）			
可通行危险化学品等机动车	$L>1500$	$500<L\leq1500$	$L\leq500$	—
仅限通行非危险化学品等机动车	$L>3000$	$1500<L\leq3000$	$500<L\leq1500$	$L\leq500$
仅限人行或通行非机动车	—	—	$L>1500$	$L\leq1500$

12.5.1 一、二类隧道的消防用电应按一级负荷要求供电；三类隧道的消防用电应按二级负荷要求供电。

12.1.4 隧道内的地下设备用房、风井和消防救援出入口的耐火等级应为一级，地面的重要设备用房、运营管理中心及其他地面附属用房的耐火等级不应低于二级。

12.5.4 隧道内严禁设置可燃气体管道；电缆线槽应与其他管道分开敷设。当设置10kV及以上的高压电缆时，应采用耐火极限不低于2.00h的防火分隔体与其他区域分隔。

12.1.9 隧道内的变电站、管廊、专用疏散通道、通风机房及其他辅助用房等，应采取耐火极限不低于2.00h的防火隔墙和乙级防火门等分隔措施与车行隧道分隔。

因此，C项正确。

23. 【答案】D

【解析】根据《建筑设计防火规范》(GB 50016—2014)(2018年版)的相关规定：

6.7.5 与基层墙体、装饰层之间无空腔的建筑外墙外保温系统，其保温材料应符合下列规定：

1 住宅建筑：

1）建筑高度大于100m时，保温材料的燃烧性能应为A级；

2）建筑高度大于27m，但不大于100m时，保温材料的燃烧性能不应低于B_1级；

3）建筑高度不大于27m时，保温材料的燃烧性能不应低于B_2级。

2 除住宅建筑和设置人员密集场所的建筑外，其他建筑：

1）建筑高度大于 50m 时，保温材料的燃烧性能应为 A 级；

2）建筑高度大于 24m，但不大于 50m 时，保温材料的燃烧性能不应低于 B_1 级；

3）建筑高度不大于 24m 时，保温材料的燃烧性能不应低于 B_2 级。

A、B、C 选项正确。

旅馆为人员密集场所，应采用 A 级外保温材料，D 选项错误。

24.【答案】B

【解析】变配电室以 E 类火灾为主，根据《建筑灭火器配置设计规范》(GB 50140—2005) 中第 4.2.5 条 E 类火灾场所应选择磷酸铵盐干粉灭火器、磷酸氢钠干粉灭火器、卤代烷灭火器或二氧化碳灭火器，但不得选用装有金属喇叭筒的二氧化碳灭火器。

25.【答案】A

【解析】根据《地铁设计规范》(GB 50157) 中第 28.2.11 条车站站台公共区的楼梯、自动扶梯、出入口通道，应满足当发生火灾时在 6min 内将远期或客流控制期超高峰小时一列进站列车所载的乘客及站台上的候车人员全部撤离站台到达安全区的要求。

26.【答案】A

【解析】根据《火力发电厂与变电站设计防火规范》(GB 50229—2006) 中第 11.4.3 条地下变电站每个防火分区的建筑面积不应大于 $1000m^2$。设置自动灭火系统的防火分区，其防火分区面积可增大 1.0 倍；当局部设置自动灭火系统时，增加面积可按该局部面积的 1.0 倍计算。

27.【答案】D

【解析】《洁净厂房设计规范》(GB 50073) 中第 7.4.3 条洁净室的生产层及可通行的上、下技术夹层应设置室内消火栓。消火栓的用水量不应小于 10L/s，同时使用水枪数不应少于 2 只，水枪充实水柱长度不应小于 10m，每只水枪的出水量应按不小于 5L/s 计算。

28.【答案】D

【解析】根据《人民防空工程设计防火规范》(GB 50098—2009) 的相关规定：

3.1.7 设置本规范第 3.1.6 条 3 款 1 项的下沉式广场时，应符合下列规定：

1 不同防火分区通向下沉式广场安全出口最近边缘之间的水平距离不应小于 13m，广场内疏散区域的净面积不应小于 $169m^2$。所以 A 项正确。

3.1.6 地下商店应符合下列规定：

1 不应经营和储存火灾危险性为甲、乙类储存物品属性的商品；

2 营业厅不应设置在地下三层及三层以下；啤酒不属于甲、乙类物品，故 B 项正确。

3 当总建筑面积大于 $20000m^2$ 时，应采用防火墙进行分隔，且防火墙上不得开设门窗洞口，相邻区域确需局部连通时，应采取可靠的防火分隔措施，可选择下列防火分隔方式：

1）防烟楼梯间，该防烟楼梯间及前室的门应为火灾时能自动关闭的常开式甲级防火门。所以 C 项正确。

2）防火隔间，该防火隔间的墙应为实体防火墙，并应符合本规范第 3.1.8 条的规定。故 D 项错误。

29.【答案】C

【解析】根据《人民防空工程设计防火规范》(GB 50098—2009) 的规定：

8.2.4 消防疏散指示标志的设置位置应符合下列规定：

1 沿墙面设置的疏散标志灯距地面不应大于 1m，间距不应大于 15m；

2 设置在疏散走道上方的疏散标志灯的方向指示应与疏散通道垂直，其大小应与建筑空间相协调；标志灯下边缘距室内地面不应大于2.5m，且应设置在风管等设备管道的下部；

3 沿地面设置的灯光型疏散方向标志的间距不宜大于3m，蓄光型发光标志的间距不宜大于2m。

30.【答案】B

【解析】根据《消防给水及消火栓系统技术规范》（GB 50974—2014）中第3.6.2条一类高层商业楼的火灾延续时间不应小于3h，室内消火栓系统设计灭火用水量 $Q = 30 \times 3 \times 3.6 = 324$（m³）。

31.【答案】B

【解析】根据《建筑设计防火规范》（GB 50016—2014）中第10.1.4条条文说明，（2）结合目前我国经济和技术条件、不同地区的供电状况以及消防用电设备的具体情况，具备下列条件之一的供电，可视为一级负荷：

1）电源来自两个不同发电厂；

2）电源来自两个区域变电站（电压一般在35kV及以上）；

3）电源来自一个区域变电站，另一个设置自备发电设备。

32.【答案】C

【解析】根据《自动喷水灭火系统设计规范》（GB 50084—2017）中第11.0.3.2条当采用充液（水）传动管控制雨淋报警阀组时，消防水泵应由消防水泵出水干管上设置的压力开关、高位消防水箱出水管上的流量开关和报警阀组压力开关直接启动。

33.【答案】D

【解析】玻璃球喷头玻璃球色标与对应公称动作温度见表1-2-3，洒水喷头玻璃球工作液色标为黄色，公称动作温度为79℃。

表1-2-3 玻璃球喷头玻璃球色标与对应公称动作温度

公称动作温度/℃	57	68	79	93	107	121	141	163	182	204	227	260	343
玻璃球色标	橙	红	黄	绿		蓝		紫			黑		

注：见教材《消防安全技术综合能力》（2018年版）表3-4-3。

34.【答案】B

【解析】根据《泡沫灭火系统设计规范》中第4.2.4条，高背压泡沫产生器是从储罐内底部液下喷射空气泡沫扑救油罐火灾的主要设备。因此B选项正确。

35.【答案】A

【解析】厂房内任一点至最近安全出口的直线距离见表1-2-4。

表1-2-4 厂房内任一点至最近安全出口的直线距离（节选）（单位：m）

生产的火灾危险性类别	耐火等级	单层厂房	多层厂房	高层厂房	地下或半地下厂房（包括地下或半地下室）
甲	一、二级	30	25	—	—
乙	一、二级	75	50	30	—
丙	一、二级	80	60	40	30
	三级	60	40		

注：见《建筑设计防火规范》（GB 50016—2014）表3.7.4。

印刷厂房火灾危险性为丙类。丙类高层厂房，厂房首层任一点至最近安全出口的最大直线距离应为40米。

36. 【答案】D

【解析】根据现行国家标准《汽车库、修车库、停车场设计防火规范》（GB 50067—2014）中第3.0.1条汽车库、修车库、停车场的分类应根据停车（车位）数量和总建筑面积确定，并应符合表3.0.1（原表号）的规定，见表1-2-5。

表1-2-5 汽车库、修车库、停车场的分类

名称		Ⅰ	Ⅱ	Ⅲ	Ⅳ
汽车库	停车数量（辆）	>300	151~300	51~150	≤50
	总建筑面积 S（m²）	S>10000	5000<S≤10000	2000<S≤5000	S≤2000
修车库	车位数（个）	>15	6~15	3~5	≤2
	总建筑面积 S（m²）	S>3000	1000<S≤3000	500<S≤1000	S≤500
停车场	停车数量（辆）	>400	251~400	101~250	≤100

该汽车库属于Ⅱ类汽车库，D项正确。

37. 【答案】D

【解析】根据《汽车库、修车库、停车场设计防火规范》（GB 50067—2014）的规定：

4.1.4 汽车库不应与托儿所、幼儿园、老年人建筑，中小学校的教学楼，病房楼等组合建造。当符合下列要求时，汽车库可设置在托儿所、幼儿园、老年人建筑，中小学校的教学楼，病房楼等的地下部分：

1 汽车库与托儿所、幼儿园、老年人建筑，中小学校的教学楼，病房楼等建筑之间，应采用耐火极限不低于2.00h的楼板完全分隔；

2 汽车库与托儿所、幼儿园、老年人建筑，中小学校的教学楼，病房楼等的安全出口和疏散楼梯应分别独立设置。

38. 【答案】D

【解析】根据《火力发电厂与变电站设计防火规范》（GB 50229—2006），11.1.4 变电站内各建（构）筑物及设备的防火间距不应小于表11.1.4（原表号）的规定，见表1-2-6。

表1-2-6 变电站内各建（构）筑物及设备的防火间距　　　　（单位：m）

建（构）筑物名称			丙、丁、戊类生产建筑 耐火等级		屋外配电装置 每组断路器油量（t）		可燃介质电容器（室、棚）	总事故贮油池	生活建筑 耐火等级	
			一、二级	三级	<1	≥1			一、二级	三级
丙、丁、戊类生产建筑	耐火等级	一、二级	10	12	—	10	10	5	10	12
		三级	12	14					12	14
屋外配电装置	每组断路器油量（t）	<1	—	—	—	—	10	5	10	12
		≥1	—	10						
油浸变压器	单台设备油量（t）	5~10			见第11.1.6条		10	5	15	20
		>10~50	10						20	25
		>50							25	30

39. 【答案】C

【解析】根据《汽车加油加气站设计与施工规范》（GB 50156—2012）（2014年版）中第4.0.7条 LPG 加气站、加油加气合建站的 LPG 卸车点、加气机、放散管管口与站外建（构）筑物的安全间距，不应小于表4.0.7（原表号）的规定，见表1-2-7。

表1-2-7　LPG 卸车点、加气机、放散管管口与站外建（构）筑物的安全间距（节选）　　（单位：m）

站外建（构）筑物	站内 LPG 设备		
	LPG 卸车点	放散管管口	加气机
重要公共建筑物	100	100	100

附录 B.0.1 重要公共建筑物，应包括下列内容：

6　使用人数超过500人的中小学校及其他未成年人学校；使用人数超过200人的幼儿园、托儿所、残障人员康复设施；150张床位及以上的养老院、医院的门诊楼和住院楼。这些设施有围墙者，从围墙中心线算起；无围墙者，从最近的建筑物算起。

40. 【答案】B

【解析】根据《建筑设计防火规范》（GB 50016—2014）第5.3.4.1条，一、二级耐火等级建筑内的商店营业厅、展览厅，当设置自动灭火系统和火灾自动报警系统并采用不燃或难燃装修材料时，设置在高层建筑内时，每个防火分区的最大允许建筑面积不应大于4000m²，因此首层商店营业厅应至少划分为3个防火分区。根据《自动喷水灭火系统设计规范》（GB 50084—2017）中第6.3.1条除报警阀组控制的洒水喷头只保护不超过防火分区面积的同层场所外，每个防火分区、每个楼层均应设水流指示器。因此，该商店营业厅内至少应设置3个水流指示器。

41. 【答案】A

【解析】根据《自动喷水灭火系统设计规范》（GB 50084—2017）中第2.1.12条防护冷却系统由闭式洒水喷头、湿式报警阀组等组成，是发生火灾时用于冷却防火卷帘、防火玻璃墙等防火分隔设施的闭式系统。

42. 【答案】A

【解析】根据《建筑灭火器配置设计规范》（GB 50140—2005），附录D 建筑面积150m²的电子游戏厅灭火器配置场所的危险等级为中危险级，表6.2.1单具灭火器最小配置灭火级别2A，单位灭火级别最大保护面积75m²/A，2具 MF/ABC4 型手提式灭火器满足建筑面积150m²电子游戏厅的配置要求，选项A正确。附录D 计算机房属于严重危险级、办公室属于中危险级或轻危险级，根据7.2.1.2 当一个楼层内各场所的危险等级不相同时，应将其分别作为不同的计算单元，选项B错误。根据7.2.1.3 同一计算单元不得跨越楼层，选项C错误。根据附录D 高校教室属于中危险级，表6.2.1MF/ABC3 型手提式灭火器单具灭火器最小配置灭火级别满足2A的要求，表5.2.1中危险级灭火器的最大保护距离为20m，选项D错误。

43. 【答案】C

【解析】根据《建筑灭火器配置设计规范》（GB 50140—2005），附录C：中药材库房属于中危险级；酒精度数小于60度的白酒库房属于中危险级；工厂分控制室属于严重危险级；电脑、电视机等电子产品库房属于中危险级。

44. 【答案】C

【解析】根据《建筑灭火器配置设计规范》（GB 50140—2005），4.2.1、4.2.2、4.2.3、4.2.5条，磷酸铵盐干粉灭火剂可用于扑救固体火灾、液体火灾、气体火灾、电气火灾，但不能用于扑救金属火灾。钠火灾属于金属火灾。

45. 【答案】B

【解析】根据《火灾自动报警系统设计规范》（GB 50116—2013）中第 3.2.2 条区域报警系统的设计，应符合下列规定：

1 系统应由火灾探测器、手动火灾报警按钮、火灾声光警报器及火灾报警控制器等组成，系统中可包括消防控制室图形显示装置和指示楼层的区域显示器。

46. 【答案】A

【解析】根据《消防应急照明和疏散指示系统》（GB 17945—2010）中第 3.13 条：自带电源集中控制型系统由自带电源型消防应急灯具、应急照明控制器、应急照明配电箱及相关附件等组成的消防应急照明和疏散指示系统。

47. 【答案】C

【解析】根据《建筑设计防火规范》（GB 50016—2014）（2018 年版）中的规定：

第 5.5.15 条公共建筑内房间的疏散门数量应经计算确定且不应少于 2 个。除托儿所、幼儿园、老年人照料设施、医疗建筑、教学建筑内位于走道尽端的房间外，符合下列条件之一的房间可设置 1 个疏散门：

1 位于两个安全出口之间或袋形走道两侧的房间，对于托儿所、幼儿园、老年人照料设施，建筑面积不大于 50m²；对于医疗建筑、教学建筑，建筑面积不大于 75m²；对于其他建筑或场所，建筑面积不大于 120m²。

48. 【答案】B

【解析】根据现行国家标准《建筑设计防火规范》（GB 50016—2014）（2018 年版）：

5.2.1 在总平面布局中，应合理确定建筑的位置、防火间距、消防车道和消防水源等，不宜将民用建筑布置在甲、乙类厂（库）房，甲、乙、丙类液体储罐，可燃气体储罐和可燃材料堆场的附近。

橡胶制品硫化厂房为丙类厂房；活性炭制备厂房为乙类厂房；苯甲酸生产厂房为丙类厂房；甘油制备厂房为丙类厂房。故答案为 B。

49. 【答案】D

【解析】根据《火灾自动报警系统设计规范》（GB 50116—2013）中的规定：

3.1.2 火灾自动报警系统应设有自动和手动两种触发装置。

在火灾自动报警系统中，自动和手动产生火灾报警信号的器件称为触发器件，主要包括火灾探测器和手动火灾报警按钮。选项 A、B、C 均属于，选项 D 不属于。

50. 【答案】B

【解析】根据《火灾自动报警系统设计规范》（GB 50116—2013）的相关规定：

4.6.4 非疏散通道上设置的防火卷帘的联动控制设计，应符合下列规定：

1 联动控制方式，应由防火卷帘所在防火分区内任两只独立的火灾探测器的报警信号，作为防火卷帘下降的联动触发信号，并应联动控制防火卷帘直接下降到楼板面。

2 手动控制方式，应由防火卷帘两侧设置的手动控制按钮控制防火卷帘的升降，并应能在消防控制室内的消防联动控制器上手动控制防火卷帘的降落。

4.6.5 防火卷帘下降至距楼板面 1.8m 处、下降到楼板面的动作信号和防火卷帘控制器直接连接的感烟、感温火灾探测器的报警信号，应反馈至消防联动控制器。

51. 【答案】A

【解析】根据《火灾自动报警系统设计规范》（GB 50116—2013）中的相关规定：

3.4.2 消防控制室内设置的消防设备应包括火灾报警控制器、消防联动控制器、消防

控制室图形显示装置、消防专用电话总机、消防应急广播控制装置、消防应急照明和疏散指示系统控制装置、消防电源监控器等设备或具有相应功能的组合设备。消防控制室内设置的消防控制室图形显示装置应能显示本规范附录 A 规定的建筑物内设置的全部消防系统及相关设备的动态信息和本规范附录 B 规定的消防安全管理信息，并应为远程监控系统预留接口，同时应具有向远程监控系统传输本规范附录 A 和附录 B 规定的有关信息的功能。

3.4.6 消防控制室内严禁穿过与消防设施无关的电气线路及管路。

3.4.8 消防控制室内设备的布置应符合下列规定：

1 设备面盘前的操作距离，单列布置时不应小于 1.5m；双列布置时不应小于 2m。故 D 项错误。

5 与建筑其他弱电系统合用的消防控制室内，消防设备应集中设置，并应与其他设备间有明显间隔。故 C 项错误。

3.4.9 消防控制室的显示与控制，应符合现行国家标准《消防控制室通用技术要求》（GB 25506）的有关规定。

根据《消防控制室通用技术要求》（GB 25506—2010）中第 3.4 条具有两个或两个以上消防控制室时，应确定主消防控制室和分消防控制室。主消防控制室的消防设备应对系统内共用的消防设备进行控制，并显示其状态信息；主消防控制室内的消防设备应能显示各分消防控制室内消防设备的状态信息，并可对分消防控制室内的消防设备及其控制的消防系统和设备进行控制；各分消防控制室之间的消防设备之间可以互相传输、显示状态信息，但不应互相控制。因此 B 项错误，A 项正确。

52. 【答案】B

【解析】根据《石油化工企业设计防火规范》（GB 50160—2008）的相关规定：

4.1.6 公路和地区架空电力线路严禁穿越生产区。A 项错误。

4.1.8 地区输油（输气）管道不应穿越厂区。C 项错误。

4.1.9 石油化工企业与相邻工厂或设施的防火间距不应小于表 4.1.9（原表号）的规定，见表 1-2-8。

表 1-2-8 石油化工企业与相邻工厂或设施的防火间距（节选）

相邻工厂或设施	防火间距（m）
	甲、乙类工艺装置或设施（最外侧设备外缘或建筑物的最外轴线）
厂外铁路（国家铁路中心线）	35

B 项正确。

4.2.1 工厂总平面应根据工厂的生产流程及各组成部分的生产特点和火灾危险性，结合地形、风向等条件，按功能分区集中布置。

4.2.5 空分站应布置在空气清洁地段，并宜位于散发乙炔及其他可燃气体、粉尘等场所的全年最小频率风向的下风侧。D 项错误。

53. 【答案】A

【解析】根据《地铁设计规范》（GB 50157—2013）中第 28.2.1 条地铁各建（构）筑物的耐火等级应符合下列规定：

1 地下的车站、区间、变电站等主体工程及出入口通道、风道的耐火等级应为一级；

2 地面出入口、风亭等附属建筑，地面车站、高架车站及高架区间的建、构筑物，耐火等级不得低于二级；

3 控制中心建筑耐火等级应为一级。

54. 【答案】B

【解析】根据《消防给水及消火栓系统技术规范》(GB 50974—2014)，第7.4.7.1条室内消火栓应设置在楼梯间及其休息平台和前室、走道等明显易于取用，以及便于火灾扑救的位置，因此走道两端各设一个室内消火栓。第7.4.10.1条消火栓按2支消防水枪2股充实水柱布置的建筑物，消火栓的布置间距不应大于30.0m。标准层内走道长度66m，因此需要再增加2个室内消火栓，总计需要设置4个室内消火栓。

55.【答案】C

【解析】根据《消防给水及消火栓系统技术规范》(GB 50974—2014)中的相关规定：

5.1.13.1 一组消防水泵，吸水管不应少于两条，当其中一条损坏或检修时，其余吸水管应仍能通过全部消防给水设计流量。当DN200的钢管损坏时将无法满足规范要求，选项A错误。

5.1.13.2 消防水泵吸水管布置应避免形成气囊。吸水管采用偏心异径管可解决气囊问题，选项B错误。

5.1.13.4 消防水泵吸水口的淹没深度应满足消防水泵在最低有效水位运行安全的要求，吸水管喇叭口在消防水池最低有效水位下的淹没深度应根据吸水管喇叭口的水流速度和水力条件确定，但不应小于600mm，当采用旋流防止器时，淹没深度不应小于200mm。选项C正确，选项D错误。

56.【答案】C

【解析】根据《水喷雾灭火系统技术规范》(GB 50219—2014)第4.0.2条水雾喷头的选型应符合下列要求：扑救电气火灾，应选用离心雾化型水雾喷头。选项C属于扑救电气火灾，应选用离心雾化型水雾喷头。

57.【答案】B

【解析】不同耐火等级建筑的允许建筑高度或层数、防火分区最大允许建筑面积见表1−2−9。

表1−2−9　不同耐火等级建筑的允许建筑高度或层数、防火分区最大允许建筑面积

名称	耐火等级	允许建筑高度或层数	防火分区的最大允许建筑面积（m²）	备注
高层民用建筑	一、二级	按本规范第5.1.1条确定	1500	对于体育馆、剧场的观众厅，防火分区的最大允许建筑面积可适当增加
单、多层民用建筑	一、二级	按本规范第5.1.1条确定	2500	
	三级	5层	1200	
	四级	2层	600	
地下或半地下建筑（室）	一级	—	500	设备用房的防火分区最大允许建筑面积不应大于1000m²

注：见《建筑设计防火规范》(GB 50016—2014)表5.3.1。

因此A选项正确。

耐火等级为一级的多层民用建筑，防火分区最大允许建筑面积为2500m²，当设自动喷水灭火系统时，防火分区的最大允许建筑面积可增加一倍，最大可以为5000m²。因此C选项正确，D选项正确。

5.3.4 一、二级耐火等级建筑内的商店营业厅、展览厅，当设置自动灭火系统和火灾自动报警系统并采用不燃或难燃装修材料时，其每个防火分区的最大允许建筑面积应符合下列规定：

1 设置在高层建筑内时，不应大于4000m²；

2 设置在单层建筑或仅设置在多层建筑的首层内时，不应大于10000m²；

3 设置在地下或半地下时，不应大于2000m²。

该建筑营业厅并非设置在单层建筑或仅设置在多层建筑的首层内，因此B选项错误。

58. 【答案】A

【解析】根据《汽车库、修车库、停车场设计防火规范》（GB 50067—2014）中第5.1.6
条汽车库、修车库与其他建筑合建时，应符合下列规定：

1 当贴邻建造时，应采用防火墙隔开；

2 设在建筑物内的汽车库（包括屋顶停车场）、修车库与其他部位之间，应采用防火墙和耐火极限不低于2.00h的不燃性楼板分隔；

3 汽车库、修车库的外墙门、洞口的上方，应设置耐火极限不低于1.00h、宽度不小于1.0m、长度不小于开口宽度的不燃性防火挑檐；

4 汽车库、修车库的外墙上、下层开口之间墙的高度，不应小于1.2m或设置耐火极限不低于1.00h、宽度不小于1.0m的不燃性防火挑檐。

59. 【答案】A

【解析】根据《建筑设计防火规范》（GB 50016—2014）中第7.2.5条供消防救援人员
进入的窗口的净高度和净宽度均不应小于1.0m，下沿距室内地面不宜大于1.2m，间距不宜大于20m且每个防火分区不应少于2个，设置位置应与消防车登高操作场地相对应。窗口的玻璃应易于破碎，并应设置可在室外易于识别的明显标志。

60. 【答案】A

【解析】根据《城市消防远程监控系统技术规范》（GB 50440—2007）中第4.2.2条远
程监控系统的性能指标应符合下列要求：

1 监控中心应能同时接收和处理不少于3个联网用户的火灾报警信息。故A项正确。

2 从用户信息传输装置获取火灾报警信息到监控中心接收显示的响应时间不应大于20s。

3 监控中心向城市消防通信指挥中心或其他接处警中心转发经确认的火灾报警信息的时间不应大于3s。故B项错误。

5 监控中心的火灾报警信息、建筑消防设施运行状态信息等记录应备份，其保存周期不应小于1年。故C项错误。

6 录音文件的保存周期不应少于6个月。故D项错误。

61. 【答案】B

【解析】根据《汽车库、修车库、停车场设计防火规范》（GB 50067—2014）中第4.1.7
条为汽车库、修车库服务的下列附属建筑，可与汽车库、修车库贴邻，但应采用防火墙隔开，并应设置直通室外的安全出口：

1 贮存量不超过1.0t的甲类物品库房；

2 总安装容量不大于5.0m³/h的乙炔发生器间和贮存量不超过5个标准钢瓶的乙炔气瓶库；

3 1个车位的非封闭喷漆间或不大于2个车位的封闭喷漆间；

4 建筑面积不大于200m²的充电间和其他甲类生产场所。

62. 【答案】B

【解析】根据《火灾自动报警系统设计规范》（GB 50116—2013）第五章，火灾探测器
选择分为点型火灾探测器、线型火灾探测器和吸气式感烟火灾探测器。线型火灾探测器的选择，包括线型光束感烟探测器、线型光纤感温探测器、缆式线型感温探测器。

63. 【答案】C

【解析】根据《建筑设计防火规范》(GB 50016—2014)的规定确定,柱间支撑的设计耐火极限应与柱相同,一级耐火等级的柱子,耐火极限不应低于3.0h。

64.【答案】C

【解析】根据《汽车库、修车库、停车场设计防火规范》(GB 50067—2014)中的相关规定:

3.0.1 汽车库、修车库、停车场的分类应根据停车(车位)数量和总建筑面积确定,并应符合表3.0.1(原表号)的规定,见表1-2-10。

表1-2-10 汽车库、修车库、停车场的分类

名称		Ⅰ	Ⅱ	Ⅲ	Ⅳ
汽车库	停车数量(辆)	>300	151~300	51~150	<50
	总建筑面积 S (m²)	$S>10000$	$5000<S\leq10000$	$2000<S\leq5000$	$S\leq2000$
修车库	车位数(个)	>15	6~15	3~5	≤2
	总建筑面积 S (m²)	$S>3000$	$1000<S\leq3000$	$500<S\leq1000$	$S\leq500$
停车场	停车数量(辆)	>400	251~400	101~250	≤100

6.0.9 除本规范另有规定外,汽车库、修车库的汽车疏散出口总数不应少于2个,且应分散布置。

6.0.10 当符合下列条件之一时,汽车库、修车库的汽车疏散出口可设置1个:

1　Ⅳ类汽车库;

2　设置双车道汽车疏散出口的Ⅲ类地上汽车库;

3　设置双车道汽车疏散出口、停车数量小于或等于100辆且建筑面积小于4000m²的地下或半地下汽车库;

4　Ⅱ、Ⅲ、Ⅳ类修车库。

65.【答案】B

【解析】根据《建筑防烟排烟系统技术标准》(GB 51251—2017)中的相关规定:

4.4.12 排烟口的设置应按本标准第4.6.3条经计算确定,且防烟分区内任一点与最近的排烟口之间的水平距离不应大于30m。除本标准第4.4.13条规定的情况以外,排烟口的设置尚应符合下列规定:

5　排烟口的设置宜使烟流方向与人员疏散方向相反,排烟口与附近安全出口相邻边缘之间的水平距离不应小于1.5m。因此选项A错误。

4.6.3.1 建筑空间净高小于或等于6m的场所,其排烟量应按不小于60m³/(h·m²)计算,且取值不小于15000m³/h。因此选项B正确。

4.2.4 公共建筑、工业建筑防烟分区的最大允许面积及其长边最大允许长度应符合表4.2.4(原表号)的规定,见表1-2-11。

表1-2-11 公共建筑、工业建筑防烟分区的最大允许面积及其长边最大允许长度

空间净高 H (m)	最大允许面积(m²)	长边最大允许长度(m)
$H\leq3.0$	500	24
$3.0<H\leq6.0$	1000	36
$H>6.0$	2000	60m:具有自然对流条件时,不应大于75m

因此C项、D项错误。

66. 【答案】A

【解析】根据《建筑防烟排烟系统技术标准》(GB 51251—2017)的相关规定：

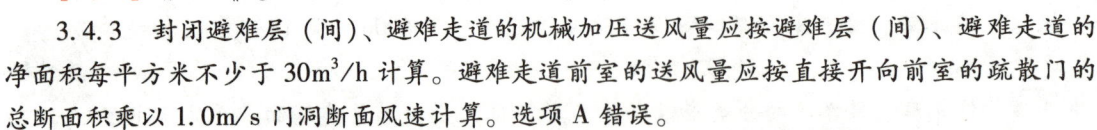

3.4.3 封闭避难层（间）、避难走道的机械加压送风量应按避难层（间）、避难走道的净面积每平方米不少于$30m^3/h$计算。避难走道前室的送风量应按直接开向前室的疏散门的总断面积乘以$1.0m/s$门洞断面风速计算。选项A错误。

3.4.4 机械加压送风量应满足走廊至前室至楼梯间的压力呈递增分布，余压值应符合下列规定：

1 前室、封闭避难层（间）与走道之间的压差应为25~30Pa。选项C正确。

2 楼梯间与走道之间的压差应为40~50Pa。选项B正确。

3.3.1 建筑高度大于100m的建筑，其机械加压送风系统应竖向分段独立设置，且每段高度不应超过100m。选项D正确。

67. 【答案】B

【解析】根据《自动喷水灭火系统设计规范》(GB 50084—2017)，附录A总建筑面积$5000 m^2$及以上的商场火灾危险等级属于中危险级Ⅱ级。该百货商场的总建筑面积为$S = 1500 \times 4 = 6000 (m^2)$，火灾危险等级属于中危险级Ⅱ级；根据该规范第5.0.1条，该自动喷水灭火系统最低喷水强度应为$8L/(min \cdot m^2)$。

68. 【答案】D

【解析】根据《火灾自动报警系统设计规范》(GB 50116—2013)中第10.1.4条火灾自动报警系统主电源不应设置剩余电流动作保护和过负荷保护装置。

消防负荷的配电线路所设置的保护电器要具有短路保护功能。

69. 【答案】B

【解析】根据《泡沫灭火系统设计规范》(GB 50151—2010)的相关规定：

4.1.4 设置固定式泡沫灭火系统的储罐区，应配置用于扑救液体流散火灾的辅助泡沫枪，泡沫枪的数量及其泡沫混合液连续供给时间不应小于表4.1.4（原表号）的规定，见表1-2-12。每支辅助泡沫枪的泡沫混合液流量不应小于240L/min。

表1-2-12 泡沫枪数量及其泡沫混合液连续供给时间

储罐直径（m）	配备泡沫枪数（支）	连续供给时间（min）
≤10	1	10
>10且≤20	1	20
>20且≤30	2	20
>30且≤40	2	30
>40	3	30

因此A选项错误。

4.2.2 泡沫混合液供给强度及连续供给时间应符合下列规定：

2 非水溶性液体储罐液下或半液下喷射系统，其泡沫混合液供给强度不应小于$5.0L/(min \cdot m^2)$、连续供给时间不应小于40min。因此B选项正确。

4.1.10 固定式泡沫灭火系统的设计应满足在泡沫消防水泵或泡沫混合液泵启动后，将泡沫混合液或泡沫输送到保护对象的时间不大于5min。C选项错误。

4.1.3 储罐区泡沫灭火系统扑救一次火灾的泡沫混合液设计用量，应按罐内用量、该罐辅助泡沫枪用量、管道剩余量三者之和最大的储罐确定。D选项错误。

70. 【答案】C

【解析】根据《建筑设计防火规范》(GB 50016—2014) 3.1.1 条文说明，纺织车间为丙类厂房，白兰地蒸馏车间为甲类厂房，植物油加工厂精炼车间为丙类厂房，甲酚车间为乙类厂房，且纺织车间含有爆炸危险纤维的空气。

第9.1.2条甲、乙类厂房内的空气不应循环使用。丙类厂房内含有燃烧或爆炸危险粉尘、纤维的空气，在循环使用前应经净化处理，并应使空气中的含尘浓度低于其爆炸下限的25%。

71. 【答案】C

【解析】根据《细水雾灭火系统技术规范》(GB 50898—2013) 中第 3.4.1 条喷头的最低设计工作压力不应小于 1.20MPa。

72. 【答案】B

【解析】根据《消防应急照明和疏散指示系统》(GB 17945—2010) 的相关规定：

集中电源集中控制型系统：由集中控制型消防应急灯具、应急照明控制器、应急照明集中电源、应急照明分配电装置及相关附件等组成。

集中电源型消防应急灯具：灯具内无独立的电池而由应急照明集中电源供电的消防应急灯具。

73. 【答案】B

【解析】根据《消防给水及消火栓系统技术规范》(GB 50974—2014) 中第 7.4.12.2 条高层建筑、厂房、库房和室内净空高度超过 8m 的民用建筑等场所，消火栓栓口动压不应小于 0.35MPa，且消防水枪充实水柱应按 13m 计算；其他场所，消火栓栓口动压不应小于 0.25MPa，且消防水枪充实水柱应按 10m 计算。

74. 【答案】B

【解析】根据《建筑内部装修设计防火规范》(GB 50222—2017) 的相关规定：

5.1.2 除本规范第 4 章规定的场所和本规范表 5.1.1 中序号为 11～13 规定的部位外，单层、多层民用建筑内面积小于 100m² 的房间，当采用耐火极限不低于 2.00h 的防火隔墙和甲级防火门、窗与其他部位分隔时，其装修材料的燃烧性能等级可在本规范表 5.1.1（原表号）的基础上降低一级，见表 1-2-13。

表 1-2-13 单层、多层民用建筑内部各部位装修材料的燃烧性能等级（节选）

序号	建筑物及场所	建筑规模、性质	装修材料燃烧性能等级						
			顶棚	墙面	地面	隔断	固定家具	装饰织物		其他装修装饰材料
								窗帘	帷幕	
15	办公场所	设置送回风道（管）的集中空气调节系统	A	B_1	B_1	B_1	B_2	B_2	—	B_2
		其他	B_1	B_1	B_2	B_2	B_2	—	—	

故 B 选项正确。

75. 【答案】B

【解析】根据《汽车库、修车库、停车场设计防火规范》(GB 50067—2014) 的相关规定：

8.2.1 除敞开式汽车库、建筑面积小于 1000m² 的地下一层汽车库和修车库外，汽车库、修车库应设置排烟系统，并应划分防烟分区。

8.2.2 防烟分区的建筑面积不宜大于 2000m²，且防烟分区不应跨越防火分区。防烟分区可采用挡烟垂壁、隔墙或从顶棚下突出不小于 0.5m 的梁划分。

8.2.3 排烟系统可采用自然排烟方式或机械排烟方式。机械排烟系统可与人防、卫生等排气、通风系统合用。

8.2.4 当采用自然排烟方式时，可采用手动排烟窗、自动排烟窗、孔洞等作为自然排烟口，并应符合下列规定：

1 自然排烟口的总面积不应小于室内地面面积的2%；

2 自然排烟口应设置在外墙上方或屋顶上，并应设置方便开启的装置；

3 房间外墙上的排烟口（窗）宜沿外墙周长方向均匀分布，排烟口（窗）的下沿不应低于室内净高的1/2，并应沿气流方向开启。

76.【答案】B

【解析】根据《消防给水及消火栓系统技术规范》（GB 50974—2014）的相关规定：

7.3.2 建筑室外消火栓的数量应根据室外消火栓设计流量和保护半径经计算确定，保护半径不应大于150.0m，布置间距不应大于120m。每个室外消火栓的出流量宜按10L/s～15L/s计算。

7.3.3 室外消火栓宜沿建筑周围均匀布置，且不宜集中布置在建筑一侧；建筑消防扑救面一侧的室外消火栓数量不宜少于2个。

2层商业建筑室外消火栓设计流量为30L/s，应设置的室外消火栓数量至少为30/15＝2（个）。考虑保护半径150m，间距120m也要满足要求，消防扑救面不宜少于2个，应再增加1个消火栓满足要求，因此应设置3个室外消火栓。

77.【答案】A

【解析】根据《消防给水及消火栓系统技术规范》（GB 50974—2014）中第3.3.2条注1：成组布置的建筑物应按消火栓设计流量较大的相邻两座建筑物的体积之和确定。确定成组布置建筑物的体积 $V=2\times10\times2000=40000$（m³），根据表中数据可知该工业园区地块建筑室外消火栓设计流量至少应为30L/s。

78.【答案】C

【解析】根据《火灾自动报警系统设计规范》（GB 50116—2013）的相关规定：

8.1.1 可燃气体探测报警系统应由可燃气体报警控制器、可燃气体探测器和火灾声光警报器等组成。

8.1.2 可燃气体探测报警系统应独立组成，可燃气体探测器不应接入火灾报警控制器的探测器回路；当可燃气体的报警信号需接入火灾自动报警系统时，应由可燃气体报警控制器接入。因此A项错误。

8.1.5 可燃气体报警控制器发出报警信号时，应能启动保护区域的火灾声光警报器。因此B项错误。

8.1.6 可燃气体探测报警系统保护区域内有联动和警报要求时，应由可燃气体报警控制器或消防联动控制器联动实现。

8.2.1 探测气体密度小于空气密度的可燃气体探测器应设置在被保护空间的顶部，探测气体密度大于空气密度的可燃气体探测器应设置在被保护空间的下部，探测气体密度与空气密度相当时，可燃气体探测器可设置在被保护空间的中间部位或顶部。因此，C项正确，D项错误。

79.【答案】A

【解析】根据《火灾自动报警系统设计规范》（GB 50116—2013）的相关规定：

6.2.4 在宽度小于3m的内走道顶棚上设置点型探测器时，宜居中布置。感温火灾探测器的安装间距不应超过10m；感烟火灾探测器的安装间距不应超过15m；探测器至端墙的距离，不应大于探测器安装间距的1/2。因此B项错误。

6.2.5 点型探测器至墙壁、梁边的水平距离，不应小于0.5m。因此A项正确。

6.2.15 线型光束感烟火灾探测器的设置应符合下列规定：
2 相邻两组探测器的水平距离不应大于14m。因此C项错误。
6.2.17 管路采样式吸气感烟火灾探测器的设置，应符合下列规定：
3 一个探测单元的采样管总长不宜超过200m，单管长度不宜超过100m，同一根采样管不应穿越防火分区。因此D项错误。

80. 【答案】B

【解析】根据《建筑内部装修设计防火规范》（GB 50222—2017）的相关规定：

4.0.12 经常使用明火器具的餐厅、科研试验室，其装修材料的燃烧性能等级除A级外，应在表5.1.1（原表号，见表1-2-14）、表5.2.1、表5.3.1、表6.0.1、表6.0.5规定的基础上提高一级。

表1-2-14 单层、多层民用建筑内部各部位装修材料的燃烧性能等级（节选）

序号	建筑物及场所	建筑规模、性质	装修材料燃烧性能等级							
			顶棚	墙面	地面	隔断	固定家具	装饰织物		其他装修装饰材料
								窗帘	帷幕	
9	教学场所、教学实验场所	—	A	B_1	B_2	B_2	B_2	B_2	B_2	B_2

二、多项选择题

81. 【答案】ACE

【解析】根据《火灾自动报警系统设计规范》（GB 50116—2013）中4.10.1条文说明：
（1）火灾时可立即切断的非消防电源有：普通动力负荷、自动扶梯、排污泵、空调用电、康乐设施、厨房设施等。因此B、D项不符合题意。
（2）火灾时不应立即切掉的非消防电源有：正常照明、生活给水泵、安全防范系统设施、地下室排水泵、客梯和Ⅰ～Ⅲ类汽车库作为车辆疏散口的提升机。因此A、C、E项符合题意。

82. 【答案】AB

【解析】根据《建筑设计防火规范》（GB 50016—2014）（2018年版）的相关规定：

5.2.2 民用建筑之间的防火间距不应小于表5.2.2（原表号，见表1-2-15）的规定，与其他建筑的防火间距，除应符合本节规定外，尚应符合本规范其他章的有关规定。

表1-2-15 民用建筑之间的防火间距 （单位：m）

建筑类别		高层民用建筑	裙房和其他民用建筑		
		一、二级	一、二级	三级	四级
高层民用建筑	一、二级	13	9	11	14
裙房和其他民用建筑	一、二级	9	6	7	9
	三级	11	7	8	10
	四级	14	9	10	12

注：
2 两座建筑相邻较高一面外墙为防火墙，或高出相邻较低一座一、二级耐火等级建筑的屋面15m及以下范围内的外墙为防火墙时，其防火间距不限。
3 相邻两座高度相同的一、二级耐火等级建筑中相邻任一侧外墙为防火墙，屋顶的耐火极限不低于 1.00h 时，其防火间距不限。

5.2.3 民用建筑与单独建造的变电站的防火间距应符合本规范第 3.4.1 条有关室外变、配电站的规定，但与单独建造的终端变电站的防火间距，可根据变电站的耐火等级按本规范第 5.2.2 条有关民用建筑的规定确定。民用建筑与 10kV 及以下的预装式变电站的防火间距不应小于 3m。

5.2.6 建筑高度大于 100m 的民用建筑与相邻建筑的防火间距，当符合本规范第 3.4.5 条、第 3.5.3 条、第 4.2.1 条和第 5.2.2 条允许减小的条件时，仍不应减小。

11.0.10 民用木结构建筑之间及其与其他民用建筑的防火间距不应小于表 11.0.10（原表号，见表 1-2-16）的规定。

民用木结构建筑与厂房（仓库）等建筑的防火间距、木结构厂房（仓库）之间及其与其他民用建筑的防火间距，应符合本规范第 3、4 章有关四级耐火等级建筑的规定。

表 1-2-16 民用木结构建筑之间及其与其他民用建筑的防火间距 （单位：m）

建筑耐火等级或类别	一、二级	三级	木结构建筑	四级
木结构建筑	8	9	10	11

A 选项为二类高层住宅和二类高层公建之间的防火间距，应不小于 13m，正确；

B 选项为单多层公建与 10kV 的预装式变电站之间的防火间距，不应小于 3m，正确；

C 选项为单多层公建与建筑高度大于 100m 的民用建筑之间的防火间距，不应减小，错误；

D 选项为二类高层住宅建筑与木结构之间的防火间距，应不小于 8m，错误；

E 选项为二类高层住宅建筑与单多层二级公建之间的防火间距，应不小于 9m，错误。

83. 【答案】CD

【解析】根据《火灾自动报警系统设计规范》(GB 50116—2013) 的相关规定：

11.2.2 火灾自动报警系统的供电线路、消防联动控制线路应采用耐火铜芯电线电缆，报警总线、消防应急广播和消防专用电话等传输线路应采用阻燃或阻燃耐火电线电缆。

84. 【答案】AC

【解析】聚氯乙烯电缆燃烧时，可燃物为聚氯乙烯。不同类型的高聚物在燃烧（或分解）过程中会产生不同类别的产物。含有氯的高聚物，如聚氯乙烯等，燃烧时无熔滴，有炭瘤，会产生 HCl 气体，有毒且溶于水后有腐蚀性。氮氧化物为含氮高聚物的燃烧产物，水蒸气主要为木材和煤的燃烧产物。

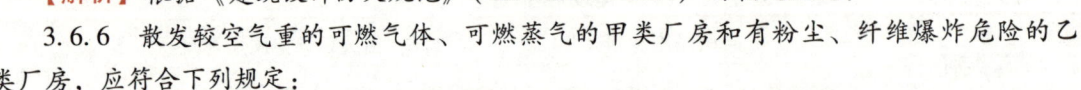

85. 【答案】ADE

【解析】根据《建筑设计防火规范》(GB 50016—2014) 的相关规定：

3.6.6 散发较空气重的可燃气体、可燃蒸气的甲类厂房和有粉尘、纤维爆炸危险的乙类厂房，应符合下列规定：

1 应采用不发火花的地面。采用绝缘材料作整体面层时，应采取防静电措施；因此 A 项正确。

3.6.11 使用和生产甲、乙、丙类液体的厂房，其管、沟不应与相邻厂房的管、沟相通，下水道应设置隔油设施。因此 C 项不正确。

3.6.8 有爆炸危险的甲、乙类厂房的总控制室应独立设置。因此 B 项错误。

3.6.10 有爆炸危险区域内的楼梯间、室外楼梯或有爆炸危险的区域与相邻区域连通处，应设置门斗等防护措施。因此 D 项正确。

3.6.3 泄压设施宜采用轻质屋面板、轻质墙体和易于泄压的门、窗等，应采用安全玻璃等在爆炸时不产生尖锐碎片的材料。因此 E 项正确。

86. 【答案】CE

【解析】根据《建筑设计防火规范》（GB 50016—2014）（2018 年版）的相关规定：

5.4.13 布置在民用建筑内的柴油发电机房应符合下列规定：

1 宜布置在首层或地下一、二层。

2 不应布置在人员密集场所的上一层、下一层或贴邻。C 选项正确，B、D 项错误；

3 应采用耐火极限不低于 2.00h 的防火隔墙和 1.50h 的不燃性楼板与其他部位分隔，门应采用甲级防火门；

4 机房内设置储油间时，其总储存量不应大于 1m³，储油间应采用耐火极限不低于 3.00h 的防火隔墙与发电机间分隔；确需在防火隔墙上开门时，应设置甲级防火门。A 选项错误；E 选项正确。

5 应设置火灾报警装置。

6 应设置与柴油发电机容量和建筑规模相适应的灭火设施，当建筑内其他部位设置自动喷水灭火系统时，机房内应设置自动喷水灭火系统。

87. 【答案】CDE

【解析】根据《自动喷水灭火系统设计规范》（GB 50084—2017），附录 A 高层办公楼的火灾危险等级为中危险级Ⅰ级，室内净高 $h \leq 8m$ 时，喷水强度 $6L/(min \cdot m^2)$，作用面积 $160m^2$，方案 1 正确。附录 A 地下汽车库的火灾危险等级为中危险级Ⅱ级，室内净高 $h \leq 8m$ 时，喷水强度 $8L/(min \cdot m^2)$，作用面积 $160m^2$，方案 2 正确。商业中庭室内净高 $8 < h \leq 12m$ 时，喷水强度 $12L/(min \cdot m^2)$，作用面积 $160m^2$，方案 3 正确。体育馆室内净高 $12 < h \leq 18m$ 时，喷水强度 $15L/(min \cdot m^2)$，作用面积 $160m^2$，方案 4 错误。会展中心室内净高 $12 < h \leq 18m$ 时，喷水强度 $20L/(min \cdot m^2)$，作用面积 $160 m^2$，方案 5 错误。

88. 【答案】ABDE

【解析】根据《自动喷水灭火系统设计规范》（GB 50084—2017）的相关规定：

6.1.3.1 不做吊顶的场所，当配水支管布置在梁下时，应采用直立型洒水喷头，地下汽车库属于不做吊顶且配水支管布置在梁下的场所，选项 A 正确；

6.1.3.2 吊顶下布置的洒水喷头，应采用下垂型洒水喷头或吊顶型洒水喷头，装有非通透性吊顶的商场符合本条规定可选用下垂型洒水喷头，选项 B 正确；

规范附录 A 总建筑面积为 5000m² 的地下商场火灾危险等级中危险级Ⅱ级，不符合"6.1.3.7 不宜选用隐蔽式洒水喷头；确需采用时，应仅适用于轻危险级和中危险Ⅰ级场所。"的规定，选项 C 错误；

规范附录 A 多层旅馆客房火灾危险等级轻危险级，符合"6.1.3.3 顶板为水平面的轻危险级、中危险Ⅰ级住宅建筑、宿舍、旅馆建筑客房、医疗建筑病房和办公室，可采用边墙型洒水喷头"的规定，选项 D 正确；

6.1.3.6 住宅建筑和宿舍、公寓等非住宅类居住建筑宜采用家用喷头，工业园区员工集体宿舍符合本条规定可选用家用喷头，选项 E 正确。

89. 【答案】DE

【解析】根据《自动喷水灭火系统设计规范》（GB 50084—2017）中第 11.0.1 条，湿式系统、干式系统应由消防水泵出水干管上设置的压力开关、高位水箱出水管上设置的流量开关和报警阀组压力开关直接自动启动消防水泵。规定不同的启泵方式，并不是要求系统均应设置这几种启动方式，而是指任意一种方式均应能直接启动消防水泵。

90. 【答案】CDE

【解析】根据《泡沫灭火系统设计规范》（GB 50151—2010）的相关规定：

4.1.2 储罐区低倍数泡沫灭火系统的选择，应符合下列规定：

1 非水溶性甲、乙、丙类液体固定顶储罐，应选用液上喷射、液下喷射或半液下喷射系统。

航空煤油即为非水溶性乙类液体，因此选CDE。

91. 【答案】ADE

【解析】根据《气体灭火系统设计规范》(GB 50370—2005)的相关规定：

5.0.4 防护区内外应设手动、自动控制状态的显示装置。选项D正确。

5.0.5 自动控制装置应在接到两个独立的火灾信号后才能启动。手动控制装置和手动与自动转换装置应设在防护区疏散出口的门外便于操作的地方，安装高度为中心点距地面1.5m。机械应急操作装置应设在储瓶间内或防护区疏散出口门外便于操作的地方。

手动启动、停止按钮应安装在防护区入口便于操作的部位，安装高度为中心点距地（楼）面1.5m。选项A正确。

3.2.10 防护区的最低环境温度不应低于-10℃。选项C错误。

3.1.15 同一防护区内的预制灭火系统装置多于1台时，必须能同时启动，其动作响应时差不得大于2s。选项E正确。

根据《火灾自动报警系统设计规范》(GB 50116—2013)的规定：

4.4.1 气体灭火系统、泡沫灭火系统应分别由专用的气体灭火控制器、泡沫灭火控制器控制。选项B错误。

92. 【答案】BCD

【解析】首先对储存物分类，根据《石油库设计规范》(GB 50074—2014) 条文说明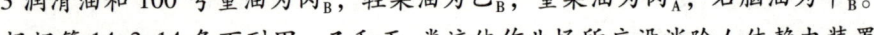
3.0.3 润滑油和100号重油为丙$_B$，轻柴油为乙$_B$，重柴油为丙$_A$，石脑油为甲$_B$。

根据第14.3.14条下列甲、乙和丙$_A$类液体作业场所应设消除人体静电装置：

1) 泵房的门外；

2) 储罐的上罐扶梯入口处；

3) 装卸作业区内操作平台的扶梯入口处；

4) 码头上下船的出入口处。

93. 【答案】CDE

【解析】根据《建筑设计防火规范》(GB 50016—2014)(2018年版)的相关规定：

6.4.5 室外疏散楼梯应符合下列规定：

1 栏杆扶手的高度不应小于1.10m，楼梯的净宽度不应小于0.90m。C选项正确。

2 倾斜角度不应大于45°。D选项正确。

3 梯段和平台均应采用不燃材料制作。平台的耐火极限不应低于1.00h，梯段的耐火极限不应低于0.25h。A选项错误。

5 除疏散门外，楼梯周围2m内的墙面上不应设置门、窗、洞口。疏散门不应正对梯段。E选项正确。

根据该规范第5.4.7条，该室外疏散楼梯为电影院的独立疏散楼梯，不可与其他层共用。B选项错误。

94. 【答案】AE

【解析】根据《消防给水及消火栓系统技术规范》(GB 50974—2014)，4.3.9.3 消防水池应设置溢流水管和排水设施，并应采用间接排水，选项A正确。溢流水管的作用是事故排水因此必须保证排水通畅不得装设阀门，选项B错误。5.2.6.8 溢流管的直径不应小于进水管直径的2倍，且不应小于DN100，溢流管的喇叭口直径不应小于溢流管直径的1.5倍~2.5倍。本题进水管管径DN100，因此溢流管直径应为DN200，溢流管喇叭口直径应为DN300~DN500，选项C

和选项 D 均错误。5.2.6.6 进水管应在溢流水位以上接入，进水管口的最低点高出溢流边缘的高度应等于进水管管径，但最小不应小于 100mm，最大不应大于 150mm，选项 E 正确。

95．【答案】CDE

【解析】图书馆危险性等级为中危Ⅰ级，喷水强度 6L/(min·m²)，作用面积为 160m²，一个喷头的保护面积为 12.5m²，一个湿式报警阀组所带的喷头不应超过 800 只，12000/12.5/800＝1.2，共需要 2 个报警阀组。选项 A 错误，选项 C、D 正确。自动喷水灭火系统最不利点喷头工作压力不应低于 0.05MPa，E 正确。

96．【答案】CD

【解析】根据《建筑设计防火规范》（GB 50016—2014）（2018 年版）的相关规定：

5.5.25 住宅建筑安全出口的设置应符合下列规定：

1 建筑高度不大于 27m 的建筑，当每个单元任一层的建筑面积大于 650m²，或任一户门至最近安全出口的距离大于 15m 时，每个单元每层的安全出口不应少于 2 个。A 选项错误。

2 建筑高度大于 27m、不大于 54m 的建筑，当每个单元任一层的建筑面积大于 650m²，或任一户门至最近安全出口的距离大于 10m 时，每个单元每层的安全出口不应少于 2 个。

3 建筑高度大于 54m 的建筑，每个单元每层的安全出口不应少于 2 个。E 选项错误。

5.5.27 住宅建筑的疏散楼梯设置应符合下列规定：

1 建筑高度不大于 21m 的住宅建筑可采用敞开楼梯间；与电梯井相邻布置的疏散楼梯应采用封闭楼梯间，当户门采用乙级防火门时，仍可采用敞开楼梯间。C 选项正确。

2 建筑高度大于 21m、不大于 33m 的住宅建筑应采用封闭楼梯间；当户门采用乙级防火门时，可采用敞开楼梯间。D 选项正确。

3 建筑高度大于 33m 的住宅建筑应采用防烟楼梯间。户门不宜直接开向前室，确有困难时，每层开向同一前室的户门不应大于 3 樘且应采用乙级防火门。B 选项错误。

97．【答案】ACD

【解析】根据《建筑设计防火规范》（GB 50016—2014）（2018 年版）的相关规定：

5.4.8 建筑内的会议厅、多功能厅等人员密集的场所，宜布置在首层、二层或三层。设置在三级耐火等级的建筑内时，不应布置在三层及以上楼层。

确需布置在一、二级耐火等级建筑的其他楼层时，应符合下列规定：

1 一个厅、室的疏散门不应少于 2 个，且建筑面积不宜大于 400m²。

2 设置在地下或半地下时，宜设置在地下一层，不应设置在地下三层及以下楼层；

3 设置在高层建筑内时，应设置火灾自动报警系统和自动喷水灭火系统等自动灭火系统。

98．【答案】ACD

【解析】根据《建筑设计防火规范》（GB 50016—2014）中第 5.1.1 条民用建筑根据其建筑高度和层数可分为单、多层民用建筑和高层民用建筑。高层民用建筑根据其建筑高度、使用功能和楼层的建筑面积可分为一类和二类。民用建筑的分类应符合表 5.1.1 的规定。

99．【答案】BE

【解析】根据《建筑内部装修设计防火规范》（GB 50222—2017）的相关规定：

5.1.2 除本规范第 4 章规定的场所和本规范表 5.1.1 中序号为 11～13 规定的部位外，单层、多层民用建筑内面积小于 100m² 的房间，当采用耐火极限不低于 2.00h 的防火隔墙和甲级防火门、窗与其他部位分隔时，其装修材料的燃烧性能等级可在本规范表 5.1.1（原表号，见表 1－2－17）的基础上降低一级。

表 1-2-17 单层、多层民用建筑内部各部位装修材料的燃烧性能等级（节选）

序号	建筑物及场所	建筑规模、性质	装修材料燃烧性能等级						
			顶棚	墙面	地面	隔断	固定家具	装饰织物		其他装修装饰材料
								窗帘	帷幕	
12	歌舞娱乐游艺场所	—	A	B_1	B_1	B_1	B_1	B_1	B_1	B_1

5.1.3 除本规范第 4 章规定的场所和本规范表 5.1.1 中序号为 11～13 规定的部位外，当单层、多层民用建筑需做内部装修的空间内装有自动灭火系统时，除顶棚外，其内部装修材料的燃烧性能等级可在本规范表 5.1.1 规定的基础上降低一级；当同时装有火灾自动报警装置和自动灭火系统时，其装修材料的燃烧性能等级可在本规范表 5.1.1 规定的基础上降低一级。

该题目场景不符合放宽标准。

100.【答案】ABE

【解析】根据《建筑设计防火规范》（GB 50016—2014）的规定：

3.7.2 厂房内每个防火分区或一个防火分区内的每个楼层，其安全出口的数量应经计算确定，且不应少于 2 个；当符合下列条件时，可设置 1 个安全出口：

1 甲类厂房，每层建筑面积不大于 $100m^2$，且同一时间的作业人数不超过 5 人；

2 乙类厂房，每层建筑面积不大于 $150m^2$，且同一时间的作业人数不超过 10 人；

3 丙类厂房，每层建筑面积不大于 $250m^2$，且同一时间的作业人数不超过 20 人；

4 丁、戊类厂房，每层建筑面积不大于 $400m^2$，且同一时间的作业人数不超过 30 人；

5 地下或半地下厂房（包括地下或半地下室），每层建筑面积不大于 $50m^2$，且同一时间的作业人数不超过 15 人。

赤磷制备厂房为甲类厂房，A 选项正确。木工厂房为丙类厂房，B 选项正确。空分厂房为乙类厂房，C 选项错误。制砖车间为戊类厂房，D 选项错误。热处理厂房为丁类厂房，E 选项正确。

2017 年消防安全技术实务试卷

（考试时间：150 分钟，总分 120 分）

一、单项选择题（共 80 题，每题 1 分。每题的备选项中，只有 1 个最符合题意）

1. 关于火灾探测器的说法，正确的是（   ）。
   A. 点型感温探测器是不可复位探测器
   B. 感烟型火灾探测器都是点型火灾探测器
   C. 既能探测烟雾又能探测温度的探测器是复合火灾探测器
   D. 剩余电流式电气火灾监控探测器不属于火灾探测器
2. 关于控制中心报警系统的说法，不符合规范要求的是（   ）。
   A. 控制中心报警系统至少包含两个集中报警系统
   B. 控制中心报警系统具备消防联动控制功能
   C. 控制中心报警系统至少设置一个消防主控制室
   D. 控制中心报警系统各分消防控制室之间可以相互传输信息并控制重要设备
3. 关于火灾自动报警系统组件的说法，正确的是（   ）。
   A. 手动火灾报警按钮是手动产生火灾报警信号的器件，不属于火灾自动报警系统触发器件
   B. 火灾报警控制器可以接收、显示和传递火灾报警信号，并能发出控制信号
   C. 剩余电流式电气火灾监控探测器与电气火灾监控器连接，不属于火灾自动报警系统
   D. 火灾自动报警系统备用电源采用的蓄电池满足供电时间要求时，主电源可不采用消防电源
4. 下列场所中，不宜选择感烟探测器的是（   ）。
   A. 汽车库   B. 计算机房   C. 发电机房   D. 电梯机房
5. 某酒店厨房的火灾探测器经常误报火警，最可能的原因是（   ）。
   A. 厨房内安装的是感烟火灾探测器
   B. 厨房内的火灾探测器编码地址错误
   C. 火灾报警控制器供电电压不足
   D. 厨房内的火灾探测器通信信号总线故障
6. 下列设置在公共建筑内的柴油发电机房的设计方案中，错误的是（   ）。
   A. 采用轻柴油作为柴油发电机燃料
   B. 燃料管道在进入建筑物前设置自动和手动切断阀
   C. 火灾自动报警系统采用感温探测器
   D. 设置湿式自动喷水灭火系统
7. 下列建筑场所中，不应布置在民用建筑地下二层的是（   ）。
   A. 礼堂   B. 电影院观众厅   C. 歌舞厅   D. 会议厅
8. 下列建筑或场所中，可不设置室外消火栓的是（   ）。
   A. 用于消防救援和消防车停靠的屋面上
   B. 高层民用建筑
   C. 3 层居住区，居住人数≤500 人
   D. 耐火等级不低于二级，且建筑物体积≤3000m³ 的戊类厂房
9. 建筑物的耐火等级由建筑主要构件的（   ）决定。
   A. 燃烧性能   B. 耐火极限

C. 燃烧性能和耐火极限 D. 结构类型

10. 在标准耐火试验条件下对 4 组承重墙试件进行耐火极限测定，实验结果如下表所示，表中数据正确的试验序号是（   ）。

序号	承载能力（min）	完整性（min）	隔热性（min）
1	130	120	115
2	130	135	115
3	115	120	120
4	115	115	120

A. 序号 2 B. 序号 1 C. 序号 3 D. 序号 4

11. 关于疏散楼梯间设置的做法，错误的是（   ）。
A. 2 层展览建筑无自然通风条件的封闭楼梯间，在楼梯间直接设置机械加压送风系统
B. 与高层办公主体建筑之间设置防火墙的商业裙房，其疏散楼梯间采用封闭楼梯间
C. 建筑高度为 33m 的住宅建筑，户门均采用乙级防火门，其疏散楼梯间采用敞开楼梯间
D. 建筑高度为 32m，标准层建筑面积为 1500m² 的电信楼，其疏散楼梯间采用封闭楼梯间

12. 机械加压送风系统启动后，按照余压值从大到小排列，排序正确的是（   ）。
A. 走道、前室、防烟楼梯间 B. 前室、防烟楼梯间、走道
C. 防烟楼梯间、前室、走道 D. 防烟楼梯间、走道、前室

13. 下列建筑或场所中，可不设置室内消火栓的是（   ）。
A. 占地面积 500m² 的丙类仓库
B. 粮食仓库
C. 高层公共建筑
D. 建筑体积 5000m³、耐火等级三级的丁类厂房

14. 关于火灾类别的说法，错误的是（   ）。
A. D 类火灾是物体带电燃烧的火灾
B. A 类火灾是固体物质火灾
C. B 类火灾是液体火灾或可熔化固体物质火灾
D. C 类火灾是气体火灾

15. 室外消火栓距建筑物外墙不宜小于（   ）。
A. 2.0m B. 3.0m C. 6.0m D. 5.0m

16. 大学生集体宿舍楼疏散走道内设置的疏散照明，其地面水平照度不应低于（   ）lx。
A. 3.0 B. 1.0 C. 5.0 D. 10.0

17. 灭火器组件不包括（   ）。
A. 筒体阀门 B. 压力开关
C. 压力表、保险销 D. 虹吸管、密封阀

18. 下列建筑防爆措施中，不属于预防性措施的是（   ）。
A. 生产过程中尽量不用具有爆炸性危险的可燃物质
B. 消除静电火花
C. 设置可燃气体浓度报警装置
D. 设置泄压构件

19. 根据防排烟系统的联动控制设计要求，当（   ）时，送风口不会动作。

A. 同一防护区内一只火灾探测器和一只手动报警按钮报警
B. 联动控制器接收到送风机启动的反馈信号
C. 同一防护区内两只独立的感烟探测器报警
D. 在联动控制器上手动控制送风口开启

20. 关于地铁车站安全出口设置的说法，错误的是（　　）。
A. 每个站厅公共区应设置不少于 2 个直通地面的安全出口
B. 安全出口同方向设置时，两个安全出口通道口部之间净距不应小于 5m
C. 地下车站的设备与管理用房区域安全出口的数量不应少于 2 个
D. 地下换乘车站的换乘通道不应作为安全出口

21. 将计算空间划分为众多相互关联的体积元，通过求解质量、能量和动量方程，获得空间热参数在设定时间步长内变化情况的预测，以描述火灾发展过程的模型属于（　　）。
A. 经验模型　　　　B. 区域模型　　　　C. 不确定模型　　　　D. 场模型

22. 联动型火灾报警控制器的功能不包括（　　）。
A. 显示火灾显示盘的工况　　　　B. 显示系统屏蔽信息
C. 联动控制稳压泵启动　　　　D. 切断非消防电源供电

23. 水喷雾的主要灭火机理不包括（　　）。
A. 窒息　　　　B. 乳化　　　　C. 稀释　　　　D. 阻断链式反应

24. 采用非吸气型喷射装置的泡沫喷淋保护非水溶性甲、乙、丙类液体时，应选用（　　）。
A. 水成膜泡沫液或成膜氟蛋白泡沫液　　　　B. 蛋白泡沫液
C. 氟蛋白泡沫液　　　　D. 抗溶性泡沫液

25. 在建筑高度为 126.2m 的办公塔楼短边侧拟建一座建筑高度为 23.9m，耐火等级为二级的商业建筑，该商业建筑屋面板耐火极限为 1.00h 且无天窗，毗邻办公塔楼外墙为防火墙，其防火间距不应小于（　　）m。
A. 9　　　　B. 4　　　　C. 6　　　　D. 13

26. 单台消防水泵的设计压力和流量分别不大于（　　）时，消防泵组应在泵房内预留流量计和压力计接口。
A. 0.50MPa、25L/s　　B. 1.00MPa、25L/s　　C. 1.00MPa、20L/s　　D. 0.50MPa、20L/s

27. 下列消防配电设计方案中，符合规范要求的是（　　）。
A. 消防水泵电源由建筑一层低压分配电室出线
B. 消防电梯配电线路采用树干式供电
C. 消防配电线路设置过负载保护装置
D. 排烟风机两路电源在排烟机房内自动切换

28. 关于地铁防排烟设计的说法，正确的是（　　）。
A. 站台公共区每个防烟分区的建筑面积不宜超过 2000m²
B. 地下车站的设备用房和管理用房的防烟分区可以跨越防火分区
C. 站厅公共区每个防烟分区的建筑面积不宜超过 3000m²
D. 地铁内设置的挡烟垂壁等设施的下垂高度不应小于 450mm

29. 下列自动喷水灭火系统中，属于开式系统的是（　　）。
A. 湿式系统　　　　B. 干式系统　　　　C. 雨淋系统　　　　D. 预作用系统

30. 避难走道楼板及防火隔墙的最低耐火极限应分别为（　　）。
A. 1.00h、2.00h　　B. 1.50h、3.00h　　C. 1.50h、2.00h　　D. 1.00h、3.00h

31. 消防用电应采用一级负荷的建筑是（　　）。

A. 建筑高度为45m的乙类厂房　　　　　　　B. 建筑高度为55m的丙类仓库
C. 建筑高度为50m的住宅　　　　　　　　　D. 建筑高度为45m的写字楼

32. 下列加油加气站组合中，允许联合建站的是（　　）。
A. LPG加气站与加油站　　　　　　　　　　B. CNG加气母站与加油站
C. CNG加气母站与LNG加气站　　　　　　 D. LPG加气站与CNG加气站

33. 下列场所灭火器配置方案中，错误的是（　　）。
A. 商场女装库房配置水型灭火器　　　　　　B. 碱金属（钾、钠）库房配置水型灭火器
C. 食用油库房配置泡沫灭火器　　　　　　　D. 液化石油气罐瓶间配置干粉灭火器

34. 净空高度不大于6.0m的民用建筑采用自然排烟的防烟分区内任一点至最近排烟窗的水平距离不应大于（　　）m。
A. 20　　　　　　B. 35　　　　　　C. 50　　　　　　D. 30

35. 采用泡沫灭火系统保护酒精储罐，应选用（　　）。
A. 水成膜泡沫液　　B. 氟蛋白泡沫液　　C. 抗溶泡沫液　　D. 蛋白泡沫液

36. 关于灭火器配置计算修正系统的说法，错误的是（　　）。
A. 仅设室内消火栓系统时，修正系数为0.9
B. 仅设有灭火系统时，修正系数为0.7
C. 同时设置室内消火栓系统和灭火系统时，修正系数为0.5
D. 同时设置室内消火栓系统、灭火系统和火灾自动报警系统时，修正系数为0.3

37. 某商业综合体建筑，裙房与高层建筑主体采用防火墙分隔，地上4层，地下2层，地下二层为汽车库，地下一层为超市及设备用房，地上各层功能包括商业营业厅、餐厅及电影院。下列场所对应的防火分区建筑面积中，错误的是（　　）。
A. 地下超市，2100m^2
B. 自助餐饮区，4200m^2
C. 商业营业厅，4800m^2
D. 电影院区域，3100m^2

38. 下列场所中，不需要设置火灾自动报警系统的是（　　）。
A. 高层建筑首层停车数为200辆的汽车库
B. 采用汽车专用升降机做汽车疏散出口的汽车库
C. 停车数为350辆的单层汽车库
D. 采用机械设备进行垂直或水平移动形式停放汽车的敞开汽车库

39. 七氟丙烷气体灭火系统不适用于扑救（　　）。
A. 电气火灾　　　　　　　　　　　　　　B. 固体表面火灾
C. 金属氢化物火灾　　　　　　　　　　　D. 灭火前能切断气源的气体火灾

40. 下列民用建筑的场所或部位中，应设置排烟设置的是（　　）。
A. 设置在二层，房间建筑面积为50m^2的歌舞娱乐放映的游艺场所
B. 地下一层的防烟楼梯间舱室
C. 建筑面积120m^2的中庭
D. 建筑内长度为18m的疏散走道

41. 城市消防远程监控系统不包括（　　）。
A. 用户信息传输装置　　　　　　　　　　B. 火警信息终端
C. 报警传输网络　　　　　　　　　　　　D. 火灾报警控制器

42. 下列建筑材料及制品中，燃烧性能等级属于B_2级的是（　　）。
A. 水泥板　　　　B. 混凝土板　　　　C. 矿棉板　　　　D. 胶合板

43. 下列装修材料中，属于 B_1 级墙面装修材料的是（   ）。
A. 塑料贴面装饰板 B. 纸质装饰板
C. 无纺贴墙布 D. 纸面石膏板

44. 根据规范要求，剩余电流式电气火灾检测探测器应设置在（   ）。
A. 高压配电系统末端 B. 采用 IT、TN 系统的配电线路上
C. 泄漏电流大于 500mA 的供电线路上 D. 低压配电系统首端

45. 判定某封闭段长度为 1.5km 的城市交通隧道的类别，正确的是（   ）。
A. 允许通行危险化学品车的隧道，定为一类隧道
B. 不允许通行危险化学品车的隧道，定为二类隧道
C. 仅限通行非危险化学品车的隧道，无论单孔双孔，均定为三类隧道
D. 单孔的隧道定为一类隧道，双孔的隧道定为二类隧道

46. 室内消火栓栓口动压大于（   ）MPa 时，必须设置减压装置。
A. 0.70 B. 0.30 C. 0.35 D. 0.50

47. 某单位拟新建一座石油库，下列该石油库规划布局方案中，不符合消防安全布局原则的是（   ）。
A. 储罐区布置在本单位地势较低处
B. 储罐区泡沫站布置在罐区防火墙外的非防爆区
C. 铁路装卸区布置在地势高于石油库的边缘地带
D. 行政管理区布置在本单位全年最小频率风向的上风侧

48. 下列消防救援入口设置的做法中，符合要求的是（   ）。
A. 一类高层办公楼外墙面，连续设置无间隔的广告屏幕
B. 救援入口净高和净宽均为 1.6m
C. 每个防火分区设置 1 个救援入口
D. 多层医院顶层外墙面，连续设置无间隔的广告屏幕

49. 关于石油化工企业可燃气体放空管设置的说法，错误的是（   ）。
A. 连续排放的放空管口，应高出 20m 范围内平台或建筑物顶 3.5m 以上并满足相关规定
B. 间歇排放的放空管口，应高出 10m 范围内平台或建筑物顶 3.5m 以上并满足相关规定
C. 无法排入火炬或装置处理排放系统的可燃气体，可通过放空管向大气排放
D. 放空管管口不宜朝向邻近有人操作的设备

50. 一个防护区内设置 5 台预制七氟丙烷灭火器装置，启动时其动作响应时差不得大于（   ）s。
A. 1 B. 3 C. 5 D. 2

51. 下列多层厂房中，设置机械加压送风系统的封闭楼梯间应采用乙级防火门的是（   ）。
A. 服装加工厂房 B. 汽机械修理厂 C. 汽车厂总装厂房 D. 金属冶炼厂房

52. 发生火灾时，湿式喷水灭火系统的湿式报警阀由（   ）开启。
A. 火灾探测器 B. 水流指示器 C. 闭式喷头 D. 压力开关

53. 关于可燃气体探测报警系统设计的说法，符合规范要求的是（   ）。
A. 可燃气体探测器可接入可燃气体报警器，也可直接接入火灾报警控制器的探测回路
B. 探测天然气的可燃气体探测器应安装在保护空间的下部
C. 液化石油气探测器可采用壁挂及吸顶安装方式
D. 能将报警信号传输至消防控制室时，可燃气体报警控制器可安装在保护区域附近无人值班的场所

54. 关于建筑防烟分区的说法，正确的是（   ）。
A. 防烟分区面积一定时，挡烟垂壁下降越低越有利于烟气及时排出

B. 建筑设置敞开楼梯时，防烟分区可跨越防火分区
C. 防烟分区划分得越小越有利于控制烟气蔓延
D. 排烟与补风在同一防烟分区时，高位补风优于低位补风

55. 下列物质中，火灾分类属于 A 类火灾的是（ ）。
A. 石蜡　　　　　　B. 沥青　　　　　　C. 钾　　　　　　D. 棉布

56. 对于 25 层的住宅建筑，消防车登高操作场地的最小长度和宽度是（ ）。
A. 20m，10m　　　B. 15m，10m　　　C. 15m，15m　　　D. 10m，10m

57. 建筑保温材料内部传热的主要方式是（ ）。
A. 绝热　　　　　　B. 热传导　　　　　　C. 热对流　　　　　　D. 热辐射

58. 采用 t^2 火模型描述火灾发展过程时，装满书籍的厚布邮袋火灾是（ ）t^2 火。
A. 超快速　　　　　B. 中速　　　　　C. 慢速　　　　　D. 快速

59. 下列易燃固体中，燃点低、易燃烧并能释放出有毒气体的是（ ）。
A. 萘　　　　　　B. 赤磷　　　　　　C. 硫黄　　　　　　D. 镁粉

60. 某机组容量为 350MW 的燃煤发电厂的下列灭火系统设置中，不符合规范要求是（ ）。
A. 汽机房电缆夹层采用自动喷水灭火系统　　　B. 封闭式运煤栈桥采用自动喷水灭火系统
C. 电子设备间采用气体灭火系统　　　　　　D. 点火油罐区采用低倍数泡沫灭火系统

61. 按下图估算，200 人按疏散指示有序通过一个净宽度为 2m 且直接对外的疏散出口疏散至室外，其最快疏散时间约为（ ）s。

A. 40　　　　　　B. 60　　　　　　C. 80　　　　　　D. 100

62. 下列火灾中，不应采用碳酸氢钠干粉灭火的是（ ）。
A. 可燃气体火灾　　　　　　　　　　B. 易燃、可燃液体火灾
C. 可熔化固体火灾　　　　　　　　　D. 可燃固体表面火灾

63. 某地上 4 层乙类厂房，其有爆炸危险的生产部位宜设置在第（ ）层靠外墙泄压设施附近。
A. 三　　　　　　B. 四　　　　　　C. 二　　　　　　D. 一

64. 某 7 层商业综合体建筑，裙房与塔楼连通部位采用防火卷帘分隔。裙房地上 3 层，地下 2 层，建筑面积 35000m²，耐火等级为一级，商业业态包括商业营业厅及餐厅等。裙房第三层的百人疏散宽度指标应为（ ）m/百人。
A. 0.65　　　　　　B. 1.00　　　　　　C. 0.75　　　　　　D. 0.85

65. 下列初始条件中，可使甲烷爆炸极限范围变窄的是（ ）。
A. 注入氮气　　　　B. 提高温度　　　　C. 增大压力　　　　D. 增大点火能量

66. 根据《汽车库、修车库、停车场设计防火规范》（GB 50967），关于室外消火栓用水量的说法，

正确的是（　　）。

A. Ⅱ类汽车库、修车库、停车场室外消火栓用水量不应小于15L/s
B. Ⅰ类汽车库、修车库、停车场室外消火栓用水量不应小于20L/s
C. Ⅲ类汽车库、修车库、停车场室外消火栓用水量不应小于10L/s
D. Ⅳ类汽车库、修车库、停车场室外消火栓用水量不应小于5L/s

67. 闭式泡沫—水喷淋系统的供给强度不应小于（　　）L/(min·m²)。

A. 4.5　　　　　　B. 6.5　　　　　　C. 5.0　　　　　　D. 6.0

68. 细水雾灭火系统按供水方式分类，可分为泵组式系统、瓶组与泵组结合式系统和（　　）。

A. 低压系统　　　B. 瓶组式系统　　　C. 中压系统　　　D. 高压系统

69. 某修车库设有4个修车位，根据《汽车库、修车库、停车场设计防火规范》（GB 50067—2014）规定，该修车库的防火分类为（　　）类修车库。

A. Ⅰ　　　　　　B. Ⅱ　　　　　　C. Ⅲ　　　　　　D. Ⅳ

70. 下列建筑中，不需要设置消防电梯的是（　　）。

A. 建筑高度26m的医院　　　　　　B. 总建筑面积21000m²的高层商场
C. 建筑高度32m的二类办公室　　　D. 12层住宅建筑

71. 采用燃烧性能为A级、耐火极限≥1h的秸秆纤维板材组装的预测环保型板房，可广泛用于施工工地和灾区过道设置，在静风状态下，对板房进行实体火灾试验，测得距着火板房外墙各测点的最大热辐射如下表所示，据此可判定，该板房安全经济的防火间距是（　　）m。

测点	疏散距（m）	最大热辐射温度（kW/m²）	达最大热辐射强度的时间（s）
1	1.0	24.425	222
2	2.0	12.721	213
3	3.0	6.640	213
4	4.0	2.529	214

A. 1.0　　　　　　B. 2.0　　　　　　C. 3.0　　　　　　D. 4.0

72. 关于中庭与周围连通空间进行防火分隔的做法，错误的是（　　）。

A. 采用乙级防火门、窗，且火灾时能自行关闭
B. 采用耐火极限为1.00h的防火隔墙
C. 采用耐火隔热和耐火完整性为1.00h的防火玻璃墙
D. 采用耐火完整性为1.00h的非隔热性防火玻璃墙，并设置自动喷水灭火系统保护

73. 用于保护1kV及以下的配电线路的电气火灾监控系统，其测温式电气火灾监控探测器的布置方式应采用（　　）。

A. 非接触　　　　B. 接触式　　　　C. 独立式　　　　D. 脱开式

74. 需24h有人值守的大型通讯机房，不应选用（　　）。

A. 二氧化碳灭火系统　　　　　　B. 七氟丙烷灭火系统
C. IG541　　　　　　　　　　　D. 细水雾灭火系统

75. 净高6m以下的室内空间，顶棚射流的厚度通常为室内净高的5%~12%，其最大温度和速度出现在顶棚以下室内净高的（　　）处。

A. 5%　　　　　　B. 1%　　　　　　C. 3%~5%　　　　D. 5%~10%

76. 影响公共建筑疏散设计指标的主要因素是（　　）。

A. 人员密度　　　　　　　　　　B. 人员对环境的熟知度

C. 人员心理承受能力　　　　　　　　　　D. 人员身体状况

77. 集中电源集中控制型消防应急照明和疏散指示系统不包括（　　）。
   A. 分配电装置　　　　　　　　　　　　B. 应急照明控制器
   C. 输入模块　　　　　　　　　　　　　D. 疏散指示灯具

78. 湿式自动喷水灭火系统的喷淋泵，应由（　　）信号直接控制启动。
   A. 信号阀　　　　B. 水流指示器　　　　C. 压力开关　　　　D. 消防联动控制器

79. 关于消防车道设置的说法，错误的是（　　）。
   A. 消防车道的坡度不宜大于9%
   B. 超过3000个座位的体育馆应设置环形消防车道
   C. 消防车道边缘距离取水点不宜大于2m
   D. 高层住宅建筑可沿建筑的一个长边设置消防车道

80. 人防工程的采光窗井与相邻一类高层民用建筑主体出入口的最小防火间距是（　　）m。
   A. 6　　　　　　　B. 9　　　　　　　　C. 10　　　　　　　D. 13

二、**多项选择题**（共20题，每题2分，每题的备选项中，有2个或2个以上符合题意，至少有一个错项。错选，本题不得分；少选，所选的每个选项得0.5分）

81. 下列物品中，储存与生产火灾危险性类别不同的有（　　）。
   A. 铝粉　　　　　　B. 竹藤家具　　　　C. 漆布　　　　　　D. 桐油织物
   E. 谷物面粉

82. 某地下变电站，主变电气容量为150MV·A，该变电站的下列防火设计方案中，不符合规范要求的有（　　）。
   A. 继电器室设置感温火灾探测器
   B. 主控通信室设计火灾自动报警系统及疏散应急照明
   C. 变压器设置水喷雾灭火系统
   D. 电缆层设置感烟火灾探测器
   E. 配电装置室采用火焰探测器

83. 某商业建筑，建筑高度23.3m，地上标准层每层划分为面积相近的2个防火分区，防火分隔部位的宽度为60m，该商业建筑的下列防火分隔做法中，正确的有（　　）。
   A. 防火墙设置两个不可开启的乙级防火窗
   B. 防火墙上设置两樘常闭式乙级防火门
   C. 设置总宽度为18m、耐火极限为3.00h的特级防火卷帘
   D. 采用耐火极限为3.00h的不燃性墙体从楼地面基层隔断至梁或楼板地面基层
   E. 通风管道在穿越防火墙处设置一个排烟防火阀

84. 下列照明灯具的防火措施中，符合规范要求的有（　　）。
   A. 燃气锅炉房内固定安装任意一种防爆类型的照明灯具
   B. 照明线路接头采用钎焊焊接并用绝缘布包好，配电盘后线路接头数量不限
   C. 潮湿的厂房内外采用封闭型灯具或有防水型灯座的开启型灯具
   D. 木质吊顶上安装附带镇流器的荧光灯具
   E. 舞池脚灯的电源导线采用截面积不小于2.5mm²的阻燃电缆明敷

85. 某平战结合的人防工程，地下3层。下列防火设计中，符合《人民防空工程设计防火规范》（GB 50098）要求的有（　　）。
   A. 地下一层靠外墙部位设油浸电力变压器室

B. 地下一层设卡拉 OK 厅，室内地坪与室外出入口地坪高差 6m
C. 地下三层设沉香专卖店
D. 地下一层设员工宿舍
E. 地下一层设 400 平方米儿童游乐场，游乐场下层设汽车库

86. 末端试水装置开启后，（　　）等组件和喷淋泵应动作。
A. 水流指示器　　　B. 水力警铃　　　C. 闭式喷头　　　D. 压力开关
E. 湿式报警阀

87. 关于防烟排烟系统联动控制的做法，符合规范要求的有（　　）。
A. 同一防烟分区内的一只感烟探测器和一只感温探测器报警，联动控制该防烟分区的排烟口开启
B. 同一防烟分区内的两只感烟探测器报警，联动控制该防烟分区及相邻防烟分区的排烟口开启
C. 排烟口附近的一只手动报警按钮报警，控制该排烟口开启
D. 排烟阀开启动作信号联动控制排烟风机启动
E. 通过消防联动控制器上的手动控制盘直接控制排烟风机启动、停止

88. 与基层墙体、装饰层之间无空腔的住宅外墙外保温系统，当建筑高度大于 27m 但不大于 100m 时，下列保温材料中，燃烧性能符合要求的有（　　）。
A. A 级保温材料　　B. B_1 级保温材料　　C. B_2 级保温材料　　D. B_3 级保温材料
E. B_4 级保温材料

89. 管网七氟丙烷灭火系统的控制方式有（　　）。
A. 自动控制启动　　B. 手动控制启动　　C. 紧急停止　　D. 温控启动
E. 机械应急操作启动

90. 关于消防水泵控制的说法，正确的有（　　）。
A. 消防水泵出水干管上设置的压力开关应能控制消防水泵的启动
B. 消防水泵出水干管上设置的压力开关应能控制消防水泵的停止
C. 消防控制室应能控制消防水泵启动
D. 消防水泵控制柜应能控制消防水泵启动、停止
E. 手动火灾报警按钮信号应能直接启动消防水泵

91. 七氟丙烷的主要灭火机理有（　　）。
A. 降低燃烧反应速度　　　　　　　　B. 降低燃烧区可燃气体浓度
C. 隔绝空气　　　　　　　　　　　　D. 抑制、阻断链式反应
E. 降低燃烧区的温度

92. 室外消火栓射流不能抵达室内且室内无传统彩画、壁画、泥塑的文物建筑，宜考虑设置室内消火栓系统或（　　）。
A. 加大室外消火栓设计流量　　　　　B. 设置消防水箱
C. 配置移动高压水喷雾灭火设备　　　D. 加大火灾持续时间
E. 设置预作用自动喷水灭火系统

93. 关于火灾报警和消防应急广播系统联动控制设计的说法，符合规范要求的有（　　）。
A. 火灾确认后应启动建筑内所有火灾声光警报器
B. 消防控制室应能手动控制选择广播分区、启动和停止应急广播系统
C. 消防应急广播启动后应停止相应区域的声警报器
D. 集中报警系统和控制中心报警系统应设置消防应急广播
E. 当火灾确认后，消防联动控制器应联动启动消防应急广播向火灾发生区域及相邻防火分区广播

94. 关于锅炉房防火防爆设计的做法，正确的有（　　）。

A. 燃气锅炉房选用防爆型事故排风机

B. 锅炉房设置在地下一层靠外墙部位，上一层为西餐厅，下一层为汽车库

C. 设点型感温火灾探测器

D. 总储存量为 3m³ 的储油间与锅炉房之间用 3h 的防火墙和甲级防火门分隔

E. 电力线路采用绝缘线明敷

95. 关于甲、乙、丙类液体，气体储罐区的防火要求，错误的有（　　）。

A. 罐区应布置在城市的边缘或相对独立的安全地带

B. 甲、乙、丙类液体储罐宜布置在地势相对较低的地带

C. 液化石油气储罐区宜布置在地势平坦等不易积存液化石油气的地带

D. 液化石油气储罐区四周应设置高度不小于 0.8m 的不燃烧性实体防护墙

E. 钢质储罐必须做防雷接地，接地点不应少于 1 处

96. 下列存储物品中，火灾危险性类别属于甲类的有（　　）。

A. 樟脑油　　　　B. 石脑油　　　　C. 汽油　　　　D. 润滑油

E. 煤油

97. 下列设置在商业综合体建筑地下一层的场所中，疏散门应直通室外或安全出口的有（　　）。

A. 锅炉房　　　　B. 柴油发电机房　　　　C. 油浸变压器室　　　　D. 消防水泵房

E. 消防控制室

98. 关于古建筑灭火器配置的说法，错误的有（　　）。

A. 县级以上的文物保护古建筑，单具灭火器最小配置灭火级别是 3A

B. 县级以上的文物保护古建筑，单位灭火级别最大保护面积是 60m²/A

C. 县级以下的文物保护古建筑，单具灭火器最小配置灭火级别是 2A

D. 县级以下的文物保护古建筑，单位灭火级别最大保护面积是 90m²/A

E. 县级以下的文物保护古建筑，单位灭火级别最大保护面积是 75m²/A

99. 某高 15m、直径 15m 的非水溶性丙类液体固定顶储罐，拟采用低倍数泡沫灭火系统保护，可选择的型式有（　　）。

A. 液上喷射系统　　　　　　　　　　B. 液下喷射系统

C. 半固定式泡沫系统　　　　　　　　D. 移动式低倍数泡沫系统

E. 半液下喷射系统

100. 基于热辐射影响，在确定建筑防火间距时应考虑的主要因素有（　　）。

A. 相邻建筑的生产和使用性质

B. 相邻建筑外墙燃烧性能和耐火极限

C. 相邻建筑外墙开口大小及相对应位置

D. 建筑高差小于 15m 的相邻较低建筑的建筑层高

E. 建筑高差大于 15m 的较高建筑的屋顶天窗开口大小

参考答案解析与视频讲解

一、单项选择题

1. 【答案】C

【解析】本题考查的知识点是火灾探测器类型。

选项 A，点型感温探测器既有可复位也有不可复位的。

选项 B，感烟型火灾探测器包括点型、线型。

选项 C，复合火灾探测器就是将多种探测原理集中于一身的探测器，故 C 选项正确。

选项 D，剩余电流式电气火灾监控探测器也是火灾探测器的一种。

2. 【答案】D

【解析】本题考查的知识点是控制中心报警系统。

选项 A，控制中心报警系统至少包含两个集中报警系统，故 A 正确。

选项 B，控制中心报警系统具备消防联动控制功能，故 B 正确。

选项 C，控制中心报警系统至少设置一个消防主控制室，故 C 正确。

选项 D，两个及以上消防控制室时，应确定一个主消防控制室。各分消防控制室可相互传输、显示信息，但不应相互控制。故 D 选项错误。

3. 【答案】B

【解析】本题考查的知识点是火灾自动报警系统的组件。

选项 A，手动火灾报警按钮是手动产生火灾报警信号的器件，属于火灾自动报警系统触发器件，故 A 错误。

选项 B，火灾报警控制器可以接收、显示和传递火灾报警信号，并能发出控制信号，故 B 正确。

选项 C，剩余电流式电气火灾监控探测器与电气火灾监控器连接是电气火灾监控系统，是火灾自动报警系统的独立子系统，属于火灾预警系统，故 C 错误。

选项 D，火灾自动报警系统属于消防用电设备，其主电源应当采用消防电源，备用电源可采用蓄电池。故 D 错误。

4. 【答案】C

【解析】本题考查的知识点是火灾探测器的选择。

下列场所宜选择点型感烟火灾探测器：

（1）饭店、旅馆、教学楼、办公楼的厅堂、卧室、办公室、商场、列车载客车厢等。

（2）计算机房、通信机房、电影或电视放映室等。

（3）楼梯、走道、电梯机房、车库等。

（4）书库、档案库等。

符合下列条件之一的场所，宜选择点型感温火灾探测器，且应根据使用场所的典型应用温度和最高应用温度选择适当类别的感温火灾探测器：

（1）相对湿度经常大于95%。

（2）可能发生无烟火灾。

（3）有大量粉尘。

（4）吸烟室等在正常情况下有烟或蒸气滞留的场所。

（5）厨房、锅炉房、发电机房、烘干车间等不宜安装感烟火灾探测器的场所。

（6）需要联动熄灭"安全出口"标志灯的安全出口内侧。

(7) 其他无人滞留且不适合安装感烟火灾探测器，但发生火灾时需要及时报警的场所。

故 C 选项符合题意。

5. 【答案】A

【解析】 本题考查的知识点是火灾探测器误报警的原因。

符合下列条件之一的场所，宜选择点型感温火灾探测器，且应根据使用场所的典型应用温度和最高应用温度选择适当类别的感温火灾探测器：

(1) 相对湿度经常大于95%。

(2) 可能发生无烟火灾。

(3) 有大量粉尘。

(4) 吸烟室等在正常情况下有烟或蒸气滞留的场所。

(5) 厨房、锅炉房、发电机房、烘干车间等不宜安装感烟火灾探测器的场所。

(6) 需要联动熄灭"安全出口"标志灯的安全出口内侧。

(7) 其他无人滞留且不适合安装感烟火灾探测器，但发生火灾时需要及时报警的场所。

故 A 选项符合题意。

6. 【答案】A

【解析】 本题考查的知识点是柴油发电机房的设计。

柴油机燃油分轻柴油和重柴油两类。轻柴油主要作柴油机车、拖拉机和各种高速柴油机的燃料。重柴油主要作船舶、发电等各种柴油机的燃料。故 A 项错误。设置在建筑内的柴油发电机，应在进入建筑前和设备间内，设置自动和手动切断阀。故 B 项正确。厨房、锅炉房、发电机房、烘干车间等不宜安装感烟火灾探测器的场所，故 C 项正确。柴油发电机房应设置火灾报警装置。应设置与柴油发电机容量和建筑规模相适应的灭火设施，当建筑内其他部位设置自动喷水灭火系统时，机房内应设置自动喷水灭火系统。故 D 项正确。

7. 【答案】C

【解析】 本题考查的知识点是人员密集场所的布置。

会议厅、多功能厅等人员密集的场所，宜布置在首层、二层或三层。设置在三级耐火等级的建筑内时，不应布置在三层及以上楼层，确需布置在一、二级耐火等级建筑的其他楼层时，应符合：1) 一个厅、室的疏散门不应少于2个，且建筑面积不宜大于400m²；2) 设置在地下或半地下时，宜设置在地下一层，不应设置在地下三层及以下楼层。故 ABD 不符合题意。

歌舞娱乐放映游艺场所：1) 不应设置在地下二层及二层以下，设置在地下一层时，地下一层地面与室外出入口地坪的高差不应大于10m。故选项 C 符合题意。

8. 【答案】D

【解析】 本题考查的知识点是室外消火栓的设置。

城镇（包括居住区、商业区、开发区、工业区等）应沿可通行消防车的街道设置市政火栓系统。

用于消防救援和消防车停靠的屋面上，应设置室外消火栓系统。故 A 项不符合题意。

民用建筑、厂房、仓库、储罐（区）和堆场周围应设置室外消火栓系统。故 B 项不符合题意。

注：耐火等级不低于二级且建筑体积不大于3000m³的戊类厂房，居住区人数不超过500人且建筑层数不超过两层的居住区，可不设置室外消火栓系统。故 C 项不符合题意，D 项符合题意。

9. 【答案】C

【解析】 本题考查的知识点是建筑耐火等级的确定。

建筑耐火等级是衡量建筑物耐火程度的分级标度。它由组成建筑物的构件的燃烧性能和耐火极限确定，分为"一级、二级、三级、四级"。

10. 【答案】B

【解析】本题考查的知识点是耐火极限。

在标准耐火试验条件下，建筑构件、配件或结构从受到火的作用时起，至失去承载能力、完整性或隔热性时所用时间，用小时表示。失去支持能力时间＞失去完整性时间＞失去隔热性时间。故B项正确。

11. 【答案】D

【解析】本题考查的知识点是疏散楼梯间的设置。

封闭楼梯间不能自然通风或自然通风不能满足要求时，应设置机械加压送风系统或采用防烟楼梯间，故A项正确；

高层建筑的裙房、建筑高度不超过32m的二类高层建筑、建筑高度大于21m且不大于33m的住宅建筑，其疏散楼间应采用封闭楼梯间，故B项正确；

当住宅建筑的户门为乙级防火门时，可不设置封闭楼梯间，故C项正确；

建筑高度为32m，标准层建筑面积为1500m²的电信楼属于一类高层，故应采用防烟楼梯间，故D项错误。

12. 【答案】C

【解析】本题考查的知识点是机械加压送风系统的余压值。

机械加压送风量应满足走廊至前室至楼梯间的压力呈递增分布，故C项正确。

13. 【答案】B

【解析】本题考查的知识点是室内消火栓系统的设置。

下列建筑或场所应设置室内消火栓系统：

（1）建筑占地面积大于300m²的厂房和仓库；

（2）高层公共建筑和建筑高度大于21m的住宅建筑；

注：建筑高度不大于27m的住宅建筑，设置室内消火栓系统确有困难时，可只设置干式消防竖管和不带消火栓箱的DN65的室内消火栓。

（3）体积大于5000m³的车站、码头、机场的候车（船、机）建筑、展览建筑、商店建筑、旅馆建筑、医疗建筑和图书馆建筑等单、多层建筑；

（4）特等、甲等剧场，超过800个座位的其他等级的剧场和电影院等以及超过1200个座位的礼堂、体育馆等单、多层建筑；

（5）建筑高度大于15m或体积大于10000m³的办公建筑、教学建筑和其他单、多层民用建筑。

下列建筑或场所，可不设置室内消火栓系统，但宜设置消防软管卷盘或轻便消防水龙：

（1）耐火等级为一、二级且可燃物较少的单、多层丁、戊类厂房（仓库）。

（2）耐火等级为三、四级且建筑体积不大于3000m³的丁类厂房；耐火等级为三、四级且建筑体积不大于5000m³的戊类厂房（仓库）。

（3）粮食仓库、金库、远离城镇且无人值班的独立建筑。

（4）存有与水接触能引起燃烧爆炸的物品的建筑。

（5）室内无生产、生活给水管道，室外消防用水取自储水池且建筑体积不大于5000m³的其他建筑。

故B项符合题意。

14. 【答案】A

【解析】本题考查的知识点是火灾类别。

A 类火灾是固体物质火灾，B 类火灾是液体火灾或可溶化固体物质火灾，C 类火灾是气体火灾，D 类火灾是金属火灾，E 是带电火灾，F 是烹饪器具内的烹饪物火灾。故选项 A 错误。

15. 【答案】D

【解析】本题考查的知识点是室外消火栓系统的设置。

市政消火栓应布置在消防车易于接近的人行道和绿地等地点，且不应妨碍交通，并应符合下列规定：

(1) 市政消火栓距路边不宜小于 0.5m，并不应大于 2.0m；

(2) 市政消火栓距建筑外墙或外墙边缘不宜小于 5.0m；

(3) 市政消火栓应避免设置在机械易撞击的地点，确有困难时，应采取防撞措施。故 D 项正确。

16. 【答案】A

【解析】本题考查的知识点是消防应急照明灯具的照度。

建筑内疏散照明的地面最低水平照度应符合下列规定：

(1) 对于疏散走道，不应低于 1.0lx。

(2) 对于人员密集场所、避难层（间），不应低于 3.0lx；对于病房楼或手术部的避难间，不应低于 10.0lx。

(3) 对于楼梯间、前室或合用前室、避难走道，不应低于 5.0lx。

人员密集场所，是指公众聚集场所，医院的门诊楼、病房楼，学校的教学楼、图书馆、食堂和集体宿舍，养老院，福利院，托儿所，幼儿园，公共图书馆的阅览室，公共展览馆、博物馆的展示厅，劳动密集型企业的生产加工车间和员工集体宿舍，旅游、宗教活动场所等。故 A 项正确。

17. 【答案】B

【解析】本题考查的知识点是灭火器组件。

灭火器主要由灭火器筒体、阀门（俗称器头）、灭火剂、保险销、虹吸管、密封圆和压力指示器（二氧化碳灭火器除外）等组成。压力开关和灭火器没有关系，故 B 项满足题意。

18. 【答案】D

【解析】本题考查的知识点是建筑防爆的预防性技术措施。

(1) 预防性技术措施：排除能引起爆炸的各类可燃物质；消除或控制能引起爆炸的各种火源。(2) 减轻性技术措施：采取泄压措施；采用抗爆性能良好的建筑结构体系；采取合理的建筑布置。D 项属于减轻性措施，故 D 选项满足题意。

19. 【答案】B

【解析】本题考查的知识点是防排烟系统的联动控制。

防烟系统的联动控制方式应符合下列规定：

(1) 应由加压送风口所在防火分区内的两只独立的火灾探测器或一只火灾探测器与一只手动火灾报警按钮的报警信号，作为送风口开启和加压送风机启动的联动触发信号，并应由消防联动控制器联动控制相关层前室等需要加压送风场所的加压送风口开启和加压送风机启动。

(2) 应由同一防烟分区内且位于电动挡烟垂壁附近的两只独立的感烟火灾探测器的报警信号，作为电动挡烟垂壁降落的联动触发信号，并应由消防联动控制器联动控制电动挡烟垂壁的降落。

故 B 项符合题意。

20. 【答案】B

【解析】本题考查的知识点是地铁车站安全出口的设置。

(1) 车站每个站厅公共区安全出口的数量应经计算确定，且应设置不少于两个直通地面的安全出口。故 A 项正确。

（2）地下单层侧式站台车站，每侧站台安全出口数量应经计算确定，且不应少于两个直通地面的安全出口。

（3）地下车站的设备与管理用房区域安全出口的数量不应少于两个，其中有人值守的防火分区应有1个安全出口直通地面。故C项正确。

（4）安全出口应分散设置，当同方向设置时，两个安全出口通道口部之间的净距不应小于10m。故B项错误。

（5）竖井、爬楼、电梯、消防专用通道，以及设在两侧式站台之间的过轨地道、地下换乘车站的换乘通道不应作为安全出口。故D项正确。

21.【答案】D

【解析】本题考查的知识点是模拟模型。

场模型思想：将计算空间划分为众多相互关联的体积元，通过求解质量、能量和动量方程，获得空间热参数在设定时间步长内变化情况的预测。故D项正确。

22.【答案】C

【解析】本题考查的知识点是联动型火灾报警控制器的功能。

稳压泵的启停由压力开关控制，和报警控制器无关，故C项符合题意。

23.【答案】D

【解析】本题考查的知识点是水喷雾系统灭火机理：表面冷却，窒息，乳化，稀释。故D项符合题意。

24.【答案】A

【解析】本题考查的知识点是泡沫液的选择。

保护非水溶性液体的泡沫—水喷淋系统、泡沫枪系统、泡沫系统泡沫液的选择，应符合下列规定：

（1）当采用吸气型泡沫产生装置时，可选用蛋白、氟蛋白、水成膜或成膜氟蛋白泡沫液；

（2）当采用非吸气型喷射装置时，应选用水成膜或成膜氟蛋白泡沫液。

故A项符合题意。

25.【答案】A

【解析】本题考查的知识点是民用建筑之间的防火间距。

建筑高度大于100m的民用建筑与相邻建筑的防火间距，当符合规范第3.4.5条、第3.5.3条、第4.2.1条和第5.2.2条允许减小的条件时，仍不应减小。因此酒店与写字楼之间的最小防火间距仍为高层民用建筑与裙房和其他民用建筑之间的防火间距，即9m。故选项A正确。

26.【答案】D

【解析】本题考查的知识点是流量和压力测试装置。

一组消防水泵应在消防水泵房内设置流量和压力测试装置，并应符合下列规定：

单台消防水泵的流量不大于20L/s、设计工作压力不大于0.50MPa时，泵组应预留测量用流量计和压力计接口，其他泵组宜设置泵组流量和压力测试装置。故选项D正确。

27.【答案】D

【解析】本题考查的知识点是消防供配电设计。

消防控制室、消防水泵房、防烟和排烟风机房的消防用电设备及消防电梯等的供电，应在其配电线路的最末一级配电箱处设置自动切换装置。

本条规定的最末一级配电箱：对于消防控制室、消防水泵房、防烟和排烟风机房的消防用电设备及消防电梯等，为上述消防设备或消防设备室处的最末级配电箱；对于其他消防设备用电，如消防应急照明和疏散指示标志等，为这些用电设备所在防火分区的配电箱。D 项符合要求。

消防电源应独立设置，即从建筑物变电所低压侧封闭母线处或进线柜处就将消防电源分出而各自成独立系统。如果建筑物为低压电缆进线，则从进线隔离电器下端将消防电源分开，从而确保消防电源相对建筑物而言是独立的，提高了消防负荷供电的可靠性。A 项不符合要求。

消防水泵、喷淋水泵、水幕泵和消防电梯要由变配电站或主配电室直接出线，采用放射式供电；防排烟风机、防火卷帘以及疏散照明可采用放射式或树干式供电。B 项不符合要求。

消防负荷的配电线路不能设置剩余电流动作保护和过、欠电压保护，因为在火灾这种特殊情况下，不管消防线路和消防电源处于什么状态或故障，为消防设备供电是最重要的。C 项不符合要求。

28.【答案】A
【解析】 本题考查的知识点是地铁防排烟。
地下车站的公共区，以及设备与管理用房，应划分防烟分区，且防烟分区不得跨越防火分区。故 B 项错误。
站厅与站台的公共区每个防烟分区的建筑面积不宜超过 2000m²，设备与管理用房每个防烟分区建筑面积不宜超过 750m²。故 A 项正确，C 项错误。
防烟分区可采取挡烟垂壁等措施。挡烟垂壁等设施的下垂高度不应小于 500mm。故 D 项错误。

29.【答案】C
【解析】 本题考查的知识点是自喷系统的分类。
闭式系统包括湿式、干式和预作用系统；开式系统包括雨淋系统、水幕系统等。故 C 项符合题意。

30.【答案】B
【解析】 本题考查的知识点是避难走道的设置。
避难走道防火隔墙的耐火极限不应低于 3.00h，楼板的耐火极限不应低于 1.50h。故 B 项正确。

31.【答案】B
【解析】 本题考查的知识点是一级负荷适用场所。
下列建筑物的消防用电应按一级负荷供电：1) 建筑高度大于 50m 的乙、丙类厂房和丙类仓库；2) 一类高层民用建筑。故 B 项符合题意。

32.【答案】A
【解析】 本题考查的知识点是加油加气站的合建。
下列加油加气站不应联合建站：CNG 加气母站与加油站；CNG 加气母站与 LNG 加气站；LPG 加气站与 CNG 加气站；LPG 加气站与 LNG 加气站。故 A 项符合题意。

33.【答案】B
【解析】 本题考查的知识点是灭火器配置。
A 类火灾场所应选择水型灭火器、磷酸铵盐干粉灭火器、泡沫灭火器或卤代烷灭火器。
B 类火灾场所应选择泡沫灭火器、碳酸氢钠干粉灭火器、磷酸铵盐干粉灭火器、二氧化碳灭火器、灭 B 类火灾的水型灭火器或卤代烷灭火器。
极性溶剂的 B 类火灾场所应选灭 B 类火灾的抗溶性灭火器。
C 类火灾场所应选择磷酸铵盐干粉灭火器、碳酸氢钠干粉灭火器、二氧化碳灭火器或卤代烷灭火器。
D 类火灾场所应选择扑灭金属火灾的专用灭火器。
E 类火灾场所应选择磷酸铵盐干粉灭火器、碳酸氢钠干粉灭火器、卤代烷灭火器或二氧化碳灭火器，但不得选用装有金属喇叭喷筒的二氧化碳灭火器。

碱金属遇水发生剧烈反应，碱金属（钾、钠）库房不应配置水型灭火器，故 B 项错误。

34. 【答案】D

【解析】 本题考查的知识点是自然排烟设施的设置。

室内或走道的任一点至防烟分区内最近的排烟窗的水平距离不应大于 30m，当公共建筑室内高度超过 6.00m 且具有自然对流条件时，其水平距离可增加 25%。当工业建筑采用自然排烟方式时，其水平距离尚不应大于建筑内空间净高的 2.8 倍。故 D 项正确。

35. 【答案】C

【解析】 本题考查的知识点是泡沫液的选用。

水溶性甲、乙、丙类液体和其他对普通泡沫有破坏作用的甲、乙、丙类液体，以及用一套系统同时保护水溶性和非水溶性甲、乙、丙类液体的，必须选用抗溶泡沫液。故 C 项正确。

36. 【答案】D

【解析】 本题考查的知识点是灭火器的修正系数。

未设室内消火栓系统和灭火系统 1.0；设有室内消火栓系统 0.9；设有灭火系统 0.7；设有室内消火栓系统和灭火系统 0.5；可燃物露天堆场，甲、乙、丙类液体储罐区，可燃气体储罐区 0.3。

37. 【答案】A

【解析】 本题考查的知识点是防火分区的面积。

设置有火灾自动报警系统和自动灭火系统的一二级商业营业厅、展览厅等，当采用不燃或难燃装修材料装修时，防火分区允许最大建筑面积高层不应大于 4000m²，设置在单层建筑内或仅设置在多层建筑的首层时，不应大于 10000m²，设置在地下或半地下时，不应大于 2000m²。其他区域单多层防火分区设置自喷系统为 5000m²。故选项 A 错误。

38. 【答案】D

【解析】 本题考查的知识点是自动报警系统的设置场所。

除敞开式汽车库、屋面停车场外，下列汽车库、修车库应设置火灾自动报警系统：1）Ⅰ类汽车库、修车库；2）Ⅱ类地下、半地下汽车库、修车库；3）Ⅱ类高层汽车库、修车库；4）机械式汽车库；5）采用汽车专用升降机作汽车疏散出口的汽车库。故 D 项符合题意。

39. 【答案】C

【解析】本题考查的知识点是七氟丙烷的适用场所。

气体灭火系统适用于扑救下列火灾：

（1）电气火灾；

（2）固体表面火灾；

（3）液体火灾；

（4）灭火前能切断气源的气体火灾；

注：除电缆隧道（夹层、井）及自备发电机房外，K 型和其他型热气溶胶预制灭火系统不得用于其他电气火灾。

气体灭火系统不适用于扑救下列火灾：

（1）硝化纤维、硝酸钠等氧化剂或含氧化剂的化学制品火灾；

（2）钾、镁、钠、钛、锆、铀等活泼金属火灾；

（3）氢化钾、氢化钠等金属氢化物火灾；

（4）过氧化氢、联胺等能自行分解的化学物质火灾。

（5）可燃固体物质的深位火灾。

故 C 项符合题意。

40. 【答案】C

【解析】本题考查的知识点是排烟系统设置场所。

民用建筑的下列场所或部位应设置排烟设施：

(1) 设置在一、二、三层且房间建筑面积大于100m²的歌舞娱乐放映游艺场所，设置在四层及以上楼层、地下或半地下的歌舞娱乐放映游艺场所；

(2) 中庭；

(3) 公共建筑内建筑面积大于100m²且经常有人停留的地上房间；

(4) 公共建筑内建筑面积大于300m²且可燃物较多的地上房间；

(5) 建筑内长度大于20m的疏散走道。

故 C 项符合题意。

41. 【答案】D

【解析】本题考查的知识点是城市消防远程监控系统组成。

系统由用户信息传输装置、报警传输网络、监控中心以及火警信息终端等几部分组成。故 D 正确。

42. 【答案】D

【解析】本题考查的知识点是建筑材料的燃烧性能等级。

水泥板、混凝土板燃烧性能等级属于A级，矿棉板属于B_1级，胶合板属于B_2级。故 D 正确。

43. 【答案】D

【解析】本题考查的知识点是装修材料燃烧性能等级。

塑料贴面装饰板、纸质装饰板、无纺贴墙布为B_2级，纸面石膏板为B_1级。故 D 正确。

44. 【答案】D

【解析】本题考查的知识点是剩余电流式电气火灾监控探测器的设置。

剩余电流式电气火灾监控探测器应以设置在低压配电系统首端为基本原则，宜设置在第  一级配电柜（箱）的出线端。在供电线路泄漏电流大于500mA时，宜在其下一级配电柜（箱）设置。故 D 项符合题意。

45. 【答案】C

【解析】本题考查的知识点是隧道分类。

单孔和双孔隧道应按其封闭段长度和交通情况分为一、二、三、四类，并应符合表1－3－1规定。

表1－3－1　单孔和双孔隧道分类

用途	一类	二类	三类	四类
	隧道封闭段长度L（m）			
可通行危险化学品等机动车	L>1500	500<L≤1500	L≤500	
仅限通行非危险品等机动车	L>3000	1500<L≤3000	500<L≤1500	L≤500
仅限人行或通行非机动车			L>1500	L≤1500

注：见《建筑设计防火规范》（GB 50016—2014）表12.1.2。

由表1－3－1可知，选项A为二类隧道。选项B，其可能为"仅限通行非危险化学品机动车"或"仅限人行或通行非机动车"，其分别为三类或四类隧道。选项C为三类隧道。故 C 项正确。选项D与该隧道的用途有关，D 错误。

46.【答案】 A

【解析】 本题考查的知识点是室内消火栓栓口动压。

室内消火栓栓口压力和消防水枪充实水柱，应符合下列规定：消火栓栓口动压力不应大于 0.50MPa；当大于 0.70MPa 时必须设置减压装置。故 A 项正确。

47.【答案】 D

【解析】 本题考查的知识点是石油库平面布局。

甲、乙类液体储罐，宜布置在站场地势较低处，故 A 项符合规范；

储罐区泡沫站应布置在罐组防火堤外的非防爆区，与储罐的防火间距不应小于 20m，故 B 项符合规范；

铁路装卸区宜布置在石油库的边缘地带，铁路线不宜与石油库出入口的道路相交叉，故 C 项符合规范；

可能散发可燃气体的场所和设施，宜布置在人员集中场所及明火或散发火花地点的全年最小频率风向的上风侧，反之，行政管理区显然不适合布置在全年最小频率风向的上风侧，故 D 项不符合规范。

48.【答案】 B

【解析】 本题考查的知识点是灭火救援窗口的设置。

一类高层应设消防救援入口，若设置连续设置无间隔的广告屏幕，则无法设置消防救援入口，故 A 项不符合要求；

净高度和净宽度分别不应小于 1.00m，故 B 项符合要求；

应保证每个防火分区不少于 2 个消防救援入口，故 C 项不符合要求；

消防车登高面一侧外墙上，不得设置凸出的广告牌，故 D 项不符合要求。

49.【答案】 C

【解析】 本题考查的知识点是石油化工企业放空管的设置。

排放可能携带腐蚀性液滴的可燃气体，应经过气液分离器分离后，接入通往火炬的管线，不得在装置附近未经燃烧直接放空。故 C 项错误。

50.【答案】 D

【解析】 本题考查的知识点是预制灭火装置的动作响应时差。

同一防护区内的预制灭火系统装置多于 1 台时，必须能同时启动，其动作响应时差不得大于 2s。故 D 项正确。

51.【答案】 A

【解析】 本题考查的知识点是封闭楼梯间的设置。

高层建筑、人员密集的公共建筑、人员密集的多层丙类厂房、甲、乙类厂房，其封闭楼梯间的门应采用乙级防火门，并且应向疏散方向开启；其他建筑，可采用双向弹簧门。服装加工厂房属于人员密集的多层丙类厂房，机械修理厂和汽车厂总装厂房为戊类，金属冶炼厂房均属于丁类厂房。故 A 项符合题意。

52.【答案】 C

【解析】 本题考查的知识点是湿式报警阀的开启原理。

湿式系统、干式系统的喷头动作后，应由压力开关直接连锁自动启动供水泵。由闭式喷头开启后，阀瓣压力差使报警阀瓣开启，压力开关动作。故 C 项正确。

53.【答案】 D

【解析】 本题考查的知识点是可燃气体探测装置。

可燃气体探测报警系统应独立组成，可燃气体探测器不应接入火灾报警控制器的探测器回路；当可燃气体的报警信号需接入火灾自动报警系统时，应由可燃气体报警控制器接入。故 A 项不符合规范。

石化行业涉及过程控制的可燃气体探测器，可按现行国家标准《石油化工可燃气体和有毒气体检测报警设计规范》（GB 50493）的有关规定设置，但其报警信号应接入消防控制室。故 D 项符合规范。

探测气体密度小于空气密度的可燃气体探测器应设置在被保护空间的顶部，探测气体密度大于空气密度的可燃气体探测器应设置在被保护空间的下部，探测气体密度与空气密度相当时，可燃气体探测器可设置在被保护空间的中间部位或顶部。故 B、C 项不符合规范。

54.【答案】C

【解析】本题考查的知识点是防烟分区的设置。

A 选项挡烟垂壁越低越影响疏散；B 选项防烟分区不可跨越防火分区；D 选项上排下进效果好。故 C 项正确。

55.【答案】D

【解析】本题考查的知识点是火灾分类。

石蜡、沥青是 B 类火灾，钾是 D 类火灾，棉布是 A 类火灾。故 D 项正确。

56.【答案】A

【解析】本题考查的知识点是登高操作场地。

最小操作场地长度和宽度不应小于 15m×10m。对于建筑高度大于 50m 的建筑，操作场地的长度和宽度分别不应小于 20m×10m。场地的坡度不宜大于 3%。25 层的住宅建筑，建筑高度必然大于 50m，故操作场地的长度和宽度分别不应小于 20m×10m。故 A 项正确。

57.【答案】B

【解析】本题考查的知识点是热量传递的基本方式。

热传导属接触传热，是连续介质就地传热而相对又没有宏观位移的一种传热方式。故 B 项正确。

58.【答案】D

【解析】本题考查的知识点是 t^2 火模型，见表 1-3-2。

表 1-3-2　t^2 火模型

可燃材料	火焰蔓延分级	$\alpha/(kJ/s^3)$	$Q=1MW$ 时所需的时间/s
未注明	慢速	0.0029	584
无棉制品、聚酯床垫	中速	0.0117	292
塑料泡沫、堆积的木板、装满邮件的邮袋	快速	0.0469	146
甲醇、快速燃烧的软垫座椅	极快	0.1876	73

故 D 项正确。

59.【答案】B

【解析】本题考查的知识点是易燃固体的分级分类，见表 1-3-3。

表 1-3-3　易燃固体的分级分类

级别	分类		举例
一级（甲）	燃点低、易燃烧、燃烧迅速和猛烈，并放出有毒气体	赤磷及含磷化合物	赤磷、三硫化四磷、五硫化二磷等
		硝基化合物	二硝基甲苯、二硝基萘、硝化棉等
		其他	闪光粉、氨基化钠、重氮氨基苯等

故 B 项正确。

60. 【答案】A

【解析】 本题考查的知识点是自动灭火系统的适用场所。

电缆夹层应采用水喷雾灭火系统。故 A 项不符合规范。自动喷水与水喷雾灭火系统适用于高压厂用变压器、封闭式运煤栈桥或运煤隧道等。故 B 项符合规范。气体灭火系统适用于集中控制楼内的单元控制室、电子设备间、电气继电器室等。故选项 C 符合规范。点火油区宜用低倍数或中倍数泡沫灭火系统。故 D 项符合规范。

61. 【答案】C

【解析】 本题考查的知识点是疏散时间的计算。

比流量反映了单位宽度的通行能力，即比流量越大疏散时间越短。由图显示，对于出口来讲比流量最大时为 1.3 人/(m·s)。200÷(1.3×2)≈76.9≈80(s)。故 C 项正确。

62. 【答案】D

【解析】 本题考查的知识点是干粉灭火剂。

A 类火灾场所应选择水型灭火器、磷酸铵盐干粉灭火器、泡沫灭火器或卤代烷灭火器。

B 类火灾场所应选择泡沫灭火器、碳酸氢钠干粉灭火器、磷酸铵盐干粉灭火器、二氧化碳灭火器、灭 B 类火灾的水型灭火器或卤代烷灭火器。

极性溶剂的 B 类火灾场所应选择灭 B 类火灾的抗溶性灭火器。

C 类火灾场所应选择磷酸铵盐干粉灭火器、碳酸氢钠干粉灭火器、二氧化碳灭火器或卤代烷灭火器。

D 类火灾场所应选择扑灭金属火灾的专用灭火器。

E 类火灾场所应选择磷酸铵盐干粉灭火器、碳酸氢钠干粉灭火器、卤代烷灭火器或二氧化碳灭火器，但不得选用装有金属喇叭喷筒的二氧化碳灭火器。

碳酸氢钠干粉灭火器是 BC 类干粉灭火器，不能扑救 A 类可燃固体表面火灾。故 D 项符合题意。

63. 【答案】B

【解析】 本题考查的知识点是危险性厂房的布置。

有爆炸危险的甲、乙类生产部位，宜布置在单层厂房靠外墙的泄压设施或多层厂房顶层靠外墙的泄压设施附近。有爆炸危险的设备宜避开厂房的梁、柱等主要承重构件布置。故 B 项正确。

64. 【答案】B

【解析】 本题考查的知识点是百人疏散宽度。

该商业综合体建筑为 7 层，故耐火等级应为一、二级。裙房与塔楼连通部位采用防火卷帘分隔，故疏散并非完全独立设置，故疏散宽度指标为 1.00m/百人。故 B 项正确。

65. 【答案】A

【解析】 本题考查的知识点是爆炸极限的影响因素。

氮气为惰性气体。可燃混合气体中加入惰性气体，会使爆炸极限范围变窄。故 A 项正确。混合气体初温越高，混合气体的爆炸极限范围越宽，爆炸危险性越大。故 B 项错误。可燃混合气体初始压力增加，爆炸范围增大，爆炸危险性增加。故 C 项错误。引燃混合气体的火源能量越大，可燃混合气体的爆炸极限范围越宽，爆炸危险性越大。故 D 项错误。

66. 【答案】B

【解析】 本题考查的知识点是室外消火栓系统。

汽车库、修车库、停车场应设置室外消火栓系统，其室外消防用水量应按消防用水量最

大的一座计算,并应符合下列规定:1)Ⅰ、Ⅱ类汽车库、修车库、停车场,不应小于20L/s;2)Ⅲ类汽车库、修车库、停车场,不应小于15L/s;3)Ⅳ类汽车库、修车库、停车场,不应小于10L/s。故B项正确。

67. 【答案】B

【解析】 本题考查的知识点是闭式泡沫—水喷淋系统。

闭式泡沫—水喷淋系统的供给强度不应小于$6.5L/(min·m^2)$。故B项正确。

68. 【答案】B

【解析】 本题考查的知识点是细水雾系统分类。

细水雾灭火系统按供水方式分类,可分为泵组式系统、瓶组式系统、瓶组与泵组结合式系统。故B项正确。

69. 【答案】C

【解析】 本题考核的是修车库的分类。

Ⅲ类修车库:修车库车位数大于2辆且小于等于5辆或总建筑面积大于$500m^2$且小于等于$100m^2$的修车库为Ⅲ类修车库。故C项正确。

70. 【答案】C

【解析】 本题考查的知识点是消防电梯设置场所。

下列建筑应设置消防电梯:

(1) 建筑高度大于33m的住宅建筑;

(2) 一类高层公共建筑和建筑高度大于32m的二类高层公共建筑;

(3) 设置消防电梯的建筑的地下或半地下室,埋深大于10m且总建筑面积大于$3000m^2$的其他地下或半地下建筑(室)。

A、B选项属于一类高层,D选项属于大于33m二类高层住宅,故C项符合题意。

71. 【答案】C

【解析】 本题考查的知识点是防火间距的安全经济性判断。

防止火灾蔓延扩大判定准则,为了安全起见,被引燃物临界辐射强度取$10kW/m^2$。根据澳大利亚建筑规范协会出版的《防火安全工程指南》提供的资料,在火灾通过热辐射蔓延的设计中,当被引燃物是很薄很轻的窗帘、松散堆放的报纸等非常容易被点燃的物品时,其临界辐射强度可取为$10kW/m^2$;当被引燃物是带软垫的家具等一般物品时,其临界辐射强度可取为$20kW/m^2$;对于厚度为5cm或更厚的木板等很难被引燃的物品,其临界辐射强度可取为$40kW/m^2$。如果不能确定可燃物的性质,为了安全起见,其临界辐射强度取为$10kW/m^2$。

72. 【答案】A

【解析】 本题考查的知识点是中庭的防火分隔。

采用防火隔墙时,其耐火极限不应低于1.00h;用防火玻璃墙时,其耐火隔热性和耐火完整性不应低于1.00h,采用耐火完整性不低于1.00h的非隔热性防火玻璃墙时,应设置自动喷水灭火系统保护;与中庭相连通的门、窗,应采用火灾时能自行关闭的甲级防火门、窗。故A项错误。

73. 【答案】B

【解析】 本题考核的是测温式电气火灾监控探测器的设置。测温式电气火灾监控探测器应设置在电缆接头、端子、重点发热部件等部位。保护对象为1000V及以下的配电线路测温式电气火灾监控探测器应采用接触式设置。故B项正确。

74. 【答案】A

【解析】 本题考查的知识点是二氧化碳系统设置场所。

二氧化碳全淹没灭火系统不应用于经常有人停留的场所。故 A 项符合题意。

75. 【答案】B

【解析】 本题考查的知识点是顶棚射流。

研究表明，一般情况下顶棚射流的厚度为顶棚高度的 5%～12%，而在顶棚射流内最大温度和速度出现在顶棚以下顶棚高度的 1% 处。这对于火灾探测器和喷淋头等的设置有特殊意义，如果它们被设置在上述区域以外，则其实际感受到的烟气温度和速度将会低于预期值。故 B 项正确。

76. 【答案】A

【解析】 本题考查的知识点是公共建筑疏散设计指标的影响因素。

安全疏散基本参数有人员密度、疏散宽度指标、疏散距离指标，故 A 项正确。

77. 【答案】C

【解析】 本题考查的知识点是集中电源集中控制型系统。

集中电源集中控制型系统由应急照明控制器、应急照明集中电源、应急照明分配电装置和消防应急灯具组成。故 C 项符合题意。

78. 【答案】C

【解析】 本题考查的知识点是喷淋泵的启动。

湿式系统、干式系统的喷头动作后，应由压力开关直接连锁自动启动供水泵。故 C 项正确。

79. 【答案】A

【解析】 本题考查的知识点是消防车道设置。

（1）车道的净宽度和净空高度均不应小于 4.0m；
（2）转弯半径应满足消防车转弯的要求；
（3）消防车道与建筑之间不应设置妨碍消防车操作的树木、架空管线等障碍物；
（4）消防车道靠建筑外墙一侧的边缘距离建筑外墙不宜小于 5m；
（5）消防车道的坡度不宜大于 8%。故 A 项错误。

80. 【答案】D

【解析】 本题考查的知识点是建筑防火间距。

本题重点在于一类高层民用建筑对应的防火间距是 13m。故 D 项正确。

二、多项选择题

81. 【答案】CDE

【解析】 本题考查的知识点是火灾危险性类别。

有些生产的原料、成品的火灾危险性较低，但当生产条件发生变化或经化学反应后产生了中间产物，则可能增加火灾危险性。例如，可燃粉尘静止时的火灾危险性较小，但在生产过程中，粉尘悬浮在空气中并与空气形成爆炸性混合物，遇火源则可能爆炸着火，而这类物品在储存时就不存在这种情况。

与此相反，桐油织物及其制品，如堆放在通风不良地点，受到一定温度作用时，则会缓慢氧化、积热不散而自燃着火，因而在储存时其火灾危险性较大，而在生产过程中则不存在此种情形。铝粉生产和储存均为乙类；竹藤家具生产和储存均为丙类；漆布生产为丙类，储存为乙类；桐油织物生产为丙类，储存为乙类；谷物面粉生产为乙类，储存为丙类。故 CDE 符合题意。

82. 【答案】AE

【解析】 本题考查的知识点是探测器的适用场所。

根据《火力发电厂与变电站设计防火规范》(GB 50229—2006),单台容量为 125MV·A 及以上的主变压器应设置水喷雾灭火系统、合成型泡沫喷雾系统或其他固定式灭火装置。其他带油电气设备,宜采用干粉灭火器。地下变电站的油浸变压器,宜采用固定式灭火系统。

户内变电站和户外变电站的主控通信室、配电装置室、消防水泵房和建筑疏散通道应设置应急照明。

地下变电站的主控通信室、配电装置室、变压器室、继电器室、消防水泵房、建筑疏散通道和楼梯间应设置应急照明。

地下变电站的疏散通道和安全出口应设置发光疏散指示标志。

主控通信室、配电装置室、可燃介质电容器室、继电器室应采用火灾自动报警系统。

地下变电站、无人值班的变电站,其主控通信室、配电装置室、可燃介质电容器室、继电器室应设置火灾自动报警系统,无人值班变电站应将火警信号上传至上级有关单位。

变电站主要设备用房和设备火灾自动报警系统应符合表 1-3-4 的规定。

表 1-3-4　主要建(构)筑物和设备火灾探测报警系统

建筑物和设备	火灾探测器类型	备注
主控通信室	感烟或吸气式感烟	
电缆层和电缆竖井	线型感温、感烟或吸气式感烟	
继电器室	感烟或吸气式感烟	
电抗器室	感烟或吸气式感烟	如选用含油设备时,采用感温
可燃介质电容器室	感烟或吸气式感烟	
配电装置室	感烟、线型感烟或吸气式感烟	
主变压器	线型感温或吸气式感烟(室内变压器)	

注:见《火力发电厂与变电站设计防火规范》(GB 50229—2006) 表 11.5.21。

故选项 AE 不符合规范。

83.【答案】CD

【解析】本题考查的知识点是防火分隔。

防火墙上不应开设门、窗、洞口,确需开设时,应设置不可开启或火灾时能自动关闭的甲级防火门、窗,故选项 A 应为甲级防火窗,选项 B 应为甲级防火门,选项 A、B 错误;

选项 C,"除中庭外,(1) 当防火分隔部位的宽度不大于 30m 时,防火卷帘的宽度不应大于 10m;(2) 当防火分隔部位的宽度大于 30m 时,防火卷帘的宽度不应大于该防火分隔部位宽度的 1/3,且不应大于 20m",故 C 项正确;

选项 D,"防火墙应从楼地面基层隔断至梁、楼板或屋面板的底面基层",故 D 项正确;

选项 E,排烟防火阀的设置场所:

(1) 排烟管在进入排风机房处设置场所;(2) 穿越防火分区的排烟管道上;(3) 排烟系统的支管上。通风管道上不需设置排烟防火阀,故 E 项错误。

84.【答案】AC

【解析】本题考查的知识点是照明灯具的防火措施。

选项 A,在正常运行时可能出现爆炸性气体混合物的场所,固定安装照明灯具,可采用任意一种防爆类型灯具。故 A 项符合规范;

选项 B,"配电盘盘后接线要尽量减少接头,接头应采用锡焊焊接并应用绝缘布包好,金属盘面还应有良好接地",故 B 项不符合规范;

选项 C,"潮湿的厂房内和户外可采用封闭型灯具,亦可采用有防水灯座的开启型灯具",故 C 项符合规范；

选项 D，"明装吸顶灯具采用木制底台时，应在灯具与底台中间铺垫石板或石棉布。附带镇流器的各式荧光吸顶灯，应在灯具与可燃材料之间加垫瓷夹板隔热，禁止直接安装在可燃吊顶上"，故 D 项不符合规范；

选项 E，"舞台暗装彩灯泡、舞池脚灯彩灯灯泡的功率均宜在 40W 以下，最大不应超过 60W。彩灯之间导线应焊接，所有导线不应与可燃材料直接接触"，明敷会导致与可燃材料直接接触，故 E 项不符合规范。

85. 【答案】BD

【解析】本题考查的知识点是人防工程的平面布置。

选项 A，人防工程不得设置油浸电力变压器和其他油浸电气设备，故 A 项不符合规范；

选项 B，歌舞娱乐放映游艺场所不应设在地下二层及以下层，当设在地下一层时，室内地面与室外出入口地坪高差不应大于 10m。故 B 项符合规范；

选项 C，营业厅不应设置在地下三层及三层以下，故 C 项不符合规范；

选项 D，员工宿舍，不得设置在地下二层及以下层，故地下一层设员工宿舍符合要求，故 D 项符合规范；

选项 E，人防工程不应设置哺乳室、托儿所、幼儿园、游乐厅等儿童活动场所和残疾人员活动场所，故 E 项不符合规范。

86. 【答案】BD

【解析】本题考查的知识点是自喷系统的末端试水。

湿式自动喷水灭火系统，末端试水装置开启后，湿式报警阀打开，水流指示器动作，压力开关动作，水力警铃动作。

干式自动喷水灭火系统，末端试水装置开启后，干式报警阀打开，压力开关动作，水力警铃动作。压力开关联锁启泵，管网开始充水，此时水流指示器才动作。

由于没说是什么系统，选共性。故 B、D 项正确。

87. 【答案】ADE

【解析】本题考查的知识点是防排烟系统的联动控制。

防烟系统的联动控制方式应符合下列规定：

（1）应由加压送风口所在防火分区内的两只独立的火灾探测器或一只火灾探测器与一只手动火灾报警按钮的报警信号，作为送风口开启和加压送风机启动的联动触发信号，并应由消防联动控制器联动控制相关层前室等需要加压送风场所的加压送风口开启和加压送风机启动。

（2）应由同一防烟分区内且位于电动挡烟垂壁附近的两只独立的感烟火灾探测器的报警信号，作为电动挡烟垂壁降落的联动触发信号，并应由消防联动控制器联动控制电动挡烟垂壁的降落。

排烟系统的联动控制方式应符合下列规定：

（1）应由同一防烟分区内的两只独立的火灾探测器的报警信号，作为排烟口、排烟窗或排烟阀开启的联动触发信号，并应由消防联动控制器联动控制排烟口、排烟窗或排烟阀的开启，同时停止该防烟分区的空气调节系统。

（2）应由排烟口、排烟窗或排烟阀开启的动作信号，作为排烟风机启动的联动触发信号，并应由消防联动控制器联动控制排烟风机的启动。

防烟系统、排烟系统的手动控制方式，应能在消防控制室内的消防联动控制器上手动控制送风口、电动挡烟垂壁、排烟口、排烟窗、排烟阀的开启或关闭及防烟风机、排烟风机等设备的启动或停止，防烟、排烟风机的启动、停止按钮应采用专用线路直接连接至设置在消防控制室内的消防联动控制器的手动控制盘，并应直接手动控制防烟、排烟风机的启动、停止。

故 ADE 符合规范。

88. 【答案】AB

【解析】 本题考查的知识点是建筑外保温系统。

与基层墙体、装饰层之间无空腔的住宅建筑外墙外保温系统，其保温材料应符合下列规定：1）建筑高度大于 100m 时，保温材料的燃烧性能应为 A 级；2）建筑高度大于 27m，但不大于 100m 时，保温材料的燃烧性能不应低于 B_1 级；3）建筑高度不大于 27m 时，保温材料的燃烧性能不应低于 B_2 级。故 AB 符合要求。

89. 【答案】ABCE

【解析】 本题考查的知识点是气体灭火系统的控制。

管网灭火系统应设自动控制、手动控制和机械应急操作三种启动方式。预制灭火系统应设自动控制和手动控制两种启动方式。注意本题干中问的是控制方式，根据教材内容，紧急启动/停止是系统的一种控制方式。故 ABCE 正确。

90. 【答案】ACD

【解析】 本题考查的知识点是消防水泵的启动。

消防水泵应由消防水泵出水干管上设置的压力开关、高位消防水箱出水管上的流量开关，或报警阀压力开关等开关信号应能直接自动启动消防水泵。消防水泵房内的压力开关宜引入消防水泵控制柜内。故 ACD 正确。

消防水泵应能手动启停和自动启动。

91. 【答案】ADE

【解析】 本题考查的知识点是七氟丙烷的灭火机理。

七氟丙烷灭火主要在于它去除热量的速度快以及使灭火剂分散和消耗氧气。七氟丙烷灭火剂是以液态的形式喷射到保护区内的，在喷出喷头时，液态灭火剂迅速转变成气态需要吸收大量的热量，降低了保护区和火焰周围的温度。

另一方面，七氟丙烷灭火剂是由大分子组成的，灭火时分子中的一部分键断裂需要吸收热量。另外，保护区内灭火剂的喷射和火焰的存在降低了氧气的浓度，从而降低了燃烧的速度。故 ADE 正确。

92. 【答案】DE

【解析】 本题考查的知识点是古建筑防火。

室外消火栓射流不能抵达室内且室内无传统彩画、壁画、泥塑的文物建筑，可以考虑设置室内消火栓系统或加大火灾延续时间，设置预作用自动喷水灭火系统。故 DE 正确。

93. 【答案】ABD

【解析】 本题考查的知识点是火灾报警和消防应急广播系统的联动控制。

火灾自动报警系统应设置火灾声光警报器，并应在确认火灾后启动建筑内的所有火灾声光警报器。故 A 项符合规范。

在消防控制室应能手动或按预设控制逻辑联动控制选择广播分区、启动或停止应急广播系统，并应能监听消防应急广播。在通过传声器进行应急广播时，应自动对广播内容进行录音。故 B 项符合规范。

集中报警系统和控制中心报警系统应设置消防应急广播。故 D 项符合规范。

94. 【答案】AC

【解析】 本题考查的知识点是锅炉房的防火防爆。

燃油或燃气锅炉房应设置自然通风或机械通风设施。燃气锅炉房应选用防爆型的事故排风机，故 A 项正确；

确需布置在民用建筑内时，不应布置在人员密集场所的上一层、下一层或贴邻，故B项错误；

符合下列条件之一的场所，宜选择点型感温火灾探测器，且应根据使用场所的典型应用温度和最高应用温度选择适当类别的感温火灾探测器：厨房、锅炉房、发电机房、烘干车间等不宜安装感烟火灾探测器的场所，故C项正确；

锅炉房内设置储油间时，其总储存量不应大于1m³，故D项错误；

锅炉房电力线路不宜采用裸线或绝缘线明敷，应采用金属管或电缆布线，且不宜沿锅炉烟道、热水箱和其他载热体的表面敷设，电缆不得在煤场下通过，故E项错误。

95. 【答案】DE

【解析】本题考查的知识点是石油化工防火设计。

甲、乙、丙类液体储罐区，液化石油气储罐区，可燃、助燃气体储罐区，可燃材料堆场等，应设置在城市（区域）的边缘或相对独立的安全地带，并宜设置在城市（区域）全年最小频率风向的上风侧。应与装卸区、辅助生产区及办公区分开布置。桶装、瓶装甲类液体不应露天存放。故A项正确。

甲、乙、丙类液体储罐（区）宜布置在地势较低的地带。当布置在地势较高的地带时，应采取安全防护设施。故B项正确。

液化石油气储罐（区）宜布置在地势平坦、开阔等不易积存液化石油气的地带。四周应设置高度不小于1.0m的不燃烧体实体防护墙。故C项正确，D项错误。

钢制储罐必须做防雷接地，接地点不应少于两处。故E项错误。

96. 【答案】BC

【解析】本题考查的知识点是储存物品的火灾危险性类别。

樟脑油为乙类，汽油为甲类，润滑油为丙类，煤油为乙类。石脑油闪点<23℃，故其为甲类。故BC正确。

97. 【答案】ACDE

【解析】本题考查的知识点是设备用房的平面布置。

锅炉房、变压器室、消防水泵房、消防控制室应直通室外或安全出口；另锅炉房、油浸变压器室、柴油发电机房不应设在人员密集场所的下一层，故ACDE符合题意。

98. 【答案】BD

【解析】本题考查的知识点是灭火器配置。

县级以上的文物保护古建筑属于严重危险级，县级以下的文物保护古建筑属于中危险级。

文物保护单位是A类火灾，故ACE正确，BD错误。

99. 【答案】ABE

【解析】本题考查的知识点是低倍泡沫灭火系统的型式。

储罐区低倍数泡沫灭火系统的选择，应符合下列规定：

（1）非水溶性甲、乙、丙类液体固定顶储罐，应选用液上喷射、液下喷射或半液下喷射系统；

（2）水溶性甲、乙、丙类液体和其他对普通泡沫有破坏作用的甲、乙、丙类液体固定顶储罐，应选用液上喷射系统或半液下喷射系统；

（3）外浮顶和内浮顶储罐应选用液上喷射系统；

（4）非水溶性液体外浮顶储罐、内浮顶储罐、直径大于18m的固定顶储罐及水溶性甲、乙、丙类液体立式储罐，不得选用泡沫炮作为主要灭火设施；

（5）高度大于7m或直径大于9m的固定顶储罐，不得选用泡沫枪作为主要灭火设施。

故 ABE 正确。

100. 【答案】ABC

【解析】本题考查的知识点是防火间距的确定原则。

影响防火间距的因素很多，火灾时建筑物可能产生的热辐射强度是确定防火间距应考虑的主要因素。热辐射强度与消防扑救力量、火灾延续时间、可燃物的性质和数量、相对外墙开口面积的大小、建筑物的长度和高度以及气象条件等有关。

相邻建筑的生产和使用性质以及相邻建筑外墙燃烧性能和耐火极限决定了可燃物的性质和数量，故 A、B 项正确；

相邻建筑外墙开口大小及相对应位置按以上原文，故 C 项正确；选项 D，建筑层高不影响防火间距的选择，故 D 项错误；

建筑高差大于 15m 的较高建筑的屋顶天窗开口大小不影响防火间距的大小，只有较低建筑的屋顶天窗开口大小才影响，故 E 项错误。

第二部分 消防安全技术综合能力历年真题解析与视频讲解

2019 年消防安全技术综合能力试卷

（考试时间：150 分钟，总分 120 分）

一、**单项选择题**（共 80 题，每题 1 分，每题的备选项中，只有 1 个最符合题意）

1. 某公司租用创业大厦十五层办公，公司总经理发现防烟楼梯间的前室面积较大，遂摆放沙发作为公司休息室使用。该公司的行为违反了《中华人民共和国消防法》，应责令其改正，并（ ）。
   A. 处一千元以上五千元以下罚款 B. 对总经理处一日以上三日以下拘留
   C. 对责任人处五日以上十日以下拘留 D. 处五千元以上五万元以下罚款

2. 某海鲜酒楼厨师发现厨房天然气轻微泄漏，立即报告总经理王某，王某查看现场后认为问题不大，强令厨师开火炒菜，导致天然气爆炸燃烧，造成 1 人死亡，1 人重伤。根据《中华人民共和国刑法》，应对总经理王某处（ ）。
   A. 五年以下有期徒刑或者拘役 B. 五年以上有期徒刑
   C. 五年以上有期徒刑，并处罚金 D. 五年以上七年以下有期徒刑，并处罚金

3. 某消防技术服务机构受某大型综合体业主请托，出具虚假消防设施检测报告，消防救援机构责令该服务机构改正，处十万元罚款，并对直接负责人王某处一万元罚款，该服务机构及王某到期未缴纳罚款。根据《中华人民共和国行政处罚法》，到期不缴纳罚款的，应对该服务机构及王某分别每日加处（ ）罚款。
   A. 1000 元和 100 元 B. 3000 元和 300 元
   C. 5000 元和 500 元 D. 7000 元和 700 元

4. 某量贩式歌舞厅位于多层综合体一层，按照《公共娱乐场所消防安全管理规定》（公安部令第 39 号）进行防火检查，下列检查结果中，不符合规定的是（ ）。
   A. 设置了自带电源的应急照明灯具
   B. 设置了机械排烟设施
   C. 安全出口门口设有门帘挡风
   D. 地上一层员工食堂内使用液化石油气烧水煮饭

5. 某消防技术服务机构对某宾馆的火灾自动报警系统进行年度检测，下列检测结果中不符合现行国家标准《火灾自动报警系统施工及验收规范》（GB 50166）要求的是（ ）。
   A. 断开一个探测回路与控制器之间的连线，56 秒时控制器发出故障信号
   B. 报警控制器在故障状态下，使任一非故障部位的探测器发出火灾报警信号，85 秒时控制器发出火灾报警信号
   C. 将一个探测回路中任一探测器的接线断开，30 秒时控制器发出故障信号
   D. 断开备用电源与控制器之间的连线，66 秒时控制器发出故障信号

6. 某单位设置储压型干粉灭火系统。该系统的组件不包括（ ）
   A. 容器阀 B. 驱动气体储存装置
   C. 安全泄压装置 D. 干粉储存容器

7. 根据现行国家标准《气体灭火系统施工及验收规范》（GB 50263），关于低压二氧化碳灭火系统管道强度试验及气密性试验的说法，正确的是（ ）。
   A. 管道气压强度试验压力应为设计压力的 1.5 倍
   B. 气密性试验前应进行吹扫，吹扫时管道末端的气体流速不应小于 10m/s
   C. 经气压强度试验合格且在试验后未拆卸过的管道可不进行气密性试验

D. 采用气压强度试验代替水压强度试验时，试验压力应为60%水压强度试验压力

8. 某养老院，共5层，建筑高度为22m，每层建筑面积为1000m²。该养老院的下列防火检查结果中，符合现行国家标准要求的是（　　）。

A. 地上三层设有1间建筑面积为300m²的诊疗室

B. 地下一层设有1间建筑面积为200m²的健身房，有35人使用

C. 地上四层设有1间有40个就餐座位的餐厅

D. 疏散门采用火灾时能自动开启的电动推拉门

9. 某消防工程施工单位对某石化企业原油储罐区安装的低倍数泡沫自动灭火系统进行系统调试，下列喷水试验的测试方法中，符合现行国家标准《泡沫灭火系统施工及验收规范》（GB 50281）要求的是（　　）。

A. 选择最近和最大的2个储罐以手动控制方式分别进行2次喷水试验

B. 选择最远和最大的2个储罐以手动和自动控制方式分别进行1次喷水试验

C. 选择最远和最大的2个储罐以自动控制方式分别进行2次喷水试验

D. 选择最近和最大的2个储罐以手动和自动控制方式分别进行1次喷水试验

10. 高某持有国家一级消防工程师资格证书，注册于某二级资质的消防安全评估机构，按照《注册消防工程师管理规定》（公安部令第143号）高某不应（　　）。

A. 使用注册消防工程师称谓　　　　B. 开展消防安全评估

C. 参加继续教育　　　　　　　　　D. 以个人名义承接执业业务

11. 某消防技术服务机构对不同工程项目的消防应急灯具在蓄电池电源供电时的持续工作时间进行检测，根据现行国家标准《消防应急照明和疏散指示系统技术标准》（GB 51309），下列检测结果中，不符合规范要求的是（　　）。

A. 某建筑高度为55m，建筑面积为10000m²的办公建筑的消防应急灯具持续工作时间为0.5h

B. 某建筑面积为1500m²的幼儿园的消防应急灯具持续工作时间为0.5h

C. 某建筑面积为1500m²的养老院的消防应急灯具持续工作时间为0.5h

D. 某建筑面积为1000m²的KTV的消防应急灯具持续工作时间为0.5h

12. 某多层在建工程单体占地面积为4000m²，对该工程消防车道进行防火检查，下列检查结果中，不符合现行国家标准《建设工程施工现场消防安全技术规范》（GB 50720）要求的是（　　）。

A. 设置的临时消防车道与在建工程的距离为10m

B. 在消防车道尽端设置了12m×12m的回车场

C. 在临时消防车道的左侧设置了消防车行进路线指示标识

D. 在建筑的长边设置了宽度为6m的临时消防救援场地

13. 对某建筑高度为110m的写字楼设置的机械加压送风系统进行验收时，下列系统送风口风压测试的做法，符合现行国家标准《建筑防烟排烟系统技术标准》（GB 51251）要求的是（　　）。

A. 选择送风系统首端对应的3个连续楼层的楼梯间及前室，测试风口的风压值

B. 选择送风系统末端对应的1个楼层的楼梯间及前室，测试风口的风压值

C. 选择第十五层避难层的机械加压送风系统，测试风口的风压值

D. 选择送风系统中段对应的2个连续楼层的楼梯间及前室，测试风口的风压值

14. 某劳动密集型生产企业依法编制了灭火和应急疏散预案，组织开展年度灭火和应急疏散预案演练。按照组织形式，演练分为实战演练等不同种类，实战演练是指（　　）。

A. 针对事先假设的演练情景，讨论和推演应急决策及现场处置的过程

B. 针对设置的突发火灾事故情景，通过实际行动和操作，完成真实响应的过程

C. 查找灭火和应急疏散预案中的问题，提高应急预案的实用性和可操作性

D. 促进参与单位和人员掌握灭火和应急疏散预案中规定的职责和程序，提高指挥决策和协同配合能力

15. 某在建高层公共建筑，拟安装室内消火栓 150 套。消防工程施工单位对该建筑的消火栓进行进场检查。根据《消防给水及消火栓系统技术规范》（GB 50974），下列检查的做法和结果中，不符合标准要求的是（　　）。
    A. 旋转型消火栓的转动部件为铜质
    B. 消防软管卷盘的消防软管内径为 19mm，长度为 30m
    C. 消防水枪的当量喷嘴直径为 16mm
    D. 消火栓外观检查，抽检数为 50 套

16. 某大型化工集团安保部组织开展职工消防安全教育培训，采取线上线下的培训方式。按照《社会消防安全教育培训规定》（公安部令第 109 号）该安保部对职工进行消防安全教育培训，做法错误的是（　　）。
    A. 建立消防安全教育培训制度
    B. 每年邀请专业消防培训机构进行培训
    C. 每年组织一次灭火和应急疏散演练
    D. 对所有员工进行灭火器操作培训

17. 下列低倍数泡沫灭火系统维护保养的做法，符合现行国家标准《泡沫灭火系统施工及验收规范》（GB 50281）要求的是（　　）。
    A. 每月用手动控制方式，对消防泵进行一次启动试验
    B. 每半年对泡沫产生器和泡沫比例混合器进行一次外观检查
    C. 每年对泡沫灭火系统的全部管道进行一次冲洗，清除锈渣
    D. 每两年对泡沫灭火系统进行一次喷泡沫试验

18. 某大型厂房施工现场，在用电防火方面的下列做法中，不符合现行国家标准要求的是（　　）。
    A. 堆放的可燃物距配电屏 1.5m
    B. 产生粉尘的作业区距配电屏 6m
    C. 普通灯具与易燃物的距离为 0.3m
    D. 碘钨灯具与易燃物的距离为 0.6m

19. 某高层酒店，地下燃油、燃气锅炉房内设置水喷雾灭火系统，根据现行国家标准《水喷雾灭火系统技术规范》（GB 50219）对该系统进行检测验收。下列检测结果中，不符合规范要求的是（　　）。
    A. 水雾喷头布置在锅炉的顶部，周围水雾直接喷向锅炉
    B. 雨淋报警阀后的管道采用钢管
    C. 雨淋报警阀前的管道过滤器滤网为 316L 不锈钢，其网孔为 0.50mm
    D. 主、备供水泵均采用柴油泵

20. 常用检验仪器包括：（1）称重器；（2）压力表；（3）液位仪；（4）流量计。上述 4 种检验仪器中，可适用于低压二氧化碳灭火系统灭火剂泄漏检查的仪器共有（　　）。
    A. 1 种　　　　B. 3 种　　　　C. 4 种　　　　D. 2 种

21. 某高层酒店，设有自动喷水灭火系统，根据现行国家标准《自动喷水灭火系统施工及验收规范》（GB 50261），该酒店对自动喷水灭火系统维护保养的下列做法中，不符合规范要求的是（　　）。
    A. 每个季度检查一次室外阀门井中进水管上的控制阀门
    B. 对消防水池、高位消防水箱进行结构材料检查，安排在每年六月份进行
    C. 每月手动启动消防水泵运转一次，每季度模拟自动控制条件启动运转一次
    D. 利用末端试水装置对水流指示器试验，安排在每月 15 日进行

22. 某商品批发中心建筑面积为 3000m², 地上 3 层、地下 1 层, 经营服装、日用品、家具。根据现行国家标准《重大火灾隐患判定方法》(GB 35181), 对该中心进行防火检查时发现的下列火灾隐患中, 可以直接判定为重大火灾隐患的是（　　）。

　　A. 日用品经营区销售 15kg 瓶装液化石油气

　　B. 有商家在安全疏散通道上摆摊位, 占用疏散通道

　　C. 火灾自动报警系统有 25 个探测器显示故障

　　D. 室内消火栓被广告牌遮挡

23. 某消防工程施工单位对某建筑的自动喷水灭火系统组件进行进场检验。根据现行国家标准《自动喷水灭火系统施工及验收规范》(GB 50261), 不属于喷头现场检验内容的是（　　）。

　　A. 喷头的型号、规格　　　　　　　　B. 喷头的工作压力

　　C. 喷头的公称动作温度　　　　　　　D. 喷头的响应时间指数 (RTI)

24. 某建筑高度为 39m 的住宅, 共 2 个单元, 地上一至二层为商业服务网点, 该住宅楼的下列防火检查结果中, 不符合现行国家标准要求的是（　　）。

　　A. 每个单元设 1 部疏散楼梯并通过屋面连通

　　B. 消防电梯在商业服务网点不开口

　　C. 户门的净宽度均为 0.9m

　　D. 户门为乙级防火门, 疏散楼梯间采用封闭楼梯间

25. 对某多层办公楼设置的自带蓄电池非集中控制型消防应急照明和疏散指示系统功能进行调试, 根据现行国家标准《消防应急照明和疏散指示系统技术标准》(GB 51309), 下列调试结果中不符合规范要求的是（　　）。

　　A. 手动操作应急照明配电箱的应急启动按钮, 应急照明配电箱切断主电源输出

　　B. 启动应急照明配电箱的应急按钮, 其所配接的持续型灯具的光源由节电点亮模式转入应急点亮模式的时间为 10s

　　C. 走廊的最低地面水平照度为 1.0lx

　　D. 灯具应急点亮的持续工作时间达到 45min

26. 某 12 层病房楼, 设有火灾自动报警系统和自动喷水灭火系统。该建筑每层有 3 个护理单元, 洁净手术部设置在第十二层, 在二层及以上的楼层设置了避难间。该病房楼的下列防火检查结果中, 不符合现行国家标准要求的是（　　）。

　　A. 每层设置了 2 个避难间

　　B. 在走道及避难间均设置了消防专线电话和应急广播

　　C. 每个避难间均设有可开启的乙级防火窗

　　D. 每层避难间的总净面积为 50m²

27. 根据现行国家标准《建筑消防设施的维护管理》(GB 25201), 消防控制室专人值班时, 关于消防设施状态的说法, 符合标准的要求是（　　）。

　　A. 正常工作状态下, 应将自动喷水灭火系统, 防排烟系统, 联动控制的用于防火分隔的防火卷帘设置在自动控制状态

　　B. 正常工作状态下, 可将防排烟系统设置在手动控制状态, 发生火灾时立即将手动控制状态改为自动控制状态

　　C. 正常工作状态下, 可将联动控制的用于防火分隔的防火卷帘设置在手动控制状态, 发生火灾时立即将手动状态转为自动控制状态

　　D. 正常工作状态下, 可将联动控制的用于防火分隔的防火门设置在手动控制状态, 发生火灾时立即将手动控制状态转为自动控制状态

28. 某10层办公楼,建筑高度为36m,标准层建筑面积为3000m²,设置自动喷水灭火系统,外墙采用玻璃幕墙,该办公楼防火检查结果中,不符合现行国家标准要求的是（　　）。

A. 九层十层外墙上、下层开口之间防火玻璃的耐火极限为0.50h

B. 一至四层外墙上、下层开口之间采用高度0.8m的实体墙分隔

C. 五至八层外墙上、下层开口之间采用高度为1.2m的实体墙分隔

D. 标准层采用大空间办公,每层一个防火分区

29. 消防水泵安装的步骤包括：(1)复核消防水泵之间以及消防水泵与墙或其他设备之间的间距,应满足安装,运行和维护管理的要求。(2)将消防水泵固定于基础上。(3)安装消防水泵吸水管上的控制阀。根据现行国家标准《消防给水及消火栓系统技术规范》（GB 50974）安装顺序排序正确的是（　　）。

A. (2)(1)(3)　　　　　　　　　　B. (1)(2)(3)

C. (1)(3)(2)　　　　　　　　　　D. (2)(3)(1)

30. 某高层建筑的消防给水系统维护保养项目包括：(1)对减压阀的流量和压力进行一次试验。(2)对消防水泵接合器的接口及附件进行一次检查。(3)对柴油机消防水泵的启动电池的电量进行检测。(4)对室外阀门井中,进水管上的控制阀门进行一次检查。根据现行国家标准《消防给水及消火栓系统技术规范》（GB 50974）,上述四项维护保养项目中属于季度保养项目的共有（　　）。

A. 1项　　　　B. 3项　　　　C. 2项　　　　D. 4项

31. 根据现行国家标准《建筑设计防火规范》（GB 50016）,下列消防配电线路的敷设方式中,不符合规范要求的是（　　）

A. 阻燃电线穿封闭式金属线槽敷设

B. 矿物绝缘类不燃性电缆直接敷设在电线井内

C. 耐火电缆直接敷设在电缆井内

D. 阻燃电缆在吊顶内穿涂刷防火涂料保护的金属管敷设

32. 某建筑高度为30m的写字楼,标准层建筑面积为800m²,人均使用面积为6m²,采用剪刀楼梯间。该写字楼的下列防火检查结果中,符合现行国家标准要求的是（　　）。

A. 楼梯间共用一套机械加压送风系统

B. 梯段之间隔墙的耐火极限为2.00h

C. 其中一间办公室门至最近安全出口的距离为15m

D. 梯段的净宽度为1.1m

33. 某电信大楼安装细水雾灭火系统,系统的设计工作压力为10.0MPa。根据现行国家标准《细水雾灭火系统技术规范》（GB 50898）,该系统调试的下列做法和结果中,不符合规范要求的是（　　）。

A. 制定系统调试方案,根据批准的方案按程序进行系统调试

B. 柴油泵作为备用泵,柴油泵的启动时间为10s

C. 对泵组,稳压泵、分区控制阀进行调试和联动试验

D. 对控制柜进行空载和加载控制调试

34. 大型商业综合体物业管理单位编制了灭火和应急疏散预案,规定了各组织机构的主要职责。下列职责中,属于灭火行动组职责的是（　　）。

A. 负责引导人员疏散自救,确保人员安全快速疏散

B. 负责向指挥员报告火场内情况

C. 负责现场灭火、抢救被困人员、操作消防设施

D. 负责协调配合消防救援队开展灭火救援行动

35. 某单位设有泡沫灭火系统，系统设置及系统各项性能参数均符合现行国家标准要求。该泡沫灭火系统发泡倍数的测量参数为：量桶空桶重量为2kg，量桶装满清水重量为32kg。量桶装满泡沫重量为12kg。该泡沫灭火系统的形式最有可能的是（　　）。

  A. 低倍数液上喷射泡沫灭火系统　　　　B. 低倍数液下喷射泡沫灭火系统
  C. 中倍数泡沫灭火系统　　　　D. 高倍数泡沫灭火系统

36. 某建筑高度为26m的商业综合体，设有火灾自动报警系统和自动喷水灭火系统。对位于地上三层的卡拉OK厅的室内装修工程进行验收，下列验收检查结果中，不符合现行国家标准要求的是（　　）。

  A. 顶棚采用金属复合板　　　　B. 沙发采用实木布艺材料制作
  C. 墙面采用珍珠岩装饰吸声板　　　　D. 地面采用氯丁橡胶地板

37. 对防火门的检验项目包括：（1）检查是否提供出厂合格证明文件。（2）检查耐火性能是否符合设计要求。（3）检查是否在防火门上明显部位设置永久性标牌。（4）检查防火门的配件是否存在机械损伤。根据现行国家标准《防火卷帘、防火门、防火窗施工及验收规范》（GB 50877），上述检验项目中属于防火门进场检验项目的共有（　　）。

  A. 1项　　　　B. 2项　　　　C. 3项　　　　D. 4项

38. 对某28层酒店的消防控制室的室内装修工程进行防火检查，下列检查结果中，不符合现行国家标准要求的是（　　）。

  A. 顶棚采用硅酸钙板　　　　B. 地面采用水泥刨花板
  C. 窗帘采用经阻燃处理的难燃织物　　　　D. 墙面采用矿棉板

39. 根据现行国家标准《消防给水及消火栓系统技术规范》（GB 50974），消防设施维护管理人员对消防水泵和稳压泵维护管理的下列做法中，符合规范要求的是（　　）。

  A. 每周对稳压泵的停泵启泵压力和启泵次数进行一次检查
  B. 每季度对消防水泵的出流量和压力进行一次实验
  C. 每月模拟消防水泵自动控制的条件，自动启动消防水泵运转一次
  D. 每季度对气压水罐的压力和有效容积进行一次检测

40. 某商场安装了自动喷水灭火系统，该商场管理人员在巡查中发现湿式报警阀组漏水，下列原因中与此故障无关的是（　　）。

  A. 阀瓣密闭垫老化或者损坏　　　　B. 报警阀组排水阀未完全关闭
  C. 阀瓣组件与阀座组件处有杂物　　　　D. 湿式报警阀组前供水控制阀未完全关闭

41. 某消防工程施工单位对某建筑安装的自动喷水灭火系统进行调试，根据现行国家标准《自动喷水灭火系统施工及验收规范》（GB 50261），属于系统调试内容的是（　　）。

  A. 排水设施调试　　　　B. 管道试压
  C. 管网冲洗　　　　D. 支吊架间距测量

42. 根据现行国家标准《气体灭火系统施工及验收规范》（GB 50263），某消防技术服务机构对高压二氧化碳灭火系统所制定的下列维保方案中，不符合规范要求的内容是（　　）。

  A. 每季度对灭火剂输送管道和支吊架的固定有无松动进行一次检查
  B. 每季度对防护区的开口是否符合设计要求进行一次检查
  C. 每季度对各储存容器内灭火剂的重量进行一次检查
  D. 每季度对灭火剂钢瓶间内阀驱动装置的铭牌和标志牌是否清晰进行一次检查

43. 某建筑面积为300m² 的网吧配置的灭火器进行竣工验收，根据《建筑灭火器配置验收及检查规范》（GB 50444），下列验收检查结果中，不符合规范要求的是（　　）。

  A. 配置了手提式MF/ABC4型灭火器

B. 每个灭火器箱内放置2具灭火器，灭火器箱的布置间距为20m

C. 灭火器箱为翻盖型，翻盖开启角度为105°

D. 灭火器放置在网吧靠墙位置，并设有取用标志

44. 某制衣厂属于消防安全重点单位，分管安全工作的副厂长组织开展月度防火检查，根据《机关、团体、企业、事业单位消防安全管理规定》（公安部令第61号），下列检查内容中，不属于每月应当检查的是（　　）。

A. 安防监控室值班情况

B. 用火、用电有无违规情况

C. 安全疏散通道情况

D. 重点工种以及其他员工消防知识的掌握情况

45. 某美食广场建筑面积3000m²，广场业主举办五周年庆典活动，开展文艺演出，美食比赛烹饪竞技等系列活动，预计参加庆典活动的宾客人数达5000人，该广场业主的下列做法中错误的是（　　）。

A. 向公安机关申请安全许可

B. 制定防止人员拥挤踩踏事件预案并组织一次演练

C. 确定安全办主任为活动的消防安全责任人

D. 保持疏散通道，安全出口畅通

46. 某消防救援机构对某商业综合体设置的挡烟垂壁进行监督检查，下列检查结果中，不符合现行国家标准《建筑防烟排烟系统技术标准》（GB 51251）要求的是（　　）。

A. 活动挡烟垂壁的手动操作按钮安装在距楼地面1.4m的墙面上

B. 由两块活动挡烟垂帘组成的连续性挡烟垂壁，挡烟垂帘搭接宽度为200mm

C. 活动挡烟垂壁与墙面、柱面的缝隙为70mm

D. 活动挡烟垂壁由无机纤维织物材料所制

47. 对某植物油加工厂的浸出车间进行防火检查，下列对通风系统检查的结果中，不符合现行国家标准要求的是（　　）。

A. 送风机采用普通型的通风设备，布置在单独分隔的通风机房内，送风干管上设置了防止回流设施

B. 排风系统设置了导除静电的接地装置

C. 排风管道穿过防火墙时两侧均设置防火阀

D. 排风机采用防爆型设备

48. 刘某具有国家一级注册消防工程师资格，担任某消防安全重点单位的消防安全管理人，根据《机关、团体、企业、事业单位消防安全管理规定》（公安部令第61号），不属于刘某应当履行的消防安全管理职责的是（　　）。

A. 拟订年度消防安全工作计划

B. 组织实施日常消防安全管理工作

C. 批准实施消防安全制度

D. 组织火灾隐患整改工作

49. 某3层养老院，设有自动喷水灭火系统和火灾自动报警系统，对其室内装修工程进行验收，下列验收检查结果中，不符合现行国家标准要求的是（　　）。

A. 顶棚采用轻钢龙骨纸面石膏板 B. 地面采用PVC卷材地板

C. 窗帘采用纯棉装饰布 D. 墙面采用印刷木纹人造板

50. 某消防施工单位对某酒店的自动消防设施进行安装施工，根据现行国家标准《火灾自动报警

系统设计规范》（GB 50116），下列消防设备中，可直接与火灾报警控制器连接的是（　　）。

　　A. 可燃气体探测器　　　　　　　　　B. 可燃气体报警控制器

　　C. 非独立式电气火灾监控探测器　　　D. 集中电源非集中控制型消防应急照明灯具

51. 某企业厂区内1个容积为2000m³的可燃液体储罐，按现行国家标准《建筑设计防火规范》（GB 50016）的要求设置了泡沫灭火系统，（　　）不是该泡沫灭火系统的构成组件。

　　A. 泡沫产生器　　　　　　　　　　　B. 消防水带

　　C. 泡沫比例混合器　　　　　　　　　D. 泡沫泵

52. 根据《机关、团体、企业、事业单位消防安全管理规定》（公安部令第61号），某大型超市将仓库确定为消防安全重点部位，设置明显的防火标志，实行严格管理，该超市制定的下列管理规定中，属于加强性严格管理措施的是（　　）。

　　A. 仓库内禁止吸烟和使用明火

　　B. 应用电气火灾监测、物联网技术等技防物防措施

　　C. 不应使用碘钨灯和超过60W以上的白炽灯等高温照明灯具

　　D. 仓库内不得使用电热水器、电视机、电冰箱

53. 根据现行国家标准《建筑消防设施的维护管理》（GB 25201），（　　）不属于每日应对防排烟系统进行巡查的项目。

　　A. 挡烟垂壁的外观　　　　　　　　　B. 送风机房的环境

　　C. 排烟风机的供电线路　　　　　　　D. 风机控制柜的工作状态

54. 某博物馆附属的地下2层丙类仓库，每层建筑面积为900m²，每层划分为2个防火分区，设有自动喷水灭火系统，该仓库的下列防火检查结果中，不符合现行国家标准要求的是（　　）。

　　A. 地下二层建筑面积为300m²的防火分区，设1个安全出口

　　B. 仓库通向疏散走道的门采用乙级防火门

　　C. 仓库通向疏散楼梯间的门采用乙级防火门

　　D. 地下二层1个防火分区的两个安全出口中的1个安全出口借用相邻防火分区疏散

55. 根据现行国家标准《自动喷水灭火系统施工及验收规范》（GB 50261），对寒冷地区某汽车库的预作用自动喷水灭火系统进行检查。下列检查结果中，不符合规范要求的是（　　）。

　　A. 设置场所冬季室内温度长期低于0℃

　　B. 配水管道未增设快速排气阀，排气阀入口前的控制阀为手动阀门

　　C. 喷头选用直立型易熔合金喷头

　　D. 气压表显示配水管道内的气压值为0.035MPa

56. 某多层旅馆安装了自动喷水灭火系统，某消防技术服务机构对该系统进行检测。下列检测结果中，符合现行国家标准要求的是（　　）。

　　A. 有水平吊顶的3.8m×3.8m的客房中间，设置一只下垂型标准覆盖面积洒水喷头

　　B. 顶板为水平面的3.8m×3.8m的客房内，设置一只边墙型标准覆盖面积洒水喷头

　　C. 客房内直立式边墙型标准覆盖面积洒水喷头溅水盘与顶板的距离为75mm

　　D. 客房内直立式边墙型标准覆盖面积洒水喷头溅水盘与背墙的距离为150mm

57. 某消防工程施工单位在消防给水系统施工前制定了设备进场检验方案，其中稳压泵进场检验要求包括：（1）稳压泵的流量应满足设计要求，且不宜小于1L/s；（2）稳压泵的电机功率应满足水泵全性能曲线运行的要求；（3）泵及电机的外观表面不应有破损；（4）泵与电机轴心的偏心不应小于2mm。根据国家现行标准《消防给水及消火栓系统技术规范》（GB 50974），上述4项检验要求中，符合规范的共有（　　）。

　　A. 3项　　　　　　B. 1项　　　　　　C. 2项　　　　　　D. 4项

58. 何某取得注册消防工程师资格，受聘于消防技术服务机构，从事消防设施检测、消防安全评估工作。何某的下列行为不符合注册消防工程师"客观公正"道德基本规范要求的是（　　）。
   A. 在项目检测过程中，接受被检测单位的宴请
   B. 未收到检测费不出具检测报告
   C. 以低于市场价格中标消防设施检测项目
   D. 将消防设施检测不合格的项目判定为合格

59. 某高层建筑内的柴油发电机房设置了水喷雾灭火系统，水雾喷头的有效喷射程为2.5m，雾化角为90°，喷头与被保护对象的距离为1.0m，某消防技术服务机构对该系统进行检测，根据现行国家标准《水喷雾灭火系统技术规范》（GB 50219），下列检测结果中，符合规范要求的是（　　）。
   A. 水雾喷头的平面布置方式为矩形，喷头间距为1.5m
   B. 顶部喷头的安装坐标偏差值为50mm
   C. 侧向喷头与被保护对象的安装距离偏差值为100mm
   D. 管道支架与水雾喷头之间的距离为0.4m

60. 某商场建筑面积为20000m²，地上营业厅设有吊顶，安装湿式喷水灭火系统，地下场所安装预作用自动喷水灭火系统。下列关于该商场自动喷水灭火系统构成的说法，错误的是（　　）。
   A. 地上自动喷水灭火系统由湿式报警阀组、水流指示器、下垂型洒水喷头等组成
   B. 有吊顶部位预作用自动喷水灭火系统由预作用报警阀组、水流指示器、干式下垂型洒水喷头等组成
   C. 无吊顶部位预作用自动喷水灭火系统由预作用报警阀组、充气装置、水流指示器、直立型洒水喷头等组成
   D. 地上自动喷水灭火系统由湿式报警阀组、水流指示器、隐蔽式洒水喷头组成

61. 某造纸厂干燥车间，耐火等级为二级，地上2层，每层划分4个防火分区，地下局部1层，划分为2个防火分区。该车间采用自动化生产工艺，平时只有巡检人员。该车间的下列防火检查结果中，不符合现行国家标准要求的是（　　）。
   A. 首层的最大疏散距离为60m
   B. 地下一层1个防火分区的其中1个安全出口借用相邻防火分区疏散
   C. 首层外门的净宽度为1.2m
   D. 地上二层1个防火分区的其中1个安全出口借用相邻防火分区疏散

62. 某图书馆呈"L"型布置，防火墙设置在内转角，两侧墙上的窗口之间距离为3m，该图书馆的下列防火检查结果中，不符合现行国家标准要求的是（　　）。
   A. 外墙上所设防火窗的耐火极限为1.00h
   B. 模拟火灾，可开启窗扇自动关闭
   C. 窗框与墙体采用预埋钢件连接
   D. 温控释放装置动作后，窗扇在70s时关闭

63. 根据《消防法》《公安部关于实施〈机关、团体、企业、事业单位消防安全管理规定〉有关问题的通知》（公通字〔2001〕97号），下列单位中，应当界定为消防安全重点单位的是（　　）。
   A. 建筑面积为190m²的卡拉OK厅
   B. 住宿床位为40张的养老院
   C. 生产车间员工为150人的建筑钢模具机加工企业
   D. 高层公共建筑的公寓楼

64. 某工业建筑的室外消火栓供水管网，管材采用钢丝网骨架塑料管，系统工作压力为0.4MPa。对该消火栓系统管道进行水压强度试验，试验压力最小不应小于（　　）。
   A. 0.48MPa　　　B. 0.8MPa　　　C. 0.6MPa　　　D. 0.9MPa

65. 对某厂区进行防火检查，消防电梯的下列防火检查结果中，不符合现行国家要求的是（　　）。

A. 设置在冷库穿堂区的消防电梯未设置前室
B. 高层厂房兼做消防电梯的货梯在设备层不停靠
C. 消防电梯前室短边尺寸为 2.40m
D. 消防电梯井与相邻电梯井之间采用耐火极限为 2.00h 的防火隔墙分隔

66. 对某乙炔站的供配电系统进行防火检查，下列检查结果中不符合现行国家标准要求的是（   ）。
A. 绝缘导线的允许载流量是熔断器额定电流的 1.2 倍
B. 导线选用了截面积为 2.5mm² 的铜芯绝缘导线
C. 电气线路采用电缆桥架架空敷设
D. 电缆内部的导线为绞线，终端采用定型端子连接

67. 某二级耐火等级的单层白酒联合厂房，设有自动喷水灭火系统和火灾自动报警系统，对该厂房进行防火检查时发现：
（1）灌装车间与勾兑车间采用耐火极限为 3.00h 的隔墙分隔。
（2）容量为 20m³ 的成品酒灌装罐设置在灌装车间内靠外墙部位。
（3）最大防火分区建筑面积为 7000m²。
（4）最大疏散距离为 30m。
上述防火检查结果中，符合现行国家标准要求的共有（   ）。
A. 4 项　　　　　　B. 1 项　　　　　　C. 2 项　　　　　　D. 3 项

68. 某北方寒冷地区多层车库，设置的干式消火栓系统采用电动阀作为启闭装置，消防工程施工单位对该系统进行检查调试，下列检查调试结果中，不符合现行国家标准要求的是（   ）。
A. 启闭装置后的管网为空管
B. 系统管道的最高处设置了快速排气阀
C. 消火栓系统电动阀启动后最不利点消火栓 4min 后出水
D. 干式消火栓系统电动阀的开启时间为 45s

69. 某高层公共建筑消防给水系统的系统工作压力为 1.25MPa，选用的立式消防水泵参数为流量 40L/s，扬程 100m。对该系统进行验收前检测，下列检测结果中，不符合现行国家标准要求的是（   ）。
A. 停泵时，压力表显示水锤消除设施后压力为 1.3MPa
B. 流量计显示出水流量为 60L/s 时压力表显示为 0.6MPa
C. 手动直接启泵，消防水泵在 36s 时投入正常运行
D. 吸水管上的控制阀锁定在常开位置，并有明显标记

70. 某消防技术服务机构对某商场疏散通道上设置的常开防火门的联动功能进行调试，下列调试结果中符合国家标准《火灾自动报警系统设计规范》（GB 50116）要求的是（   ）。
A. 防火门所在防火区内两只独立的火灾探测器报警后，联动控制防火门关闭
B. 防火门所在防火分区内任一只火灾探测器报警后，联动控制防火门关闭
C. 防火门所在防火区内任一只手动火灾报警按钮报警后，联动控制防火门关闭
D. 防火门所在防火分区及相邻防火分区各一只火灾探测器报警后，联动控制防火门关闭

71. 某超高层建筑高度为 230m，塔楼功能为酒店、办公，裙房为商业。对该建筑消防设施进行验收检测，下列检测结果中，不符合现行国家标准要求的是（   ）。
A. 采用消防水泵转输水箱串联供水，转输水箱有效储水容积为 50m³
B. 比例式减压阀垂直安装，水流方向向下
C. 塔楼酒店客房洒水喷头采用快速响应喷头
D. 第 30 层酒店大堂采用隐蔽型喷头

72. 某松节油生产厂房专用的 10kV 变电站贴邻厂房设置，该厂房的下列防火防爆做法中，不符合现行国家标准要求的是（   ）。
    A. 生产厂房贴邻变电站的墙体为防火墙
    B. 厂房与变电站连通的开口处设置了甲级防火门
    C. 贴邻的防火墙上设置了一扇不可开启的甲级防火窗
    D. 厂房的所有电器均采用防爆电器

73. 对某在建工程作业场所设置的临时疏散通道进行防火检查，下列检查结果中，不符合现行国家标准《建筑工程施工现场消防安全技术规范》（GB 50720）要求的是（   ）。
    A. 疏散通道的隔墙采用厚度为 50mm 的金属岩棉夹芯板
    B. 地面上的临时疏散通道净宽度为 1.5m
    C. 脚手架上的临时疏散通道净宽度为 0.6m
    D. 临时疏散通道的临空面设置了高度为 1.2m 的防护栏杆

74. 某电子元件生产厂房首层 2 个防火分区有疏散门通向避难走道，其中，防火分区一设置 1 个门通向该避难走道，门的净宽为 1.20m，防火分区二有 2 个净宽均为 1.20m 的门通向避难走道。该厂房的下列防火检查结果中，不符合现行国家标准要求的是（   ）。
    A. 避难走道设 1 个直通室外的出口   B. 避难走道的净宽度为 2.40m
    C. 避难走道入口处前室的使用面积为 6.0m²   D. 进入避难走道前室的门为甲级防火门

75. 对某 24 层住宅建筑进行屋面和外墙外保温系统施工，保温材料均采用 B₁ 级材料，该建筑外墙外保温的防火措施中，不符合现行国家标准要求的是（   ）。
    A. 在外墙外保温系统中，每层采用不燃材料设置高度为 300mm 的水平防火隔离带
    B. 建筑外墙上窗的耐火完整性为 0.50h
    C. 屋面与外墙之间采用不燃材料设置宽度为 300mm 的防火隔离带
    D. 外墙外保温系统首层采用厚度为 15mm 的不燃材料作防护层

76. 某单位工作人员在对本单位配置的灭火器进行检查时，发现其中一具干粉灭火器筒体表面轻微锈蚀，筒体有锡焊的修补痕迹，压力指针在绿区范围。根据现行国家标准《建筑灭火器配置验收及检查规范》（GB 50444），对该具灭火器的处置措施正确的是（   ）。
    A. 筒体锈蚀处涂漆   B. 送修
    C. 采取防潮措施   D. 报废

77. 某总建筑面积为 33000m² 的地下商场，分隔为两个建筑面积不大于 20000m² 的区域，区域之间采用防火隔间进行连通。对防火隔间的下列检查结果中，符合现行国家标准要求的是（   ）。
    A. 防火隔间的围护构件采用耐火极限为 2.00h 的防火隔墙
    B. 防火隔间呈长方形布置，长边为 3m，短边为 2m
    C. 通向防火隔间的门作为疏散门
    D. 防火隔间门的耐火极限为 1.50h

78. 某病房楼，共六层，建筑高度为 28m，每层建筑面积为 3000m²，划分为 2 个护理单元。该病房楼的下列防火检测结果中，符合现行国家标准要求的是（   ）。
    A. 每层设一个避难间
    B. 疏散楼梯间为封闭楼梯间
    C. 4 层为单面布房，走道净宽度为 1.3m
    D. 位于袋形走道尽端的病房门至最近安全出口的直线距离为 18m

79. 对某服装厂的仓库进行电气防火检查，下列检查结果中符合现行国家标准要求的是（   ）。
    A. 仓库采用卤钨灯照明

B. 额定功率为100W的照明灯的引入线采用阻燃材料做隔热保护

C. 照明配电箱设置在仓库门口外墙上

D. 仓库门口内墙上设置照明开关

80. 某地上3层汽车库，每层建筑面积为3600m²，建筑高度为12m，采用自然排烟，该车库的下列防火检查结果中，不符合现行国家标准要求的是（　　）。

A. 外墙上排烟口采用上悬窗

B. 屋顶的排烟口采用平推窗

C. 每层自然排烟口的总面积为54m²

D. 防烟分区内最远点距排烟口的距离为30m

二、多项选择题（共20小题，每题2分，每题的备选项中有2个或2个以上符合题意。错选、漏选不得分；少选，所选的每个选项得0.5分）

81. 某二级耐火等级的服装加工厂房，地上5层，建筑高度为30m，每层建筑面积为6000m²，该厂房首层、二层的人数均为600人，三层至五层的人数均为300人。该厂房的下列防火检查结果中，不符合现行国家标准要求的有（　　）。

A. 疏散楼梯采用封闭楼梯间　　　　B. 第四层最大的疏散距离为60m

C. 楼梯间的门采用常开乙级防火门　　D. 办公室与车间连通的门采用乙级防火门

E. 首层外门的总净宽度为3.6m

82. 对某厂樟脑油提炼车间配置的灭火器进行检查，下列检查结果中，不符合现行国家标准要求的有（　　）。

A. 灭火器铭牌朝向墙面

B. 用挂钩将灭火器悬挂在墙上，挂钩最大承载力为45kg

C. 灭火器顶部离地面距离为1.60m

D. 配置的灭火器类型为磷酸铵盐干粉灭火器和碳酸氢钠干粉灭火器

E. 灭火器套有防护外罩

83. 根据现行国家标准《自动喷水灭火系统施工及验收规范》（GB 50261），关于自动喷水灭火系统洒水喷头的选型，正确的有（　　）。

A. 图书馆书库采用边墙型洒水喷头

B. 总建筑面积为5000m²的商场营业厅采用隐蔽式喷头

C. 办公室吊顶下安装下垂型喷头

D. 无吊顶的汽车库选用直立型快速响应喷头

E. 印刷厂纸质品仓库采用早期抑制快速响应喷头

84. 某6层商场，建筑高度为30m，东西长200m，南北宽80m，每层划分为4个防火分区。该商场的下列防火检查结果中，不符合现行国家标准要求的有（　　）。

A. 在第六层南面外墙整层设置室外电子显示屏

B. 供消防救援人员进入的窗口净高度为0.8m

C. 供消防救援人员进入的窗口净高度为1.0m

D. 供消防救援人员进入的窗口下沿距室内地面1.0m

E. 供消防救援人员进入的窗口在室内对应部位设置可破拆的广告灯箱

85. 对某大型地下商场内装修工程进行工程验收，该商场设有自动喷水灭火系统和火灾自动报警系统。下列验收检查结果中，符合现行国家标准要求的有（　　）。

A. 疏散楼梯间前室墙面设置灯箱广告
B. 疏散走道的地面采用仿古瓷砖
C. 疏散楼梯间的地面采用水磨石
D. 消防水泵房，空调机房的地面采用水泥地面
E. 营业厅地面采用水泥木丝板

86. 某20层大厦每层为一个防火分区，防烟楼梯间及前室安装了机械加压送风系统。下列对该系统进行联动调试的方法和测试结果中，符合现行国家标准《建筑防烟排烟系统技术标准》（GB 51251）要求的有（　　）。

A. 手动开启第六层楼梯间前室内的常闭送风口，相应的加压送风机联动启动
B. 使第九层的两只独立的感温火灾探测器报警，相应的送风口和加压送风机联动启动
C. 风机联动启动后，在顶层楼梯间送风口处测得的风速为5m/s
D. 按下第十层楼梯间前室门口的一只手动火灾报警按钮，相应的加压送风机联动启动
E. 风机联动启动后，测得第三层楼梯间前室与走道之间的压差值为40Pa

87. 某商业综合体，建筑高度为31.6m，总建筑面积为35000m²。设置临时高压消防给水系统，根据现行国家标准《消防给水及消火栓系统技术规范》（GB 50974），下列验收结果中不符合规范要求的有（　　）。

A. 消防水泵吸水管上的控制阀采用暗杆闸阀，无开启刻度和标志
B. 消防主泵切换到备用泵的时间为60s
C. 高位消防水箱有效容积为36m³，设置有水位报警装置
D. 联动控制器处于手动状态时，高位消防水箱的消火栓出水干管的流量开关动作，消防水泵启动
E. 消防水泵启动后不能自动停止运行

88. 某大剧院设有自动喷水灭火系统和火灾自动报警系统。根据《人员密集场所消防安全评估守则》（GA/T 1369），对该剧院进行消防安全评估。下列检查结果中，可直接判定评估结论等级为差的有（　　）。

A. 在地下一层的一个储物间存放了演出用的大量服装和布景道具
B. 未确定消防安全管理人
C. 地下二层的楼梯间前室堆放了大量杂物
D. 有2具应急照明灯损坏
E. 自动喷水灭火系统的消防水泵损坏

89. 根据现行国家标准《自动喷水灭火系统施工及验收规范》（GB 50261），自动喷水灭火系统系统调试前的必备条件有（　　）。

A. 消防水池，消防水箱储存了设计要求的水量
B. 湿式系统管网已经放空
C. 系统供电正常
D. 与系统联动的火灾自动报警系统处于调试阶段
E. 消防气压给水设备的水位，气压符合设计要求

90. 某二级耐火等级建筑，地上12层，地下2层，建筑总高度为37m，一至二层为商业服务网点，三至十二层为住宅，该建筑的下列防火检查结果中，符合现行国家标准《建筑设计防火规范》（GB 50016）要求的有（　　）。

A. 楼梯间的地下部分与地上部分在首层采用耐火极限1.00h的隔墙分隔
B. 商业服务网点采用敞开楼梯间
C. 商业服务网点内疏散楼梯净宽度为1.1m
D. 商业服务网点内的最大疏散距离为22m

E. 住宅的疏散楼梯采用封闭楼梯间

91. 某消防救援机构对某高层办公楼火灾自动报警系统进行消防监督检查，下列检查结果中，符合国家标准要求的有（　　）。

　　A. 消防控制室图形显示装置能显示系统内各消防用电设备的供电电压和备用电源
　　B. 消防控制室内的消防联动控制器能远程控制防火卷帘的升降
　　C. 消防控制室图形显示装置能显示该办公楼的消防安全管理信息
　　D. 消防控制室内的消防联动控制器能远程控制所有电梯停于首层或电梯转换层
　　E. 消防控制室内的消防联动控制器能远程控制常开防火门关闭

92. 某化工厂，年生产合成氨50万吨，尿素80万吨，甲醇5万吨。根据《中华人民共和国消防法》，该化工厂履行消防安全职责的下列做法中正确的有（　　）。

　　A. 将尿素仓库确定为消防安全重点部位
　　B. 未在露天生产装置区设置消防安全标志
　　C. 制定灭火和应急疏散预案，每年进行一次演练时间选在119消防日
　　D. 消防安全管理人每月组织防火检查，及时消除火灾隐患
　　E. 生产部门每日进行防火巡查，并填写巡查记录。

93. 对某高层公共建筑的消防设施联动控制功能进行调试。下列调试结果中，符合现行国家标准《火灾自动报警系统设计规范》（GB 50116）要求的有（　　）。

　　A. 消防联动控制器设于手动状态，高位消防水箱出水管上的流量开关动作后，消防泵未启动
　　B. 消防联动控制器设于自动状态，同一防火分区内两只独立的感烟探测器报警后，用作防火分隔的水幕系统的水幕阀组启动
　　C. 消防联动控制器设于自动状态，同一防火分区内两只独立的感温探测器报警后用于防火卷帘保护的水幕系统的水幕阀组启动
　　D. 消防联动控制器设于手动状态，湿式报警阀压力开关动作后，喷淋泵启动后
　　E. 消防联动控制器设于自动状态，同一防火分区内两只独立的感烟探测器报警后，全楼疏散通道的消防应急照明和疏散指示系统启动

94. 对某车用乙醇生产厂房进行防火检查，下列检查结果中，符合现行国家标准《建筑设计防火规范》（GB 50016）要求的有（　　）。

　　A. 该厂房与二级耐火等级的单层氨压缩机房的间距为12m
　　B. 该厂房与建筑高度为27m的造纸车间间距为13m
　　C. 该厂房与饲料加工厂房贴邻，相邻较高一面外墙为防火墙
　　D. 该厂房与厂区内建筑高度为26m的办公楼间距为30m
　　E. 该厂房与厂外铁路线中心线的间距为20m

95. 某建材商场，地下3层，地上5层，建筑高度为30m，地上每层建筑面积为8000m²，划分为2个防火分区。该商场下列防火检查结果中，不符合现行国家标准要求的有（　　）。

　　A. 空调通风管道穿越楼梯间，采用金属风管
　　B. 因搬运大件货物需要，有1部疏散楼梯入口采用防火卷帘分隔
　　C. 第四层营业厅的最大疏散距离为35m
　　D. 水暖管道井的检修门开向楼梯间，采用甲级防火门
　　E. 地上第三层人员密度为0.13人/m²，该层疏散楼梯总净宽度为11m

96. 对某活性炭制造厂房进行防火防爆检查，下列检查结果中，符合现行国家标准要求的有（　　）。

　　A. 厂房采用水泥地面　　　　　　　　B. 在厂房内设置了排污地沟，盖板严密
　　C. 地沟中积聚的粉尘未清理　　　　　D. 墙面采取了防静电措施

E. 采暖设施采用肋片式散热器

97. 某大型展览中心，总建筑面积为100000m²。防火门检查的下列结果中，不符合现行国家标准要求的有（　　）。

A. 电缆井井壁上的检查门为丙级防火门
B. 消防控制室的门为乙级防火门
C. 油浸变压器与其他部位连通的门为乙级防火门
D. 气体灭火系统储瓶间的门为乙级防火门
E. 通风机房的门为乙级防火门

98. 某消防技术服务机构对某会展中心的自动消防设施进行维护保养，下列做法和结果中，不符合现行国家标准要求的有（　　）。

A. 对1只感烟探测器喷烟直至报警，探测器所在区域显示器在5s后发出报警信号
B. 断开消防控制室图形显示装置与其连接的各消防设备的连线，图形显示装置在1min时发出故障信号
C. 在同一防火分区内，1只手动火灾报警按钮和1只感烟探测器同时发出火灾报警信号。该防火分区内用于防火分隔的防火卷帘直接下降至地面
D. 检查发现火灾显示盘损坏，维护人员直接将其拆下，并立即更换新的产品
E. 在消防控制室手动选择2个广播分区启动应急广播，该区域正在播音的背景音乐广播停止，消防应急广播启动

99. 某地下档案库房，设置了全淹没二氧化碳灭火系统，对该气体灭火系统的防护区进行检查。下列检查结果中，不符合现行国家标准要求的有（　　）。

A. 防护区入口附近未设置气体灭火控制盘
B. 防护区的入口处明显位置未配备专用的空气呼吸器
C. 系统管道未设防静电接地
D. 防护区内未设机械排风装置
E. 防护区入口处未设手动、自动转换控制装置

100. 对人员密集场所进行防火检查，根据现行国家标准《重大火灾隐患判定方法》（GB 35181），下列检查时发现的隐患中，可以作为重大火灾隐患综合判定要素的有（　　）。

A. 消防控制室值班操作人员未取得相应资格证书
B. 防烟、排烟设施不能正常运行
C. 歌舞厅墙面采用聚氨酯材料装修
D. 防烟楼梯间的防火门损坏率为设置总数的15%
E. 楼梯间设置栅栏

参考答案解析与视频讲解

一、单项选择题

1. 【答案】D

    【解析】本题考查的知识点是法律责任。《中华人民共和国消防法》第六十条 单位违反本法规定，有下列行为之一的，责令改正，处五千元以上五万元以下罚款：

    （一）消防设施、器材或者消防安全标志的配置、设置不符合国家标准、行业标准，或者未保持完好有效的。

    （二）损坏、挪用或者擅自拆除、停用消防设施、器材的。

    （三）占用、堵塞、封闭疏散通道、安全出口或者有其他妨碍安全疏散行为的。

    （四）埋压、圈占、遮挡消火栓或者占用防火间距的。

    （五）占用、堵塞、封闭消防车通道，妨碍消防车通行的。

    （六）人员密集场所在门窗上设置影响逃生和灭火救援的障碍物的。

    （七）对火灾隐患经消防救援机构通知后不及时采取措施消除的。

    个人有前款第二项、第三项、第四项、第五项行为之一的，处警告或者五百元以下罚款。

    有本条第一款第三项、第四项、第五项、第六项行为，经责令改正拒不改正的，强制执行，所需费用由违法行为人承担。

2. 【答案】A

    【解析】本题考查的知识点是法律责任。强令违章冒险作业罪是指强令他人违章冒险作业，因而发生重大伤亡事故或者造成其他严重后果的行为。强令他人违章冒险作业，涉嫌下列情形之一的，应予以立案追诉：

    (1) 造成死亡1人以上，或者重伤3人以上的。

    (2) 造成直接经济损失50万元以上的。

    (3) 发生矿山生产安全事故，造成直接经济损失100万元以上的。

    (4) 其他造成严重后果的情形。

    《中华人民共和国刑法》第一百三十四条第二款规定，强令他人违章冒险作业，因而发生重大伤亡事故或者造成其他严重后果的，处5年以下有期徒刑或者拘役；情节特别恶劣的，处5年以上有期徒刑。

3. 【答案】B

    【解析】本题考查的知识点是法律责任。

    根据《中华人民共和国行政处罚法》第五十一条规定，当事人到期不缴纳罚款的，每日按罚款数额的百分之三加处罚款。逾期不履行行政处罚决定的，作出行政处罚决定的行政机关将依法申请强制执行。

    故 100000×3% =3000(元)，10000×3% =300(元)。B选项符合要求。

4. 【答案】C

    【解析】本题考查的知识点是部门规章。根据《公共娱乐场所消防安全管理规定》(2019)第九条，公共娱乐场所的安全出口数目、疏散宽度和距离，应当符合国家有关建筑设计防火规范的规定。安全出口处不得设置门槛、台阶，疏散门应向外开启，不得采用卷帘门、转门、吊门和侧拉门，门口不得设置门帘、屏风等影响疏散的遮挡物。C选项不符合规定。

5. 【答案】B

【解析】本题考查的知识点是火灾自动报警系统维护管理。根据《火灾自动报警系统施工及验收规范》(GB 50166)的相关规定：

4.3.2 按现行国家标准《火灾报警控制器》(GB 4717)的有关要求对控制器进行下列功能检查并记录：

1 检查自检功能和操作级别。

2 使控制器与探测器之间的连线断路和短路，控制器应在100s内发出故障信号（短路时发出火灾报警信号除外）；在故障状态下，使任一非故障部位的探测器发出火灾报警信号，控制器应在1min内发出火灾报警信号，并应记录火灾报警时间；再使其他探测器发出火灾报警信号，检查控制器的再次报警功能。A、C选项符合要求，B选项不符合要求。

3 检查消音和复位功能。

4 使控制器与备用电源之间的连线断路和短路，控制器应在100s内发出故障信号。D选项符合要求。

6. 【答案】B

【解析】本题考查的知识点是干粉灭火系统的系统组成。储压型干粉灭火系统也称蓄压式系统，该系统没有驱动装置和单独驱动气体储存装置，干粉灭火剂与驱动气体预先混装在同一容器中，量一般较少且输送距离较短。

7. 【答案】C

【解析】本题考查的知识点是低压二氧化碳灭火系统试压。根据《气体灭火系统施工及验收规范》(GB 50263)的相关规定：

E.1.1-1 水压强度试验压力取值：对高压二氧化碳灭火系统，应取15.0MPa；对低压二氧化碳灭火系统，应取4.0MPa。E.1.3 当水压强度试验条件不具备时，可采用气压强度试验代替。气压强度试验压力取值：二氧化碳灭火系统取80%水压强度试验压力。A、D选项错误。

E.1.5 灭火剂输送管道经水压强度试验合格后还应进行气密性试验，经气压强度试验合格且在试验后未拆卸过的管道可不进行气密性试验。C选项正确。

E.1.6 灭火剂输送管道在水压强度试验合格后，或气密性试验前，应进行吹扫。吹扫管道可采用压缩空气或氮气，吹扫时，管道末端的气体流速不应小于20m/s，采用白布检查，直至无铁锈、尘土、水渍及其他异物出现。B选项错误。

8. 【答案】A

【解析】本题考查的知识点是老年人照料设施。根据《建筑设计防火规范》(GB 50016—2014)(2018年版)第5.4.4B条，当老年人照料设施中的老年人公共活动用房、康复与医疗用房设置在地下、半地下时，应设置在地下一层，每间用房的建筑面积不应大于200m²且使用人数不应大于30人。B选项不符合要求。

老年人照料设施中的老年人公共活动用房、康复与医疗用房设置在地上四层及以上时，每间用房的建筑面积不应大于200m²且使用人数不应大于30人。C选项不符合要求。

根据第6.4.11条第1款，建筑内的疏散门应符合规定：民用建筑和厂房的疏散门，应采用向疏散方向开启的平开门，不应采用推拉门、卷帘门、吊门、转门和折叠门。D选项不符合要求。

9. 【答案】B

【解析】本题考查的知识点是泡沫自动灭火系统调试。根据《泡沫灭火系统施工及验收规范》(GB 50281)的相关规定：

6.2.6 泡沫灭火系统的调试应符合下列规定：

1 当为手动灭火系统时,应以手动控制的方式进行一次喷水试验;当为自动灭火系统时,应以手动和自动控制的方式各进行一次喷水试验,其各项性能指标均应达到设计要求。

检查数量:当为手动灭火系统时,选择最远的防护区或储罐;当为自动灭火系统时,选择最大和最远两个防护区或储罐分别以手动和自动的方式进行试验。B 选项符合要求。

10. 【答案】D

【解析】本题考查的知识点是注册消防工程师管理。根据《注册消防工程师管理规定》(公安部令第 143 号)的相关规定:

第三十一条 注册消防工程师享有下列权利:
(一)使用注册消防工程师称谓;
(二)保管和使用注册证和执业印章;
(三)在规定的范围内开展执业活动;
(四)对违反相关法律、法规和国家标准、行业标准的行为提出劝告,拒绝签署违反国家标准、行业标准的消防安全技术文件;
(五)参加继续教育;
(六)依法维护本人的合法执业权利。

第三十三条 注册消防工程师不得有下列行为:
(一)同时在两个以上消防技术服务机构,或者消防安全重点单位执业;
(二)以个人名义承接执业业务、开展执业活动;D 选项符合题意。
(三)在聘用单位出具的虚假、失实消防安全技术文件上签名、加盖执业印章;
(四)变造、倒卖、出租、出借,或者以其他形式转让资格证书、注册证或者执业印章;
(五)超出本人执业范围或者聘用单位业务范围开展执业活动;
(六)不按照国家标准、行业标准开展执业活动,减少执业活动项目内容、数量,或者降低执业活动质量;
(七)违反法律、法规规定的其他行为。

11. 【答案】C

【解析】本题考查的知识点是消防应急照明和疏散指示系统。根据《消防应急照明和疏散指示系统技术标准》(GB 51309)的相关规定:

3.2.4 系统应急启动后,在蓄电池电源供电时的持续工作时间应满足下列要求:
1 建筑高度大于 100m 的民用建筑,不应小于 1.5h。
2 医疗建筑、老年人照料设施、总建筑面积大于 100000m² 的公共建筑和总建筑面积大于 20000m² 的地下、半地下建筑,不应少于 1.0h。C 选项不符合规范要求。
3 其他建筑,不应少于 0.5h。A、B、D 选项符合规范要求。

12. 【答案】C

【解析】本题考查的知识点是消防救援设施。根据《建设工程施工现场消防安全技术规范》(GB 50720)的相关规定: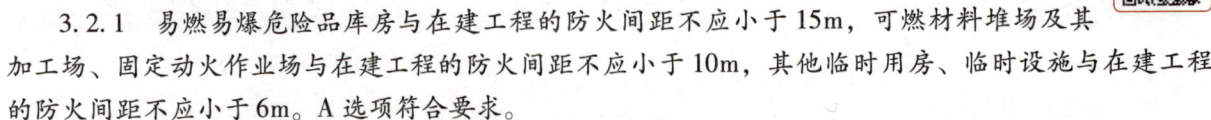

3.2.1 易燃易爆危险品库房与在建工程的防火间距不应小于 15m,可燃材料堆场及其加工场、固定动火作业场与在建工程的防火间距不应小于 10m,其他临时用房、临时设施与在建工程的防火间距不应小于 6m。A 选项符合要求。

3.3.2 临时消防车道的设置应符合下列规定:
1 临时消防车道宜为环形,设置环形车道确有困难时,应在消防车道尽端设置尺寸不小于 12m×12m 的回车场。B 选项符合要求。

2 临时消防车道的净宽度和净空高度均不应小于4m。

3 临时消防车道的右侧应设置消防车行进路线指示标识。C选项不符合要求。

4 临时消防车道路基、路面及其下部设施应能承受消防车通行压力及工作荷载。

3.3.4-3 临时救援场地宽度应满足消防车正常操作要求,且不应小于6m,与在建工程外脚手架的净距不宜小于2m,且不宜超过6m。D选项符合要求。

13. 【答案】C

【解析】本题考查的知识点是防排烟系统验收。根据《建筑防烟排烟系统技术标准》(GB 51251)的相关规定:

8.2.5 机械防烟系统的验收方法及要求应符合下列规定:

1 选取送风系统末端所对应的送风最不利的三个连续楼层模拟起火层及其上下层,封闭避难层(间)仅需选取本层,测试前室及封闭避难层(间)的风压值及疏散门的门洞断面风速值,应分别符合本标准第3.4.4条和第3.4.6条的规定,且偏差不大于设计值的10%。

2 对楼梯间和前室的测试应单独分别进行,且互不影响。

3 测试楼梯间和前室疏散门的门洞断面风速时,应同时开启三个楼层的疏散门。

检查数量:全数检查。

综上,C选项符合要求。

14. 【答案】B

【解析】本题考查的知识点是灭火和应急疏散预案。实战演练是指参演人员利用应急处置涉及的设备和物资,针对事先设置的突发火灾事故情景及其后续的发展情景,通过实际决策、行动和操作,完成真实应急响应的过程,从而检验和提高相关人员的临场组织指挥、队伍调动、应急处置技能和后勤保障等应急能力。实战演练通常要在特定场所完成。B选项符合要求。

15. 【答案】D

【解析】本题考查的知识点是消火栓系统进场检查。根据《消防给水及消火栓系统技术规范》(GB 50974)的相关规定:

12.2.3 消火栓的现场检验应符合下列要求:

11 旋转型消火栓其内部构造应合理,转动部件应为铜或不锈钢,并应保证旋转可靠、无卡涩和漏水现象。A选项符合要求。

外观和一般检查数量:全数检查。D选项不符合要求。

7.4.2 室内消火栓的配置应符合下列要求:

1 应采用DN65室内消火栓,并可与消防软管卷盘或轻便水龙设置在同一箱体内;

2 应配置公称直径65有内衬里的消防水带,长度不宜超过25.0m;消防软管卷盘应配置内径不小于φ19的消防软管,其长度宜为30.0m;轻便水龙应配置公称直径25有内衬里的消防水带,长度宜为30.0m;B选项符合要求。

3 宜配置当量喷嘴直径16mm或19mm的消防水枪,但当消火栓设计流量为2.5L/s时宜配置当量喷嘴直径11mm或13mm的消防水枪;消防软管卷盘和轻便水龙应配置当量喷嘴直径6mm的消防水枪。C选项符合要求。

16. 【答案】C

【解析】本题考查的知识点是社会消防安全教育培训规定。根据《社会消防安全教育培训规定》(公安部令第109号)第十四条第四款,消防安全重点单位每半年至少组织一次、其他单位每年至少组织一次灭火和应急疏散演练。C项不正确。

根据《机关、团体、企业、事业单位消防安全管理规定》(公安部令第61号)第三十六条,单位应当通过多种形式开展经常性的消防安全宣传教育。消防安全重点单位对每名员工应当至少每年进行一次消防安全培训。宣传教育和培训内容应当包括：

(1) 有关消防法规、消防安全制度和保障消防安全的操作规程。
(2) 本单位、本岗位的火灾危险性和防火措施。
(3) 有关消防设施的性能、灭火器材的使用方法。
(4) 报火警、扑救初起火灾以及自救逃生的知识和技能。

公众聚集场所对员工的消防安全培训应当至少每半年进行一次，培训的内容还应当包括组织、引导在场群众疏散的知识和技能。

单位应当组织新上岗和进入新岗位的员工进行上岗前的消防安全培训。

17.【答案】D

【解析】本题考查的知识点是泡沫灭火系统维护管理。根据《泡沫灭火系统施工及验收规范》(GB 50281—2006) 的相关规定：

8.2.1 每周应对消防泵和备用动力进行一次启动试验，并应按本规范 D.0.1 记录。A 选项不符合要求。

8.2.2 每月应对对低、中、高倍数泡沫发生器，泡沫喷头，固定式泡沫炮，泡沫比例混合器（装置），泡沫液储罐进行外观检查，应完好无损。B 选项不符合要求。

8.2.3 每半年除储罐上泡沫混合液立管和液下喷射防火堤内泡沫管道及高倍数泡沫产生器进口端控制阀后的管道外，其余管道应全部冲洗，清除锈渣，并应按规范 D.0.2 记录。C 选项不符合要求。

8.2.4 每两年应对系统进行检查和试验，并应按本规范表 D.0.2 记录；检查和试验的内容及要求应符合下列规定：

1 对于低倍数泡沫灭火系统中的液上、液下及半液下喷射、泡沫喷淋、固定式泡沫炮和中倍数泡沫灭火系统进行喷泡沫试验，并对系统所有的组件、设施、管道及管件进行全面检查。D 选项符合要求。

2 对于高倍数泡沫灭火系统，可在防护区内进行喷泡沫试验，并对系统所有组件、设施、管道及附件进行全面检查。

3 系统检查和试验完毕，应对泡沫液泵或泡沫混合液泵、泡沫液管道、泡沫混合液管道、泡沫管道、泡沫比例混合器（装置）、泡沫消火栓、管道过滤器或喷过泡沫的泡沫产生装置等用清水冲洗后放空，复原系统。

18.【答案】A

【解析】本题考查的知识点是施工现场安全管理。根据《建设工程施工现场消防安全技术规范》(GB 50720) 的相关规定：

6.3.2 施工现场用电应符合下列规定：

5 配电屏上每个电气回路应设置漏电保护器、过载保护器，距配电屏 2m 范围内不应堆放可燃物，5m 范围内不应设置可能产生较多易燃、易爆气体、粉尘的作业区。A 选项不符合要求，B 选项符合要求。

7 普通灯具与易燃物的距离不宜小于 300mm，聚光灯、碘钨灯等高热灯具与易燃物的距离不宜小于 500mm。C、D 选项符合要求。

19.【答案】C

【解析】本题考查的知识点是水喷雾灭火系统验收。根据《水喷雾灭火系统技术规范》(GB 50219) 的相关规定：

3.2.11 当保护对象为室内燃油锅炉、电液装置、氢密封油装置、发电机、油断路器、汽轮机油箱、磨煤机润滑油箱时，水雾喷头宜布置在保护对象的顶部周围，并应使水雾直接喷向并完全覆盖保护对象。A选项符合要求。

4.0.6-1 过滤器与雨淋报警阀之间及雨淋报警阀后的管道，应采用内外热浸镀锌钢管、不锈钢管或铜管；需要进行弯管加工的管道应采用无缝钢管。B选项符合要求。

4.0.5 雨淋报警阀前的管道应设置可冲洗的过滤器，过滤器滤网应采用耐腐蚀金属材料，其网孔基本尺寸应为0.600~0.710mm。C选项不符合要求。

6.0.9 水喷雾灭火系统供水泵的动力源应具备下列条件之一：
1 一级电力负荷的电源。
2 二级电力负荷的电源，同时设置作备用动力的柴油机。
3 主、备动力源全部采用柴油机。D选项符合要求。

20. 【答案】D

【解析】本题考查的知识点是气体灭火系统维护管理。根据《气体灭火系统施工及验收规范》（GB 50263—2007）4.3.3条文说明，高压二氧化碳系统可借助称重检查泄漏，低压二氧化碳系统可借助液位计或称重检查泄漏。D选项符合题意。

21. 【答案】C

【解析】本题考查的知识点是自动喷水灭火系统维护。根据《自动喷水灭火系统施工及验收规范》（GB 50261—2017）的相关规定：

9.0.8 室外阀门井中，进水管上的控制阀门应每个季度检查一次，核实其处于全开启状态。A选项符合要求。

9.0.17 每月应利用末端试水装置对水流指示器进行试验。D选项符合要求。

9.0.4 消防水泵或内燃机驱动的消防水泵应每月启动运转一次。当消防水泵为自动控制启动时，应每月模拟自动控制的条件启动运转一次。C选项不符合要求。

根据《消防给水及消火栓系统技术规范》（GB 50974—2014）的相关规定：

14.0.10 每年应检查消防水池、消防水箱等蓄水设施的结构材料是否完好，发现问题时应及时处理。B选项符合要求。

22. 【答案】A

【解析】本题考查的知识点是重大火灾隐患判定。根据《重大火灾隐患判定方法》（GB 35181）的相关规定：

6.1 生产、储存和装卸易燃易爆危险品的工厂、仓库和专用车站、码头、储罐区，未设置在城市的边缘或相对独立的安全地带。

6.2 生产、储存、经营易燃易爆危险品的场所与人员密集场所、居住场所设置在同一建筑物内，或与人员密集场所、居住场所的防火间距小于国家工程建设消防技术标准规定值的75%。

6.3 城市建成区内的加油站、天然气或液化石油气加气站、加油加气合建站的储量达到或超过GB 50156对一级站的规定。

6.4 甲、乙类生产场所和仓库设置在建筑的地下室或半地下室。

6.5 公共娱乐场所、商店、地下人员密集场所的安全出口数量不足或其总净宽度小于国家工程建设消防技术标准规定值的80%。

6.6 旅馆、公共娱乐场所、商店、地下人员密集场所未按国家工程建设消防技术标准的规定设置自动喷水灭火系统或火灾自动报警系统。

6.7 易燃可燃液体、可燃气体储罐（区）未按国家工程建设消防技术标准的规定设置固定灭火、冷却、可燃气体浓度报警、火灾报警设施。

6.8 在人员密集场所违反消防安全规定使用、储存或销售易燃易爆危险品。A选项可以直接判定为重大火灾隐患。

6.9 托儿所、幼儿园的儿童用房以及老年人活动场所，所在楼层位置不符合国家工程建设消防技术标准的规定。

6.10 人员密集场所的居住场所采用彩钢夹芯板搭建，且彩钢夹芯板芯材的燃烧性能等级低于 GB 8624 规定的 A 级。

B、C、D 选项均为综合判定要素。

23. 【答案】B

【解析】 本题考查的知识点是自动喷水灭火系统组件进场检验。根据《自动喷水灭火系统施工及验收规范》（GB 50261）的相关规定：

3.2.7 喷头的现场检验必须符合下列要求：

1 喷头的商标、型号、公称动作温度、响应时间指数（RTI）、制造厂及生产日期等标志应齐全。C、D 选项符合要求。

2 喷头的型号、规格等应符合设计要求。

3 喷头外观应无加工缺陷和机械损伤。

4 喷头螺纹密封面应无伤痕、毛刺、缺丝或断丝现象。

5 闭式喷头应进行密封性能试验，以无渗漏、无损伤为合格。

综上，B 选项符合题意。

24. 【答案】D

【解析】 本题考查的知识点是安全疏散。根据《建筑设计防火规范》（GB 50016—2014）（2018 年版）的相关规定：

5.5.26 建筑高度大于 27m，但不大于 54m 的住宅建筑，每个单元设置一座疏散楼梯时，疏散楼梯应通至屋面，且单元之间的疏散楼梯应能通过屋面连通。A 选项符合要求。

5.5.30 住宅建筑的户门、安全出口、疏散走道和疏散楼梯的各自总净宽度应经计算确定，且户门和安全出口的净宽度不应小于 0.90m，疏散走道、疏散楼梯和首层疏散外门的净宽度不应小于 1.10m。建筑高度不大于 18m 的住宅中一边设置栏杆的疏散楼梯，其净宽度不应小于 1.0m。C 选项符合要求。

5.4.11 设置商业服务网点的住宅建筑，其居住部分与商业服务网点之间应采用耐火极限不低于 2.00h 且无门、窗、洞口的防火隔墙和 1.50h 的不燃性楼板完全分隔，住宅部分和商业服务网点部分的安全出口和疏散楼梯应分别独立设置。B 选项符合要求。

5.5.27 住宅建筑的疏散楼梯设置应符合下列规定：

3 建筑高度大于 33m 的住宅建筑应采用防烟楼梯间。户门不宜直接开向前室，确有困难时，每层开向同一前室的户门不应大于 3 樘且应采用乙级防火门。D 选项不符合要求。

25. 【答案】B

【解析】 本题考查的知识点是消防应急照明和疏散指示系统调试。根据《消防应急照明和疏散指示系统技术标准》（GB 51309—2018）的相关规定：

3.2.3 火灾状态下，灯具光源应急点亮、熄灭的响应时间应符合下列规定：

1 高危险场所灯具光源应急点亮的响应时间不应大于 0.25s。

2 其他场所灯具光源应急点亮的响应时间不应大于 5s。B 项不符合要求。

3 具有两种及以上疏散指示方案的场所，标志灯光源点亮、熄灭的响应时间不应大于 5s。

3.2.4 系统应急启动后，在蓄电池电源供电时的持续工作时间应满足下列要求：

1 建筑高度大于 100m 的民用建筑，不应小于 1.5h。

2 医疗建筑、老年人照料设施、总建筑面积大于 100000m² 的公共建筑和总建筑面积大于

20000m² 的地下、半地下建筑，不应少于1.0h。

3 其他建筑，不应少于0.5h。

26. 【答案】D

【解析】本题考查的知识点是消防救援设施。根据《建筑设计防火规范》(GB 50016—2014)(2018年版)的相关规定：

5.5.24 高层病房楼应在二层及以上的病房楼层和洁净手术部设置避难间。避难间应符合下列规定：

1 避难间服务的护理单元不应超过2个，其净面积应按每个护理单元不小于25.0m²确定。A选项符合要求，D选项不符合要求。

2 避难间兼作其他用途时，应保证人员的避难安全，且不得减少可供避难的净面积。

3 应靠近楼梯间，并应采用耐火极限不低于2.00h的防火隔墙和甲级防火门与其他部位分隔。

4 应设置消防专线电话和消防应急广播。B选项符合要求。

5 避难间的入口处应设置明显的指示标志。

6 应设置直接对外的可开启窗口或独立的机械防烟设施，外窗应采用乙级防火窗。C选项符合要求。

27. 【答案】A

【解析】本题考查的知识点是消防设施维护管理。根据《建筑消防设施的维护管理》(GB 25201—2010)的相关规定：5.2 消防控制室值班时间和人员应符合以下要求：c) 正常工作状态下，不应将自动喷水灭火系统、防烟排烟系统和联动控制的防火卷帘等防火分隔设施设置在手动控制状态，其他消防设施及相关设备如设置在手动状态时，应有在火灾情况下迅速将手动控制转换为自动控制的可靠措施。A选项符合要求。

28. 【答案】A

【解析】本题考查的知识点是建筑防火分隔。根据《建筑设计防火规范》(GB 50016—2014)(2018年版)第6.2.5条，除本规范另有规定外，建筑外墙上、下层开口之间应设置高度不小于1.2m的实体墙或挑出宽度不小于1.0m、长度不小于开口宽度的防火挑檐；当室内设置自动喷水灭火系统时，上、下层开口之间的实体墙高度不应小于0.8m。当上、下层开口之间设置实体墙确有困难时，可设置防火玻璃墙，但高层建筑的防火玻璃墙的耐火完整性不应低于1.00h，多层建筑的防火玻璃墙的耐火完整性不应低于0.50h。外窗的耐火完整性不应低于防火玻璃墙的耐火完整性要求。A选项不符合要求，B、C选项符合要求。

根据该规范表5.3.1可知，该建筑一个防火分区的最大建筑面积为3000m²。D选项符合要求。

29. 【答案】B

【解析】本题考查的知识点是消防水泵安装。根据《消防给水及消火栓系统技术规范》(GB 50974)的相关规定：

12.3.2-4 消防水泵安装前应复核消防水泵之间，以及消防水泵与墙或其他设备之间的间距，并应满足安装、运行和维护管理的要求。

12.3.2-5 消防水泵吸水管上的控制阀应在消防水泵固定于基础上后再进行安装，其直径不应小于消防水泵吸水口直径，且不应采用没有可靠锁定装置的控制阀，控制阀应采用沟漕式或法兰式阀门。

综上可知，安装顺序为(1)(2)(3)。B选项正确。

30. 【答案】C

【解析】本题考查的知识点是消防设施维护管理。根据《消防给水及消火栓系统技术规范》(GB 50974) 14 维护管理的相关规定：

(1) 对减压阀的流量和压力进行一次试验。属于每年保养项目。
(2) 对消防水泵接合器的接口及附件进行一次检查。属于每季度保养项目。
(3) 对柴油机消防水泵的启动电池的电量进行检测。属于每日保养项目。
(4) 对室外阀门井中，进水管上的控制阀门进行一次检查。属于每季度保养项目。
综上，C选项符合要求。

31．【答案】A

【解析】本题考查的知识点是消防供电。《建筑设计防火规范》（GB 50016—2014）（2018年版）的相关规定：

10.1.10 消防配电线路应满足火灾时连续供电的需要，其敷设应符合下列规定：

1 明敷时（包括敷设在吊顶内），应穿金属导管或采用封闭式金属槽盒保护，金属导管或封闭式金属槽盒应采取防火保护措施。A选项不符合要求，D选项符合要求。当采用阻燃或耐火电缆并敷设在电缆井、沟内时，可不穿金属导管或采用封闭式金属槽盒保护。C选项符合要求。当采用矿物绝缘类不燃性电缆时，可直接明敷。B选项符合要求。

32．【答案】B

【解析】本题考查的知识点是安全疏散。根据《建筑防烟排烟系统技术标准》（GB 51251）第3.1.5条第3款 防烟楼梯间及其前室的机械加压送风系统的设置应符合下列规定：当采用剪刀楼梯时，其两个楼梯间及其前室的机械加压送风系统应分别独立设置。A选项不符合要求。

根据《建筑设计防火规范》（GB 50016—2014）（2018年版）的相关规定：

5.5.10 高层公共建筑的疏散楼梯，当分散设置确有困难且从任一疏散门至最近疏散楼梯间入口的距离不大于10m时（C选项不符合要求），可采用剪刀楼梯间，但应符合下列规定：

1 楼梯间应为防烟楼梯间。

2 梯段之间应设置耐火极限不低于1.00h的防火隔墙。B选项符合要求。

3 楼梯间的前室应分别设置。

5.5.18 除本规范另有规定外，公共建筑内疏散门和安全出口的净宽度不应小于0.90m，疏散走道和疏散楼梯的净宽度不应小于1.10m。高层公共建筑内楼梯间的首层疏散门、首层疏散外门、疏散走道和疏散楼梯的最小净宽度应符合表5.5.18（原表号，见表2-1-1）的规定。D选项不符合要求，不应小于1.2m。

表2-1-1 高层公共建筑内楼梯间的首层疏散门、首层疏散外门、
疏散走道和疏散楼梯的最小净宽度

（单位：m）

建筑类别	楼梯间的首层疏散门、首层疏散外门	走道 单面布房	走道 双面布房	疏散楼梯
高层医疗建筑	1.30	1.40	1.50	1.30
其他高层公共建筑	1.20	1.30	1.40	1.20

33．【答案】B

【解析】本题考查的知识点是细水雾灭火系统调试。根据《细水雾灭火系统技术规范》（GB 50898—2013）的相关规定：

4.4.2 系统调试应包括泵组、稳压泵、分区控制阀的调试和联动试验，并应根据批准的方案按程序进行。A、C选项符合要求。

4.4.3 泵组调试应符合下列规定：

3 采用柴油泵作为备用泵时，柴油泵的启动时间不应大于5s。B选项不符合要求。

4 控制柜应进行空载和加载控制调试，控制柜应能按其设计功能正常动作和显示。D选项符合要求。

34.【答案】C

【解析】本题考查的知识点是灭火和应急疏散预案。灭火行动组由单位的志愿消防队员组成，可以进一步细化为灭火器材小组、水枪灭火小组、防火卷帘控制小组、物资疏散小组、抢险堵漏小组等。灭火行动组负责现场灭火、抢救被困人员、操作消防设施。C选项符合要求。A属于疏散引导组职责，B、D属于火场指挥部职责。

35.【答案】B

【解析】本题考查的知识点是泡沫灭火系统发泡倍数检查。根据《泡沫灭火系统施工及验收规范》(GB 50281) 附录C发泡倍数的测量方法，C.0.3计算公式：

$$N = \frac{V}{W - W_1} \times \rho$$

式中：N——发泡倍数；

W_1——空桶的重量（kg）；

W——接满泡沫后量桶的重量（kg）；

V——量桶的容积（L 或 dm³）；

ρ——泡沫混合液的密度，按 1kg/L 或 1kg/dm³。

清水的重量为30kg，清水的密度为1kg/L，所以量桶的体积 $V=30/1=30(L)$。接满泡沫后量桶的重量 $W=12kg$，空桶的重 $W_1=2kg$。所以发泡倍数 $N = \frac{30}{12-2} \times 1 = 3$。

根据《泡沫灭火系统设计规范》（GB 50151—2010）的第2.1.6条，低倍数泡沫指发泡倍数低于20的灭火泡沫。

液下喷射系统是指将高背压泡沫产生器产生的泡沫，通过泡沫喷射管从燃烧液体液面下输送到储罐内，泡沫在初始动能和浮力的作用下浮到燃液表面实施灭火的系统。由于泡沫是从液面下施加到储罐内，高背压泡沫产生器产生的泡沫的发泡倍数需要控制在2~4倍。综上，该泡沫灭火系统的形式最有可能是低倍数液下喷射泡沫灭火系统，B选项符合要求。

36.【答案】B

【解析】本题考查的知识点是建筑内部装修要求。根据《建筑内部装修设计防火规范》(GB 50222—2017) 第5.2.1条，高层民用建筑内部各部位装修材料的燃烧性能等级，不应低于本规范表5.2.1（原表号，见表2-1-2）的规定。

金属复合板：A级。A选项符合要求。实木布艺：B_2级。B选项不符合要求。

珍珠岩装饰吸声板：B_1级。C选项符合要求。氯丁橡胶地板：B_1级。D选项符合要求。

表2-1-2 高层民用建筑内部各部位装修材料的燃烧性能等级

序号	建筑物及场所	建筑规模、性质	装修材料燃烧性能等级							
			顶棚	墙面	地面	隔断	固定家具	装饰织物			其他装修装饰材料
								窗帘	帷幕	床罩 家具包布	
11	歌舞娱乐游艺场所	—	A	B_1	B_1	B_1	B_1	B_1	B_1	B_1	B_1

37.【答案】D

【解析】 本题考查的知识点是防火门的进场检验。根据《防火卷帘、防火门、防火窗施工及验收规范》（GB 50877）的相关规定：

4.3.1　防火门应具有出厂合格证和符合市场准入制度规定的有效证明文件，其型号、规格及耐火性能应符合设计要求。（1）（2）属于进场检验项目。

4.3.2　每樘防火门均应在其明显部位设置永久性标牌，并应标明产品名称、型号、规格、耐火性能及商标、生产单位（制造商）名称和厂址、出厂日期及产品生产批号、执行标准等。（3）属于进场检验项目。

4.3.3　防火门的门框、门扇及各配件表面应平整、光洁，并应无明显凹痕或机械损伤。（4）属于进场检验项目。综上，D选项正确。

38.【答案】D

【解析】 本题考查的知识点是建筑内部装修。根据《建筑内部装修设计防火规范》（GB 50222）4.0.10 消防控制室等重要房间，其顶棚和墙面应采用 A 级装修材料，地面及其他装修应采用不低于 B_1 级的装修材料。

根据本规范"3 装修材料的分类和分级"中条文说明表1可知，硅酸钙板、水泥刨花板、经阻燃处理的难燃织物、矿棉板的燃烧性能等级分别为 A、B_1、B_1、B_1。

39.【答案】B

【解析】 本题考查的知识点是消防设施维护管理。根据《消防给水及消火栓系统技术规范》（GB 50974—2014）的相关规定：

14.0.4　消防水泵和稳压泵等供水设施的维护管理应符合下列规定：

1　每月应手动启动消防水泵运转一次，并应检查供电电源的情况。

2　每周应模拟消防水泵自动控制的条件自动启动消防水泵运转一次，且应自动记录自动巡检情况，每月应检测记录。选项 C 不符合要求。

3　每日应对稳压泵的停泵启泵压力和启泵次数等进行检查和记录运行情况。选项 A 不符合要求。

4　每日应对柴油机消防水泵的启动电池的电量进行检测，每周应检查储油箱的储油量，每月应手动启动柴油机消防水泵运行一次。

5　每季度应对消防水泵的出流量和压力进行一次试验。选项 B 符合要求。

6　每月应对气压水罐的压力和有效容积等进行一次检测。选项 D 不符合要求。

40.【答案】D

【解析】 本题考查的知识点是消防设施维护管理。湿式报警阀组漏水的故障原因有：

(1) 排水阀门未完全关闭。

(2) 阀瓣密封垫老化或者损坏。

(3) 系统侧管道接口渗漏。

(4) 报警管路测试控制阀渗漏。

(5) 阀瓣组件与阀座之间因变形或者污垢、杂物阻挡出现密封不严状态。

湿式报警阀组前水控制阀未完全关闭与湿式报警阀组漏水无关。D选项不符合要求。

41.【答案】A

【解析】 本题考查的知识点是自动喷水灭火系统的调试内容。根据《自动喷水灭火系统施工及验收规范》（GB 50261）7.2.1 系统调试应包括下列内容：

1　水源测试。

2　消防水泵调试。

3　稳压泵调试。

4 报警阀调试。

5 排水设施调试。A 选项符合要求。

6 联动试验。

42.【答案】D

【解析】 本题考查的知识点是气体灭火系统周期性检查维护。根据《气体灭火系统施工及验收规范》(GB 50263)的相关规定：

8.0.6 每月检查应符合下列要求：

1 低压二氧化碳灭火系统储存装置的液位计检查，灭火剂损失 10% 时应及时补充。

2 高压二氧化碳灭火系统、七氟丙烷管网灭火系统及 IG541 灭火系统等系统的检查内容及要求应符合下列规定：

1) 灭火剂储存容器及容器阀、单向阀、连接管、集流管、安全泄放装置、选择阀、阀驱动装置、喷嘴、信号反馈装置、检漏装置、减压装置等全部系统组件应无碰撞变形及其他机械性损伤，表面应无锈蚀，保护涂层应完好，铭牌和标志牌应清晰，手动操作装置的防护罩、铅封和安全标志应完整。D 选项不符合要求。

2) 灭火剂和驱动气体储存容器内的压力，不得小于设计储存压力的 90%。

8.0.7 每季度应对气体灭火系统进行 1 次全面检查，并应符合下列规定：

1 可燃物的种类、分布情况，防护区的开口情况，应符合设计规定。B 选项符合要求。

2 储存装置间的设备、灭火剂输送管道和支、吊架的固定，应无松动。A 选项符合要求。

3 连接管应无变形、裂纹及老化。必要时，送法定质量检验机构进行检测或更换。

4 各喷嘴孔口应无堵塞。

5 对高压二氧化碳储存容器逐个进行称重检查，灭火剂净重不得小于设计储存量的 90%。C 选项符合要求。

6 灭火剂输送管道有损伤与堵塞现象时，应按本规范第 E.1 节的规定进行严密性试验和吹扫。

43.【答案】A

【解析】 本题考查的知识点是灭火器的验收。根据《建筑灭火器配置设计规范》(GB 50140) 6.2 灭火器的最低配置基准，建筑面积在 200m² 及以上的歌舞娱乐放映游艺场所属于 A 类火灾严重危险级场所，该场所配置的单具灭火器最小灭火级别应为 3A。选项 A 不符合要求。

灭火器箱之间布置间距为 20m，且每个灭火器最大保护距离为 15m。选项 B 符合要求。

根据《建筑灭火器配置验收及检查规范》的相关规定：

3.2.3 灭火器箱的箱门开启应方便灵活，其箱门开启后不得阻挡人员安全疏散。除不影响灭火器取用和人员疏散的场合外，开门型灭火器箱的箱门开启角度不应小于 175°，翻盖型灭火器箱的翻盖开启角度不应小于 100°。选项 C 符合要求。

3.4.1 在有视线障碍的设置点安装设置灭火器时，应在醒目的地方设置指示灭火器位置的发光标志。选项 D 符合要求。

44.【答案】A

【解析】 本题考查的知识点是防火检查内容。根据《机关、团体、企业、事业单位消防安全管理规定》(公安部令第 61 号) 第二十六条 机关、团体、事业单位应当至少每季度进行一次防火检查，其他单位应当至少每月进行一次防火检查。检查的内容应当包括：

(一) 火灾隐患的整改情况以及防范措施的落实情况。

(二) 安全疏散通道、疏散指示标志、应急照明和安全出口情况。

（三）消防车通道、消防水源情况。

（四）灭火器材配置及有效情况。

（五）用火、用电有无违章情况。

（六）重点工种人员以及其他员工消防知识的掌握情况。

（七）消防安全重点部位的管理情况。

（八）易燃易爆危险物品和场所防火防爆措施的落实情况以及其他重要物资的防火安全情况。

（九）消防（控制室）值班情况和设施运行、记录情况。A选项不符合题意。

（十）防火巡查情况。

（十一）消防安全标志的设置情况和完好、有效情况。

（十二）其他需要检查的内容。

防火检查应当填写检查记录。检查人员和被检查部门负责人应当在检查记录上签名。

45.【答案】C

【解析】本题考查的知识点是大型群众性活动消防安全责任。《中华人民共和国消防法》第二十条规定，举办大型群众性活动，承办人应依法向公安机关申请安全许可，制定灭火和应急疏散预案并组织演练，明确消防安全责任分工，确定消防安全管理人员，保持消防设施和消防器材配置齐全、完好有效，保证疏散通道、安全出口、疏散指示标志、应急照明和消防车通道符合消防技术标准和管理规定。A、B、D项正确。根据《机关、团体、企业、事业单位消防安全管理规定》（公安部令第61号）第四条的规定，法人单位的法定代表人或非法人单位的主要负责人为单位的消防安全责任人。C选项错误。

46.【答案】C

【解析】本题考查的知识点是挡烟垂壁的检查。根据《建筑防烟排烟系统技术标准》（GB 51251）的相关规定：

6.4.4 挡烟垂壁的安装应符合下列规定：

1 型号、规格、下垂的长度和安装位置应符合设计要求。

2 活动挡烟垂壁与建筑结构（柱或墙）面的缝隙不应大于60mm，由两块或两块以上的挡烟垂帘组成的连续性挡烟垂壁，各块之间不应有缝隙，搭接宽度不应小于100mm。B选项符合要求、C选项不符合要求。

3 活动挡烟垂壁的手动操作按钮应固定安装在距楼地面1.3~1.5m之间便于操作、明显可见处。A选项符合要求。

无机纤维是以矿物质为原料制成的化学纤维。主要品种有玻璃纤维、石英玻璃纤维、硼纤维、陶瓷纤维和金属纤维等。D选项符合要求。

47.【答案】C

【解析】本题考查的知识点是通风系统的检查。植物油加工厂的浸出车间为甲类厂房。根据《建筑设计防火规范》（GB 50016—2014）（2018年版）的相关规定：

9.3.4 空气中含有易燃、易爆危险物质的房间，其送、排风系统应采用防爆型的通风设备。当送风机布置在单独分隔的通风机房内且送风干管上设置防止回流设施时，可采用普通型的通风设备。A、D选项符合要求。

9.3.9 排除有燃烧或爆炸危险气体、蒸气和粉尘的排风系统，应符合下列规定：

1 排风系统应设置导除静电的接地装置。B选项符合要求。

2 排风设备不应布置在地下或半地下建筑（室）内。

3 排风管应采用金属管道，并应直接通向室外安全地点，不应暗设。

9.3.2 厂房内有爆炸危险场所的排风管道，严禁穿过防火墙和有爆炸危险的房间隔墙。C选项不

符合要求。

48. 【答案】C

【解析】 本题考查的知识点是消防安全管理人的管理职责。根据《机关、团体、企业、事业单位消防安全管理规定》（公安部令第61号）第七条 单位可以根据需要确定本单位的消防安全管理人。消防安全管理人对单位的消防安全责任人负责，实施和组织落实下列消防安全管理工作：（一）拟订年度消防工作计划，组织实施日常消防安全管理工作；（二）组织制订消防安全制度和保障消防安全的操作规程并检查督促其落实；（三）拟订消防安全工作的资金投入和组织保障方案；（四）组织实施防火检查和火灾隐患整改工作；（五）组织实施对本单位消防设施、灭火器材和消防安全标志的维护保养，确保其完好有效，确保疏散通道和安全出口畅通；（六）组织管理专职消防队和义务消防队；（七）在员工中组织开展消防知识、技能的宣传教育和培训，组织灭火和应急疏散预案的实施和演练；（八）单位消防安全责任人委托的其他消防安全管理工作。

选项C不符合要求，属于单位的消防安全责任人工作内容。

49. 【答案】D

【解析】 本题考查的知识点是多层民用建筑内部各部位装修材料的燃烧性能等级。根据《建筑内部装修设计防火规范》（GB 50222）5.1.1，单层、多层民用建筑内部各部位装修材料的燃烧性能等级，不应低于本规范表5.1.1（原表号，见表2-1-3）的规定。

表2-1-3 单层、多层民用建筑内部各部位装修材料的燃烧性能等级（节选）

序号	建筑物及场所	建筑规模、性质	装修材料燃烧性能等级						
			顶棚	墙面	地面	隔断	固定家具	装饰织物		其他装修装饰材料
								窗帘	帷幕	
6	宾馆、饭店的客房及公共活动用房等	设置送回风道（管）的集中空气调节系统	A	B_1	B_1	B_1	B_2	B_2	—	B_2
		其他	B_1	B_1	B_2	B_2	B_2	B_2	—	—
7	养老院、托儿所、幼儿园的居住及活动场所	—	A	A	B_1	B_1	B_2	B_1	—	B_2

5.1.3 除本规范第4章规定的场所和本规范表5.1.1中序号为11~13规定的部位外，当单层、多层民用建筑需做内部装修的空间内装有自动灭火系统时，除顶棚外，其内部装修材料的燃烧性能等级可在本规范表5.1.1规定的基础上降低一级；当同时装有火灾自动报警装置和自动灭火系统时，其装修材料的燃烧性能等级可在本规范表5.1.1规定的基础上降低一级。

所以该养老院的顶棚、墙面、地面及窗帘的燃烧性能分别不应低于B_1级、B_1级、B_2级、B_2级。A选项至少为B_1级，符合要求；B选项为B_2级，符合要求；C选项为B_2级，符合要求；D选项为B_2级，不符合要求。D选项不符合要求。

50. 【答案】B

【解析】 本题考查的知识点是火灾自动报警系统的设计。根据《火灾自动报警系统设计规范》（GB 50116）的规定：

8.1.2 可燃气体探测报警系统应独立组成，可燃气体探测器不应接入火灾报警控制器的探测器回路；当可燃气体的报警信号需接入火灾自动报警系统时，应由可燃气体报警控制器接入。B选项正确。

51. 【答案】B

【解析】本题考查的知识点是泡沫灭火系统的构成。泡沫灭火系统主要由泡沫消防泵、泡沫液储罐、泡沫比例混合器（装置）、泡沫产生装置、控制阀门及管道等组成。

52. 【答案】B

【解析】本题考查的知识点是消防安全重点部位的严格管理。A、C、D 选项属于预防性管理措施，B 选项属于加强性管理性措施。

53. 【答案】C

【解析】本题考查的知识点是防排烟系统的巡查内容。根据《建筑消防设施的维护管理》（GB 25201）附录 C，防烟、排烟系统的巡查内容有：（1）送风阀外观。（2）送风机及控制柜外观及工作状态。（3）排烟机及控制柜外观及工作状态。（4）挡烟垂壁及其控制装置外观及工作状况、排烟阀及其控制装置外观。（5）电动排烟窗、自动排烟设施外观。（6）送风、排烟机房环境。根据《建筑防烟排烟系统技术标准》（GB 51251—2017）9.0.3 每季度应对防烟、排烟风机、活动挡烟垂壁、自动排烟窗进行一次功能检测启动试验及供电线路检查。C 选项不符合题意。

54. 【答案】A

【解析】本题考查的知识点是仓库的安全疏散。根据《建筑设计防火规范》（GB 50016—2014）（2018 年版）的相关规定：

3.8.2 每座仓库的安全出口不应少于 2 个，当一座仓库的占地面积不大于 300m² 时，可设置 1 个安全出口。仓库内每个防火分区通向疏散走道、楼梯或室外的出口不宜少于 2 个，当防火分区的建筑面积不大于 100m² 时，可设置 1 个出口。通向疏散走道或楼梯的门应为乙级防火门。B、C 选项符合要求。

3.8.3 地下或半地下仓库（包括地下或半地下室）的安全出口不应少于 2 个；当建筑面积不大于 100m² 时，可设置 1 个安全出口。A 选项不符合要求。

地下或半地下仓库（包括地下或半地下室），当有多个防火分区相邻布置并采用防火墙分隔时，每个防火分区可利用防火墙上通向相邻防火分区的甲级防火门作为第二安全出口，但每个防火分区必须至少有 1 个直通室外的安全出口。D 选项符合要求。

55. 【答案】B

【解析】本题考查的知识点是预作用自动喷水灭火系统的检查。根据《自动喷水灭火系统设计规范》（GB 50084）的相关规定：

4.2.3 环境温度低于 4℃ 或高于 70℃ 的场所，应采用干式系统。

4.2.4 具有下列要求之一的场所，应采用预作用系统：

1 系统处于准工作状态时严禁误喷的场所；

2 系统处于准工作状态时严禁管道充水的场所；

3 用于替代干式系统的场所。低于 0℃ 可以用预作用系统。A 选项符合要求。

6.1.3 湿式系统的洒水喷头选型应符合下列规定：

1 不做吊顶的场所，当配水支管布置在梁下时，应采用直立型洒水喷头。C 选项符合要求。

5.0.17 利用有压气体作为系统启动介质的干式系统和预作用系统，其配水管道内的气压值应根据报警阀的技术性能确定；利用有压气体检测管道是否严密的预作用系统，配水管道内的气压值不宜小于 0.03MPa，且不宜大于 0.05MPa。D 选项符合要求。

4.3.2-4 干式系统和预作用系统的配水管道应设快速排气阀。有压充气管道的快速排气阀入口前应设电动阀。B 选项不符合要求。

56. 【答案】A

【解析】 本题考查的知识点是喷头的布置。根据《自动喷水灭火系统设计规范》（GB 50084）附录A表A，可知多层旅馆是轻危险级。

根据表7.1.2，轻危险级下垂型标准覆盖面积洒水喷头一只喷头最大保护面积不应大于20m²。A选项房间只有14.44m²，符合要求。

根据表7.1.3，轻危险级边墙型标准覆盖面积洒水喷头的最大保护跨度不超过3.6m。B选项不符合要求。

根据表7.1.15，边墙型直立式标准覆盖面积洒水喷头溅水盘与顶板的距离应在100～150mm之间。C选项不符合要求。

根据表7.1.15，边墙型直立式标准覆盖面积洒水喷头溅水盘与背墙的距离应在50～100mm之间。D选项不符合要求。

57.【答案】A

【解析】 本题考查的知识点是稳压泵的进场检验。《消防给水及消火栓系统技术规范》（GB 50974—2014）的相关规定：

5.3.2 稳压泵的设计流量应符合下列规定：

2 消防给水系统管网的正常泄漏量应根据管道材质、接口形式等确定，当没有管网泄漏量数据时，稳压泵的设计流量宜按消防给水设计流量的1%～3%计，且不宜小于1L/s。

12.2.2 消防水泵和稳压泵的检验应符合下列要求：

1 消防水泵和稳压泵的流量、压力和电机功率应满足设计要求。

2 消防水泵产品质量应符合现行国家标准《消防泵》（GB 6245）、《离心泵技术条件（Ⅰ）类》（GB/T 16907）或《离心泵技术条件（Ⅱ类）》（GB/T 5656）的有关规定。

3 稳压泵产品质量应符合现行国家标准《离心泵技术条件（Ⅱ类）》（GB/T 5656）的有关规定。

4 消防水泵和稳压泵的电机功率应满足水泵全性能曲线运行的要求。

5 泵及电机的外观表面不应有碰损，轴心不应有偏心。

综上（1）（2）（3）项符合要求。A选项正确。

58.【答案】D

【解析】 本题考查的知识点是注册消防工程师职业道德规范。作为注册消防工程师的道德基本规范，客观公正是指注册消防工程师执业，必须坚持实事求是，不偏不倚地为服务对象提供消防安全技术服务，开展消防设施检测、消防安全监测等工作，不得由于偏见、利益冲突或他人的不当影响而损害自己的执业判断，确保执业结果真实可信，符合有关规定。D选项不符合客观、公正要求。

59.【答案】D

【解析】 本题考查的知识点是水喷雾系统的喷头布置。根据《水喷雾灭火系统技术规范》（GB 50219）的相关规定：

3.2.4 水雾喷头的平面布置方式可为矩形或菱形。当按矩形布置时，水雾喷头之间的距离不应大于1.4倍水雾喷头的水雾锥底圆半径。水雾锥底圆半径：$R = B\tan\frac{\theta}{2} = 1$。水雾喷头之间的距离$L \leq 1.4R = 1.4$m。A选项不符合要求。

8.3.18 喷头的安装应符合下列规定：

3 顶部设置的喷头应安装在被保护物的上部，室外安装坐标偏差不应大于20mm，室内安装坐标偏差不应大于10mm；标高的允许偏差，室外安装为±20mm，室内安装为±10mm。B选项不符合要求。

4 侧向安装的喷头应安装在被保护物体的侧面并应对准被保护物体，其距离偏差不应大于20mm。C选项不符合要求。

8.3.14-5 管道支、吊架与水雾喷头之间的距离不应小于0.3m，与末端水雾喷头之间的距离不宜大于0.5m。D选项符合要求。

60. 【答案】D

【解析】本题考查的知识点是自动喷水灭火系统的构成。根据《自动喷水灭火系统设计规范》（GB 50084）附录A可知，总建筑面积≥5000m²的商场火灾危险等级为中危险Ⅱ级。根据第6.1.3条第7款，湿式系统的洒水喷头选型应符合规定：不宜选用隐蔽式洒水喷头；确需采用时，应仅适用于轻危险级和中危险级Ⅰ级场所。D选项错误。

61. 【答案】D

【解析】本题考查的知识点是厂房的建筑防火。根据《建筑设计防火规范》（GB 50016—2014）（2018年版）的相关规定：

3.7.4 厂房内任一点至最近安全出口的直线距离不应大于表3.7.4（原表号，见表2-1-4）的规定。A项符合要求。

表2-1-4 厂房内任一点至最近安全出口的直线距离　　（单位：m）

生产的火灾危险性类别	耐火等级	单层厂房	多层厂房	高层厂房	地下或半地下厂房（包括地下或半地下室）
甲	一、二级	30	25	—	—
乙	一、二级	75	50	30	—
丙	一、二级 三级	80 60	60 40	40 —	30 —
丁	一、二级 三级 四级	不限 60 50	不限 50 —	50 — —	45 — —
戊	一、二级 三级 四级	不限 100 60	不限 75 —	75 — —	60 — —

3.7.1 厂房的安全出口应分散布置。每个防火分区或一个防火分区的每个楼层，其相邻2个安全出口最近边缘之间的水平距离不应小于5m。D项不符合要求。

3.7.3 地下或半地下厂房（包括地下或半地下室），当有多个防火分区相邻布置，并采用防火墙分隔时，每个防火分区可利用防火墙上通向相邻防火分区的甲级防火门作为第二安全出口，但每个防火分区必须至少有1个直通室外的独立安全出口。B项符合要求。

3.7.5 厂房内疏散楼梯、走道、门的各自总净宽度，应根据疏散人数按每100人的最小疏散净宽度不小于表3.7.5的规定计算确定。但疏散楼梯的最小净宽度不宜小于1.10m，疏散走道的最小净宽度不宜小于1.40m，门的最小净宽度不宜小于0.90m。当每层疏散人数不相等时，疏散楼梯的总净宽度应分层计算，下层楼梯总净宽度应按该层及以上疏散人数最多一层的疏散人数计算。

首层外门的总净宽度应按该层及以上疏散人数最多一层的疏散人数计算，且该门的最小净宽度不应小于1.20m。C项符合要求。

62. 【答案】D

【解析】本题考查的知识点是防火窗的防火检查。切断活动式防火窗电源，加热温控释放装置，使其热敏感元件动作，观察防火窗动作情况，用秒表测试关闭时间。活动式防火窗

在温控释放装置动作后60s内应能自动关闭。所以D选项不符合要求,其余选项符合要求。

63.【答案】D

【解析】本题考查的知识点是消防安全重点单位的界定标准。根据《公安部关于实施〈机关、团体、企业、事业单位消防安全管理规定〉有关问题的通知》：为了正确实施《机关、团体、企业、事业单位消防安全管理规定》（公安部令第61号），科学、准确地界定消防安全重点单位，现对该规定第十三条所列消防安全重点单位提出以下界定标准：建筑面积在200m² 以上的公共娱乐场所（A选项错误）；老人住宿床位在50张以上的养老院（B选项错误）；劳动密集型生产、加工企业（C选项错误）；高层公共建筑的办公楼（写字楼）、公寓楼等（D选项正确）。

64.【答案】B

【解析】根据《消防给水及消火栓系统技术规范》（GB 50974—2014）第12.4.2条，压力管道水压强度试验的试验压力应符合表12.4.2的规定。管材采用钢丝网骨架塑料管试验压力为1.5P且不应小于0.8MPa；水压强度试验的试验压力应为：0.4MPa×1.5＝0.6MPa，且不应小于0.8MPa，B选项符合题意。

65.【答案】B

【解析】本题考查的知识点是消防电梯的防火检查。根据《建筑设计防火规范》（GB 50016—2014）（2018年版）的相关规定：

7.3.5 除设置在仓库连廊、冷库穿堂或谷物筒仓工作塔内的消防电梯外，消防电梯应设置前室（A选项符合要求），并应符合下列规定：

1 前室宜靠外墙设置，并应在首层直通室外或经过长度不大于30m的通道通向室外；2 前室的使用面积不应小于6.0m²，前室的短边不应小于2.4m；与防烟楼梯间合用的前室，其使用面积尚应符合本规范第5.5.28条和第6.4.3条的规定。C选项符合要求。

3 除前室的出入口、前室内设置的正压送风口和本规范第5.5.27条规定的户门外，前室内不应开设其他门、窗、洞口。

4 前室或合用前室的门应采用乙级防火门，不应设置卷帘。

7.3.8－1 消防电梯应符合下列规定：应能每层停靠。B选项不符合要求。

7.3.6 消防电梯井、机房与相邻电梯井、机房之间应设置耐火极限不低于2.00h的防火隔墙，隔墙上的门应采用甲级防火门。D选项符合要求。

66.【答案】A

【解析】本题考查的知识点是电气防爆的检查。根据《爆炸危险环境电力装置设计规范》（GB 50058—2014）第5.4.1条第4款，选用铜芯绝缘导线或电缆时，铜芯导线或电缆的截面1区应为2.5mm²及以上，2区应为1.5mm²及以上。B选项符合要求。

根据本规范第5.4.1条第6款，为避免过载，防止短路把电线烧坏或过热形成火源，除特殊情形外，绝缘导线和电缆的允许载流量不得小于熔断器熔体额定电流的1.25倍和断路器长延时过电流脱扣器整定电流的1.25倍。A选项不符合要求。

根据本规范第5.4.3条第1款，当爆炸环境中气体、蒸气的密度比空气大时，电气线路应敷设在高处或埋入地下。架空敷设时选用电缆桥架。电缆沟敷设时沟内应填充砂，并设置有效的排水措施。C选项符合要求。

根据《危险场所电气防爆安全规程》（AQ3009—2007），6.1.1.1.11 如果使用多股绞线尤其是细的绞合导线，应保护绞线终端，防止绞线分散，可用电缆套管或芯线端套，或用定型端子的方法。但不能单独使用焊接方法。D选项符合要求。

67.【答案】C

【解析】 本题考查的知识点是厂房的防火检查。根据《酒厂设计防火规范》(GB 50694—2011) 的相关规定：

3.0.4 白酒、白兰地生产联合厂房内的勾兑、灌装、包装、成品暂存等生产用房应采取防火分隔措施与其他部位进行防火分隔，当工艺条件许可时，应采用防火墙进行分隔。当生产联合厂房内设置有自动灭火系统和火灾自动报警系统时，其每个防火分区的最大允许建筑面积可按现行国家标准《建筑设计防火规范》(GB 50016) 规定的面积增加至2.5倍。甲类厂房二级耐火等级防火分区面积是3000m²，该单层白酒联合厂房防火分区面积为7500m²。(3) 正确。

4.1.7 条白酒、白兰地灌装车间应符合下列规定：

1 应采用耐火极限不低于3.00h的不燃烧体隔墙与勾兑车间、洗瓶车间、包装车间隔开。(1) 错误。

4 当每条生产线的成品酒灌装罐的单罐容量大于3m³但小于或等于20m³，且总容量小于或等于100m³时，其灌装罐可设置在建筑物的首层或二层靠外墙部位，并应采用耐火极限不低于3.00h的不燃烧体隔墙和不低于1.50h的楼板与灌装车间、勾兑车间、包装车间、洗瓶车间等隔开，且设置灌装罐的部位应设置独立的安全出口。(2) 错误。

根据《建筑设计防火规范》(GB 50016—2014)(2018年版) 表3.7.4，甲类厂房内任一点至最近安全出口的直线距离不应大于30m。(4) 正确。

综上所述，C选项符合题意。

68. 【答案】 D

【解析】 本题考查的知识点是干式消火栓系统的调试。根据《消防给水及消火栓系统技术规范》(GB 50974) 的相关规定：

7.1.6 干式消火栓系统的充水时间不应大于5min（C选项正确），并应符合下列规定：

1 在供水干管上宜设干式报警阀、雨淋阀或电磁阀、电动阀等快速启闭装置，当采用电动阀时开启时间不应超过30s。D选项错误。

2 当采用雨淋阀、电磁阀和电动阀时，在消火栓箱处应设置直接开启快速启闭装置的手动按钮。

3 在系统管道的最高处应设置快速排气阀。B选项正确。

干式消火栓系统内充满有压空气。A选项正确。

69. 【答案】 B

【解析】 本题考查的知识点是消防给水系统的调试与验收。根据《消防给水及消火栓系统技术规范》(GB 50974) 的相关规定：

13.2.6 消防水泵验收应符合下列要求：

6 消防水泵停泵时，水锤消除设施后的压力不应超过水泵出口设计工作压力的1.4倍。A选项符合要求。

2 工作泵、备用泵、吸水管、出水管及出水管上的泄压阀、水锤消除设施、止回阀、信号阀等的规格、型号、数量，应符合设计要求；吸水管、出水管上的控制阀应锁定在常开位置，并应有明显标记。D选项符合要求。

13.1.4 消防水泵调试应符合下列要求：

1 以自动直接启动或手动直接启动消防水泵时，消防水泵应在55s内投入正常运行，且应无不良噪声和振动。C选项符合要求。

2 以备用电源切换方式或备用泵切换启动消防水泵时，消防水泵应分别在1min或2min内投入正常运行。

3 消防水泵安装后应进行现场性能测试，其性能应与生产厂商提供的数据相符，并应满足消防给水设计流量和压力的要求。

4 消防水泵零流量时的压力不应超过设计工作压力的140%；当出流量为设计工作流量的150%时，其出口压力不应低于设计工作压力的65%。出水流量为60L/s时，即为设计工作流量的150%，其出口压力不应低于 $1.0 \times 65\% = 0.65$（MPa）。B选项不符合要求。

70.【答案】A

【解析】本题考查的知识点是防火门系统的联动控制设计。根据《火灾自动报警系统设计规范》（GB 50116）的相关规定：

4.6.1 防火门系统的联动控制设计，应符合下列规定：

1 应由常开防火门所在防火分区内的两只独立的火灾探测器或一只火灾探测器与一只手动火灾报警按钮的报警信号，作为常开防火门关闭的联动触发信号，联动触发信号应由火灾报警控制器或消防联动控制器发出，并应由消防联动控制器或防火门监控器联动控制防火门关闭。A选项符合要求。

71.【答案】A

【解析】本题考查的知识点是分区供水与喷头的选型。根据《消防给水及消火栓系统技术规范》（GB 50974）的相关规定：

6.2.3 采用消防水泵串联分区供水时，宜采用消防水泵转输水箱串联供水方式，并应符合下列规定：

1 当采用消防水泵转输水箱串联时，转输水箱的有效储水容积不应小于60m³。A选项不符合要求。

72.【答案】B

【解析】本题考查的知识点是厂房的平面布置。根据《建筑设计防火规范》（GB 50016—2014）（2018年版）第3.3.8条，变、配电站不应设置在甲、乙类厂房内或贴邻，且不应设置在爆炸性气体、粉尘环境的危险区域内。供甲、乙类厂房专用的10kV及以下的变、配电站，当采用无门、窗、洞口的防火墙分隔时，可一面贴邻。乙类厂房的配电站确需在防火墙上开窗时，应采用甲级防火窗。B选项不符合要求。

73.【答案】A

【解析】本题考查的知识点是在建工程临时疏散通道的防火要求。根据《建设工程施工现场消防安全技术规范》（GB 50720—2011）的相关规定：

4.3.2 在建工程作业场所临时疏散通道的设置应符合下列规定：

1 耐火极限不应低于0.5h。

2 设置在地面上的临时疏散通道，其净宽度不应小于1.5m；利用在建工程施工完毕的水平结构、楼梯作临时疏散通道时，其净宽度不宜小于1.0m；用于疏散的爬梯及设置在脚手架上的临时疏散通道，其净宽度不应小于0.6m。B、C选项符合要求。

3 临时疏散通道为坡道，且坡度大于25°时，应修建楼梯或台阶踏步或设置防滑条。

4 临时疏散通道不宜采用爬梯，确需采用时，应采取可靠固定措施。

5 临时疏散通道的侧面为临空面时，应沿临空面设置高度不小于1.2m的防护栏杆。D选项符合要求。

6 临时疏散通道设置在脚手架上时，脚手架应采用不燃材料搭设。

7 临时疏散通道应设置明显的疏散指示标识。

8 临时疏散通道应设置照明设施。

74.【答案】A

【解析】本题考查的知识点是避难走道的设置。根据《建筑设计防火规范》（GB 50016—2014）（2018年版）的相关规定：

6.4.14 避难走道的设置应符合下列规定：

1 避难走道防火隔墙的耐火极限不应低于3.00h，楼板的耐火极限不应低于1.50h。

2 避难走道直通地面的出口不应少于2个，并应设置在不同方向；当避难走道仅与一个防火分区相通且该防火分区至少有1个直通室外的安全出口时，可设置1个直通地面的出口。任一防火分区通向避难走道的门至该避难走道最近直通地面的出口的距离不应大于60m。A选项不符合要求。

3 避难走道的净宽度不应小于任一防火分区通向该避难走道的设计疏散总净宽度。B选项符合要求。

4 避难走道内部装修材料的燃烧性能应为A级。

5 防火分区至避难走道入口处应设置防烟前室，前室的使用面积不应小于6.0m²，开向前室的门应采用甲级防火门，前室开向避难走道的门应采用乙级防火门。C、D选项符合要求。

6 避难走道内应设置消火栓、消防应急照明、应急广播和消防专线电话。

75. 【答案】C

【解析】本题考查的知识点是建筑保温系统。根据《建筑设计防火规范》（GB 50016—2014）（2018年版）的相关规定：

6.7.7 除本规范第6.7.3条规定的情况外，当建筑的外墙外保温系统按本节规定采用燃烧性能为B₁、B₂级的保温材料时，应符合下列规定：

1 除采用B₁级保温材料且建筑高度不大于24m的公共建筑或采用B₁级保温材料且建筑高度不大于27m的住宅建筑外，建筑外墙上门、窗的耐火完整性不应低于0.50h。B选项符合要求。

2 应在保温系统中每层设置水平防火隔离带。防火隔离带应采用燃烧性能为A级的材料，防火隔离带的高度不应小于300mm。A选项符合要求。

6.7.8 建筑的外墙外保温系统应采用不燃材料在其表面设置防护层，防护层应将保温材料完全包覆。除本规范第6.7.3条规定的情况外，当按本节规定采用B₁、B₂级保温材料时，防护层厚度首层不应小于15mm，其他层不应小于5mm。D选项符合要求。

6.7.10 当建筑的屋面和外墙外保温系统均采用B₁、B₂级保温材料时，屋面与外墙之间应采用宽度不小于500mm的不燃材料设置防火隔离带进行分隔。C选项不符合要求。

76. 【答案】D

【解析】本题考查的知识点是灭火器的报废。根据《建筑灭火器配置验收及检查规范》（GB 50444—2008）的相关规定：

5.4.2 有下列情况之一的灭火器应报废：

1 筒体严重锈蚀，锈蚀面积大于、等于筒体总面积的1/3，表面有凹坑。

2 筒体明显变形，机械损伤严重。

3 器头存在裂纹、无泄压机构。

4 筒体为平底等结构不合理。

5 没有间歇喷射机构的手提式。

6 没有生产厂名称和出厂年月，包括铭牌脱落，或虽有铭牌，但已看不清生产厂名称，或出厂年月钢印无法识别。

7 筒体有锡焊、铜焊或补缀等修补痕迹。（本题中干粉灭火器应做报废处置）。

8 被火烧过。

77. 【答案】D

【解析】本题考查的知识点是防火隔间的防火检查。根据《建筑设计防火规范》（GB 50016—2014）（2018年版）的相关规定：

5.3.5-2　总建筑面积大于20000m²的地下或半地下商店，应采用无门、窗、洞口的防火墙、耐火极限不低于2.00h的楼板分隔为多个建筑面积不大于20000m²的区域。相邻区域确需局部连通时，应采用下沉式广场等室外开敞空间、防火隔间、避难走道、防烟楼梯间等方式进行连通，防火隔间的墙应为耐火极限不低于3.00h的防火隔墙，并应符合本规范第6.4.13条的规定。A选项不符合要求。

6.4.13　防火隔间的设置应符合下列规定：

1　防火隔间的建筑面积不应小于6.0m²。

2　防火隔间的门应采用甲级防火门。甲级防火门耐火极限不低于1.50h。D选项符合要求。

3　不同防火分区通向防火隔间的门不应计入安全出口，门的最小间距不应小于4m。B选项、C选项不符合要求。

78.【答案】A

【解析】本题考查的知识点是病房楼的防火检查。该建筑为一类高层公共建筑。根据《建筑设计防火规范》（GB 50016—2014）（2018年版）的相关规定：

5.5.24　高层病房楼应在二层及以上的病房楼层和洁净手术部设置避难间。避难间应符合规定：

1　避难间服务的护理单元不应超过2个，其净面积应按每个护理单元不小于25.0m²确定。A选项符合要求。

5.5.12　一类高层公共建筑和建筑高度大于32m的二类高层公共建筑，其疏散楼梯应采用防烟楼梯间。B选项不符合要求。

根据表5.5.18，单面布房时，走道净宽度不应小于1.4m。C选项不符合要求。

根据表5.5.17，高层病房楼位于袋形走道尽端的病房门至最近安全出口的直线距离12×1.25=15(m)。D选项不符合要求。

79.【答案】C

【解析】本题考查的知识点是仓库的电气防火检查。根据《建筑设计防火规范》（GB 50016—2014）（2018年版）的相关规定：

10.2.5　可燃材料仓库内宜使用低温照明灯具，并应对灯具的发热部件采取隔热等防火措施，不应使用卤钨灯等高温照明灯具。配电箱及开关应设置在仓库外。A、D选项不符合要求，C选项符合要求。

10.2.4　开关、插座和照明灯具靠近可燃物时，应采取隔热、散热等防火措施。卤钨灯和额定功率不小于100W的白炽灯泡的吸顶灯、槽灯、嵌入式灯，其引入线应采用瓷管、矿棉等不燃材料作隔热保护。（B选项不符合要求）额定功率不小于60W的白炽灯、卤钨灯、高压钠灯、金属卤化物灯、荧光高压汞灯（包括电感镇流器）等，不应直接安装在可燃物体上或采取其他防火措施。

80.【答案】C

【解析】本题考查的知识点是汽车库的排烟。根据《汽车库、修车库、停车场设计防火规范》（GB 50067—2014）的相关规定：

8.2.4　当采用自然排烟方式时，可采用手动排烟窗、自动排烟窗、孔洞等作为自然排烟口，并应符合下列规定：

1　自然排烟口的总面积不应小于室内地面面积的2%。C选项不符合要求。

2　自然排烟口应设置在外墙上方或屋顶上，并应设置方便开启的装置。A、B选项符合要求。

3　房间外墙上的排烟口（窗）宜沿外墙周长方向均匀分布，排烟口（窗）的下沿不应低于室内净高的1/2，并应沿气流方向开启。

8.2.6　每个防烟分区应设置排烟口，排烟口宜设在顶棚或靠近顶棚的墙面上。排烟口距该防烟分区内最远点的水平距离不应大于30m。D选项符合要求。

二、多项选择题

81.【答案】 BCE

【解析】本题考查的是厂房的安全疏散。根据《建筑设计防火规范》(GB 50016—2014)(2018年版)的相关规定：

3.7.6 高层厂房和甲、乙、丙类多层厂房的疏散楼梯应采用封闭楼梯间或室外楼梯。建筑高度大于32m且任一层人数超过10人的厂房，应采用防烟楼梯间或室外楼梯。A选项符合要求。

3.7.4 厂房内任一点至最近安全出口的直线距离不应大于表3.7.4（原表号，见表2-1-5）的规定。B选项不符合要求。

表2-1-5 厂房内任一点至最近安全出口的直线距离 （单位：m）

生产的火灾危险性类别	耐火等级	单层厂房	多层厂房	高层厂房	地下或半地下厂房（包括地下或半地下室）
甲	一、二级	30	25	—	—
乙	一、二级	75	50	30	—
丙	一、二级	80	60	40	30
	三级	60	40	—	—
丁	一、二级	不限	不限	50	45
	三级	60	50	—	—
	四级	50	—	—	—
戊	一、二级	不限	不限	75	60
	三级	100	75	—	—
	四级	60	—	—	—

6.4.2-3 高层建筑、人员密集的公共建筑、人员密集的多层丙类厂房、甲、乙类厂房，其封闭楼梯间的门应采用乙级防火门，并应向疏散方向开启；其他建筑，可采用双向弹簧门。

6.5.1-2 除允许设置常开防火门的位置外，其他位置的防火门均应采用常闭防火门。常闭防火门应在其明显位置设置"保持防火门关闭"等提示标识。C选项采用乙级防火门是正确的，但是该乙级防火门应该常闭。C选项不符合要求。

3.3.5 员工宿舍严禁设置在厂房内。

办公室、休息室等不应设置在甲、乙类厂房内，确需贴邻本厂房时，其耐火等级不应低于二级，并应采用耐火极限不低于3.00h的防爆墙与厂房分隔，且应设置独立的安全出口。

办公室、休息室设置在丙类厂房内时，应采用耐火极限不低于2.50h的防火隔墙和1.00h的楼板与其他部位分隔，并应至少设置1个独立的安全出口。如隔墙上需开设相互连通的门时，应采用乙级防火门。D选项符合要求。

3.7.5 厂房内疏散楼梯、走道、门的各自总净宽度，应根据疏散人数按每100人的最小疏散净宽度不小于表3.7.5（原表号，见表2-1-6）的规定计算确定。但疏散楼梯的最小净宽度不宜小于1.10m，疏散走道的最小净宽度不宜小于1.40m，门的最小净宽度不宜小于0.90m。当每层疏散人数不相等时，疏散楼梯的总净宽度应分层计算，下层楼梯总净宽度应按该层及以上疏散人数最多一层的疏散人数计算。

首层外门的总净宽度应按该层及以上疏散人数最多一层的疏散人数计算，且该门的最小净宽度不应小于1.20m。

表 2-1-6 厂房内疏散楼梯、走道和门的每 100 人最小疏散净宽度

厂房层数（层）	1~2	3	≥4
最小疏散净宽度（m/百人）	0.6	0.8	1

600 人 ×1m/100 =6m。E 选项不符合要求。

82. 【答案】ACD

【解析】本题考查的知识点是建筑灭火器的设置要求。安装灭火器时，要将灭火器铭牌朝外，器头向上。A 选项不符合要求。

灭火器设置在潮湿性或者腐蚀性场所的，采取防湿、防腐蚀措施。E 选项符合要求。

挂钩、托架安装后，能够承受 5 倍的手提式灭火器质量（当 5 倍的手提式灭火器质量小于 45kg 时，按照 45kg 设置）的静载荷，承载 5min 不出现松动、脱落、断裂和明显变形等现象。B 选项符合要求。

挂钩、托架的安装高度满足手提式灭火器顶部与地面距离不大于 1.5m、底部与地面距离不小于 0.08m 的要求。C 选项不符合要求。

根据《建筑灭火器配置设计规范》（GB 50140—2005）附录 E 磷酸铵盐干粉灭火剂和碳酸氢钠干粉灭火剂不相容。D 选项不符合要求。

83. 【答案】CDE

【解析】本题考查的知识点是洒水喷头的选型。根据《自动喷水灭火系统设计规范》（GB 50084—2017）的相关规定：

6.1.3 湿式系统的洒水喷头选型应符合下列规定：

1 不做吊顶的场所，当配水支管布置在梁下时，应采用直立型洒水喷头。D 选项正确。

2 吊顶下布置的洒水喷头，应采用下垂型洒水喷头或吊顶型洒水喷头。C 选项正确。

3 顶板为水平面的轻危险级、中危险级Ⅰ级住宅建筑、宿舍、旅馆建筑客房、医疗建筑病房和办公室，可采用边墙型洒水喷头。书库为中危险Ⅱ级场所。A 选项不正确。

4 易受碰撞的部位，应采用带保护罩的洒水喷头或吊顶型洒水喷头。

5 顶板为水平面，且无梁、通风管道等障碍物影响喷头洒水的场所，可采用扩大覆盖面积洒水喷头。

6 住宅建筑和宿舍、公寓等非住宅类居住建筑宜采用家用喷头。

7 不宜选用隐蔽式洒水喷头；确需采用时，应仅适用于轻危险级和中危险级Ⅰ级场所。B 选项为中危险Ⅱ级场所，B 选项不正确。

根据表 4.2.7、表 4.2.8 可知，仓库可采用早期抑制快速响应喷头。E 选项正确。

84. 【答案】ABE

【解析】本题考查的知识点是救援场地和入口。户外广告牌设置在灭火救援窗或自然排烟窗的外侧时，不利于建筑的排烟和人员在紧急情况下的逃生及外部灭火救援。同时还需要注意，在消防车登高面一侧的外墙上，不得设置凸出的广告牌，以免影响消防车登高操作。A、E 选项不符合要求。

根据《建筑设计防火规范》（GB 50016—2014）（2018 年版）第 7.2.5 条，供消防救援人员进入的窗口的净高度和净宽度均不应小于 1.0m，下沿距室内地面不宜大于 1.2m，间距不宜大于 20m 且每个防火分区不应少于 2 个，设置位置应与消防车登高操作场地相对应。窗口的玻璃应易于破碎，并应设置可在室外易于识别的明显标志。B 选项不符合要求，C、D 选项符合要求。

85. 【答案】BCD

【解析】本题考查的知识点是建筑内部装修。根据《建筑内部装修设计防火规范》（GB 50222—2017）的相关规定：

4.0.3 疏散走道和安全出口的顶棚、墙面不应采用影响人员安全疏散的镜面反光材料。A 选项不符合要求。

4.0.4 地下民用建筑的疏散走道和安全出口的门厅，其顶棚、墙面和地面均应采用 A 级装修材料。

4.0.5 疏散楼梯间和前室的顶棚、墙面和地面均应采用 A 级装修材料。

4.0.9 消防水泵房、机械加压送风排烟机房、固定灭火系统钢瓶间、配电室、变压器室、发电机房、储油间、通风和空调机房等，其内部所有装修均应采用 A 级装修材料。

以上均为特殊场所，无放宽条件，仿古瓷砖、水磨石及水泥地面的燃烧性能均为 A 级，故 B、C、D 选项符合要求。

根据本规范表5.3.1 可知，该营业厅的地面应采用 A 级装修材料，不符合放宽条件，水泥木丝板的燃烧性能为 B_1 级。E 选项不符合要求。

86. 【答案】ABC

【解析】本题考查的知识点为防排烟系统设计要求。根据《火灾自动报警系统设计规范》（GB 50116—2013）的相关规定：

4.5.1 防烟系统的联动控制方式应符合下列规定：

1 应由加压送风口所在防火分区内的两只独立的火灾探测器或一只火灾探测器与一只手动火灾报警按钮的报警信号，作为送风口开启和加压送风机启动的联动触发信号，并应由消防联动控制器联动控制相关层前室等需要加压送风场所的加压送风口开启和加压送风机启动。

根据《建筑防烟排烟系统技术标准》（GB 51251—2017）的相关规定：

5.1.2 加压送风机的启动应符合下列规定：

1 现场手动启动。

2 通过火灾自动报警系统自动启动。

3 消防控制室手动启动。

4 系统中任一常闭加压送风口开启时，加压风机应能自动启动。A、B 选项符合要求，D 选项不符合要求。

3.3.6－3 送风口的风速不宜大于 7m/s。C 选项符合要求。

3.4.4 机械加压送风量应满足走廊至前室至楼梯间的压力呈递增分布，余压值应符合下列规定：

1 前室、封闭避难层（间）与走道之间的压差应为 25～30Pa。E 选项不符合要求。

2 楼梯间与走道之间的压差应为 40～50Pa。

87. 【答案】AC

【解析】本题考查的知识点是消防给水系统的调试及联动控制。根据《消防给水及消火栓系统技术规范》（GB 50974—2014）的相关规定：

5.1.13－5 消防水泵的吸水管上应设置明杆闸阀或带自锁装置的蝶阀，但当设置暗杆阀门时应设有开启刻度和标志；当管径超过 DN300 时，宜设置电动阀门。A 选项不符合要求。

13.1.4 消防水泵调试应符合下列要求：

2 以备用电源切换方式或备用泵切换启动消防水泵时，消防水泵应分别在 1min 或 2min 内投入正常运行。B 选项符合要求。

5.2.1－6 总建筑面积大于 10000m² 且小于 30000m² 的商店建筑，不应小于 36m³，总建筑面积大于30000m² 的商店，不应小于50m³。C 选项不符合要求。

11.0.5 消防水泵应能手动启停和自动启动。E 选项符合要求。

《火灾自动报警系统设计规范》（GB 50116—2013）的相关规定：

4.2.1 湿式系统和干式系统的联动控制设计，应符合下列规定：

1 联动控制方式，应由湿式报警阀压力开关的动作信号作为触发信号，直接控制启动喷淋消防泵，联动控制不应受消防联动控制器处于自动或手动状态影响。D 选项符合要求。

88. 【答案】BCE

【解析】本题考查的知识点是直接判定评估结论等级。消防安全评估中可直接判定评估结论等级为差的检查项为直接判定项，包括以下内容：(1) 建筑物和公众聚集场所未依法办理行政许可或备案手续的。(2) 未依法确定消防安全管理人、自动消防系统操作人员的。B 选项符合要求。(3) 疏散通道、安全出口数量不足或者严重堵塞，已不具备安全疏散条件的。C 选项符合要求。(4) 未按规定设置自动消防系统的。(5) 建筑消防设施严重损坏，不再具备防火灭火功能的。E 选项符合要求。(6) 人员密集场所违反消防安全规定，使用、储存易燃易爆危险品的。(7) 公众聚集场所违反消防技术标准，采用易燃、可燃材料装修 可能导致重大人员伤亡的。(8) 经住房和城乡建设主管部门、消防救援机构、公安派出所责令改正后，同一违法行为反复出现的。(9) 未依法建立专（兼）职消防队的。(10) 一年内发生一次较大以上（含）火灾或两次以上（含）一般火灾的。

89. 【答案】ACE

【解析】本题考查的知识点是自动喷水灭火系统调试前的要求。根据《自动喷水灭火系统施工及验收规范》（GB 50261—2017）的相关规定：

7.1.2 系统调试应具备下列条件：

1 消防水池、消防水箱已储存设计要求的水量。A 选项符合题意。
2 系统供电正常。C 选项符合题意。
3 消防气压给水设备的水位、气压符合设计要求。E 选项符合题意。
4 湿式喷水灭火系统管网内已充满水；干式、预作用喷水灭火系统管网内的气压符合设计要求；阀门均无泄漏。B 选项不符合题意。
5 与系统配套的火灾自动报警系统处于工作状态。D 选项不符合题意。

90. 【答案】BCD

【解析】本题考查的知识点是建筑平面布置要求。根据《建筑设计防火规范》（GB 50016—2014）（2018 年版）的相关规定：5.4.11 商业服务网点每个分隔单元内的任一点至最近直通室外的出口的直线距离不应大于本规范表 5.5.17 中有关多层其他建筑位于袋形走道两侧或尽端的疏散门至最近安全出口的最大直线距离。查表为22m。D 选项正确。商业服务网点室内楼梯的距离可按其水平投影长度的1.50 倍计算。B 选项正确。5.5.18 除本规范另有规定外，公共建筑内疏散门和安全出口的净宽度不应小于0.90m，疏散走道和疏散楼梯的净宽度不应小于1.10m。C 选项正确。6.4.4-3 建筑的地下或半地下部分与地上部分不应共用楼梯间，确需共用楼梯间时，应在首层采用耐火极限不低于2.00h 的防火隔墙和乙级防火门将地下或半地下部分与地上部分的连通部位完全分隔，并应设置明显的标志。A 选项错误。5.5.27-3 建筑高度大于33m 的住宅建筑应采用防烟楼梯间。E 选项错误。

91. 【答案】ACDE

【解析】本题考查的知识点是消防联动控制系统的设计要求。根据《火灾自动报警系统设计规范》（GB 50116—2013）的相关规定：

3.4.1 具有消防联动功能的火灾自动报警系统的保护对象中应设置消防控制室。

3.4.2 消防控制室内设置的消防设备应包括火灾报警控制器、消防联动控制器、消防控制室图形显示装置、消防专用电话总机、消防应急广播控制装置、消防应急照明和疏散指示系统控制装置、消防电源监控器等设备或具有相应功能的组合设备。消防控制室内设置的消防控制室图形显示装置应能显示本规范附录A规定的建筑物内设置的全部消防系统及相关设备的动态信息和本规范附录B规定的消防安全管理信息，并应为远程监控系统预留接口，同时应具有向远程监控系统传输本规范附录A（原表号，见表2-1-7）和附录B规定的有关信息的功能。选项A、C符合要求。

表2-1-7 火灾报警、建筑消防设施运行状态信息表

设备名称		内 容
	火灾探测报警系统	火灾报警信息、可燃气体探测报警信息、电气火灾监控报警信息、屏蔽信息、故障信息
消防联动控制系统	消防联动控制器	动作状态、屏蔽信息、故障信息
	消火栓系统	消防水泵电源的工作状态，消防水泵的启、停状态和故障状态，消防水箱（池）水位、管网压力报警信息及消火栓按钮的报警信息
	自动喷水灭火系统、水喷雾（细水雾）灭火系统（泵供水方式）	喷淋泵电源工作状态，喷淋泵的启、停状态和故障状态，水流指示器、信号阀、报警阀、压力开关的正常工作状态和动作状态
	气体灭火系统、细水雾灭火系统（压力容器供水方式）	系统的手动、自动工作状态及故障状态，阀驱动装置的正常工作状态和动作状态，防护区域中的防火门（窗）、防火阀、通风空调等设备的工作状态和动作状态，系统的启、停信息，紧急停止信号和管网压力信号
	泡沫灭火系统	消防水泵、泡沫液泵电源的工作状态，系统的手动、自动工作状态及故障状态，消防水泵、泡沫液泵的正常工作状态和动作状态
	干粉灭火系统	系统的手动、自动工作状态及故障状态，阀驱动装置的正常工作状态和动作状态，系统的启、停信息，紧急停止信号和管网压力信号
	防烟排烟系统	系统的手动、自动工作状态，防烟排烟风机电源的工作状态，风机、电动防火阀、电动排烟防火阀、常闭送风口、排烟阀（口）、电动排烟窗、电动挡烟垂壁的正常工作状态和动作状态
	防火门及卷帘系统	防火卷帘控制器、防火门监控器的工作状态和故障状态；卷帘门的工作状态，具有反馈信号的各类防火门、疏散门的工作状态和故障状态等动态信息
	消防电梯	消防电梯的停用和故障状态
	消防应急广播	消防应急广播的启动、停止和故障状态
	消防应急照明和疏散指示系统	消防应急照明和疏散指示系统的故障状态和应急工作状态信息
	消防电源	系统内各消防用电设备的供电电源和备用电源的工作状态和欠压报警信息

4.6.2 防火卷帘的升降应由防火卷帘控制器控制。B选项不符合要求。

4.7.1 消防联动控制器应具有发出联动控制信号强制所有电梯停于首层或电梯转换层的功能。D选项符合要求。

4.6.1 防火门系统的联动控制设计，应符合下列规定：

1 应由常开防火门所在防火分区内的两只独立的火灾探测器或一只火灾探测器与一只手动火灾报警按钮的报警信号,作为常开防火门关闭的联动触发信号,联动触发信号应由火灾报警控制器或消防联动控制器发出,并应由消防联动控制器或防火门监控器联动控制防火门关闭。E 选项符合要求。

92.【答案】ADE

【解析】本题考查的知识点是消防安全重点单位。根据《机关、团体、企业、事业单位消防安全管理规定》的相关规定:

第十九条 单位应当将容易发生火灾、一旦发生火灾可能严重危及人身和财产安全以及对消防安全有重大影响的部位确定为消防安全重点部位,设置明显的防火标志,实行严格管理。A 选项正确,B 选项错误。

第二十五条 消防安全重点单位应当进行每日防火巡查,并确定巡查的人员、内容、部位和频次。防火巡查应当填写巡查记录,巡查人员及其主管人员应当在巡查记录上签名。E 选项正确。

第二十六条 机关、团体、事业单位应当至少每季度进行一次防火检查,其他单位应当至少每月进行一次防火检查。D 选项正确。

第四十条 消防安全重点单位应当按照灭火和应急疏散预案,至少每半年进行一次演练,并结合实际,不断完善预案。其他单位应当结合本单位实际,参照制定相应的应急方案,至少每年组织一次演练。C 选项错误。

93.【答案】DE

【解析】本题考查的知识点是火灾自动报警系统的联动控制要求。根据《火灾自动报警系统设计规范》(GB 50116—2013)的相关规定:

4.3.1 联动控制方式,应由消火栓系统出水干管上设置的低压压力开关、高位消防水箱出水管上设置的流量开关或报警阀压力开关等信号作为触发信号,直接控制启动消火栓泵,联动控制不应受消防联动控制器处于自动或手动状态影响。A 选项不符合要求。

4.2.4 自动控制的水幕系统的联动控制设计,应符合下列规定:

1 联动控制方式,当自动控制的水幕系统用于防火卷帘的保护时,应由防火卷帘下到楼板面的动作信号与本报警区域内任一火灾探测器或手动火灾报警按钮的报警信号作为水幕阀组启动的联动触发信号,并应由消防联动控制器联动控制水幕系统相关控制阀组的启动;仅用水幕系统作为防火分隔时,应由该报警区域内两只独立的感温火灾探测器的火灾报警信号作为水幕阀组启动的联动触发信号,并应由消防联动控制器联动控制水幕系统相关控制阀组的启动。B、C 选项不符合要求。

94.【答案】AB

【解析】本题考查的知识点是厂房的防火间距。乙醇生产厂房为甲类厂房;氨压缩机房为乙类厂房;造纸车间为丙类厂房;饲料加工厂房为丙类厂房。根据《建筑设计防火规范》(GB 50016—2014)(2018 年版)表 3.4.1,甲类厂房与二级耐火等级的乙类单层厂房的间距不应小于 12m。A 选项符合要求。

甲类厂房与丙类高层厂房的间距不应小于 13m。B 选项符合要求。

甲类厂房与高层民用建筑的间距不应小于 50m。D 选项不符合要求。

根据表 3.4.1 注 2:甲、乙类厂房(仓库)不应与本规范第 3.3.5 条(办公室、休息室)规定外的其他建筑贴邻。C 选项不符合要求。

根据表 3.4.3,散发可燃气体、可燃蒸气的甲类厂房与厂外铁路线中心线的距离不应小于 30m。E 选项不符合要求。

95.【答案】BD

【解析】本题考查的知识点是建筑防火检查。根据《建筑设计防火规范》(GB 50016—

2014)(2018 年版）的相关规定：

9.3.14 除下列情况外，通风、空气调节系统的风管应采用不燃材料（A 选项符合要求）：

1 接触腐蚀性介质的风管和柔性接头可采用难燃材料。

2 体育馆、展览馆、候机（车、船）建筑（厅）等大空间建筑，单、多层办公建筑和丙、丁、戊类厂房内通风、空气调节系统的风管，当不跨越防火分区且在穿越房间隔墙处设置防火阀时，可采用难燃材料。

5.5.13-3 商店、图书馆、展览建筑、会议中心及类似使用功能的建筑，除与敞开式外廊直接相连的楼梯间外，均应采用封闭楼梯间。（该商场应设置封闭楼梯间。）

6.4.1-4 封闭楼梯间、防烟楼梯间及其前室，不应设置卷帘。B 选项不符合要求。

5.5.17-4 一、二级耐火等级建筑内疏散门或安全出口不少于 2 个的观众厅、展览厅、多功能厅、餐厅、营业厅等，其室内任一点至最近疏散门或安全出口的直线距离不应大于 30m；当疏散门不能直通室外地面或疏散楼梯间时，应采用长度不大于 10m 的疏散走道通至最近的安全出口。当该场所设置自动喷水灭火系统时，室内任一点至最近安全出口的安全疏散距离可分别增加 25%。

题目中的商场总建筑面积已超过 20000m²，属于重要公共建筑，且建筑高度超过 24m，所以该建筑为一类高层公共建筑；耐火等级不应低于一级，应设置自动灭火系统，并宜采用自动喷水灭火系统；每层划分为 2 个防火分区，所以安全出口不少于 4 个。故第四层营业厅的最大疏散距离可以放宽至 37.5m，C 选项符合要求。

6.4.3-5 除住宅建筑的楼梯间前室外，防烟楼梯间和前室内的墙上不应开设除疏散门和送风口外的其他门、窗、洞口。D 选项不符合要求。地上第三层疏散人数为 0.13×8000＝1040（人），根据表 5.5.21-1 可知此商场每百人最小疏散净宽度为 1.00m，所以该层疏散楼梯总净宽度最小为：1040×1.00/100＝10.4（m）。E 选项符合要求。

96.【答案】BD

【解析】本题考查的知识点是有爆炸危险的厂房、仓库的防爆措施要求。主要检查有爆炸危险的厂房、仓库是否采取了有效的防爆措施。根据《建筑设计防火规范》（GB 50016—2014）（2018 年版）第 3.6.6 条，检查要求为：散发较空气重的可燃气体、可燃蒸气的甲类厂房和有粉尘、纤维爆炸危险的乙类厂房，应采用不发火花的地面。A 选项错误。

采用绝缘材料作整体面层时，应采取防静电措施，D 选项正确。

散发可燃粉尘、纤维的厂房，其地面应平整、光滑，并易于清扫。厂房内不宜设置地沟，确需设置时，其盖板应严密。B 选项正确。

地沟应采取防止可燃气体、可燃蒸气和粉尘、纤维在地沟积聚的有效措施，且在与相邻厂房连通处采用不燃烧防火材料密封。C 选项错误。

根据本规范第 9.2.3 条第 1 款，下列厂房应采用不循环使用的热风供暖：生产过程中散发的可燃气体、蒸气、粉尘或纤维与供暖管道、散热器表面接触能引起燃烧的厂房。E 选项错误。

97.【答案】CE

【解析】本题考查的知识点是建筑内部防火门的设置要求。根据《建筑设计防火规范》（GB 50016—2014）（2018 年版）的相关规定：

6.2.9 建筑内的电梯井等竖井应符合下列规定：

2 电缆井、管道井、排烟道、排气道、垃圾道等竖向井道，应分别独立设置。井壁的耐火极限不应低于 1.00h，井壁上的检查门应采用丙级防火门。A 选项符合要求。

6.2.7 通风、空气调节机房和变配电室开向建筑内的门应采用甲级防火门，消防控制室和其他设备房开向建筑内的门应采用乙级防火门。B、D 选项符合要求、E 选项不符合要求。

5.4.12 燃油或燃气锅炉、油浸变压器、充有可燃油的高压电容器和多油开关等,宜设置在建筑外的专用房间内;确需贴邻民用建筑布置时,应采用防火墙与所贴邻的建筑分隔,且不应贴邻人员密集场所,该专用房间的耐火等级不应低于二级;确需布置在民用建筑内时,不应布置在人员密集场所的上一层、下一层或贴邻,并应符合下列规定:

3 锅炉房、变压器室等与其他部位之间应采用耐火极限不低于2.00h的防火隔墙和1.50h的不燃性楼板分隔。在隔墙和楼板上不应开设洞口,确需在隔墙上设置门、窗时,应采用甲级防火门、窗。C选项不符合要求。

98. 【答案】ACD

【解析】本题考查的知识点是消防控制室检测。根据《火灾自动报警系统施工及验收规范》(GB 50166—2007)的相关规定:

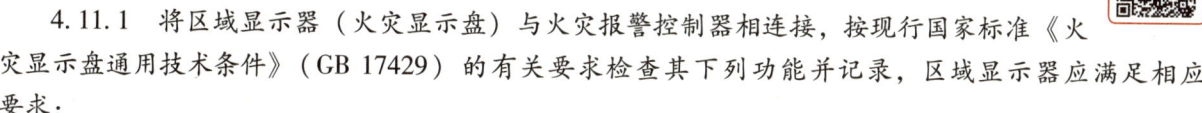

4.11.1 将区域显示器(火灾显示盘)与火灾报警控制器相连接,按现行国家标准《火灾显示盘通用技术条件》(GB 17429)的有关要求检查其下列功能并记录,区域显示器应满足相应要求:

1 区域显示器(火灾显示盘)应在3s内正确接收和显示火灾报警控制器发出的火灾报警信号。A选项不符合要求。

根据《消防控制室通用技术要求》(GB 25506—2010)的相关规定:

5.1.e 消防控制室图形显示装置,应在10s内显示输入的火灾报警信号和反馈信号的状态信息,100s内显示其他输入信号的状态信息。B选项符合要求。

根据《火灾自动报警系统设计规范》(GB 50116—2013)的相关规定:

4.6.4 非疏散通道上设置的防火卷帘的联动控制设计,应符合下列规定:

1 联动控制方式,应由防火卷帘所在防火分区内任两只独立的火灾探测器的报警信号,作为防火卷帘下降的联动触发信号,并应联动控制防火卷帘直接下降到楼板面。C选项不符合要求。

4.8.10 在消防控制室应能手动或按预设控制逻辑联动控制选择广播分区、启动或停止应急广播系统,并应能监听消防应急广播。在通过传声器进行应急广播时,应自动对广播内容进行录音。E选项符合要求。

D设备故障后需要查明原因。D选项不符合要求。

99. 【答案】BDE

【解析】本题考查的知识点是气体灭火系统的设计要求。根据《气体灭火系统施工及验收规范》(GB 50263—2007)的相关规定:

7.2.3 条文说明火灾报警控制装置包括设在防护区门口的手动控制器、设在储存装置间的灭火控制盘和设在消防中心的显示控制器等。A选项符合要求。

根据《气体灭火系统设计规范》(GB 50370—2005)的相关规定:

6.0.11 设有气体灭火系统的场所,宜配置空气呼吸器。B选项不符合要求。

6.0.6 经过有爆炸危险和变电、配电场所的管网、以及布设在以上场所的金属箱体等,应设防静电接地。C选项符合要求。

6.0.4 灭火后的防护区应通风换气,地下防护区和无窗或设固定窗扇的地上防护区,应设置机械排风装置,排风口宜设在防护区的下部并应直通室外。通信机房、电子计算机房等场所的通风换气次数应不少于每小时5次。D选项不符合要求。

5.0.4 灭火设计浓度或实际使用浓度大于无毒性反应浓度(NOAEL浓度)的防护区和采用热气溶胶预制灭火系统的防护区,应设手动与自动控制的转换装置。当人员进入防护区时,应能将灭火系统转换为手动控制方式;当人员离开时,应能恢复为自动控制方式。防护区内外应设手动、自动控制状态的显示装置。

5.0.5 自动控制装置应在接到两个独立的火灾信号后才能启动。手动控制装置和手动与自动转换装置应设在防护区疏散出口的门外便于操作的地方，安装高度为中心点距地面1.5m。机械应急操作装置应设在储瓶间内或防护区疏散出口门外便于操作的地方。E选项不符合要求。

100. 【答案】 ABCE

【解析】 本题考查的知识点是重大火灾隐患的综合判定方法。根据《重大火灾隐患判定方法》（GB 35181—2017）的相关规定：

7.5 人员密集场所、高层建筑和地下建筑未按国家工程建设消防技术标准的规定设置防烟、排烟设施，或已设置但不能正常使用或运行。B选项可以作为重大火灾隐患综合判定要素。

7.8.2 消防控制室操作人员未按GB 25506的规定持证上岗。A选项可以作为重大火灾隐患综合判定要素。

7.9.5 违反国家工程建设消防技术标准的规定在人员密集场所使用易燃、可燃材料装修、装饰。C选项可作为综合判定要素。

7.3.7 设有人员密集场所的高层建筑的封闭楼梯间或防烟楼梯间的门的损坏率超过其设置总数的20%，其他建筑的封闭楼梯间或防烟楼梯间的门的损坏率大于其设置总数的50%。D选项中15%未超过20%，故不可作为综合判定要素。

7.3.9 人员密集场所的疏散走道、楼梯间、疏散门或安全出口设置栅栏、卷帘门。E选项可作为综合判定要素。

2018年消防安全技术综合能力试卷

（考试时间：150分钟，总分120分）

一、单项选择题（共80题，每题1分，每题的备选项中，只有1个最符合题意）

1. 某住宅小区物业管理公司，在10号住宅楼一层设置了瓶装液化石油气经营店。根据《中华人民共和国消防法》，应责令该经营店停业，并对其处（　　）罚款。
   A. 三千元以上三万元以下　　　　　　　　B. 五千元以上五万元以下
   C. 三万元以上十万元以下　　　　　　　　D. 警告或者五百元以下

2. 某商业广场首层为超市，设置了12个安全出口。超市经营单位为了防盗封闭了10个安全出口，根据《中华人民共和国消防法》，消防部门在责令超市经营单位改正的同时，应当并处（　　）。
   A. 五千元以上五万元以下罚款　　　　　　B. 责任人五日以下拘留
   C. 一千元以上五千元以下罚款　　　　　　D. 警告或者五百元以下罚款

3. 某服装生产企业在厂房内设置了15人住宿的员工宿舍，总经理陈某拒绝执行消防部门责令搬迁员工宿舍的通知，某天深夜，该厂房发生火灾，造成员工宿舍内的2名员工死亡，根据《中华人民共和国刑法》，陈某犯消防责任事故罪，后果严重，应予以处（　　）。
   A. 三年以下有期徒刑或拘役　　　　　　　B. 七年以上十年以下有期徒刑
   C. 五年以上七年以下有期徒刑　　　　　　D. 三年以上五年以下有期徒刑

4. 某消防技术服务机构，超越资质许可范围开展消防安全评估业务，消防部门依法责令其改正，并处一万五千元罚款，该机构到期未缴纳罚款，根据《中华人民共和国行政处罚法》，消防部门可以采取（　　）的措施。
   A. 限制法定代表人的人身自由　　　　　　B. 吊销安全评估资质
   C. 申请人民法院强制执行　　　　　　　　D. 强制执行

5. 高某取得了国家级注册消防工程师资格，受聘于某消防技术服务机构并依法注册，高某在每个注册有效期应当至少参与完成（　　）消防技术服务项目。
   A. 10个　　　　　　B. 7个　　　　　　C. 5个　　　　　　D. 3个

6. 某单位新建员工集体宿舍，室内地面标高±0.000m，室外地面标高-0.450m，地上7层，局部8层，一至七层为标准层，每层建筑面积1200m²，七层屋面面层标高+21.000m，八层为设备用房，建筑面积290m²，八层屋面面层标高+25.000m。根据现行国家标准《建筑设计防火规范》（GB 50016），该建筑类别为（　　）。
   A. 二类高层住宅建筑　　　　　　　　　　B. 二类高层公共建筑
   C. 多层住宅建筑　　　　　　　　　　　　D. 多层公共建筑

7. 某酒店，建筑高度130m，地上38层，地下3层，消防泵房设置在地下一层，自动喷水灭火系统高区稳压泵设置在屋顶消防水箱间内。对该建筑的湿式自动喷水灭火系统进行检测。检测结果中，符合现行国家标准要求的是（　　）。
   A. 安装在客房内管径为50mm的配水支管采用氯化聚氯乙烯管
   B. 高区喷淋系统报警阀组设置在1层，系统配水管道的工作压力为1.35MPa
   C. 高区喷淋系统末端试水装置处的压力为0.12MPa
   D. 末端试水装置的出水排入排水立管，排水立管管径为65mm

8. 某消防工程施工单位对已安装的消防水泵进行调试，水泵的额定流量为30L/s，扬程为100m，系统设计工作压力为1.0MPa。下列调试结果中，符合现行国家标准《消防给水及消火栓系统技术规范》(GB 50974) 的是（　　）。

A. 自动直接启动消防水泵时，消防水泵在60s时投入正常运行
B. 消防水泵零流量时，水泵出水口压力表的显示压力为1.30MPa
C. 以备用电源的切换方式启动消防水泵时，消防水泵在2min时投入正常运行
D. 消防水泵出口流量为45L/s时，出口处压力表显示为0.55MPa

9. 某旅馆，地下1层，地上4层，每层层高4m，设置常高压消防给水系统，高位消防水池设于100m外的山坡上，与建筑屋面高差60m，根据现行国家标准《消防给水及消火栓系统技术规范》(GB 50974)，该旅馆消防给水系统的调试方案可不包括的内容是（　　）。

A. 水源调试　　　　　　　　　　　B. 消火栓调试
C. 给水设施调试　　　　　　　　　D. 消防水泵调试

10. 某商场的防火分区采用防火墙和防火卷帘进行分隔。对该建筑防火卷帘的检查测试结果中，不符合现行国家标准要求的是（　　）。

A. 垂直卷帘电动启、闭的运行速度为7m/min
B. 防火卷帘装配温控释放装置，当释放装置的感温元件周围温度达到79℃时，释放装置动作，卷帘依自重下降关闭
C. 疏散通道上的防火卷帘的控制器在接收到专门用于联动防火卷帘的感烟火灾探测器的报警信号后，下降至距楼板面1.8m处
D. 防火卷帘的控制器及手动按钮盒安装在底边距地面高度为1.5m的位置

11. 某消防工程施工单位对室内消火栓进行进场检验，根据现行国家标准《消防给水及消火栓系统技术规范》(GB 50974)，下列消火栓固定接口密封性能试验抽样数量的说法，正确的是（　　）。

A. 宜从每批中抽查0.5%，但不应少于5个，当仅有1个不合格时，应再抽查1%，但不应少于10个
B. 宜从每批中抽查1%，但不应少于3个，当仅有1个不合格时，应再抽查2%，但不应少于5个
C. 宜从每批中抽查0.5%，但不应少于3个，当仅有1个不合格时，应再抽查1%，但不应少于5个
D. 宜从每批中抽查1%，但不应少于5个，当仅有1个不合格时，应再抽查2%，但不应少于10个

12. 根据现行国家标准《自动喷水灭火系统设计规范》(GB 50084) 属于自动喷水灭火系统防护冷却系统组件的是（　　）。

A. 开式洒水喷头　　　　　　　　　B. 闭式洒水喷头
C. 水幕喷头　　　　　　　　　　　D. 雨淋报警阀组

13. 对某地大型商业综合体的火灾自动报警系统的安装质量进行检查，下列检查结果中不符合现行国家标准《火灾自动报警系统施工及验收规范》(GB 50166) 的是（　　）。

A. 在高度为12m的共享空间设置的红外光束感烟火灾探测器的光束轴线至顶棚的垂直距离为1.5m
B. 在商场顶棚安装的点型感烟探测器距多孔送风顶棚孔口的水平距离为0.6m
C. 在厨房内安装可燃气体探测器位于天然气管道及用气部位上部顶棚处
D. 在宽度为24m的餐饮区走道顶棚上安装的点型感烟探测器间距为12.5m

14. 对某高层公共建筑消防给水系统进行维护检测，消防水泵出水干管上的压力开关动作后，消防水泵未启动。下列故障原因分析中，可排除的是（　　）。

A. 消防联动控制器处于手动启泵状态　　B. 压力开关与水泵之间线路故障
C. 消防水泵控制柜处于手动启泵状态　　D. 消防水泵控制柜内继电器损坏

15. 某计算机房设置组合分配式七氟丙烷气体灭火系统，最大防护区的灭火剂存储容器数量为6个，规格为120L。对该防护区进行系统模拟喷气试验。关于该防护区模拟试验的说法，正确的是（　　）
   A. 试验时，应采用其充装的灭火剂进行模拟喷气试验
   B. 试验时，模拟喷气用灭火剂存储容器的数量最少为2个
   C. 试验时，可选用规格为150L的灭火剂存储容器进行模拟喷气试验
   D. 试验时，喷气试验宜采用手动启动方式

16. 对某三层影院进行的防火检查，安全疏散设施的下列检查结果中，不符合现行标准要求的是（　　）。
   A. 建筑室外疏散通道的净宽度为3.5m
   B. 首层疏散外门净宽度1.30m
   C. 首层疏散门外1.50m处设置踏步
   D. 楼梯间在首层通过15m的疏散走道通至室外

17. 某在建工程的施工单位对施工人员开展消防安全教育培训，根据《社会消防安全教育培训规定》（公安部令第109号），该施工单位开展消防安全教育培训的方法和内容不包括（　　）。
   A. 工程施工队施工人员进行消防安全教育
   B. 在工地醒目位置、住宿场所设置消防安全宣传栏和警示标识
   C. 对施工人员进行消防产品经常检验方法培训
   D. 对明火作业人员进行经常性的消防安全教育

18. 某建筑面积为44000m² 的地下商场，采用防火分隔措施将商场分隔为多个建筑面积不大于20000m² 的区域。该商场对区域之间局部需要连通的部位采取的防火分隔措施中，符合现行国家标准《建筑设计防火规范》（GB 50016）的是（　　）。
   A. 采用耐火极限为3.00h的防火墙分隔，墙上设置了甲级防火门
   B. 采用防烟楼梯间分隔，楼梯间门为甲级防火门
   C. 采用防火隔间分隔，墙体采用耐火极限为2.00h的防火隔墙
   D. 采用避难走道分隔，避难走道防火隔墙的耐火极限为2.00h

19. 某高低压配电间设置组合分配式七氟丙烷气体灭火系统，防护区数量为2个，1个防护区的灭火剂用量是另一个防护区的两倍，系统驱动装置由驱动气体瓶组及电磁阀等组成。为实现该气体灭火系统的启动控制功能，在保障安全的前提下，驱动气体管道上设置的气体单向阀最少应为（　　）。
   A. 0个　　　B. 1个　　　C. 3个　　　D. 2个

20. 消防技术服务机构对某单位设置的预制干粉灭火装置进行验收前检测。根据现行国家标准《干粉灭火系统设计规范》（GB 50347），下列检测结果中，不符合规范要求的是（　　）。
   A. 1个防护区内设置了5套预制干粉灭火装置
   B. 干粉储存容器的存储压力为2.5MPa
   C. 预制干粉灭火装置的灭火剂储存量为120kg
   D. 预制干粉灭火装置的管道长度为15m

21. 消防技术服务机构设施设置的机械防排烟系统中，符合现行国家标准《建筑防烟排烟系统技术标准》（GB 51251）的是（　　）。
   A. 每年对全部送风口进行一次自动启动试验
   B. 每年对机械防烟系统进行一次联动试验
   C. 每半年对全部正压送风机进行一次功能检测启动试验
   D. 每半年对正压送风机的供电线路进行一次检查

22. 某6层建筑，建筑高度23m，每层建筑面积1100m²，一、二层为商业店面，三层至五层为老年人照料设施，其中三层设有与疏散楼梯间直接连接的开敞式外廊，六层为办公区，对该建筑的避难间进行防火检查，下列检查结果中，不符合现行国家标准要求的是（　　）。
   A. 避难间仅设于四、五层每座疏散楼梯间的相邻部位

B. 避难间可供避难的净面积为 12m²

C. 避难间内共设有消防应急广播、灭火器 2 种消防设施和器材

D. 避难间采用耐火极限 2.00h 的防火隔墙和甲级防火门与其他部位分隔

23. 对大型地下商业建筑进行防火检查,根据现行国家标准《建筑设计防火规范》(GB 50016),( ) 不属于下沉式广场检查的内容。

    A. 下沉式广场的自动扶梯的宽度   B. 下沉式广场的实际用途

    C. 下沉式广场防风雨篷的开口面积   D. 下沉式广场直通地面疏散楼梯的数量和宽度

24. 某鳗鱼饲料加工厂,其饲料加工车间,地上 6 层,建筑高度 36m,每层建筑面积 2000m²,同时工作人数 8 人;饲料仓库,地上 3 层,建筑高度 20m,每层建筑面积 300m²,同时工作 3 人。对该厂的安全疏散设施进行防火检查,下列检查结果中,不符合现行国家标准要求的是( )。

    A. 饲料仓库室外疏散楼梯周围 1.50m 处的外墙面上设置一个通风高窗

    B. 饲料加工车间疏散楼梯采用封闭楼梯间

    C. 饲料仓库仅设置一部室外疏散楼梯

    D. 饲料加工车间疏散楼梯净宽度为 1.10m

25. 某消防工程施工单位对进行的一批手提式二氧化碳灭火器进行现场检查,根据现行国家标准《建筑灭火器配置验收及检查规范》(GB 50444),( ) 不属于该灭火器的进场检查项目。

    A. 市场准入证明   B. 压力表指针位置

    C. 筒体机械损伤   D. 永久性钢印标识

26. 某大型城市综合体设有三个消防控制室。对消防控制室的下列检查结果中不符合现行国家标准《消防控制室通用技术要求》(GB 25506) 的是( )。

    A. 确定了主消防控制室和分消防控制室

    B. 分消防控制室之间的消防设备可以互相控制并传输、显示状态信息

    C. 主消防控制室可对系统内共用的消防设施进行控制,并显示其状态信息

    D. 主消防控制室可对分消防控制室内的消防设施及其控制的消防系统和设备进行控制

27. 某建筑高度为 26m 的办公楼,设有集中空气调节系统和自动喷水灭火系统,其室内装修的下列做法中,不符合现行国家标准要求的是( )。

    A. 会客厅采用经阻燃处理的布艺做灯饰   B. 将开关和接线盒安装在难燃胶合板上

    C. 会议室顶棚采用岩棉装饰板吊顶   D. 走道顶棚采用金属龙骨纸面石膏板

28. 某 5 层购物中心,建筑面积 8000m²,根据《机关、团体、企业、事业单位消防安全管理规定》(公安部令第 61 号),该购物中心在营业期间的防火巡查应当至少( )。

    A. 每日一次   B. 每八小时一次

    C. 每四小时一次   D. 每两小时一次

29. 消防工程施工单位对某体育场安装的火灾自动报警系统进行检测。下列调试方法中,不符合现行国家标准《火灾自动报警系统施工及验收规范》(GB 50166) 的是( )。

    A. 使任一总线回路上多只火灾探测器同时处于火灾报警状态,检查控制器的火警优先功能

    B. 断开火灾报警控制器与任一探测器之间连线,检查控制器的故障报警功能

    C. 向任一感烟探测器发烟,检查点型感烟探测器的报警功能,火灾报警控制器的火灾报警功能

    D. 使总线隔离器保护范围内的任一点短路,检查总线隔离器的隔离保护功能

30. 根据现行国家标准《自动喷水灭火系统施工及验收规范》(GB 50261) 对自动喷水灭火系统报警阀进行调试,下列结果调查中,不符合现行国家标准要求的( )。

    A. 湿式报警阀进口水压为 0.15MPa、放水流量为 1.1L/s 时,报警阀组及时启动

    B. 雨淋报警阀动作后压力开关在 25s 时发出动作信号

C. 湿式报警阀启动后，不带延迟器的水力警铃在14s时发出报警铃声

D. 湿式报警阀启动后，带延迟器的水力警铃在85s时发出报警铃声

31. 对某印刷厂的印刷成品仓库进行电气防火检查，下列检查结果中，不符合现行国家标准《建筑设计防火规范》（GB 50016）的是（　　）。

   A. 仓库安装了40W白炽灯照明   B. 对照明灯具的发热部件采取了隔热措施

   C. 在仓库外部设有1个照明配电箱   D. 在仓库内部设有2个照明开关

32. 对某建筑进行防火检查，防烟分区的活动挡烟垂壁的下列检查结果中，不符合现行国家标准要求是（　　）。

   A. 采用厚度为1.00mm的金属板材作挡烟垂壁

   B. 挡烟垂壁的单节宽度为2m

   C. 挡烟垂壁的实际挡烟高度为600mm

   D. 采用感温火灾探测器的报警信号作为挡烟垂壁的联动触发信号

33. 某单层建筑采用经阻燃处理的木柱承重，承重墙体采用砖墙。根据现行国家标准《建筑设计防火规范》（GB 50016），该建筑的耐火等级为（　　）。

   A. 一级   B. 二级   C. 四级   D. 三级

34. 某商业综合楼建筑中庭高度为15m，设置湿式自动喷水灭火系统，根据现行国家标准《自动喷水灭火系统施工及验收规范》（GB 50261），属于该中庭使用的喷头的进场检验内容是（　　）。

   A. 标准覆盖面积洒水喷头的外观   B. 扩大覆盖面积洒水喷头的响应时间指数

   C. 非仓库型特殊应用喷头的规格型号   D. 非仓库型特殊应用喷头的工作压力

35. 某消防技术服务机构对某石油化工企业安装的低倍数泡沫灭火系统进行了技术检测。下列检测结果中，不符合现行国家标准《泡沫灭火系统施工及验收规范》（GB 50281）的是（　　）。

   A. 整体平衡式比例混合装置竖直安装在压力水的水平管道上

   B. 安装在防火堤内的水平管道坡向防火堤，坡度为3‰

   C. 液下喷射的高背压泡沫产生器水平安装在防火堤外的泡沫混合液管道上

   D. 在防火堤外连接泡沫产生装置的泡沫混合液管道上水平安装了压力表接口

36. 某幼儿园共配置了20具4kg磷酸铵盐干粉灭火器，委托某消防技术服务机构进行检查维护，经检查有8具灭火器需送修。该幼儿园无备用灭火器，根据现行国家标准《建筑灭火器配置验收及检查规范》（GB 50444），幼儿园一次送修的灭火器数量最多为（　　）。

   A. 8具   B. 6具   C. 5具   D. 7具

37. 外保温系统与基层墙体、装饰层之间无空腔时，建筑外墙外保温系统的下列做法中，不符合现行国家标准要求的是（　　）。

   A. 建筑高度为48m的办公建筑采用B_1级外保温材料

   B. 建筑高度为23.9m的办公建筑采用B_2级外保温材料

   C. 建筑层数为3层的老年人照料设施采用B_1级外保温材料

   D. 建筑高度为26m的住宅建筑采用B_2级外保温材料

38. 某商业大厦进行消防安全检查，发现存在火灾隐患，根据现行国家标准《重大火灾隐患判定方法》（GB 35181），可以直接判定为重大火灾隐患的是（　　）。

   A. 消防电梯故障

   B. 火灾自动报警系统集中控制器电源不能正常切换

   C. 防排烟风机不能联动启动

   D. 第十层开办幼儿园且有80名儿童住宿

39. 水喷雾灭火系统投入运行后应进行维护管理，根据现行国家标准《水喷雾灭火系统技术规范》

(GB 50219)维护管理人员应掌握的知识与性能，不包括（   ）。
　　A. 熟悉水喷雾灭火系统的操作维护规程　　B. 熟悉水喷雾灭火系统各组件的结构
　　C. 熟悉水喷雾灭火系统的性能　　　　　　D. 熟悉水喷雾灭火系统的原理

40. 对某建筑进行防火检查，变形缝的下列检查结果中，不符合现行国家标准要求的是（   ）。
　　A. 变形缝的填充材料采用防火枕
　　B. 空调系统的风管穿越防火分隔处的变形缝时，变形缝两侧风管设置公称动作温度为70℃的防火阀
　　C. 在可燃气体管道穿越变形缝处加设了阻燃PVC套管
　　D. 变形缝的构造基层采用镀锌钢板

41. 单位管理人员对低压二氧化碳灭火系统进行巡查，根据现行国家标准《建筑消防设施的维护管理》（GB 25201），不属于该系统巡查内容的是（   ）。
　　A. 气体灭火控制器的工作状态　　　　　　B. 低压二氧化碳系统安全阀的外观
　　C. 低压二氧化碳储存装置内灭火剂的液位　D. 低压二氧化碳系统制冷装置的运行状况

42. 对某石化企业的原油储罐区安装的低倍数泡沫自动灭火系统进行喷泡沫试验。下列喷泡沫试验的方法和结果中，符合现行国家标准《泡沫灭火系统施工及验收规范》（GB 50281）的是（   ）。
　　A. 以自动控制方式进行1次喷泡沫试验，喷射泡沫的时间为2min
　　B. 以手动控制方式进行1次喷泡沫试验，喷射泡沫的时间为1min
　　C. 以手动控制方式进行1次喷泡沫试验，喷射泡沫的时间为30s
　　D. 以自动控制方式进行2次喷泡沫试验，喷射泡沫的时间为30s

43. 某厂区室外消防给水管网管材采用钢丝网骨架塑料管，系统设计工作压力0.5MPa，管道水压强度试验的试验压力最小应为（   ）。
　　A. 0.6MPa　　　　　B. 0.75MPa　　　　　C. 1.0MPa　　　　　D. 0.8MPa

44. 某消防工程施工单位在室内消防给水系统施工前，对采用的消防软管卷盘进行进场检验，下列检查要求和结果符合现行国家标准《消防给水及消火栓系统技术规范》（GB 50974）的是（   ）。
　　A. 消防软管卷盘公称内径为16mm，长度为30m
　　B. 应对消防软管卷盘的密封性能进行测试，每批次抽查2个，以50个为1批次
　　C. 应对消防软管卷盘外观进行全数检查
　　D. 应对消防软管卷盘进行一般检查，检查数量从每批次中抽查50%

45. 消防部门对某大厦的消防电源及其配电进行验收，下列验收检查结果中，不符合现行国家标准《建筑设计防火规范》（GB 50016）的是（   ）。
　　A. 大厦的消防配电干线采用阻燃电缆，直接明敷设在与动力配电线路共用的电缆井内，并分别布置在电缆井的两侧
　　B. 大厦的消防用电采用了专用的供电回路，并在地下一层设置了柴油发电机作为备用消防电源
　　C. 大厦的消防配电干线按防火分区划分，配电支线未穿越防火分区
　　D. 消防控制室、消防水泵房、防烟和排烟风机房的消防用电设备供电，在其配电线路的最末一级配电箱处设置了自动切换装置

46. 根据《爆炸危险环境电力装置设计规范》（GB 50058），某面粉加工厂选择面粉碾磨车间的电气设备时，不需要考虑的因素是（   ）。
　　A. 爆炸危险区域的分区
　　B. 可燃性物质和可燃性粉尘的分级
　　C. 可燃性物质和可燃性粉尘的物质总量
　　D. 可燃性粉尘云，可燃性粉尘层的最低引燃温度

47. 某消防技术服务机构对某单位安装的自动喷水灭火系统进行检测，检测结果如下：（1）开启末端试水装置，以1.1L/s的流量放水，带延迟功能的水流指示器1.5s时动作；（2）末端试水装置安装高度1.5m；（3）最不利点末端放水试验时，自放水开始至水泵启动时间为3min；（4）报警阀组距地面的高度为1.2m。上述检测结果中，符合现行国家标准要求的共有（　　）。

　　A. 1个　　　　　　　　B. 2个　　　　　　　　C. 4个　　　　　　　　D. 3个

48. 根据现行国家标准《建筑灭火器配置设计规范》（GB 50140），某酒店配置灭火器的做法中，不符合要求的是（　　）。

　　A. 酒店多功能厅配置了水型灭火器
　　B. 酒店的厨房间配置了泡沫灭火器
　　C. 酒店的布草间配置了二氧化碳灭火器
　　D. 酒店的客房区走道上配置了磷酸铵盐干粉灭火器

49. 某二类高层建筑设有独立的机械排烟系统，该机械排烟系统的组件可不包括（　　）。

　　A. 在280℃的环境条件下能够连续工作30min的排烟风机
　　B. 动作温度为70℃的防火阀
　　C. 采取了隔热防火措施的镀锌钢板风道
　　D. 可手动和电动启动的常闭排烟口

50. 根据现行国家标准《水喷雾灭火系统技术规范》（GB 50219），关于水喷雾灭火系统管道水压试验的说法，正确的是（　　）。

　　A. 水压试验时应采取防冻措施的最高环境温度为4℃
　　B. 不能参与试压的设备，应加以隔离或拆除
　　C. 试验的测试点宜设在系统管网的最高点
　　D. 水压试验的试验压力应为设计压力的1.2倍

51. 某酒店设置有水喷雾灭火系统，检查中发现雨淋报警阀组自动滴水阀漏水。下列原因分析中，与该漏水现象无关的是（　　）。

　　A. 系统侧管道中余水未排净　　　　　　B. 雨淋报警阀密封橡胶件老化
　　C. 雨淋报警阀组快速复位阀关闭　　　　D. 雨淋报警阀阀瓣密封处有杂物

52. 某28层大厦，建筑面积5000m²，分别由百货公司、宴会酒楼、温泉酒店使用，三家单位均符合消防安全重点单位界定标准，应当由（　　）向当地消防部门申报消防安全重点单位备案。

　　A. 各单位分别　　　　　　　　　　　　B. 大厦物业管理单位
　　C. 三家单位联合　　　　　　　　　　　D. 大厦消防设施维保单位

53. 消防技术服务机构对某石化企业安装的低倍数泡沫灭火系统进行日常检查与维护。维保人员开展的下列检查与维护工作中，不符合现行国家标准《泡沫灭火系统施工及验收规范》（GB 50281）的是（　　）。

　　A. 每周以手动或自动控制方式对消防泵和备用泵进行一次启动试验
　　B. 每月对低倍数泡沫产生器、泡沫比例混合装置、泡沫喷头等外观是否完好进行检查
　　C. 每年对除储罐上泡沫混合液立管外的全部管道进行冲洗，清除锈渣
　　D. 每两年对系统进行喷泡沫试验

54. 对一家大型医院安装的消防应急照明和疏散指示系统的安装质量进行检查。下列检查结果中，符合现行国家标准《建筑设计防火规范》（GB 50016）的是（　　）。

　　A. 消防控制室内的应急照明灯使用插头连接在侧墙上部的插座上
　　B. 疏散走道的灯光疏散指示标志安装在距离地面1.1m的墙面上
　　C. 主要疏散走道的灯光疏散指示标志的安装距离为30m

D. 门诊大厅，疏散走道的应急照明灯嵌入式安装在吊顶上

55. 根据现行国家标准《建筑消防设施的维护管理》（GB 25201），属于自动喷水灭火系统巡查内容是（　　）。

　　A. 水流指示器的外观

　　B. 报警阀组的强度

　　C. 喷头外观及距周边障碍物或保护对象的距离

　　D. 压力开关是否动作

56. 某在建 30 层写字楼。建筑高度 98m，建筑面积 150000m²，周边没有城市供水设施，根据现行国家标准《建设工程施工现场消防安全技术规范》（GB 50720）。该在建工程临时室外消防用水量应按（　　）计算。

　　A. 火灾延续时间 1.0h，消火栓用水量 10L/s

　　B. 火灾延续时间 0.5h，消火栓用水量 15L/s

　　C. 火灾延续时间 1.5h，消火栓用水量 20L/s

　　D. 火灾延续时间 2.0h，消火栓用水量 20L/s

57. 某大型城市综合体的餐饮、商店等商业设施通过有顶棚的步行街连接，且需利用步行街进行安全疏散。对该步行街进行防火检查，下列检查结果中，不符合现行国家标准要求的是（　　）。

　　A. 步行街的顶棚为玻璃顶

　　B. 步行街的顶棚距地面的高度为 5.8m

　　C. 步行街顶棚承重结构采用经防火保护的钢构件，耐火极限为 1.50h

　　D. 步行街两侧建筑之间的最近距离为 13m

58. 某建筑高度为 78m 的住宅建筑的外墙保温与装饰工程进行防火检查，该工程下列做法中，不符合现行国家标准要求的是（　　）。

　　A. 墙外保温系统与装饰层之间的空腔采用防火封堵材料在每层楼板处封堵

　　B. 保温系统与基层墙体之间的空腔采用防火封堵材料在每层楼板处封堵

　　C. 装饰材料选用燃烧性能为 B_1 级的轻质复合墙板

　　D. 保温系统采用玻璃棉作保温材料

59. 某一级加油站与 LPG 加气合建站，站房建筑面积为 150m²，该站的平面布置不符合现行国家标准《汽车加油加气站设计与施工规范》（GB 50156）的是（　　）。

　　A. 站房布置在加油加气作业区内

　　B. 加油加气作业区外设有经营性餐饮、汽车服务等设施

　　C. 电动汽车充电设施布置在加油加气作业区内

　　D. 站区设置了高度 2.2m 的不燃烧实体围墙

60. 某市在会展中心举办农产品交易会，有 2000 个厂商参展，根据《中华人民共和国消防法》，该场所不符合举办大型群众性活动消防安全的规定的做法是（　　）。

　　A. 由举办单位负责人担任交易会的消防安全责任人

　　B. 会展中心的消防水泵有故障，由政府专职消防队现场守护

　　C. 制定灭火和应急疏散预案并组织演练

　　D. 疏散通道、安全出口保持畅通

61. 对某电信大楼安装的细水雾灭火系统进行系统验收，根据现行国家标准《细水雾灭火系统技术规范》（GB 50898），下列检测结果中，属于工程质量缺陷项目一般缺陷项的是（　　）。

　　A. 资料中缺少系统及其主要组件的安装使用和维护说明书

　　B. 水质不符合设计规定的标准

C. 水泵的流量为设计流量的 90%
D. 安装的管道支架间距为设计要求的 120%

62. 消防技术服务机构对某高层写字楼的消防应急照明系统进行检测,下列检测结果中,不符合现行国家标准《建筑设计防火规范》(GB 50016)的是( )。
    A. 在二十层楼梯间前室测得的地面照度值为 4.0lx
    B. 在二层疏散走道测得的地面照度值为 2.0lx
    C. 在消防水泵房切断正常照明前、后测得的地面照度值相同
    D. 在十六层避难层测得的地面照度值为 5.0lx

63. 某消防工程施工单位对设计工作压力为 0.8MPa 的消火栓系统管网进行水压严密性试验,水压严密性试验的下列做法中,正确的是( )。
    A. 试验压力 0.8MPa,稳压 24h   B. 试验压力 0.96MPa,稳压 12h
    C. 试验压力 1.0MPa,稳压 10h   D. 试验压力 1.2MPa,稳压 8h

64. 某消防技术服务机构对办公楼内的火灾自动报警系统进行维护保养。在检查火灾报警控制器的信息显示与查询功能时,发现位于会议室的 1 只感烟探测器出现故障报警信号。感烟探测器出现故障报警信号,可排除的原因是( )。
    A. 感烟探测器与底座接触不良   B. 感烟探测器本身老化损坏
    C. 感烟探测器底座与吊顶脱离   D. 感烟探测器底座一个接线端子松脱

65. 对某大厦设置的机械防烟系统的正压送风机进行单机调试,下列调试方法和结果中,符合现行国家标准《建筑防烟排烟系统技术标准》(GB 51251)的是( )。
    A. 模拟火灾报警后,相应防烟分区的正压送风口打开并联动正压送风机启动
    B. 经现场测定,正压送风机的风量值、风压值分别为风机铭牌值的 97%,105%
    C. 在消防控制室远程手动启、停正压送风机,风机启动、停止功能正常
    D. 手动开启正压送风机,风机正常运转 1.0h 后,手动停止风机

66. 某 3 层大酒楼,营业面积 8000m²,可容纳 2000 人同时用餐,厨房用管道天然气作为热源。大酒楼制定了灭火和应急疏散预案,预案中关于处置燃气泄漏的程序和措施,第一步应是( )。
    A. 打燃气公司电话报警   B. 打 119 电话报警
    C. 立即关闭电源   D. 立即关阀断气

67. 某大型冷库在建工程,施工现场需要运行防火作业,根据现行国家标准《建设工程施工现场消防安全技术规范》(GB 50720),氧气瓶与乙炔气瓶的工作间距,气瓶与明火作业点的最小距离分别不应小于( )。
    A. 5m,10m   B. 5m,8m   C. 4m,9m   D. 4m,10m

68. 对某煤粉生产车间进行防火防爆检查,下列检查结果中,不符合现行国家标准要求的是( )。
    A. 车间排风系统设置了导除静电的接地装置
    B. 排风管采用明敷的金属管道,并直接通向室外安全地点
    C. 送风系统采用了防爆型的通风设备
    D. 净化粉尘的干式除尘器和过滤器布置在系统的正压段上,且设置了泄压装置

69. 对某区域进行区域火灾风险评估时,应遵照系统性、实用性、可操作性原则进行评估。下列区域火灾风险评估的做法中,错误的是( )。
    A. 把评估范围确定为整个区域范围内的社会因素,建筑群和交通路网等
    B. 在信息采集时采集评估区域内的人口情况、经济情况和交通情况等
    C. 建立评估指标体系时将区域基础信息、火灾危险源作为二级指标
    D. 在进行风险识别时把火灾风险分为客观因素和人为因素两类

70. 根据现行国家标准《消防给水及消火栓系统技术规范》（GB 50974），室内消火栓系统上所有的控制阀门均应采用铅封锁链固定在开启规定的状态，且应（　　）对铅封、锁链进行一次检查，当有破坏或损坏时应及时修理更换。

　　A. 每月　　　　　　B. 每季度　　　　　　C. 每半年　　　　　　D. 每年

71. 某7层病房大楼，建筑高度27m，每层划分2个防火分区，走道两侧双面布房，每层设计容纳人数为110人。下列对该病房大楼安全疏散设施的防火检查中，不符合现行国家标准要求的是（　　）。

　　A. 楼层水平疏散走道的净宽度为1.60m
　　B. 疏散楼梯及首层疏散外门的净宽度均为1.30m
　　C. 疏散走道在防火分区设置具有自行关闭和信号反馈功能的常开甲级防火门
　　D. 疏散走道与合用前室之间设置耐火极限3.00h且具有停滞功能的防火卷帘

72. 对某商业建筑进行防火检查，下列避难走道的检查结果中，符合现行国家标准要求的是（　　）。

　　A. 防火分区通向避难走道的门至避难走道直通地面的出口的距离最远为65m
　　B. 避难走道仅与一个防火分区相通，该防火分区设有2个直通室外的安全出口，避难走道设置1个直通地面的出口
　　C. 避难走道采用耐火极限3.00h的防火墙和耐火极限1.00h的楼板与其他区域进行分隔
　　D. 防火分区至避难走道入口处设置防烟前室，每个前室的建筑面积为6.0m²

73. 某耐火等级为一级的单层是赛璐珞棉仓库，占地面积360m²，未设置防火分隔和自动消防设施，对该仓库提出的下列整改措施中，正确的是（　　）。

　　A. 将该仓库作为1个防火分区，增设自动喷水灭火系统和火灾自动报警系统
　　B. 将该仓库用耐火极限为4.00h的防火墙平均划分为4个防火分区，并增设火灾自动报警系统
　　C. 将该仓库用耐火极限为4.00h的防火墙平均划分为3个防火分区，并增设自动喷水灭火系统
　　D. 将该仓库用耐火极限为4.00h的防火墙平均划分为6个防火分区

74. 根据现行行业标准《建筑消防设施检测技术规程》（GA 503），不属于消防设施检测项目的是（　　）。

　　A. 电动排烟窗　　　　B. 电动防火阀　　　　C. 灭火器　　　　D. 消防救援窗口

75. 对某大型超市设置的机械排烟系统进行验收，其中两个防烟分区的验收测试结果中，符合现行国家标准《建筑防烟排烟系统技术标准》（GB 51251）的是（　　）。

　　A. 开启防烟分区一的全部排烟口，排烟风机启动后测试排烟口处的风速为13m/s
　　B. 开启防烟分区一的全部排烟口，补风机启动后测试补风口处的风速为9m/s
　　C. 开启防烟分区二的全部排烟口，排烟风机启动后测试排烟口处的风速为8m/s
　　D. 开启防烟分区二的全部排烟口，补风机启动后测试补风口处的风速为7m/s

76. 对某建筑高度为120m的酒店进行消防验收检测，消防车道、消防车登高操作场地、消防救援窗口的实测结果中，不符合现行国家标准要求的是（　　）。

　　A. 沿建筑设置环形消防车道，车道净宽为4.0m
　　B. 消防车登高操作场地的长度和宽度分别为15m和12m
　　C. 消防车道的转弯半径为15m
　　D. 消防救援窗口的净高和净宽均为1.1m，下沿距室内地面1.1m

77. 某星级宾馆属于消防安全重点单位，关于该星级宾馆消防安全重点部位的确定的说法，错误的是（　　）。

　　A. 应将空调机房确定为消防安全重点部位
　　B. 应将厨房、发电机房确定为消防安全重点部位
　　C. 应将夜总会确定为消防安全重点部位

D. 应将变配电室、消防控制室确定为消防安全重点部位

78. 某大型体育中心，设有多个竞赛场馆和健身、商业、娱乐、办公等设施。对该中心进行火灾风险评估时，消防安全措施有效性分析属于（　　）。

　　A. 信息采集　　　　　　　　　　　　B. 风险识别
　　C. 评估指标体系建立　　　　　　　　D. 风险分析与计算

79. 在消防给水系统减压阀的维护管理中应定期对减压阀进行检测，对减压阀组进行一次放水试验，并应检测和记录减压阀前后的压力，应（　　）。

　　A. 每季度一次　　B. 每半年一次　　C. 每月一次　　D. 每年一次

80. 对某高层办公楼进行防火检查，设在走道上的常开式钢质防火门的下列检查中，不符合现行国家标准要求的是（　　）。

　　A. 门框内充填石棉材料
　　B. 消防控制室手动发出关闭指令，防火门联动关闭
　　C. 双扇防火门的门扇之间间隙为3mm
　　D. 防火门门扇的开启力为80N

二、多项选择题（共20小题，每题2分，每题的备选项中有2个或2个以上符合题意。错选、漏选不得分；少选，所选的每个选项得0.5分）

81. 消防工程施工单位的技术人员对某商场的火灾自动报警系统进行联动调试。下列对防火门和防火卷帘联动调试的结果中，符合现行国家标准要求的有（　　）。

　　A. 常开防火门所在防火分区内的两只独立的火灾探测器报警后，防火门关闭
　　B. 常开防火门所在防火分区内的一只手动火灾报警按钮动作后，防火门关闭
　　C. 防火分区内一只专门用于联动防火卷帘的感温探测器报警后，疏散走道上的防火卷帘下降至距楼板面1.8m处
　　D. 防火分区内两只独立的感烟探测器报警后，疏散走道上的防火卷帘下降至距楼板面1.8m处
　　E. 防火分区内两只独立的感烟探测器报警后，用于防火分区分隔的防火卷帘直接下降到楼板面

82. 根据现行国家标准《消防给水及消火栓系统技术规范》（GB 50974），对消防给水及消火栓系统进行验收前的检测。下列检测结果中，属于工程质量缺陷项目重缺陷项的有（　　）。

　　A. 消防水泵出水管上的控制阀关闭
　　B. 消防水泵主、备泵相互切换不正常
　　C. 消防水池吸水管喇叭口位置与设计位置存在误差
　　D. 消防水泵运转中噪声及震动较大
　　E. 高位消防水箱未设水位报警装置

83. 对某多层旅馆设置的自动喷水灭火系统进行验收前检测，检测结果如下：（1）手动启动消防泵29s后，水泵投入正常运行；（2）系统使用的喷头均无备用品；（3）直立型标准覆盖面积洒水喷头与端墙的距离为2.2m；（4）水力警铃卡阻致水力警铃不报警。根据《自动喷水灭火系统施工及验收规范》（GB 50261），对该系统施工质量缺陷判定及系统验收结果判定，结论正确的有（　　）。

　　A. 检测结果中有严重缺陷1项　　　　B. 检测结果中有重缺陷2项
　　C. 检查结果中有轻缺陷1项　　　　　D. 该项目整体质量不合格
　　E. 该项目整体质量合格

84. 消防工程施工单位对安装在某大厦地下车库的机械排烟系统进行系统联动调试。下列调试方法和结果中，符合现行国家标准《建筑防烟排烟系统技术标准》（GB 51251）的有（　　）。

　　A. 手动开启任一常闭排烟口，相应的排烟风机联动启动

B. 模拟火灾报警后12s，相应的排烟口、排烟风机联动启动
C. 补风机启动后，在补风口处测得的风速为8m/s
D. 模拟火灾报警后20s，相应的补风机联动启动
E. 排烟风机启动后，在排烟口处测得的风速为12m/s

85. 下列安全出口与疏散门的防火检查结果中，不符合现行国家标准要求的有（   ）。
A. 单层的谷物仓库在外墙上设置净宽为5.00m的金属推拉门作为疏散门
B. 多层老年人照料设施中，位于走道尽端的康复用房，建筑面积为45m²，设置一个疏散门
C. 多层建筑内建筑面300m²的歌舞厅室内最远点至疏散门的距离为12m
D. 多层办公楼封闭楼梯间的门采用双向弹簧门
E. 防烟楼梯间首层直接对外的门采用与楼梯梯段等宽的向外开启的安全玻璃门

86. 某会展中心工程按照现行国家标准设计了火灾自动报警系统、自动喷水灭火系统、防排烟系统和消火栓系统等消防设施。根据《中华人民共和国消防法》，下列选择使用消防产品的要求正确的有（   ）。
A. 有国家标准的消防产品必须符合国家标准
B. 优先选用专业消防设备生产厂生产的消防产品
C. 没有国家标准的消防产品，必须符合行业标准
D. 优先选用经技术鉴定的消防产品
E. 禁止使用不合格的消防产品以及国家明令淘汰的消防产品

87. 某消防技术服务机构对某歌舞厅的灭火器进行日常检查维护。该消防技术服务机构的下列检查维护工作中，符合现行国家标准要求的有（   ）。
A. 每半月对灭火器的零部件完整性开展检查并记录
B. 将筒体严重锈蚀的灭火器送至专业维修单位维修
C. 每半月对灭火器的驱动气体压力开展检查并记录
D. 将筒体明显锈蚀的灭火器送至该灭火器的生产企业维修
E. 将灭火剂泄漏的灭火器送至该灭火器的生产企业维修

88. 根据现行国家标准《自动喷水灭火系统施工及验收规范》（GB 50261）关于自动喷水灭火系统应每月检查维护项目的说法，正确的有（   ）。
A. 每月利用末端试水装置对水流指示器进行试验
B. 每月对消防水泵的供电电源进行检查
C. 每月对喷头进行一次外观及备用数量检查
D. 每月对消防水池，消防水箱的水位及消防气压给水设备的气体压力进行检查
E. 寒冰季节，每月检查设置储水设备的房间，保持室温不低于5℃。任何部位不得结冰

89. 某老年人照料设施，地上10层，建筑高度为33m，设有2部防烟楼梯间，1部消防电梯及1部客梯，防烟楼梯间前室和消防电梯前室分开设置，标准层面积为1200m²，中间设有疏散走道，走道两侧双面布房。对该老年人照料设施进行防火检查，下列检查结果中，符合现行国家标准《建筑设计防火规范》（GB 50016）的有（   ）。
A. 在建筑首层设置了厨房和餐厅
B. 房间疏散门的净宽度为0.90m
C. 疏散走道的净宽度为1.4m
D. 第四层设有建筑面积为150m²的阅览室，最大容纳人数为20人
E. 每层利用消防电梯的前室作为避难间，前室的建筑面积为12m²

90. 某大型地下商业建筑，占地面积30000m²。下列对该建筑防火分隔措施的检查结果中，不符合现行国家标准要求的有（   ）。
   A. 消防控制室房间门采用乙级防火门
   B. 空调机房房间门采用乙级防火门
   C. 气体灭火系统储瓶间房间门采用乙级防火门
   D. 变配电室房间门采用乙级防火门
   E. 通风机房房间门采用乙级防火门

91. 某住宅小区，均为10层住宅楼，建筑高度31m。每栋设有两个单元，每个单元标准层建筑面积为600m²，户门均采用乙级防火门且至最近安全出口的最大距离为12m。下列防火检查结果中，符合现行国家标准要求的有（   ）。
   A. 抽查一层住宅的外窗，与楼梯间外墙上的窗最近边缘的水平距离为15m
   B. 疏散楼梯采用敞开楼梯间
   C. 敞开楼梯间内局部敷设的天然气管道采用钢套管保护并设置切断气源的装置
   D. 每栋楼每个单元设一部疏散楼梯，单元之间的疏散楼梯可通过屋面连通
   E. 敞开楼梯间内设置垃圾道，垃圾道开口采用甲级防火门进行防火分隔

92. 某单位计算机房位于地下一层，净空高度为4.5m，采用单元独立式IG541气体灭火系统进行防护，灭火剂设计储存压力为20MPa。消防技术服务机构对该气体灭火系统进行检测。下列检测结果中，符合现行国家标准要求的有（   ）。
   A. 灭火剂储存容器阀上安全泄压装置的动作压力为28MPa
   B. 低泄高封阀安装在驱动气体管道的末端
   C. 防护区内设置机械排风装置，其通风换气次数为每小时3次
   D. 80L灭火剂储存容器内的灭火剂储存量为19.5kg
   E. 泄压口距地面高度为2.9m

93. 某建筑高度为98m的多功能建筑，在进行室内装修工程施工时，不符合现行国家标准要求的做法有（   ）。
   A. 对现场阻燃处理后的木质材料，每种取2m²检验燃烧性能
   B. 对木质材料表面进行防火涂料处理时，均匀涂刷一次防火涂料
   C. 对B₁级木质材料进场进行见证取样检验
   D. 对木质材料进行阻燃处理时，将木质材料的含水率控制在10%以下
   E. 对木质材料表面涂刷防火涂料的用量为450g/m²

94. 某建筑高度为36m的高层住宅楼，疏散楼梯采用剪刀楼梯间，设有消防电梯，剪刀楼梯间共用前室，且与消防电梯的前室合用。该住宅楼的下列防火检查结果中，符合现行国家标准要求的有（   ）。
   A. 每户的入户门为净宽1.0m的乙级防火门
   B. 消防电梯轿厢内设有专用消防对讲电话
   C. 合用前室的使用面积为10m²，短边长度为2.4m
   D. 消防电梯内铭牌显示其载重量1200kg
   E. 消防电梯轿厢内采用阻燃木饰面装修

95. 对某展览馆安装的火灾自动报警系统进行验收前检测，下列检测结果中，符合现行国家标准《火灾自动报警系统施工及验收规范》（GB 50166）的有（   ）。
   A. 使用发烟器对任一感烟探测器发烟，火灾报警控制器发出火灾报警信号
   B. 在火灾报警控制器处于故障报警状态下，对任一非故障部位的探测器发出火灾报警信号后55s，

控制器发出火灾报警信号

C. 消防联动控制器接收到任意两只独立的火灾探测器的报警信号后，联动启动消防泵

D. 断开消防联动控制器与输入/输出模块的连线后 80s，控制器发出故障信号

E. 消防联动控制器接收到两只独立的火灾探测器的报警信号后，火警信号所在防火分区的火灾声光警报器启动

96. 某城市天然气调配站建有 4 个储气罐，消防检查发现存在火灾隐患。根据现行国家标准《重大火灾隐患判定方法》（GB 35181），下列检查结果中，可以综合判定为重大火灾隐患的综合判定要素有（　　）。

　　A. 推车式干粉灭火器压力表指针位于黄区

　　B. 有一个天然气储罐未设置固定喷水冷却装置

　　C. 室外消火栓阀门关闭不严漏水

　　D. 消防车道被堵塞

　　E. 有一个天然气储罐已设置的固定喷水冷却装置不能正常使用

97. 对某桶装煤油仓库开展防火检查，查阅资料得知，该仓库屋面板设计为泄压面。下列检查结果中，符合现行国家标准要求的有（　　）。

　　A. 在仓库门洞处修筑了高为 200mm 的漫坡　　B. 仓库照明设备采用了普通 LED 灯

　　C. 采用 55kg/m² 的材料作为屋面板　　D. 屋面板采取了防冰雪积聚措施

　　E. 外墙窗户采用钢化玻璃

98. 某箱包加工生产企业，厂房建筑 5 层，建筑面积 5000m²，员工 600 人，企业组织开展半年度灭火和应急疏散演练。根据《机关、团体、企业、事业单位消防安全管理规定》（公安部令第 61 号），演练结束后，应当记录存档的内容有（　　）。

　　A. 演练方案概要、发现的问题与原因　　B. 经验教训以及改进工作建议

　　C. 当地消防队情况　　D. 演练的内容、时间和地点

　　E. 参加演练单位和人员

99. 某大厦地下车库共设置两樘防火卷帘，对其进行联动检查试验时，使两个独立的感烟探测器动作后，一樘防火卷帘直接下降到楼地面，另一樘防火卷帘未动作，但联动控制器显示控制该防火卷帘的模块已经动作。防火卷帘未动作的原因可能有（　　）。

　　A. 防火卷帘手动按钮盒上的按钮损坏　　B. 防火卷帘控制器未接通电源

　　C. 防火卷帘控制器中的控制继电器损坏　　D. 联动控制防火卷帘的逻辑关系错误

　　E. 联动模块至防火卷帘控制器之间线路断路

100. 进行区域消防安全评估时应对区域消防力量进行分析评估。对区域消防力量评估的主要内容有（　　）。

　　A. 消防通信指挥调度能力　　B. 消防教育水平

　　C. 火灾预警能力　　D. 消防装备配置水平

　　E. 消防站数量

参考答案解析与视频讲解

1. 【答案】B

【解析】根据《中华人民共和国消防法》第六十一条 生产、储存、经营易燃易爆危险品的场所与居住场所设置在同一建筑物内,或者未与居住场所保持安全距离的,责令停产停业,并处五千元以上五万元以下罚款。生产、储存、经营其他物品的场所与居住场所设置在同一建筑物内,不符合消防技术标准的,依照前款规定处罚。

2. 【答案】A

【解析】根据《中华人民共和国消防法》第六十条 单位违反本法规定,有下列行为之一的,责令改正,处五千元以上五万元以下罚款:(一)消防设施、器材或者消防安全标志的配置、设置不符合国家标准、行业标准,或者未保持完好有效的;(二)损坏、挪用或者擅自拆除、停用消防设施、器材的;(三)占用、堵塞、封闭疏散通道、安全出口或者有其他妨碍安全疏散行为的;(四)埋压、圈占、遮挡消火栓或者占用防火间距的;(五)占用、堵塞、封闭消防车通道,妨碍消防车通行的;(六)人员密集场所在门窗上设置影响逃生和灭火救援的障碍物的;(七)对火灾隐患经公安机关消防机构通知后不及时采取措施消除的。

3. 【答案】A

【解析】根据《中华人民共和国刑法》第一百三十九条第一款规定,消防责任事故罪,是指违反消防管理法规,经消防监督机构通知采取改正措施而拒绝执行,造成严重后果的行为。犯本罪的,处三年以下有期徒刑或者拘役;后果特别严重的,处三年以上七年以下有期徒刑。

4. 【答案】C

【解析】根据《中华人民共和国行政处罚法》第八条 行政处罚的种类:(一)警告;(二)罚款;(三)没收违法所得、没收非法财物;(四)责令停产停业;(五)暂扣或者吊销许可证、暂扣或者吊销执照;(六)行政拘留;(七)法律、行政法规规定的其他行政处罚。第九条 法律可以设定各种行政处罚。限制人身自由的行政处罚,只能由法律设定。第五十一条 当事人逾期不履行行政处罚决定的,作出行政处罚决定的行政机关可以采取下列措施:(一)到期不缴纳罚款的,每日按罚款数额的百分之三加处罚款;(二)根据法律规定,将查封、扣押的财物拍卖或者将冻结的存款划拨抵缴罚款;(三)申请人民法院强制执行。

5. 【答案】D

【解析】根据《注册消防工程师管理规定》(公安部令第143号)第二十九条规定,受聘于消防技术服务机构的注册消防工程师,每个注册有效期应当至少参与完成3个消防技术服务项目;受聘于消防安全重点单位的注册消防工程师,一个年度内应当至少签署1个消防安全技术文件。

6. 【答案】D

【解析】该建筑为公共建筑,八层为局部突出设备用房,占屋面积小于1/4,不计入建筑高度,故该建筑高度:21-(-0.45)=21.45(m),小于24m所以该建筑是多层公共建筑。

7. 【答案】A

【解析】根据《自动喷水灭火系统设计规范》(GB 50084—2017)的相关规定:第8.0.2条,配水管道可采用内外壁热镀锌钢管、涂覆钢管、铜管、不锈钢管和氯化聚氯乙烯管。A项符合标准。第8.0.1条,配水管道的工作压力不应大于1.20MPa。B项不符合标准。第6.5.2条,排水立管管径不应小于75mm。D项不符合标准。

根据《消防给水及消火栓系统技术规范》（GB 50974—2014）第5.3.3条第3款，稳压泵的设计压力应保持系统最不利点处水灭火设施在准工作状态时的静水压力应大于0.15MPa。C项不符合标准。

8. 【答案】B

【解析】根据《消防给水及消火栓系统技术规范》（GB 50974—2014）的相关规定：第13.1.4条第1款以自动直接启动或手动直接启动消防水泵时，消防水泵应在55s内投入正常运行，且应无不良噪声和振动，选项A不符合规范要求；第13.1.4条第4款消防水泵零流量时的压力不应超过设计工作压力的140%，选项B符合规范要求；第13.1.4条第2款以备用电源切换方式启动消防水泵时，消防水泵应在1min内投入正常运行，选项C不符合规范要求；第13.1.4条第4款当出流量为设计工作流量的150%时，其出口压力不应低于设计工作压力的65%，选项D不符合规范要求。

9. 【答案】D

【解析】根据《消防给水及消火栓系统技术规范》（GB 50974—2014），第13.1.2条第1款水源调试属于系统调试的内容；第13.1.2条第5款消火栓调试属于系统调试的内容；消防水泵对临时高压系统来讲，是扑灭火灾时的主要供水设施，本题采用的是常高压消防给水系统，因此不需要对消防水泵调试。高位消防水池在本题中作为给水设施需要进行调试。

10. 【答案】B

【解析】根据《防火卷帘、防火门、防火窗施工及验收规范》（GB 50877—2014）的相关规定：

5.2.10.2 防火卷帘控制器及手动按钮盒的安装应牢固可靠，其底边距地面高度宜为1.3~1.5m。D项符合标准。

6.2.3.2 防火卷帘运行功能的调试应符合下列规定：防火卷帘电动启、闭的运行速度应为2~7.5m/min，其重下降速度不应大于9.5m/min。A项符合标准。

6.2.3条文说明 现行国家标准《防火卷帘》（GB 14102—2005）规定，防火卷帘应装配温控释放装置，当释放装置的感温元件周围温度达到(73±0.5)℃时，释放装置动作，卷帘应依自重下降关闭。B项不符合标准。

根据《火灾自动报警系统设计规范》（GB 50116—2013）的相关规定：

4.6.3 疏散通道上设置的防火卷帘的联动控制设计，应符合下列规定：

1 联动控制方式，防火分区内任两只独立的感烟火灾探测器或任一只专门用于联动防火卷帘的感烟火灾探测器的报警信号应联动控制防火卷帘下降至距楼板面1.8m处；任一只专门用于联动防火卷帘的感温火灾探测器的报警信号应联动控制防火卷帘下降到楼板面；在卷帘的任一侧距卷帘纵深0.5~5m内应设置不少于2只专门用于联动防火卷帘的感温火灾探测器。C项符合标准。

11. 【答案】D

【解析】根据《消防给水及消火栓系统技术规范》（GB 50974—2014）的相关规定：

12.2.3.14 进场检验消火栓固定接口应进行密封性能试验，应以无渗漏、无损伤为合格。试验数量宜从每批中抽查1%，但不应少于5个，应缓慢而均匀地升压1.6MPa，应保压2min。当两个及两个以上不合格时，不应使用该批消火栓，当仅有1个不合格时，应再抽查2%，但不应少于10个，并应重新进行密封性能试验；当仍有不合格时，亦不能使用该批消火栓。

12. 【答案】B

【解析】根据《自动喷水灭火系统设计规范》（GB 50084—2017）的相关规定：

2.1.12 防护冷却系统由闭式洒水喷头、湿式报警阀组等组成，发生火灾时用于冷却防火卷帘、防火玻璃墙等防火分隔设施的闭式系统。

172

13. 【答案】A

【解析】火灾探测器的安装，应符合下列要求：1）当探测区域的高度不大于20m时，光束轴线至顶棚的垂直距离宜为0.3~1.0m；当探测区域的高度大于20m时，光束轴线距探测区域的地（楼）面高度不宜超过20m。A项不符合标准。2）探测器至空调送风口最近边的水平距离，不应小于1.5m；至多孔送风顶棚孔口的水平距离，不应小于0.5m。B项符合标准。3）在宽度小于3m内的走道顶棚上安装探测器时，宜居中安装。点型感温火灾探测器的安装间距，不应超过10m；点型感烟火灾探测器的安装间距，不应超过15m。C项符合标准。4）安装位置应根据探测气体密度确定。若其密度小于空气密度，探测器应位于可能出现泄漏点的上方或探测气体的最高可能聚集点上方。D项符合标准。

14. 【答案】A

【解析】消防水泵出水干管上的压力开关动作后，消防水泵启动，不受消防联动控制器处于手动或自动影响。

15. 【答案】B

【解析】根据《气体灭火系统施工及验收规范》（GB 50263—2007）中 E.3.1 第 3 款，模拟喷气试验的条件应符合下列规定：卤代烷灭火系统模拟喷气试验不应采用卤代烷灭火剂，宜采用氮气，也可采用压缩空气。氮气或压缩空气储存容器与被试验的防护区或保护对象用的灭火剂储存容器的结构、型号、规格应相同，连接与控制方式应一致，氮气或压缩空气的充装压力按设计要求执行。氮气或压缩空气储存容器数不应少于灭火剂储存容器数的20%，且不得少于1个。选项 A、C 错误，选项 B 正确。模拟喷气试验宜采用自动启动方式。选项 D 错误。

16. 【答案】B

【解析】根据《建筑设计防火规范》（GB 50016—2014）的相关规定：

5.5.19 人员密集的公共场所、观众厅的疏散门不应设置门槛，其净宽度不应小于 1.40m，且紧靠门口内外各 1.40m 范围内不应设置踏步。选项 B 不符合标准，C 符合标准。人员密集的公共场所的室外疏散通道的净宽度不应小于 3.00m，并应直接通向宽敞地带。选项 A 符合标准。

5.5.17 公共建筑的安全疏散距离应符合下列规定：

2 楼梯间应在首层直通室外，确有困难时，可在首层采用扩大的封闭楼梯间或防烟楼梯间前室。当层数不超过 4 层且未采用扩大的封闭楼梯间或防烟楼梯间前室时，可将直通室外的门设置在离楼梯间不大于 15m 处。该建筑为三层。D 选项符合标准。

17. 【答案】C

【解析】施工单位开展消防安全教育培训的方法和内容：工程施工队施工人员进行消防安全教育；在工地醒目位置、住宿场所设置消防安全宣传栏和警示标识；对明火作业人员进行经常性的消防安全教育。

18. 【答案】B

【解析】采用耐火极限为 3.00h 的防火墙分隔，墙上不应设置甲级防火门，A 项不符合标准。采用防火隔间分隔，墙体应采用耐火极限不低于 3.00h 的防火隔墙，C 项不符合标准。采用避难走道分隔，避难走道防火隔墙的耐火极限应不低于 3.00h，D 项不符合标准。

19. 【答案】D

【解析】根据题干描述，1个防护区（1号）的灭火剂用量是另一个防护区（2号）的两倍，1号驱动气瓶只能打开2号区的容器阀，2号驱动气瓶可以打开1号和2号气瓶的容器阀。另为防止回流，另一气体管路上也应该有1个单向阀。因此2个最合理。

20. 【答案】A

【解析】根据《干粉灭火系统设计规范》（GB 50347—2004）的相关规定：

3.4.1 预制灭火装置应符合下列规定：

1 灭火剂储存量不得大于150kg。

2 管道长度不得大于20m。

3 工作压力不得大于2.5MPa。

5.1.1.2 干粉储存容器设计压力可取1.6MPa或2.5MPa压力级。

3.4.3 一个防护区或保护对象所用预制灭火装置最多不得超过4套，并应同时启动，其动作响应时间差不得大于2s。

21. 【答案】B

【解析】根据《建筑防烟排烟系统技术标准》（GB 51251—2017）的相关规定：

9.0.3 每季度应对防烟、排烟风机、活动挡烟垂壁、自动排烟窗进行一次功能检测启动试验及供电线路检查，检查方法应符合本标准第7.2.3条～第7.2.5条的规定。C、D项不符合标准。

9.0.4 每半年应对全部排烟防火阀、送风阀或送风口、排烟阀或排烟口进行自动和手动启动试验一次，检查方法应符合本标准第7.2.1条、第7.2.2条的规定。A项不符合标准。

9.0.5 每年应对全部防烟、排烟系统进行一次联动试验和性能检测，其联动功能和性能参数应符合原设计要求，检查方法应符合本标准第7.3节和第8.2.5条～第8.2.7条的规定。B项符合标准。

22. 【答案】C

【解析】根据《建筑设计防火规范》（GB 50016—2014）的相关规定：

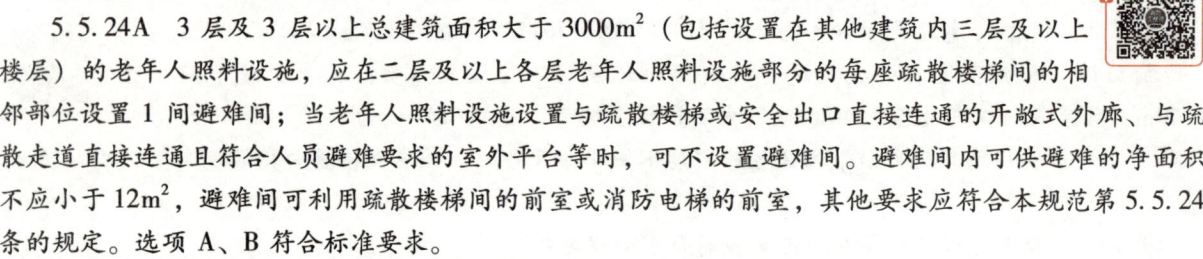

5.5.24A 3层及3层以上总建筑面积大于3000m²（包括设置在其他建筑内三层及以上楼层）的老年人照料设施，应在二层及以上各层老年人照料设施部分的每座疏散楼梯间的相邻部位设置1间避难间；当老年人照料设施设置与疏散楼梯或安全出口直接连通的开敞式外廊、与疏散走道直接连通且符合人员避难要求的室外平台等时，可不设置避难间。避难间内可供避难的净面积不应小于12m²，避难间可利用疏散楼梯间的前室或消防电梯的前室，其他要求应符合本规范第5.5.24条的规定。选项A、B符合标准要求。

5.5.23 建筑高度大于100m的公共建筑，应设置避难层（间）。避难层（间）应符合下列规定：避难层可兼作设备层。设备管道宜集中布置，其中的易燃、可燃液体或气体管道应集中布置，设备管道区应采用耐火极限不低于3.00h的防火隔墙与避难区分隔。管道井和设备间应采用耐火极限不低于2.00h的防火隔墙与避难区分隔，管道井和设备间的门不应直接开向避难区；确需直接开向避难区时与避难层区出入口的距离不应小于5m，且应采用甲级防火门。选项D符合标准。避难间内不应设置易燃、可燃液体或气体管道，不应开设除外窗、疏散门之外的其他开口。应设置消火栓和消防软管卷盘。应设置消防专线电话和应急广播。选项C不符合标准要求。

23. 【答案】A

【解析】根据《建筑设计防火规范》（GB 50016—2014）的相关规定：

6.4.12 用于防火分隔的下沉式广场等室外开敞空间，应符合下列规定：

1 分隔后的不同区域通向下沉式广场等室外开敞空间的开口最近边缘之间的水平距离不应小于13m。室外开敞空间除用于人员疏散外不得用于其他商业或可能导致火灾蔓延的用途，其中用于疏散的净面积不应小于169m²。

2 下沉式广场等室外开敞空间内应设置不少于1部直通地面的疏散楼梯。当连接下沉广场的防火分区需利用下沉广场进行疏散时，疏散楼梯的总净宽度不应小于任一防火分区通向室外开敞空间的设计疏散总净宽度。

3 确需设置防风雨篷时，防风雨篷不应完全封闭，四周开口部位应均匀布置，开口的面积不应小于该空间地面面积的25%，开口高度不应小于1.0m；开口设置百叶时，百叶的有效排烟面积可按百叶通风口面积的60%计算。

24．【答案】A

【解析】鳗鱼饲料加工厂属于丙类厂房，饲料仓库属于丙类仓库。根据《建筑设计防火规范》（GB 50016—2014）的相关规定：

6.4.5 室外疏散楼梯，除疏散门外，楼梯周围2m内的墙面上不应设置门、窗、洞口。A选项不符合标准。

3.7.5 厂房内疏散楼梯、走道、门的各自总净宽度，应根据疏散人数按每100人的最小疏散净宽度不小于表3.7.5的规定计算确定。但疏散楼梯的最小净宽度不宜小于1.10m，D选项符合标准。

3.7.6 高层厂房和甲、乙、丙类多层厂房的疏散楼梯应采用封闭楼梯间或室外楼梯。建筑高度大于32m且任一层人数超过10人的厂房，应采用防烟楼梯间或室外楼梯。B选项符合标准。

3.8.2 每座仓库的安全出口不应少于2个，当一座仓库的占地面积不大于300m²时，可设置1个安全出口。C选项符合标准。

25．【答案】B

【解析】二氧化碳灭火器没有设置压力表，B项满足题意。

26．【答案】B

【解析】分消防控制室之间的消防设备可以互相传输、显示状态信息，不应相互控制。主消防控制室可对分消防控制室内的消防设施及其控制的消防系统和设备进行控制。

27．【答案】C

【解析】会议室顶棚采用岩棉装饰板燃烧性能等级为B_1吊顶，应采用燃烧性能等级为A级不燃材料。

28．【答案】D

【解析】公共聚集场所营业期间防火巡查应当至少每两小时一次。

29．【答案】A

【解析】根据《火灾自动报警系统施工及验收规范》（GB 50166—2007）中的相关规定：

4.3.2 按现行国家标准《火灾报警控制器》（GB 4717）的有关要求对控制器进行下列功能检查并记录：

2 使控制器与探测器之间的连线断路和短路，控制器应在100s内发出故障信号（短路时发出火灾报警信号除外）；在故障状态下，使任一非故障部位的探测器发出火灾报警信号，控制器应在1min内发出火灾报警信号，并应记录火灾报警时间；再使其他探测器发出火灾报警信号，检查控制器的再次报警功能。

4 使控制器与备用电源之间的连线断路和短路，控制器应在100s内发出故障信号。

6 使总线隔离器保护范围内的任一点短路，检查总线隔离器的隔离保护功能。

7 使任一总线回路上不少于10只的火灾探测器同时处于火灾报警状态，检查控制器的负载功能。

30．【答案】B

【解析】根据《自动喷水灭火系统施工及验收规范》（GB 50261—2017）中第7.2.5条，湿式报警阀组调试时，从末端装置处放水，当湿式报警阀进水压力大于0.14MPa、放水流量大于1L/s时，报警阀启动，带延迟器的水力警铃在5～90s内发出报警铃声，不带延迟器的水力警铃应在15s内发出报警铃声，压力开关动作，并反馈信号。公称直径小于200mm的雨淋阀调试时，自动

和手动方式启动的雨淋阀应在15s内启动。

31. 【答案】D
【解析】根据《建筑设计防火规范》(GB 50016)在仓库外部设有照明配电箱，仓库外部设照明开关。

32. 【答案】D
【解析】根据《火灾自动报警系统设计规范》(GB 50116—2013)中4.5.1条第2款，防烟系统的联动控制方式应符合下列规定：应由同一防烟分区内且位于电动挡烟垂壁附近的两只独立的感烟火灾探测器的报警信号，作为电动挡烟垂壁降落的联动触发信号，并应由消防联动控制器联动控制电动挡烟垂壁的降落。D项不符合标准。

33. 【答案】C
【解析】建筑采用经阻燃处理的木柱承重，承重墙体采用砖墙。根据《建筑设计防火规范》(GB 50016—2014) 5.1.2注1，除本规范另有规定外，以木柱承重且墙体采用不燃材料的建筑，其耐火等级应按四级确定。

34. 【答案】C
【解析】根据《自动喷水灭火系统设计规范》(GB 50084—2017)中表5.0.2（原表号，见表2-2-1）的规定：

表2-2-1 民用建筑和厂房高大空间场所采用湿式系统的设计基本参数

适用场所		最大净空高度 h（m）	喷水强度 [L/(min·m²)]	作用面积（m²）	喷头间距 S（m）
民用建筑	中庭、体育馆、航站楼等	8<h≤12	12	160	1.8≤S≤3.0
		12<h≤18	15		
	影剧院、音乐厅、会展中心等	8<h≤12	15		
		12<h≤18	20		
厂房	制衣制鞋、玩具、木器、电子生产车间等	8<h≤12	15	160	1.8≤S≤3.0
	棉纺厂、麻纺厂、泡沫塑料生产车间等		20		

注：1 表中未列入的场所，应根据本表规定场所的火灾危险性类比确定。
2 当民用建筑高大空间场所的最大净空高度为12m<h≤18m时，应采用非仓库型特殊应用喷头。

35. 【答案】D
【解析】根据《泡沫灭火系统施工及验收规范》(GB 50281—2006)第5.5.2条第5款连接泡沫产生装置的泡沫混合液管道上设置的压力表接口宜靠近防火堤外侧，并应竖直安装。D项不符合标准。

36. 【答案】C
【解析】根据《建筑灭火器配置验收及检查规范》(GB 50444—2008) 5.1.2条，每次送修的灭火器数量不得超过计算单元配置灭火器总数量的1/4。超出时，应选择相同类型和操作方法的灭火器替代，替代灭火器的灭火级别不应小于原配置灭火器的灭火级别。

37. 【答案】C
【解析】根据《建筑设计防火规范》(GB 50016—2014)的相关规定：
6.7.5 与基层墙体、装饰层之间无空腔的建筑外墙外保温系统，其保温材料应符合下列规定：

1 住宅建筑：建筑高度不大于 27m 时，保温材料的燃烧性能不应低于 B_2 级。D 选项符合标准。

2 除住宅建筑和设置人员密集场所的建筑外，其他建筑：建筑高度大于 24m，但不大于 50m 时，保温材料的燃烧性能不应低于 B_1 级。A 选项符合标准。建筑高度不大于 24m 时，保温材料的燃烧性能不应低于 B_2 级。B 选项符合标准。

6.7.4A 除本规范第 6.7.3 条规定的情况外，下列老年人照料设施的内、外墙体和屋面保温材料应采用燃烧性能为 A 级的保温材料：

1 独立建造的老年人照料设施。C 选项不符合标准。

38．【答案】D

【解析】根据《重大火灾隐患判定方法》（GB 35181—2017）中 6 直接判定要素第 6.9 条，托儿所、幼儿园的儿童用房以及老年人活动场所，所在楼层位置不符合国家工程建设消防技术标准的规定。选项 D 符合题意，其余选项均为综合判定要素。根据《建筑设计防火规范》（GB 50016—2014）托儿所、幼儿园的儿童用房和儿童游乐厅等儿童活动场所宜设置在独立的建筑内，且不应设置在地下或半地下；当采用一、二级耐火等级的建筑时，不应超过 3 层；采用三级耐火等级的建筑时，不应超过 2 层；采用四级耐火等级的建筑时，应为单层。

39．【答案】B

【解析】根据《水喷雾灭火系统技术规范》（GB 50219—2014）中第 10.0.2 条维护管理人员应经过消防专业培训，应熟悉水喷雾灭火系统的原理、性能和操作与维护规程。

40．【答案】C

【解析】根据《建筑设计防火规范》（GB 50016—2014）中第 6.3.4 条电线、电缆，可燃气体和甲、乙、丙类液体的管道不宜穿过建筑内的变形缝，确需穿过时，应在穿过处加设不燃材料制作的套管或采取其他防变形措施，并应采用防火封堵材料封堵。

41．【答案】C

【解析】低压二氧化碳储存装置内灭火剂的液位是月检项目，其他是巡查项目。

42．【答案】A

【解析】根据《泡沫灭火系统施工及验收规范》（GB 50281—2006）第 6.2.6 条第 2 款，低、中倍数泡沫灭火系统按本条第 1 款的规定喷水试验完毕，将水放空后，进行喷泡沫试验；当为自动灭火系统时，应以自动控制的方式进行；喷射泡沫的时间不应小于 1min；实测泡沫混合液的混合比及泡沫混合液的发泡倍数及到达最不利点防护区或储罐的时间和湿式联用系统自喷水至喷泡沫的转换时间应符合设计要求。选择最不利点的防护区或储罐，进行一次试验。A 项符合标准。

43．【答案】D

【解析】管道水压强度试验的试验压力最小应为工作压力的 1.5 倍，且不小于 0.8MPa。

44．【答案】C

【解析】根据《消防给水及消火栓系统技术规范》（GB 50974—2014）的相关规定：

7.4.2.2 消防软管卷盘应配置内径不小于 φ19 的消防软管，其长度宜为 30.0m。A 项不符合标准。

12.2.3.14 消火栓性能检查数量：试验数量宜从每批中抽查 1%，但不应少于 5 个。B 项不符合标准。

12.2.3.18 消防软管卷盘外观和一般检查数量：全数检查。C 项符合标准。D 项不符合标准。

45．【答案】A

【解析】根据《建筑设计防火规范》(GB 50016—2014)第10.1.10条第3款，消防配电线路宜与其他配电线路分开敷设在不同的电缆井、沟内；确有困难需敷设在同一电缆井、沟内时，应分别布置在电缆井、沟的两侧，且消防配电线路应采用矿物绝缘类不燃性电缆。A项不符合标准。

46. 【答案】C

【解析】根据《爆炸危险环境电力装置设计规范》(GB 50058—2014)第5.2.1条，考虑的因素是：爆炸危险区域的分区；可燃性粉尘云，可燃性粉尘层的最低引燃温度；可燃性物质和可燃性粉尘的分级；可燃性物质的引燃温度。

47. 【答案】D

【解析】开启末端试水装置，以1.1L/s的流量放水，带延迟功能的水流指示器1.5s时动作不符合要求，报警延迟时间应为2~90s范围内，且不可调节；根据《自动喷水灭火系统设计规范》(GB 50084—2017)第6.5.3条，末端试水装置安装高度为1.5m符合规范要求；最不利点末端放水试验时，自放水开始至水泵启动时间为3min符合要求；报警阀距地面的高度为1.2m符合要求。四项检测结果中符合现行国家标准要求的共有3个。

48. 【答案】C

【解析】根据《建筑灭火器配置设计规范》(GB 50140—2005)，酒店的布草间主要以固体火灾为主，4.2.1条A类火灾场所应选择水型灭火器、磷酸铵盐干粉灭火器、泡沫灭火器或卤代烷灭火器，因此不应配置二氧化碳灭火器。酒店的多功能厅主要以固体火灾为主，因此可配置水型灭火器。酒店的客房区走道主要以固体火灾为主，因此可配置磷酸铵盐干粉灭火器。酒店的厨房间主要以固体火灾和液体火灾为主，泡沫灭火器既可以灭A类火灾也可以灭B类火灾，因此可配置泡沫灭火器。

49. 【答案】B

【解析】动作温度为70℃的防火阀是通风空调系统组件。

50. 【答案】B

【解析】根据《水喷雾灭火系统技术规范》(GB 50219—2014)的相关规定：

8.3.15 管道安装完毕应进行水压试验，并应符合下列规定：

1 试验宜采用清水进行，试验时，环境温度不宜低于5℃，当环境温度低于5℃，当环境温度低于5℃时，应采取防冻措施。选项A错误。

2 试验压力应为设计压力的1.5倍。选项D错误。

3 试验的测试点宜设在系统管网的最低点，对不能参与试压的设备、阀门及附件，应加以隔离或拆除。选项B正确，选项C错误。

4 试验合格后，应按本规范表D.0.4记录。检查数量：全数检查。检查方法：管道充满水，排净空气，用试压装置缓慢升压，当压力升至试验压力后，稳压10min，管道无损坏、变形，再将试验压力降至设计压力，稳压30min，以压力不降、无渗漏为合格。

51. 【答案】C

【解析】检查中发现雨淋报警阀组自动滴水阀漏水原因：系统侧管道中余水未排净；雨淋报警阀密封橡胶件老化；雨淋报警阀阀瓣密封处有杂物。

52. 【答案】A

【解析】根据教材《消防安全技术综合能力》(2018年版)P447，同一栋建筑物中各自独立的产权单位或者使用单位，符合重点单位界定标准的，由各个单位分别独立申报备案。

53. 【答案】C

【解析】根据《泡沫灭火系统施工及验收规范》（GB 50281—2006）第8.2.3条，每半年除储罐上泡沫混合液立管和液下喷射防火堤内泡沫管道及高倍数泡沫产生器进口端控制阀后的管道外的其余管道进行冲洗，清除锈渣。

54.【答案】D

【解析】根据《建筑设计防火规范》（GB 50016—2014）的相关规定：

10.3.4 疏散照明灯具应设置在出口的顶部、墙面的上部或顶棚上；备用照明灯具应设置在墙面的上部或顶棚上。D项符合标准。

10.3.5 公共建筑、建筑高度大于54m的住宅建筑、高层厂房（库房）和甲、乙、丙类单、多层厂房，应设置灯光疏散指示标志，并应符合下列规定：

1 应设置在安全出口和人员密集的场所的疏散门的正上方。

2 应设置在疏散走道及其转角处距地面高度1.0m以下的墙面或地面上。灯光疏散指示标志的间距不应大于20m；对于袋形走道，不应大于10m；在走道转角区，不应大于1.0m。B、C项不符合标准。

根据教材《消防安全技术综合能力》（2018年版）P300，消防应急灯具与供电线路之间不能使用插头连接。A项不符合标准。

55.【答案】C

【解析】根据《建筑消防设施的维护管理》（GB 25201—2010）附录C自动喷水灭火系统巡查内容：

喷头外观及距周边障碍物或保护对象的距离；

报警阀组外观、试验阀门状况、排水设施状况、压力显示值；

充气设备及控制装置、排气设备及控制装置、火灾探测传动及现场手动控制装置外观及运行状况；

楼层或区域末端试验阀门处压力值和现场环境，系统末端试验装置外观及现场环境。

56.【答案】D

【解析】根据《建设工程施工现场消防安全技术规范》（GB 50720—2011）5.3.6条在建工程的临时室外消防用水量不应小于表5.3.6（原表号，见表2-2-2）的规定。

表2-2-2 在建工程的临时室外消防用水量

在建工程（单体）体积	火灾延续时间（h）	消火栓用水量（L/s）	每支消防水枪最小流量（L/s）
10000m³＜体积≤30000m³	1	15	5
体积＞30000m³	2	20	5

57.【答案】B

【解析】根据《建筑设计防火规范》（50016—2014）的相关规定：

5.3.6 餐饮、商店等商业设施通过有顶棚的步行街连接，且步行街两侧的建筑需利用步行街进行安全疏散时，应符合下列规定：

2 步行街两侧建筑相对面的最近距离均不应小于本规范对相应高度建筑的防火间距要求且不应小于9m。D项符合标准。

4 步行街两侧建筑的商铺，其面向步行街一侧的围护构件的耐火极限不应低于1.00h，并宜采用实体墙，其门、窗应采用乙级防火门、窗；当采用防火玻璃墙（包括门、窗）时，其耐火隔热性和耐火完整性不应低于1.00h；当采用耐火完整性不低于1.00h的非隔热性防火玻璃墙（包括门、窗）时，应设置闭式自动喷水灭火系统进行保护。相邻商铺之间面向步行街一侧应设置宽度不小于1.0m、耐火极限不低于1.00h的实体墙。A项符合标准。

当步行街两侧的建筑为多个楼层时，每层面向步行街一侧的商铺均应设置防止火灾竖向蔓延的措施，并应符合本规范第 6.2.5 条的规定；设置回廊或挑檐时，其出挑宽度不应小于 1.2m；步行街两侧的商铺在上部各层需设置回廊和连接天桥时，应保证步行街上部各层楼板的开口面积不应小于步行街地面面积的 37%，且开口宜均匀布置。

6 步行街的顶棚材料应采用不燃或难燃材料，其承重结构的耐火极限不应低于 1.00h。C 项符合标准。步行街内不应布置可燃物。

7 步行街的顶棚下檐距地面的高度不应小于 6.0m，顶棚应设置自然排烟设施并宜采用常开式的排烟口，且自然排烟口的有效面积不应小于步行街地面面积的 25%。常闭式自然排烟设施应能在火灾时手动和自动开启。选项 B 不符合标准。

58.【答案】C

【解析】根据《建筑设计防火规范》(GB 50016—2014) 的相关规定：

6.7.9 建筑外墙外保温系统与基层墙体、装饰层之间的空腔，应在每层楼板处采用防火封堵材料封堵。A、B 选项符合标准。

6.7.12 建筑外墙的装饰层应采用燃烧性能为 A 级的材料，但建筑高度不大于 50m 时，可采用 B_1 级材料。C 选项不符合标准。

59.【答案】C

【解析】根据《汽车加油加气站设计与施工规范》(GB 50156—2012) 的相关规定：

5.0.7 电动汽车充电设施应布置在辅助服务区内。C 项不符合标准。

5.0.9 站房可布置在加油加气作业区内，但应符合本规范第 12.2.10 条的规定。

12.2.10 站房的一部分位于加油加气作业区内时，该站房的建筑面积不宜超过 300m^2，且该站房内不得有明火设备。A 项符合标准。

5.0.10 加油加气站内设置的经营性餐饮、汽车服务等非站房所属建筑物或设施，不应布置在加油加气作业区内，其与站内可燃液体或可燃气体设备的防火间距，应符合本规范第 4.0.4 条至第 4.0.9 条有关三类保护物的规定。经营性餐饮、汽车服务等设施内设置明火设备时，则应视为"明火地点"或"散发火花地点"。其中，对加油站内设置的燃煤设备不得按设置有油气回收系统折减距离。B 项符合标准。

5.0.12 加油加气站的工艺设备与站外建（构）筑物之间，宜设置高度不低于 2.2m 的不燃烧体实体围墙。当加油加气站的工艺设备与站外建（构）筑物之间的距离大于表 4.0.4～表 4.0.9 中安全间距的 1.5 倍，且大于 25m 时，可设置非实体围墙。面向车辆入口和出口道路的一侧可设非实体围墙或不设围墙。D 项符合标准。

60.【答案】B

【解析】根据《中华人民共和国消防法》第二十条，举办大型群众性活动，承办人应当依法向公安机关申请安全许可，制定灭火和应急疏散预案并组织演练，明确消防安全责任分工，确定消防安全管理人员，保持消防设施和消防器材配置齐全、完好有效，保证疏散通道、安全出口、疏散指示标志、应急照明和消防车通道符合消防技术标准和管理规定。选项 B 做法错误，应保证消防水泵完好有效。

61.【答案】C

【解析】根据《细水雾灭火系统技术规范》(GB 50898—2013) 5.0.11 条，系统工程质量验收合格与否，应根据其质量缺陷项情况进行判定。系统工程质量缺陷项目应按表 5.0.11 划分为严重缺陷项、一般缺陷项和轻度缺陷项。

选项 A 不符合本规范第 5.0.2 条第 3 款的规定，选项 B 不符合本规范第 5.0.3 条第 2 款的规定，选项 C 不符合本规范第 5.0.4 条第 3 款的规定，选项 D 不符合本规范第 5.0.7 条第 3 款的规定。

选项 A、B 属于严重缺陷项；选项 D 属于轻度缺陷项；选项 C 属于一般缺陷项。

62. 【答案】A

【解析】根据《建筑设计防火规范》(GB 50016—2018) 的相关规定：

10.3.2 建筑内疏散照明的地面最低水平照度应符合下列规定：

1 对于疏散走道，不应低于 1.0lx。

2 对于人员密集场所、避难层（间），不应低于 3.0lx；对于老年人照料设施、病房楼或手术部的避难间，不应低于 10.0lx。

3 对于楼梯间、前室或合用前室、避难走道，不应低于 5.0lx；对于人员密集场所、老年人照料设施、病房楼或手术部内的楼梯间、前室或合用前室、避难走道，不应低于 10.0lx。

10.3.3 消防控制室、消防水泵房、自备发电机房、配电室、防排烟机房以及发生火灾时仍需正常工作的消防设备房应设置备用照明，其作业面的最低照度不应低于正常照明的照度。

63. 【答案】A

【解析】根据《消防给水及消火栓系统技术规范》(GB 50974—2014) 12.4.4 条水压严密性试验应在水压强度试验和管网冲洗合格后进行。试验压力应为系统工作压力，稳压 24h，应无泄漏。

64. 【答案】C

【解析】根据教材《消防安全技术综合能力》（2018 年版）P328，火灾探测器常见故障。故障原因：探测器与底座脱落、接触不良；报警总线与底座接触不良；报警总线开路或接地性能不良造成短路；探测器本身损坏；探测器接口板故障。A、B、D 项都有可能。

65. 【答案】C

【解析】根据《建筑防烟排烟系统技术标准》(GB 51251—2017) 的相关规定：

7.2.2 常闭送风口、排烟阀或排烟口的调试方式要求应符合下列规定：

2 模拟火灾，相应区域火灾报警后，同一防火分区的常闭送风口和同一防烟分区内的排烟阀或排烟口应联动开启。选项 A 错误。

7.2.5 送风机、排烟风机调试方法及要求应符合下列规定：

1 手动开启风机，风机应正常运转 2.0h，叶轮旋转方向应正确、运转平稳、无异常振动与声响。选项 D 错误。

2 应核对风机的铭牌值，并应测定风机的风量、风压、电流和电压，其结果应与设计相符。选项 B 错误。

3 应能在消防控制室手动控制风机的启动、停止，风机的启动、停止状态信号应能反馈到消防控制室。选项 C 正确。

66. 【答案】D

【解析】灭火和应急疏散预案的编制内容包括报警和接警处置程序、初起火灾处置程序和措施、应急疏散的组织程序和措施、安全防护救护和通信联络的程序和措施等。首先明确题意，选择关于处置燃气泄漏的措施，选项 D 符合题意，选项 B 做法错误；选项 A、C 为报警和接警处置程序。

67. 【答案】A

【解析】根据《建设工程施工现场消防安全技术规范》(GB 50720—2011) 的相关规定：

6.3.3 施工现场用气应符合下列规定：

4 气瓶使用时，应符合下列规定：2）氧气瓶与乙炔瓶的工作间距不应小于 5m，气瓶与明火作业点的距离不应小于 10m。

68. 【答案】D

【解析】根据《建筑设计防火规范》(GB 50016—2014) 中 9.3.8 条, 净化或输送有爆炸危险粉尘和碎屑的除尘器、过滤器或管道, 均应设置泄压装置。净化有爆炸危险粉尘的干式除尘器和过滤器应布置在系统的负压段上。D 项不符合标准。

69.【答案】C

【解析】建立评估指标体系时将区域基础信息、火灾危险源作为一级指标。

70.【答案】A

【解析】根据《消防给水及消火栓系统技术规范》(GB 50974—2014) 第 14.0.6 条第 3 款, 系统上所有的控制阀门均应采用铅封或锁链固定在开启或规定的状态, 每月应对铅封、锁链进行一次检查, 当有破坏或损坏时应及时修理更换。

71.【答案】D

【解析】根据《建筑设计防火规范》(GB 50016—2014) 第 6.4.1 条第 4 款, 疏散楼梯间应符合下列规定: 封闭楼梯间、防烟楼梯间及其前室, 不应设置卷帘。D 项不符合标准。

72.【答案】B

【解析】根据《建筑设计防火规范》(GB 50016—2014) 的相关规定:

6.4.14 避难走道的设置应符合下列规定:

1 避难走道防火隔墙的耐火极限不应低于 3.00h, 楼板的耐火极限不应低于 1.50h。C 选项中楼板的耐火极限为 1.00h, 低于 1.50h, 因此 C 选项不符合标准。

2 避难走道直通地面的出口不应少于 2 个, 并应设置在不同方向; 当避难走道仅与一个防火分区相通且该防火分区至少有 1 个直通室外的安全出口时, 可设置 1 个直通地面的出口。B 选项符合标准。任一防火分区通向避难走道的门至该避难走道最近直通地面的出口的距离不应大于 60m。A 选项不符合标准。

5 防火分区至避难走道入口处应设置防烟前室, 前室的使用面积不应小于 $6.0m^2$, 开向前室的门应采用甲级防火门, 前室开向避难走道的门应采用乙级防火门。D 选项描述为建筑面积, 与规范要求的使用面积不符, 因此 D 选项不符合标准。

73.【答案】C

【解析】根据《建筑设计防火规范》(GB 50016—2014) 3.1.3 举例, 赛璐珞棉仓库为甲类 3 项火灾危险性仓库。根据表 3.3.2 甲类 3 项单层仓库防火分区面积不应大于 $60m^2$。注: 1 仓库内的防火分区之间必须采用防火墙分隔, 甲、乙类仓库内防火分区之间的防火墙不应开设门、窗、洞口; 地下或半地下仓库 (包括地下或半地下室) 的最大允许占地面积, 不应大于相应类别地上仓库的最大允许占地面积。

3.3.3 仓库内设置自动灭火系统时, 除冷库的防火分区外, 每座仓库的最大允许占地面积和每个防火分区的最大允许建筑面积可按本规范第 3.3.2 条的规定增加 1.0 倍。

甲类 3 项单层仓库防火分区的最大面积为 $120m^2$, 因此至少要设置 3 个防火分区。

74.【答案】D

【解析】根据《建筑消防设施检测技术规程》(GA 503—2004), 电动排烟窗、电动防火阀、灭火器均属于消防设施检测项目。

75.【答案】C

【解析】根据《建筑防烟排烟系统技术标准》(GB 51251—2017) 的相关规定:

4.4.12 排烟口的风速不宜大于 10m/s。选项 A 不符合标准, 选项 C 符合标准;

4.5.6 机械补风口的风速不宜大于 10m/s, 人员密集场所补风口的风速不宜大于 5m/s。选项 B、D 不符合标准。

2018年消防安全技术综合能力试卷参考答案解析与视频讲解

76.【答案】 B

【解析】根据《建筑设计防火规范》(GB 50016—2014)的相关规定：

7.1.8 消防车道应符合下列要求：

1 车道的净宽度和净空高度均不应小于4.0m；A选项符合标准。

2 转弯半径应满足消防车转弯的要求；条文解释：消防车的转弯半径一般均较大，通常为9m～12m。C选项符合标准。

3 消防车道与建筑之间不应设置妨碍消防车操作的树木、架空管线等障碍物。

7.2.2 消防车登高操作场地应符合下列规定：2 场地的长度和宽度分别不应小于15m和10m。对于建筑高度大于50m的建筑，场地的长度和宽度分别不应小于20m和10m。B选项不符合标准。

7.2.5 供消防救援人员进入的窗口的净高度和净宽度均不应小于1.0m，下沿距室内地面不宜大于1.2m，间距不宜大于20m且每个防火分区不应少于2个，设置位置应与消防车登高操作场地相对应。窗口的玻璃应易于破碎，并应设置可在室外易于识别的明显标志。D选项符合标准。

77.【答案】 A

【解析】消防安全重点部位就是火灾易发部位，如果发生火灾，就可能严重危及生命财产安全的重点部位。不同行业、单位、部门的消防安全重点部位都不尽相同。常见的消防安全重点部位有仓库、配电室、人员密集场所、消防控制室、厨房、化学品储存使用场所、资料库、档案室、逃生通道等。

78.【答案】 B

【解析】根据教材《消防安全技术综合能力》(2018年版) P365，风险识别：3) 措施有效性分析。为了预防和减少火灾，通常都会按照法律法规采取一些消防安全措施。

79.【答案】 C

【解析】根据《消防给水及消火栓系统技术规范》(GB 50974—2014) 第14.0.5条第1款，每月应对减压阀组进行一次放水试验，并应检测和记录减压阀前后的压力，当不符合设计值时应采取满足系统要求的调试和维修等措施。

80.【答案】 A

【解析】根据《防火卷帘、防火门、防火窗施工及验收规范》(GB 50877—2014)的规定：

6.3.3 常开防火门，接到消防控制室手动发出的关闭指令后，应自动关闭，并应将关闭信号反馈至消防控制室。B项符合标准。

5.3.8 钢质防火门门框内应充填水泥砂浆。门框与墙体应用预埋钢件或膨胀螺栓等连接牢固。A项不符合标准。

5.3.10 防火门门扇与门框的配合活动间隙应符合下列规定：

4 双扇、多扇门的门扇之间缝隙不应大于3mm。C项符合标准。

5.3.12 除特殊情况外，防火门门扇的开启力不应大于80N。D项符合标准。

二、多项选择题

81.【答案】 ADE

【解析】根据《火灾自动报警系统设计规范》(GB 50116—2013)的相关规定：

4.6.1 防火门系统的联动控制设计，应符合下列规定：

1 应由常开防火门所在防火分区内的两只独立的火灾探测器或一只火灾探测器与一只手动火灾报警按钮的报警信号，作为常开防火门关闭的联动触发信号，联动触发信号应由火灾报警控制器或消防联动控制器发出,并应由消防联动控制器或防火门监控器联动控制防火门关闭。A 符合标准,B 不符合标准。

4.6.3 疏散通道上设置的防火卷帘的联动控制设计,应符合下列规定:

1 联动控制方式,防火分区内任两只独立的感烟火灾探测器或任一只专门用于联动防火卷帘的感烟火灾探测器的报警信号应联动控制防火卷帘下降至距楼板面 1.8m 处;任一只专门用于联动防火卷帘的感温火灾探测器的报警信号应联动控制防火卷帘下降到楼板面;在卷帘的任一侧距卷帘纵深 0.5m~5m 内应设置不少于 2 只专门用于联动防火卷帘的感温火灾探测器。C 不符合标准,D 符合标准。

4.6.4 非疏散通道上设置的防火卷帘的联动控制设计,应符合下列规定:

1 联动控制方式,应由防火卷帘所在防火分区内任两只独立的火灾探测器的报警信号,作为防火卷帘下降的联动触发信号,并应联动控制防火卷帘直接下降到楼板面。E 符合标准。

82.【答案】BD

【解析】根据《消防给水及消火栓系统技术规范》(GB 50974—2014)附录 F,第 13.2.6 条第 2 款属于严重缺陷项,规范要求消防水泵出水管上的控制阀应锁定在常开位置,选项 A 属于严重缺陷项。第 13.2.6 条第 5 款属于重缺陷项,规范要求备用泵启动和相互切换正常,选项 B 属于重缺陷项。第 13.2.9 条第 5 款属于轻缺陷项,规范要求消防水池吸水井、吸(出)水管喇叭口等设置位置应符合设计要求,选项 C 属于轻缺陷项。第 13.2.6 条第 1 款属于重缺陷项,规范要求消防水泵运转应平稳,应无不良噪声的震动,选项 D 属于重缺陷项。第 13.2.9 条第 2 款属于严重缺陷项,规范要求高位消防水箱的有效容积、水位、报警水位等应符合设计要求,选项 E 属于严重缺陷项。

83.【答案】CE

【解析】根据《自动喷水灭火系统施工及验收规范》(GB 50261—2017)第 8.0.6 条第 4 款,自动或手动启动消防泵时应在 55s 内投入正常运行,(1)手动启动消防泵 29s 后,水泵投入正常运行,符合规范要求。

第 8.0.9 条第 5 款,各种不同规格的喷头均应有一定数量的备用品,但其数量不应小于安装总数的 1%,且每种备用喷头不应少于 10 个。(2)系统使用的喷头均无备用品,不符合规范要求,属于轻缺陷项。

根据《自动喷水灭火系统设计规范》(GB 50084—2017),附录 A 多层旅馆火灾危险等级为轻危险级,表 7.1.2 轻危险级直立型标准覆盖面积洒水喷头与端墙的距离最大值为 2.2m。(3)直立型标准覆盖面积洒水喷头与端墙的距离为 2.2m 符合规范要求。

根据《自动喷水灭火系统施工及验收规范》(GB 50261—2017)第 8.0.7 条第 3 款,水力警铃的设置位置应正确。测试时,水力警铃喷嘴处压力不应小于 0.05MPa,且距水力警铃 3m 远处警铃声强不应小于 70dB。(4)水力警铃卡阻致水力警铃不报警,不符合规范要求,属于重缺陷项。

第 8.0.13 条第 2 款,系统验收合格判定的条件为:A=0,且 B≤2,B+C≤6 为合格,否则为不合格。检测结果中共有重缺陷项 1 项、轻缺陷项 1 项,A=0,且 B=1,B+C≤2 为合格。

84.【答案】ABC

【解析】根据《建筑防烟排烟系统技术标准》(GB 51251—2017)的相关规定:

7.3.2 机械排烟系统的联动调试方法及要求应符合下列规定:

1 当任何一个常闭排烟阀或排烟口开启时,排烟风机均应能联动启动。选项 A 符合标准。

4.4.12 排烟口的风速不宜大于 10m/s。选项 E 不符合标准。

4.5.6 机械补风口的风速不宜大于 10m/s,选项 C 符合标准。

5.2.3 机械排烟系统中的常闭排烟阀或排烟口应具有火灾自动报警系统自动开启、消防控制室手动开启和现场手动开启功能,其开启信号应与排烟风机联动。当火灾确认后,火灾自动报警系统应在15s 内联动开启相应防烟分区的全部排烟阀、排烟口、排烟风机和补风设施,并应在30s 内自动关闭与排烟无关的通风、空调系统。选项 B 符合标准,选项 D 不符合标准。

85. 【答案】BC

【解析】根据《建筑设计防火规范》(GB 50016—2014)的相关规定:

6.4.11 建筑内的疏散门应符合下列规定:

2 仓库的疏散门应采用向疏散方向开启的平开门,但丙、丁、戊类仓库首层靠墙的外侧可采用推拉门或卷帘门。A 选项符合标准。

5.5.15 公共建筑内房间的疏散门数量应经计算确定且不应少于2个。除托儿所、幼儿园、老年人照料设施、医疗建筑、教学建筑内位于走道尽端的房间外,符合下列条件之一的房间可设置1个疏散门:

2 位于走道尽端的房间,建筑面积小于50m² 且疏散门的净宽度不小于0.90m,或由房间内任一点至疏散门的直线距离不大于15m、建筑面积不大于200m² 且疏散门的净宽度不小于1.40m。B 选项不符合标准。

5.5.17 歌舞娱乐场所室内任一点至疏散门的距离不应大于9m。C 项不符合标准。

6.4.2 封闭楼梯间除应符合本规范第6.4.1条的规定外,尚应符合下列规定:

3 高层建筑、人员密集的公共建筑、人员密集的多层丙类厂房、甲、乙类厂房,其封闭楼梯间的门应采用乙级防火门,并应向疏散方向开启;其他建筑,可采用双向弹簧门。D 选项符合标准。外开门没有防火要求,因此 E 符合标准。

86. 【答案】ACE

【解析】根据《中华人民共和国消防法》第二十四条,消防产品必须符合国家标准;没有国家标准的,必须符合行业标准。禁止生产、销售或者使用不合格的消防产品以及国家明令淘汰的消防产品。选项 ACE 正确。依法实行强制性产品认证的消防产品,由具有法定资质的认证机构按照国家标准、行业标准的强制性要求认证合格后,方可生产、销售、使用。实行强制性产品认证的消防产品目录,由国务院产品质量监督部门会同国务院公安部门制定并公布。新研制的尚未制定国家标准、行业标准的消防产品,应当按照国务院产品质量监督部门会同国务院公安部门规定的办法,经技术鉴定符合消防安全要求的,方可生产、销售、使用。依照本条规定经强制性产品认证合格或者技术鉴定合格的消防产品,国务院公安部门消防机构应当予以公布。

87. 【答案】ACDE

【解析】根据《建筑灭火器配置验收及检查规范》(GB 50444—2008) 5.2.1条,灭火器的配置、外观等应按附录C 的要求每月进行一次检查。灭火器的零部件完整性、灭火器的驱动气体压力检查均属于建筑灭火器外观检查内容,选项 A 和选项 C 符合现行国家标准要求。5.3.1条,存在机械损伤、明显锈蚀、灭火剂泄漏、被开启使用过或符合其他维修条件的灭火器应及时进行维修,选项 D 和选项 E 符合现行国家标准要求。

88. 【答案】ACD

【解析】根据《自动喷水灭火系统施工及验收规范》(GB 50261—2017) 中的第9.0.3条、第9.0.11条、第9.0.13条、第9.0.17条及第9.0.18条,正确的选项为 A、C、D。

89. 【答案】ABCD

【解析】根据《建筑设计防火规范》(GB 50016—2014)的相关规定:

5.4.4B 当老年人照料设施中的老年人公共活动用房、康复与医疗用房设置在地下、半

地下时，应设置在地下一层，每间用房的建筑面积不应大于200m²且使用人数不应大于30人。老年人照料设施中的老年人公共活动用房、康复与医疗用房设置在地上四层及以上时，每间用房的建筑面积不应大于200m²且使用人数不应大于30人。D选项符合标准。

5.5.18 除本规范另有规定外，公共建筑内疏散门和安全出口的净宽度不应小于0.90m，疏散走道和疏散楼梯的净宽度不应小于1.10m。B选项符合标准。高层公共建筑内楼梯间的首层疏散门、首层疏散外门、疏散走道和疏散楼梯的最小净宽度应符合表5.5.18（原表号，见表2-2-3）的规定。C选项符合标准。

表2-2-3 高层公共建筑内楼梯间的首层疏散门、首层疏散外门、
疏散走道和疏散楼梯的最小净宽度 （单位：m）

建筑类别	楼梯间的首层疏散门、首层疏散外门	走道 单面布房	走道 双面布房	疏散楼梯
高层医疗建筑	1.30	1.40	1.50	1.30
其他高层公共建筑	1.20	1.30	1.40	1.20

5.5.24A 3层及3层以上总建筑面积大于3000m²（包括设置在其他建筑内三层及以上楼层）的老年人照料设施，应在二层及以上各层老年人照料设施部分的每座疏散楼梯间的相邻部位设置1间避难间；当老年人照料设施设置与疏散楼梯或安全出口直接连通的开敞式外廊、与疏散走道直接连通且符合人员避难要求的室外平台等时，可不设置避难间。避难间内可供避难的净面积不应小于12m²，避难间可利用疏散楼梯间的前室或消防电梯的前室，其他要求应符合本规范第5.5.24条的规定。该处净面积与建筑面积概念完全不同，因此E选项不符合标准。

90.【答案】BDE

【解析】根据《建筑设计防火规范》（GB 50016—2014）第6.2.7条，附设在建筑内的消防控制室、灭火设备室、消防水泵房和通风空气调节机房、变配电室等，应采用耐火极限不低于2.00h的防火隔墙和1.50h的楼板与其他部位分隔。通风、空气调节机房和变配电室开向建筑内的门应采用甲级防火门，消防控制室和其他设备房开向建筑内的门应采用乙级防火门。

91.【答案】AB

【解析】根据《建筑设计防火规范》（GB 50016—2014）的相关规定：

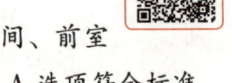

6.4.1 疏散楼梯间应符合下列规定：

1 楼梯间应能天然采光和自然通风，并宜靠外墙设置。靠外墙设置时，楼梯间、前室及合用前室外墙上的窗口与两侧门、窗、洞口最近边缘的水平距离不应小于1.0m。A选项符合标准。

2 楼梯间内不应设置烧水间、可燃材料储藏室、垃圾道。E选项不符合标准。

5.5.27 住宅建筑的疏散楼梯设置应符合下列规定：

2 建筑高度大于21m、不大于33m的住宅建筑应采用封闭楼梯间；当户门采用乙级防火门时，可采用敞开楼梯间。B选项符合标准。

6.4.1 疏散楼梯间应符合下列规定：

6 封闭楼梯间、防烟楼梯间及其前室内禁止穿过或设置可燃气体管道。敞开楼梯间内不应设置可燃气体管道，当住宅建筑的敞开楼梯间内确需设置可燃气体管道和可燃气体计量表时，应采用金属管和设置切断气源的阀门。C选项不符合标准。

5.5.25 住宅建筑安全出口的设置应符合下列规定：

2 建筑高度大于27m、不大于54m的建筑，当每个单元任一层的建筑面积大于650m²，或任一户

门至最近安全出口的距离大于10m时，每个单元每层的安全出口不应少于2个。题目中"户门至最近安全出口的最大距离为12m"超出了规范要求任一户门至最近安全出口的距离大于10m的规定，因此需设置两部疏散楼梯，D选项不符合标准。

92. 【答案】ABE

【解析】根据《气体灭火系统设计规范》（GB 50370—2005）的规定：

4.3.1 储存容器或容器阀以及组合分配系统集流管上的安全泄压装置的动作压力，应符合下列规定：

2 二级充压（20.0MPa）系统，应为(27.6±1.4)MPa（表压）。选项A符合标准。

6.0.4 灭火后的防护区应通风换气，地下防护区和无窗或设固定窗扇的地上防护区，应设置机械排风装置，排风口宜设在防护区的下部并应直通室外。通信机房、电子计算机房等场所的通风换气次数应不少于每小时5次。选项C不符合标准。

3.2.7 防护区应设置泄压口，七氟丙烷灭火系统的泄压口应位于防护区净高的2/3以上。但对于IG541气体灭火系统无此要求。选项E符合标准。

低泄高封阀安装在驱动气体管道的末端，选项B符合标准。

根据本规范3.4.5计算，选项D不符合标准。

93. 【答案】ABE

【解析】根据《建筑内部装修防火施工及验收规范》（GB 50354—2005）的相关规定：

4.0.4 下列材料应进行抽样检验：

1 现场阻燃处理后的木质材料，每种取4m²检验燃烧性能。A选项不符合标准。

4.0.11 木质材料表面进行防火涂料处理时，应对木质材料的所有表面进行均匀涂刷，且不应少于2次，第二次涂刷应在第一次涂层表面干后进行；涂刷防火涂料用量不应少于500g/m²。B选项不符合标准。

4.0.3 下列材料进场应进行见证取样检验：

1 B₁级木质材料。C选项符合标准。

4.0.7 木质材料在进行阻燃处理时，木质材料含水率不应大于12%。D选项符合标准。

4.0.11 木质材料表面进行防火涂料处理时，应对木质材料的所有表面进行均匀涂刷，且不应少于2次，第二次涂刷应在第一次涂层表面干后进行；涂刷防火涂料用量不应少于500g/m²。E选项不符合标准。

94. 【答案】ABD

【解析】根据《建筑设计防火规范》（GB 50016—2014）的相关规定：

5.5.30 住宅建筑的户门、安全出口、疏散走道和疏散楼梯的各自总净宽度应经计算确定，且户门和安全出口的净宽度不应小于0.90m。A选项符合标准。

7.3.8 消防电梯应符合下列规定：

7 电梯轿厢内部应设置专用消防对讲电话。B选项符合标准。

2 电梯的载重量不应小于800kg。D选项符合标准。

6 电梯轿厢的内部装修应采用不燃材料。E选项装修材料不能达到A级，因此E选项不符合标准。

5.5.28 住宅单元的疏散楼梯，当分散设置确有困难且任一户门至最近疏散楼梯间入口的距离不大于10m时，可采用剪刀楼梯间，但应符合下列规定：

4 楼梯间的前室或共用前室不宜与消防电梯的前室合用；楼梯间的共用前室与消防电梯的前室合用时，合用前室的使用面积不应小于12.0m²，且短边不应小于2.4m。C选项不符合标准。

95. 【答案】ABD

【解析】根据《火灾自动报警系统设计规范》(GB 50116—2013) 的相关规定：

4.2.2 预作用系统的联动控制设计，应符合下列规定：

1 联动控制方式，应由同一报警区域内两只及以上独立的感烟火灾探测器或一只感烟火灾探测器与一只手动火灾报警按钮的报警信号，作为预作用阀组开启的联动触发信号。

根据《火灾自动报警系统施工及验收规范》(GB 50166—2007) 的相关规定：

4.3.2 按现行国家标准《火灾报警控制器》(GB 4717) 的有关要求对控制器进行下列功能检查并记录：

2 使控制器与探测器之间的连线断路和短路，控制器应在 100s 内发出故障信号（短路时发出火灾报警信号除外）；在故障状态下，使任一非故障部位的探测器发出火灾报警信号，控制器应在 1min 内发出火灾报警信号，并应记录火灾报警时间；再使其他探测器发出火灾报警信号，检查控制器的再次报警功能。

4.10.3 使消防联动控制器分别处于自动工作和手动工作状态，检查其状态显示，并按现行国家标准《消防联动控制系统》(GB 16806) 的有关规定进行下列功能检查并记录，控制器应满足相应要求：

2 消防联动控制器与各模块之间的连线断路和短路时，消防联动控制器能在 100s 内发出故障信号。

96.【答案】DE

【解析】根据《重大火灾隐患判定方法》(GB 35181—2017) 的相关规定：

6 直接判定要素

6.7 易燃可燃液体、可燃气体储罐（区）未按国家工程建设消防技术标准的规定设置固定灭火、冷却、可燃气体浓度报警、火灾报警设施。选项 B 为直接判定要素，不符合题意。

7 综合判定要素

7.1.1 未按国家工程建设消防技术标准的规定或城市消防规划的要求设置消防车道或消防车道被堵塞、占用。选项 D 属于综合判定要素。

7.4.2 未按国家工程建设消防技术标准的规定设置室外消防给水系统，或已设置但不符合标准的规定或不能正常使用。

7.4.6 已设置的自动喷水灭火系统或其他固定灭火设施不能正常使用或运行。选项 E 属于综合判定要素；该标准没有对灭火器进行规定，因此选项 A 不选。

97.【答案】ACD

【解析】根据《建筑设计防火规范》(GB 50016—2014) 的相关规定：

3.6.3 泄压设施宜采用轻质屋面板、轻质墙体和易于泄压的门、窗等，应采用安全玻璃等在爆炸时不产生尖锐碎片的材料。选项 E 不符合标准。

泄压设施的设置应避开人员密集场所和主要交通道路，并宜靠近有爆炸危险的部位。

作为泄压设施的轻质屋面板和墙体的质量不宜大于 $60kg/m^2$。选项 C 符合标准。

屋顶上的泄压设施应采取防冰雪积聚措施。选项 D 符合标准。

3.6.12 甲、乙、丙类液体仓库应设置防止液体流散的设施。遇湿会发生燃烧爆炸的物品仓库应采取防止水浸渍的措施。

3.6.12 条文解释：防止液体流散的基本做法有两种：一是在桶装仓库门洞处修筑漫坡，一般高为 150~300mm；二是在仓库门口砌筑高度为 150~300mm 的门坎，再在门坎两边填沙土形成漫坡，便于装卸。选项 A 符合标准。

10.2.5 可燃材料仓库内宜使用低温照明灯具，并应对灯具的发热部件采取隔热等防火措施，不应使用卤钨灯等高温照明灯具。选项 B 不符合标准。

98. 【答案】DE

【解析】《机关、团体、企业、事业单位消防安全管理规定》（公安部令第61号）第四十三条 消防安全管理情况应当包括以下内容：

（一）公安消防机构填发的各种法律文书；

（二）消防设施定期检查记录、自动消防设施全面检查测试的报告以及维修保养的记录；

（三）火灾隐患及其整改情况记录；

（四）防火检查、巡查记录；

（五）有关燃气、电气设备检测（包括防雷、防静电）等记录资料；

（六）消防安全培训记录；

（七）灭火和应急疏散预案的演练记录；

（八）火灾情况记录；

（九）消防奖惩情况记录。

前款规定中的第（二）、（三）、（四）、（五）项记录，应当记明检查的人员、时间、部位、内容、发现的火灾隐患以及处理措施等；第（六）项记录，应当记明培训的时间、参加人员、内容等；第（七）项记录，应当记明演练的时间、地点、内容、参加部门以及人员等。选项D、E满足题意。

99. 【答案】BCE

【解析】根据题意，显示模块已动作，但其中一樘防火卷帘未动作，应该从线路和防火卷帘控制器本身找原因。

100. 【答案】ADE

【解析】根据教材《消防安全技术综合能力》（2018年版）P349，图4-1-1火灾风险评估指标体系可知，消防通信指挥调度能力、消防装备配置水平、消防站数量为消防力量评估的内容。选项B消防教育水平为社会面防控能力的内容，选项C火灾预警能力为火灾预警防控的内容。

2017 年消防安全技术综合能力试卷

(考试时间：150 分钟，总分 120 分)

一、单项选择题（共 80 题，每题 1 分，每题的备选项中，只有 1 个最符合题意）

1. 某歌舞厅的经理擅自将公安机关消防机构查封的娱乐厅拆封后继续营业。当地消防支队接受群众举报后即派员到场核查。确认情况属实，并认定该行为造成的危害后果较轻，根据《中华人民共和国消防法》，下列处罚决定中，正确的是（　　）。
   A. 对该歌舞厅法定代表人处三日拘留，并处五百元罚款
   B. 对该歌舞厅经理处三日拘留，并处五百元罚款
   C. 对该歌舞厅经理处十日拘留，并处三百元罚款
   D. 对该歌舞厅经理处五百元罚款

2. 某消防设施检测机构在某建设工程机械排烟系统未施工完成的情况下出具了检测结果为合格的《建筑消防设施检测报告》。根据《中华人民共和国消防法》，对该消防设施检查机构直接负责的主管人员和其他直接责任人员应予以处罚，下列处罚中，正确的是（　　）。
   A. 五千元以上一万元以下罚款　　　　B. 一万元以上五万元以下罚款
   C. 五万元以上十万元以下罚款　　　　D. 十万元以上二十万元以下罚款

3. 根据《中华人民共和国刑法》的有关规定，下列事故中，应按重大责任事故罪予以立案追诉的是（　　）。
   A. 违反消防管理法规，经消防监督机构通知采取改正措施而拒绝执行，导致发生死亡 2 人的火灾事故
   B. 在生产、作业中违反有关安全管理的规定，导致发生重伤 4 人的事故
   C. 强令他人违章冒险作业，导致发生直接经济损失 60 万元的事故
   D. 安全生产设施不符合国家规定，导致发生 2 人死亡的事故

4. 老张从部队转业后，准备个人出资创办一家消防安全专业培训机构，面向社会从事消防安全专业培训，他应当经（　　）或者人力资源和社会保障部门依法批准，并向同级人民政府部门申请非民办企业单位登记。
   A. 省级教育行政部门　　　　　　　　B. 省级公安机关消防机构
   C. 地市级教育行政部门　　　　　　　D. 地市级公安机关消防机构

5. 对某高层宾馆建筑的室内装修工程进行现场检查。下列检查结果中，不符合现行国家消防技术标准的是（　　）。
   A. 客房吊顶采用轻钢龙骨石膏板
   B. 窗帘采用普通布艺材料制作
   C. 疏散走道两侧的墙面采用大理石
   D. 防火门的表面贴了彩色阻燃人造板，门框和门的规格尺寸未减小

6. 某多层住宅建筑外墙保温及装饰工程施工现场进行检查，发现该建筑外保温材料按设计采用了燃烧性能为 B_3 级的保温材料。下列外保温系统施工做法中，错误的是（　　）。
   A. 外保温系统表面防护层使用不燃材料
   B. 在外保温系统中每层沿楼板为准设置不燃材料制作的水平防火分离带
   C. 外保温系统防护层将保温材料完全包覆，防护层厚度为 15mm
   D. 外保温系统中设置的水平防火隔离带的高度为 200mm

7. 某消防工程施工单位的人员在细水雾灭火系统调试过程中，对系统的泵组进行调试。根据现行国家标准《细水雾灭火系统技术规范》（GB 50898），下列泵组调试结果中，不符合要求的是（　　）。
    A. 以自动方式启动泵组时，泵组立即投入运行
    B. 以备用电源切换方式切换启动泵组时，泵组10s投入运行
    C. 采用柴油泵作为备用泵时，柴油泵的启动时间为5s
    D. 控制柜进行空载和加载控制调试时，控制柜正常动作和显示

8. 某氯酸钾厂房通风、空调系统的下列做法中，不符合现行国家消防技术标准的是（　　）。
    A. 通风设施设置导除静电的接地装置
    B. 排风系统采用防爆型通风设备
    C. 厂房内的空气在循环使用前经过净化处理，并使空气中的含尘浓度低于其爆炸下限的25%
    D. 厂房内选用不发生火花的除尘器

9. 某消防工程施工单位在调试自动喷水灭火系统时，使用压力表、流量计、秒表、声强计和观察检查的方法对雨淋阀组进行调试，根据现行国家标准《自动喷水灭火系统施工及验收规范》（GB 50261），关于雨淋阀组调试的说法中，正确的是（　　）。
    A. 公称直径大于200mm的雨淋阀组调试时，应在80s内启动
    B. 自动和手动方式启动公称直径为80mm的雨淋阀，应在15s之内启动
    C. 公称直径大于100mm的雨淋阀组调试时，应在30s内启动
    D. 当报警水压为0.15MPa时，雨淋阀的水力警铃应发出报警铃声

10. 某多层丙类仓库，采用预应力钢筋混凝土楼板，耐火极限0.85h；钢结构屋顶承重构件采用防火涂料保护，耐火极限为0.90h；吊顶采用轻钢龙骨石膏板，耐火极限0.15h；外墙采用难燃性墙体，耐火极限为0.50h；仓库内设有自动喷水灭火系统。该仓库的下列构件中，不满足二级耐火等级建筑要求的是（　　）。
    A. 预应力混凝土楼板 B. 钢结构屋顶承重构件
    C. 轻钢龙骨石膏板吊顶 D. 难燃性外墙

11. 在对某一类高层商业综合体进行检查时，查阅资料得知，该楼地上共6层，每层划分为12个防火分区，符合规范要求。该综合体外部的下列消防救援设施设置做法中，不符合现行国家消防技术标准要求的是（　　）。
    A. 由于该综合体外立面无窗，故在二至六层北侧外墙上每个防火分区分别设置2个消防救援窗口
    B. 仅在该楼的北侧沿长边连续布置宽度12m的消防车登高操作场地
    C. 消防车登高操作场地内侧与该商业综合体外墙之间的最近距离为9m
    D. 建筑物与消防车登高操作场地相对应范围内有6个直通室内防烟楼梯间的入口

12. 关于大型商业综合体消防设施施工前需要具备的基本条件的说法中，错误的是（　　）。
    A. 消防工程设计文件经建设单位批准
    B. 消防设施设备及材料有符合市场准入制度的有效证明及产品出厂合格证书
    C. 施工现场的水、电能够满足连续施工的要求
    D. 与消防设施相关的基础、预埋件和预置孔洞等符合设计要求

13. 某在建工程，单位体积为35000m³，设计建筑高度为23.5m，临时用房建筑面积为1200m²，设置了临时室内、外消防给水系统。该建筑工程施工现场临时消防设施设置的做法中，不符合现行国家消防技术标准要求的是（　　）。
    A. 临时室外消防给水干管的管径采用DN100
    B. 设置了两根室内临时消防竖管
    C. 每个室内消火栓处只设置接口，未设置消防水带和消防水枪

D. 在建工程临时室外消防用水量按火灾延续时间 1.00h 确定

14. 下列设备和设施中，属于临时高压消防给水系统构成必需的设备设施是（   ）。
A. 消防稳压泵　　　　B. 消防水泵　　　　C. 消防水池　　　　D. 市政管网

15. 关于高层办公楼疏散楼梯设置的说法中，错误的是（   ）。
A. 疏散楼梯间内不得设置烧水间、可燃材料储存室、垃圾道
B. 疏散楼梯间不得设置影响疏散的凸出物或其他障碍物
C. 疏散楼梯间必须靠外墙设置并开设外窗
D. 公共建筑的疏散楼梯间不得敷设可燃气体管道

16. 某七氟丙烷气体灭火系统防护区的灭火剂储存容器，在20℃时容器内压力为2.5MPa，50℃时的容器内压力为4.2MPa，对该防护区灭火剂输送管道采用气压强度试验代替水压强度试验时，最小试验压力应为（   ）MPa。
A. 3.75　　　　B. 4.62　　　　C. 4.83　　　　D. 6.3

17. 关于气体灭火系统维护管理周期检查项目的说法，错误的是（   ）。
A. 每日应检查低压二氧化碳储存装置的运行情况和储存装置间的设备状态
B. 每月应检查预制灭火系统的设备状态和运行情况
C. 每年应对选定的防护区进行 1 次模拟启动试验
D. 每月应检查低压二氧化碳灭火系统储存装置的液位计

18. 干式自动喷水灭火系统和预作用自动喷水灭火系统的配水管道上应设（   ）。
A. 压力开关　　　　　　　　　　B. 报警阀组
C. 快速排气阀　　　　　　　　　D. 过滤器

19. 进行区域火灾风险评估时，在明确火灾风险评估目的和内容的基础上，应进行信息采集，重点收集与区域安全相关的信息。下列信息中，不属于区域火灾风险评估时应采集的信息是（   ）。
A. 区域内人口概况　　　　　　　B. 消防安全规章制度
C. 区域内经济概况　　　　　　　D. 区域的环保概况

20. 在防排烟系统中，系统组件在正常工作状态下的启闭状态是不同的，关于防排烟系统组件启闭状态的说法中，正确的是（   ）。
A. 加压送风口既有常开式，也有常闭式　　　B. 排烟防火阀及排烟阀平时均呈开启状态
C. 排烟防火阀及排烟阀平时均呈关闭状态　　D. 自垂百叶式加压送风口平时呈开启状态

21. 下列建筑防排烟系统周期性检查维护项目中，不属于每月检查项目的是（   ）。
A. 风机流量压力性能测试　　　　B. 排烟风机手动启停
C. 挡烟垂壁启动复位　　　　　　D. 排烟风机自动启动

22. 下列避难走道的防火检查结果中，不符合现行国家消防技术标准的是（   ）。
A. 避难走道采用耐火极限 3.00h 的防火墙和耐火极限 2.50h 的楼板与其他区域进行分隔
B. 最远防火分区通向避难走道的门至该避难走道最近直通地面的出口的距离为 39m
C. 使用人数最多的防火分区通向与其连接的避难走道的 2 个门净宽度均为 1.6m，避难走道的净宽度为 3.50m
D. 防火分区开向避难走道前室的门采用乙级防火门，前室开向避难走道的门采用甲级防火门

23. 某三层内廊式办公楼，建筑高度12.5m，三级耐火等级，设置自动喷水灭火系统，每层建筑面积均为1400m²，有2部采用双向弹簧门的封闭式楼梯间。该办公楼每层一个防火分区的最大建筑面积为（   ）m²。
A. 1200　　　　B. 2400　　　　C. 2800　　　　D. 1400

24. 根据现行国家标准《消防给水及消火栓系统技术规范》（GB 50974），对室内消火栓应（   ）

进行一次外观和漏水检查，发现存在问题的消火栓应及时修复或更换。

A. 每月　　　　　　B. 每半年　　　　　　C. 每季度　　　　　　D. 每年

25. 在建工程施工过程中，施工现场的消防安全负责人应定期组织消防安全管理人员对施工现场的消防安全进行检查。施工现场定期防火检查内容不包括（　　）。

A. 防火巡查是否记录　　　　　　　　　　B. 动火作业的防火措施是否落实
C. 临时消防设施是否有效　　　　　　　　D. 临时消防车道是否畅通

26. 对建筑进行火灾风险评估时，应确定评估对象可能面临的火灾风险，关于火灾风险识别的说法中，错误的是（　　）。

A. 查找火灾风险来源的过程称为火灾风险识别
B. 火灾风险识别是开展火灾风险评估工作所必需的基础环节
C. 消防安全措施的有效性分析包括专业队伍扑救能力
D. 衡量火灾风险的高低主要考虑起火概率大小

27. 某化工企业的立式甲醇储罐采用液上喷射低倍数泡沫灭火系统，某消防设施检测机构对该系统进行检测，下列检测结果中，不符合现行国家消防技术标准要求的是（　　）。

A. 泡沫泵启动后 3.1min 泡沫产生器喷出泡沫
B. 自动喷泡沫试验，喷射泡沫时间为 1min
C. 泡沫混合液的发泡倍数为 10 倍
D. 泡沫液选用水成膜泡沫液

28. 某省政府机关办公大楼建筑高度为 31.8m，大楼地下一层设置发电机作为备用电源，市政供电中断时柴油发电机自动启动。根据现行国家标准《建筑设计防火规范》（GB 50016），市政供电中断时，自备发电机最迟应在（　　）s 内正常供电。

A. 10　　　　　　B. 30　　　　　　C. 20　　　　　　D. 60

29. 下列甲醇生产车间内电缆、导线的选型及敷设的做法中，不符合现行国家消防技术标准要求的是（　　）。

A. 低压电力线路绝缘导线的额定电压等于工作电压
B. 在 1 区内的供电线路采用铝芯电缆
C. 接线箱内的供配电线路采用无护套的电线
D. 电气线路在较高处敷设

30. 根据《社会消防安全教育培训规定》（公安部令第 109 号），关于单位消防安全培训的主要内容和形式的说法，错误的是（　　）。

A. 各单位应对新上岗和进入新岗位的职工进行上岗前消防安全培训
B. 各单位应对在岗的职工每年至少进行一次消防安全培训
C. 各单位至少每年组织一次灭火、应急疏散演练
D. 各单位职工应具备消除火灾隐患的能力、扑救初期火灾的能力、组织人员疏散逃生的能力

31. 某消防安全评估机构（二级资质）受某单位委托，对该单位的重大火灾隐患整改进行咨询指导，并出具了书面结论报告。根据《社会消防技术服务管理规定》，该评估机构超越了其资质许可范围从事社会消防技术服务活动，公安机关消防机构可对其处以（　　）的处罚。

A. 五千元以上一万元以下罚款　　　　　　B. 一万元以上二万元以下罚款
C. 二万元以上三万元以下罚款　　　　　　D. 三万元以上五万元以下罚款

32. 对某医院的高层病房楼进行防火检查时，发现下列避难间的做法中，错误的是（　　）。

A. 在二层及以上的病房楼层设置避难间
B. 避难间靠近楼梯设置，采用耐火极限为 2.50h 的防火隔墙和甲级防火门与其他部位隔开

C. 每个避难间为2个护理单元服务

D. 每个避难间的建筑面积为25m²

33. 对某公共建筑防排烟系统设置情况进行检查。下列检查结果中，不符合现行国家消防技术标准要求的是（　　）。

A. 地下一层长度为20m的疏散走道未设置排烟设施

B. 地下一层1个50m²的仓库内未设置排烟设施

C. 四层1个50m²的会议室内未设置排烟设施

D. 四层1个50m²游戏室内未设置排烟设施

34. 某消防工程施工单位在消火栓系统安装结束后对系统进行调试，根据现行国家标准《消防给水及消火栓系统技术规范》（GB 50974），关于消火栓调试和测试的说法中，正确的是（　　）。

A. 只需测试一层消火栓的出流量、压力

B. 应根据试验消火栓的流量，检测减压阀的减压能力

C. 应在消防水泵启动后，检测消防水泵自动停泵的时间

D. 应检查旋转型消火栓的性能

35. 某消防工程施工单位对消火栓系统进行施工前的进场检验，根据现行国家标准《消防给水及消火栓系统技术规范》（GB 50974），关于消火栓固定接口密封性能现场试验的说法中，正确的是（　　）。

A. 试验数量宜从每批中抽查1%，但不应少于3个

B. 当仅有1个不合格时，应再抽查2%，但不应少于10个

C. 应缓慢而均匀地升压至1.6MPa，并应保压1min

D. 当第2次抽查仍有不合格时，应继续进行批量抽查，抽查数量按前次递增

36. 下列疏散出口的检查结果中，不符合现行国家消防技术标准的是（　　）。

A. 容纳200人的观众厅，其2个外开疏散门的净宽度均为1.20m

B. 教学楼内位于两个安全出口之间的建筑面积55m²、使用人数45人的教室设有1个净宽1.00m的外开门

C. 单层的棉花储备仓库在外墙上设置净宽4.00m的金属卷帘门作为疏散门

D. 建筑面积为200m²的房间，其相邻2个疏散门净宽均为1.5m，疏散门中心线之间的距离为6.5m

37. 下列一、二级耐火等级建筑的疏散走道和安全出口的检查结果中，不符合现行国家消防技术标准的是（　　）。

A. 容纳4500人的单层体育馆，其室外疏散通道的净宽度为3.50m

B. 一座2层老年人公寓中，位于袋形走道两侧的房间疏散门至最近疏散楼梯间的直线距离为18m

C. 单元式住宅中公共疏散走道净宽度为1.05m

D. 采用敞开式外廊的多层办公楼中，从袋形走道尽端的疏散门至最近封闭楼梯间的直线距离为27m

38. 根据现行国家标准《建筑消防设施的维护管理》（GB 25201），在建筑消防设施维护管理时，应对自动喷水灭火系统进行巡查并填写《建筑消防设施巡查记录表》。下列内容中，不属于自动喷水灭火系统巡查记录内容的是（　　）。

A. 报警阀组外观，试验阀门状况、排水设施状况、压力显示值

B. 水流指示器外观及现场环境

C. 充气设备、排气设备及控制装置等的外观及运行状况

D. 系统末端试验装置外观及现场环境

39. 根据现行国家行业标准《灭火器维修》（GA 95），下列零部件和灭火剂中，无须在每次维修灭火器时都更换的是（　　）。
   A. 密封垫
   B. 二氧化碳灭火器的超压安全膜片
   C. 水基型灭火器的滤网
   D. 水基型灭火剂

40. 注册消防工程师享有诸多权利，但享有的权利不包括（　　）。
   A. 不得允许他人以本人名义执业
   B. 接受继续教育
   C. 在规定范围内从事消防安全技术执业活动
   D. 对侵犯本人权利的行为进行申诉

41. 按照施工过程质量控制要求，消防给水系统安装前应对采用的主要设备、系统组件、管材管件及其他设备、材料进行现场检验。根据现行国家标准《消防给水及消火栓系统技术规范》（GB 50974），下列说法中，正确的是（　　）。
   A. 流量开关应经相应国家产品质量监督检验中心检验合格
   B. 消防水箱应经国家消防产品质量监督检验中心检验合格
   C. 压力开关应经国家消防产品质量监督检验中心检验合格
   D. 安全阀应经国家消防产品质量监督检验中心检验合格

42. 在对某化工厂的电解食盐车间进行防火检查时，查阅资料得知，该车间耐火等级为一级。该车间的下列做法中，不符合现行国家消防技术标准的是（　　）。
   A. 丙类中间仓库设置在该车间的地上二层
   B. 该车间生产线贯通地下一层到地上三层
   C. 丙类中间仓库与其他部位的分隔墙为耐火极限 3.00h 的防火墙
   D. 丙类中间仓库无独立的安全出口

43. 对某建筑的高倍数泡沫灭火系统进行检查后得出下列结论，其中不符合现行国家消防技术标准要求的是（　　）。
   A. 高倍数泡沫产生器的高度应在泡沫淹没深度以上
   B. 高倍数泡沫产生器的出口设置导泡筒时，导泡筒的横截面积为泡沫产生器出口横截面积的 1.2 倍
   C. 固定安装的高倍数泡沫产生器前设置了管道过滤器、压力表和手动阀门
   D. 高倍数泡沫灭火系统干式水平管道最低点设置了排液阀，且坡向排液阀的管道坡度为 3‰

44. 某气体灭火系统储罐瓶内设有 6 只 150L 七氟丙烷灭火剂储存容器，根据现行国家标准《气体灭火系统施工及验收规范》（GB 50263），各储存容器的高度差最大不宜超过（　　）mm。
   A. 10   B. 30   C. 50   D. 20

45. 泡沫灭火系统的组件进入工地后，应对其进行现场检查，下列检查项目中，不属于泡沫产生器现场检查项目的是（　　）。
   A. 表面保护涂层
   B. 机械性损伤
   C. 产品性能参数
   D. 严密性试验

46. 单位在确定消防重点部位以后，应加强对消防重点部位的管理。下列管理措施中，不属于消防重点部位管理措施的是（　　）。
   A. 隐患管理   B. 制度管理   C. 立牌管理   D. 教育管理

47. 在对某高层多功能组合建筑进行防火检查时，查阅资料得知，该建筑耐火等级为一级，十层至顶层为普通办公用房，九层及以下为培训、娱乐、商业等功能，防火分区划分符合规范要求。该建筑的下列做法中，不符合现行国家消防技术标准的是（　　）。
   A. 消防水泵房设为地下二层，其室内地面与室外出入口地坪高差为 10m
   B. 主层六层设有儿童早教培训班，设有独立的安全出口

C. 常压燃气锅炉房布置在主楼层面上，使用管道天然气做燃料，距离通向屋面的安全出口 10m

D. 裙楼五层的歌舞厅，各厅室的建筑面积均小于 200m²，与其他区域公用安全出口

48. 某油库采用低倍数泡沫灭火系统。根据现行国家标准《泡沫灭火系统及验收规范》（GB 50281），下列检查项目中，不属于每月检查一次的项目是（　　）。

A. 系统管道清洗
B. 对储罐上的泡沫混合液立管清除锈渣
C. 泡沫喷头外观检查
D. 水源及水位指示装置检查

49. 根据现行国家消防技术标准，关于建筑内消防应急照明和疏散指示标志的检查结果中，不符合标准要求的是（　　）。

A. 人员密集场所安全出口的标志设置在疏散门的正上方
B. 疏散走道内灯光疏散指示标志的间距为 19.5m
C. 灯光疏散指示标志均设置在疏散走道的顶棚上
D. 袋形疏散走道内灯光疏散指示标志间距为 9m

50. 某大型食品冷藏库独立建造一个氨制冷机房，该氨制冷机房应确定为（　　）。

A. 乙类厂房　　　B. 乙类仓库　　　C. 甲类厂房　　　D. 甲类仓库

51. 某消防设施检测机构的人员在对一商场的自动喷水灭火系统进行检测时，打开系统末端试水装置在达到规定流量时指示器不动作。下列故障原因中可以排除的是（　　）。

A. 桨片被管腔内杂物卡阻
B. 调整螺母与触头未调试到位
C. 报警阀前端的水源控制阀未完全打开
D. 连接水流指示器的电路线脱落

52. 某大型商场制定了消防应急预案，内容包括初期火灾处置程序和措施。下列处置程序和措施中，错误的是（　　）。

A. 发现火灾时，起火部位现场员工应当于 3min 内形成灭火第一战斗力量
B. 发现起火时，应立即打"119"电话报警
C. 发现起火时，安全出口或通道附近的员工应在第一时间负责引导人员进行疏散
D. 发现火灾时，消火栓附近的员工应立即利用消火栓灭火

53. 某消防工程施工单位对自动喷水灭火系统的喷头进行安装前检查，根据现行国家标准《自动喷水灭火系统施工及验收规范》（GB 50261），关于喷头现场检验的说法中，错误的是（　　）。

A. 喷头螺纹密封面应无缺丝、断丝现象
B. 喷头商标、型号等标志应齐全
C. 喷头外观应无加工缺陷和机械损伤
D. 每批应抽查 3 只喷头进行密封性能试验，且试验合格

54. 对干粉灭火系统进行维护管理时，下列检查项目中，属于每月检查一次的项目是（　　）。

A. 驱动气瓶充装量
B. 启动气体储瓶压力
C. 灭火控制器运行情况
D. 管网、支架及喷放组件

55. 根据现行国家标准《消防给水及消火栓系统技术规范》（GB 50974），干式消火栓系统允许的最大充水时间是（　　）min。

A. 5　　　B. 10　　　C. 2　　　D. 3

56. 某单层平屋面多功能厅，建筑面积 600m²，屋面板底距室内地面 7.0m，结构梁从顶板下突出 0.6m，吊顶采用镂空轻钢格栅，吊顶下表面距内地面 5.5m，该多功能厅设有自动喷水灭火系统、火灾自动报警系统和机械排烟系统。下列关于该多功能厅防烟分区划分的说法中，正确的是（　　）。

A. 该多功能厅应采用屋面板底下垂高度不小于 0.5m 的挡烟垂壁划分为 2 个防烟分区
B. 该多功能厅应利用室内结构梁划分为 2 个防烟分区
C. 该多功能厅应采用自吊顶底下垂高度不小于 0.5m 的活动挡烟垂壁划分为 2 个防烟分区

D. 该多功能厅可不划分防烟分区

57. 某5层宾馆，中部有一个贯通各层的中庭，在二至五层的中庭四周采用防火卷帘与其他部位分隔，首层中庭未设置防火分隔措施；其他区域划分为若干防火分区，防火分区面积符合规范要求。下列检查结果中，不符合现行国家消防技术标准的是（　　）。

　　A. 中庭区域火灾报警信号确认后，中庭四周的防火卷帘直接下降到楼板面

　　B. 二层C、D两个防火分区之间防火分隔部位的长度为40m，使用防火墙和15m宽的防火卷帘作为防火分隔物

　　C. 一层A、B两个防火分区之间防火分隔部位的长度为25m，使用防火墙和10m宽的防火卷帘作为防火分隔物

　　D. 各分区之间的防火卷帘在切断电源后能依靠其自重下降，但不能自动上升

58. 在对某办公楼进行检查时，查阅图纸资料得知，该楼为钢筋混凝土框架结构，柱、梁、楼板的设计耐火极限分别为3.00h、2.00h、1.50h，每层划分为2个防火分区。下列检查结果中，不符合现行国家消防技术标准的是（　　）。

　　A. 将内走廊上原设计的常闭式甲级防火门改为常开式甲级防火门

　　B. 将二层原设计的防火墙移至一层餐厅中部的次梁对应位置上，防火分区面积仍然符合规范要求

　　C. 将其中一个防火分区原设计活动式防火窗改为常闭式防火窗

　　D. 排烟防火阀处于开启状态，但能与火灾报警系统联动和现场手动关闭

59. 某消防设施检测机构对建筑内火灾自动报警系统进行检测时，对手动火灾报警按钮进行检查。根据现行国家消防技术标准，关于手动火灾报警按钮安装的说法中，正确的是（　　）。

　　A. 墙上手动火灾报警按钮的底边距离楼面高度应为1.5m

　　B. 手动火灾报警按钮的连接导线的余量不应小于150mm

　　C. 墙上手动火灾报警按钮的底边距离楼面高度应为1.7m

　　D. 手动火灾报警按钮的连接导线的余量不应大于100mm

60. 消防设施检测机构对某单位的火灾报警系统进行验收前的检测，根据现行国家标准《火灾自动报警系统施工及验收规范》（GB 50166），该单位的下列做法中，错误的是（　　）。

　　A. 对消防电梯进行2次报警联动控制功能检验

　　B. 对自喷水系统给水泵在消防控制室内进行3次远程启泵操作实验

　　C. 对防排烟风机进行4次报警联动启动试验

　　D. 对各类消防用电设备主、备电源的自行转换装置进行1次转换试验

61. 消防控制室应保存建筑竣工图纸和与消防有关的纸质台账及电子资料，下列资料中，消防控制室可不予保存的是（　　）。

　　A. 消防设施施工调试记录　　　　　　B. 消防组织机构图

　　C. 消防重点部位位置图　　　　　　　D. 消防安全培训记录

62. 各地在智慧消防建设过程中，积极推广应用城市消防远程监控系统，根据现行国家标准《城市消防远程监控系统技术规范》（GB 50440），下列系统和装置中，属于城市消防远程监控系统构成部分的是（　　）。

　　A. 用户信息传输装置　　　　　　　　B. 火灾警报装置

　　C. 火灾探测报警系统　　　　　　　　D. 消防联动控制系统

63. 下列设施中，不属于消防车取水用的设施是（　　）。

　　A. 水泵接合器　　B. 市政消火栓　　C. 消防水池取水池　　D. 消防水鹤

64. 某金属原件抛光车间的下列做法中，不符合规范要求的是（　　）。

　　A. 采用铜芯绝缘导线做配线　　　　　B. 导线的连接采用压接方式

C. 带电部件的接地干线有两处与接地体相连 　　D. 电气设备按潮湿环境选用

65. 消防安全重点单位"三项"报告备案制度中，不包括（　　）。
A. 消防安全管理人员报告备案　　　　　　B. 消防设施维护保养报告备案
C. 消防规章制度报告备案　　　　　　　　D. 消防安全自我评估报告备案

66. 对某大型工厂进行防火检查，发现的下列火灾隐患中，可以直接判定为重大火灾隐患的是（　　）。
A. 室外消防给水系统消防泵损坏
B. 将氨压缩机房设置在厂房的地下一层
C. 在主厂房边的消防车道上堆满了货物
D. 在2号车间与3号车间之间的防火间距空地搭建了一个临时仓库

67. 某公共建筑内设置喷头1000只，根据现行国家标准《自动喷水灭火系统施工及验收规范》（GB 50261），对喷淋系统进行验收时，应对现场安装的喷头规格、安装间距分别进行抽查，分别抽查的喷头数量应为（　　）。
A. 20个、10个　　　　　　　　　　　　　B. 100个、50个
C. 25个、10个　　　　　　　　　　　　　D. 50个、25个

68. 下列检查项目中，不属于推车式干粉灭火器进场检查项目的是（　　）。
A. 间歇喷射机构　　B. 筒体　　C. 灭火器结构　　D. 行驶机构

69. 消防设施检测机构的人员对某建筑内火灾自动报警系统进行检测时，对在宽度小于3m的内走道顶棚上的点型感烟探测器进行检查。下列检测结果中，符合现行国家消防技术标准要求的是（　　）。
A. 探测器的安装间距为16m　　　　　　　B. 探测器至端墙的距离为8m
C. 探测器的安装间距为14m　　　　　　　D. 探测器至端墙的距离为10m

70. 对大型地下商业建筑进行防火检查时，发现下沉式广场防风雨篷的做法中，错误的是（　　）。
A. 防风雨篷四周开口部分均匀布置
B. 防风雨篷开口高度为0.8m
C. 防风雨篷开口的面积为该空间地面面积的25%
D. 防风雨篷开口位置设置百叶，其有效排烟面积为开口面积的60%

71. 某消防工程施工单位对自动喷水灭火系统闭式喷头进行密封性能试验，下列试验压力和保压时间的做法中，正确的是（　　）。
A. 试验压力2.0MPa，保压时间5min　　　B. 试验压力3.0MPa，保压时间1min
C. 试验压力3.0MPa，保压时间3min　　　D. 试验压力2.0MPa，保压时间2min

72. 对建筑内的消防应急照明和疏散指示系统应定期进行维护保养，根据现行国家标准《建筑消防设施的维护与管理》（GB 25201），下列检测内容中，不属于消防应急照明系统功能检测内容的是（　　）。
A. 切断正常供电，测试电源切换和应急照明电源充电、放电功能
B. 通过报警联动，检查应急照明系统自动转入应急工作状态的控制功能
C. 通过报警联动，测试非消防用电应急强制切断功能
D. 测试应急照明系统应急电源供电时间

73. 关于消防安全管理人及其职责的说法，错误的是（　　）。
A. 消防安全管理人应是单位中负有一定领导职责和权限的人员
B. 消防安全管理人应负责拟定年度消防工作计划，组织制定消防安全制度
C. 消防安全管理人应每日测试主要消防设施功能并及时排除故障
D. 消防安全管理人应组织实施防火检查和火灾隐患整改工作

74. 某消防技术服务机构中甲、乙、丙、丁4人申请参加一级注册消防工程师资格考试，根据个人学历和工作资质，4人中不符合一级注册消防工程师资格考试报名条件的是（　　）。

  A. 甲，取得消防工程相关专业双学士学位工作满5年，其中从事消防安全技术工作满3年

  B. 丁，取得其他专业硕士学位，工作满3年，其中从事消防安全技术工作满2年

  C. 乙，取得消防工程专业本科学历，工作满4年，其中从事消防安全技术工作满3年

  D. 丙，取得消防工程专业硕士学位，工作满2年，其中从事消防安全技术工作满1年

75. 某公司拟在一体育馆举办大型周年庆典活动，根据相关要求成立了活动领导小组，并安排公司的一名副经理担任疏散引导组的组长。根据相关规定，疏散引导组职责中不包括（　　）。

  A. 熟悉体育馆所在安全通道、出口的位置

  B. 在每个安全出口设置工作人员、确保通道、出口畅通

  C. 安排人员在发生火灾时第一时间引导参加活动的人员从最近的安全出口疏散

  D. 进行灭火和应急疏散预案的演练

76. 某消防工程施工单位分别以自动、手动方式对采用自动控制方式的水喷雾灭火系统进行联动试验。下列试验次数最少且符合现行国家标准要求的是（　　）。

  A. 自动3次、手动2次　　　　　　　　B. 自动2次、手动2次

  C. 自动2次、手动3次　　　　　　　　D. 自动3次、手动3次

77. 某学校宿舍楼长度40m，宽度13m，建筑层数6层，建筑高度21m，设有室内消火栓系统，宿舍楼每层设置15间宿舍，每间宿舍学生人数为4人，每层中间沿长度方向设2m宽的走道，该楼每层灭火器布置的做法中，符合现行国家标准《建筑灭火器配置设计规范》（GB 50140）要求的是（　　）。

  A. 从距走道端部5m处开始每隔10m布置一具MF/ABC5灭火器

  B. 在走道尽端各5m处分别布置2具MF/ABC4灭火器

  C. 在走道尽端各5m处分别布置2具MF/ABC5灭火器

  D. 从距走道端部5m处开始每隔10m布置一具MS/Q6灭火器

78. 某单层白酒仓库，占地面积900m²。库房内未进行防火分隔，未设置自动灭火和火灾自动报警设施，储存陶坛装酒精度为38°及以上的白酒。防火检查时提出的下列防火分区的处理措施中，正确的是（　　）。

  A. 将该仓库作为一个防火分区，同时设置自动灭火系统和火灾自动报警系统

  B. 将该仓库用耐火极限为4.00h的防火墙平均分成4个防火分区，并设置火灾自动报警系统

  C. 将该仓库用耐火极限为3.00h且满足耐火完整性和耐火隔热性判定条件的防火卷帘划分5个防火分区，最大防火分区面积不超过200m²

  D. 将该仓库用耐火极限为4.00h的防火墙平均分成2个防火分区，并设置火灾自动灭火系统

79. 某城市全年最小频率风向为东北风。该市的一个大型化工企业内设有甲醇储罐区均为地上固定顶储罐，储罐直径20m、容量5000m³，防火堤内不包括储罐占地的净面积5000m²。下列防火检查结果中，不符合现行国家消防技术标准的是（　　）。

  A. 锅炉房位于甲醇储罐区南侧，两者之间的防火间距为55m

  B. 甲醇储罐之间的间距为12.5m

  C. 甲醇储罐区防火堤高度为1.1m

  D. 罐区周围的环形消防车道有3%的坡度，且上空有架空管道，距车道净空高度为5m

80. 关于基层墙体与装饰层之间无空腔的建筑外墙体外保温系统的做法中，不符合现行国家消防技术标准的是（　　）。

  A. 建筑高度为18m的大学教学楼，保温系统采用燃烧性能为B₁级的保温材料

B. 建筑高度为54m的底层设置商业服务网点的住宅，保温系统采用燃烧性能为 B_1 级的保温材料

C. 建筑高度50m的办公楼，保温系统采用燃烧性能为 B_1 级的保温材料

D. 建筑高度24m的办公楼，保温系统采用燃烧性能为 B_2 级的保温材料

二、**多项选择题**（共20题，每题2分。每题的备选项中，有2个或2个以上符合题意，至少有1个错项。错选，本题不得分；少选，所选的每个选项得0.5分）

81. 根据现行国家标准《建筑灭火器配置验收及检查规范》（GB 50444），下列灭火器中，应报废的有（　　）。

　　A. 筒体表面有凹坑的灭火器

　　B. 出厂期满2年首次维修后，4年内又维修2次的干粉灭火器

　　C. 出厂满10年的二氧化碳灭火器

　　D. 无间隙喷射机构的手提式灭火器

　　E. 筒体为平底的灭火器

82. 在自动喷水灭火系统设备和组件安装完成后应对系统进行测试，根据现行国家标准《自动喷水灭火系统施工及验收规范》（GB 50261），系统调试主控项目应包括的内容有（　　）。

　　A. 电动阀调试　　　　B. 水源测试　　　　C. 消防水泵调试　　　　D. 排水设施调试

　　E. 稳压泵调试

83. 某公共建筑火灾自动报警系统的控制器进行功能检查。下列检查结果中，符合现行国家消防技术标准要求的有（　　）。

　　A. 控制器与探测器之间的连线短路，控制器在120s时发出的故障信号

　　B. 在故障状态下，使一非故障部位的探测器发出火灾报警信号，控制器在70s时发出火灾报警信号

　　C. 控制器与探测器之间的连线短路，控制器在80s时发出故障信号

　　D. 在故障状态下，使一非故障部位的探测器发出火灾报警信号，控制器在50s时发出火灾报警信号

　　E. 控制器与备用电源之间的连线短路，控制器在90s时发出故障信号

84. 对某动物饲料加工厂的谷物碾磨车间进行防火检查，查阅资料得知，该车间耐火等级为一级，防火分区划分符合规范要求。该车间的下列做法中，符合现行国家消防技术标准要求的有（　　）。

　　A. 配电站设于厂房内的一层，采用防火墙和耐火极限1.50h的楼板与其他区域分隔，墙上的门为甲级防火门

　　B. 位于厂房三层的运行调度监控室采用防火墙和耐火极限1.50h的楼板与其他部分分隔，且设有独立使用的防烟楼梯间

　　C. 车间办公室贴邻厂房外墙设置，采用耐火极限4.00h的防火墙与厂房分隔，并设有独立的安全出口

　　D. 设置在一层的产品临时存放仓库单独划分防火分区

　　E. 位于二层的饲料添加剂仓库（丙类）采用防火墙和耐火极限为1.5h的楼板与其他部分分隔，墙上的门为甲级防火门

85. 某五星级酒店拟进行应急预案演练，在应急预案演练保障方面，酒店拟从人员、经费、场地、物质器材等各方面都给与保障，在物质和器材方面，酒店应提供（　　）。

　　A. 信息材料　　　　B. 建筑模型　　　　C. 应急抢险物资　　　　D. 录音摄像设备

　　E. 通信器材

86. 根据现行国家标准《建筑消防设施的维护管理》（GB 25201），对火灾自动报警系统报警控制器的检测内容，主要包括（　　）。

A. 联动控制器及控制模块的手动、自动联动控制功能

B. 火灾显示盘和 CRT 显示器的报警、显示功能

C. 火灾报警、故障报警、火灾优先功能

D. 自检、消音、复位功能

E. 打印机打印功能

87. 某单位的图书馆书库采用无管网七氟丙烷气体灭火装置进行防护，委托消防检查机构对该气体灭火系统进行检测。下列检测结果中，符合现行国家消防技术标准要求的有（　　）。

A. 系统仅设置自动控制、手动控制两种启动方式

B. 防护区内设置 10 台预制灭火装置

C. 防护区门口未设手动与自动控制的转换装置

D. 储存容器的充装压力为 4.2MPa

E. 气体灭火系统采用自动控制方式

88. 在进行建筑消防安全评估时，关于疏散时间的说法，正确的有（　　）。

A. 疏散开始时间是指从起火到开始疏散的时间

B. 疏散开始时间不包括火灾探测时间

C. 疏散行动时间是指从疏散开始至疏散到安全地点的时间

D. 与疏散相关的火灾探测时间可以采用喷头动作的时间

E. 疏散准备时间与通知人们疏散方式有较大关系

89. 对某城市综合体进行防火检查，发现存在火灾隐患。根据重大火灾隐患综合判定规则，下列火灾隐患中，存在 3 条即可判定为重大火灾隐患的是（　　）。

A. 自动喷水灭火系统的消防水泵损坏

B. 设在四层的卡拉 OK 厅未按规定设置排烟措施

C. 地下一层超市防火卷帘门不能正常落下

D. 疏散走道的装修材料采用胶合板

E. 消防用电设备末端不能自动切换

90. 某施工单位对学校报告厅进行内部装饰，其中吊顶采用轻钢龙骨纸面石膏板，地面铺设地毯，墙面采用不同装修材料进行分层装修。关于该报告厅内部装饰的说法，正确的有（　　）。

A. 纸面石膏板安装在钢龙骨上时，可做为 A 级材料使用

B. 复合型装修材料应交专业检测机构进行整体测试确定燃烧性能等级

C. 墙面分层装修材料除表面层的燃烧性能等级应符合规范要求外，其余各层的燃烧性能等级可不限

D. 地毯应使用阻燃制品，并应加贴阻燃标识

E. 进入施工现场的装修材料应按要求填写进场验收记录

91. 对某民用建筑设置的消防水泵进行验收检查，根据现行国家标准《消防给水及消火栓系统技术规范》（GB 50974），关于消防水泵验收要求的做法，正确的有（　　）。

A. 消防水泵应采用自灌式引水方式，并应保证全部有效储水被有效利用

B. 消防水泵就地和远程启泵功能应正常

C. 打开消防出水管上试水阀，当采用主电源启动消防水泵时，消防水泵应启动正常

D. 消防水泵启动控制应置于自动启动挡

E. 消防水泵停泵时间，水锤消除设施后的压力不应超过水泵出口设计工作压力的 1.6 倍

92. 关于疏散楼梯最小净宽度的说法，符合现行国家技术标准的有（　　）。

A. 除规范另有规定外，多层公共建筑疏散楼梯的净宽度不应小于 1.00m

B. 汽车库的疏散楼梯净宽度不应小于1.10m
C. 高层病房楼的疏散楼梯净宽度不应小于1.30m
D. 高层办公建筑疏散楼梯的净宽度不应小于1.40m
E. 人防工程中商场的疏散楼梯净宽度不应小于1.20m

93. 某服装加工厂，室内消防采用临时高压消防给水系统联合供水，稳压泵稳压，系统设计流量57L/s，室外供水干管采用DN200球墨铸铁管，埋地敷设，长度为2000m。消防检测机构现场检测结果为：室外管网漏水率为2.40L/(min·km)，室内管网部分漏水量为0.2L/s，该系统管网总泄漏量计算和稳压泵设计流量正确的有（　　）。
A. 管网泄漏量0.28L/s，稳压泵设计流量1.0L/s
B. 管网泄漏量0.20L/s，稳压泵设计流量0.28L/s
C. 管网泄漏量0.28L/s，稳压泵设计流量1.28L/s
D. 管网泄漏量0.20L/s，稳压泵设计流量1.0L/s
E. 管网泄漏量0.28L/s，稳压泵设计流量0.50L/s

94. 下列防火分隔措施的检查结果中，不符合现行国家消防技术标准的有（　　）。
A. 铝合金轮毂抛光厂房采用3.00h耐火极限的防火墙划分防火分区
B. 电石仓库采用3.00h耐火极限的防火墙划分防火分区
C. 高层宾馆防火墙两侧的窗采用乙级防火窗，窗洞之间最近边缘的水平距离为1.0m
D. 烟草成品库采用3.00h耐火极限的防火墙划分防火分区
E. 通风机房开向建筑内的门采用甲级防火门，消防控制室开向建筑内的门采用乙级防火门

95. 根据现行国家标准《火灾自动报警系统施工及验收规范》（GB 50166），下列火灾自动报警系统的功能中，应每季度进行检查和试验的有（　　）。
A. 分期分批试验探测器的动作及确认灯显示功能
B. 试验火灾警报装置的声光显示功能
C. 试验主、备电源自动切换功能
D. 试验非消防电源强制切断功能
E. 试验相关消防控制设备的控制显示功能

96. 某设计院对有爆炸危险的甲类厂房进行设计，下列防爆设计方案中，符合现行国家标准《建筑设计防火规范》（GB 50016）的有（　　）。
A. 厂房承重结构采用钢筋混凝土结构
B. 厂房的总控制室独立设置
C. 厂房的地面采用不发火花地面
D. 厂房的分控制室贴邻厂房外墙设置，并采用耐火极限不低于3.00h的防火隔墙与其他部位分离
E. 厂房利用门窗作为泄压设施，窗玻璃采用普通玻璃

97. 根据国家现行消防技术标准，对投入使用的自动喷水灭火系统需要每月进行检查维护的内容有（　　）。
A. 对控制阀门的铅封、锁链进行检查
B. 消防水泵启动运转
C. 对水源控制阀报警组进行外观检查
D. 利用末端试水装置对水流指示器试验
E. 检查电磁阀并做启动试验

98. 消防设施检测机构对某建筑的机械排烟系统检测时，打开排烟阀，消防控制室接到风机启动反馈信号，经消防设施检测机构测量，排烟口入口风速过低，可能的原因有哪些（　　）。
A. 风机反转
B. 风道阻力过大
C. 风道漏风量过大
D. 风口尺寸偏小

E. 风机位置不当

99. 下列安全出口的检查结果中，符合现行国家消防技术标准的有（   ）。

A. 防烟楼梯间在首层直接对外的出口门采用向外开启的玻璃门
B. 服装厂房设置的封闭楼梯间，各层均采用常闭式乙级防火门，并向楼梯间开启
C. 多层办公楼封闭楼梯间的入口门，采用常开的乙级防火门并有自行关闭和信号反馈功能
D. 室外地坪标高 -0.15m，室内地坪标高 -10.00m 的地下 2 层建筑，其疏散楼梯采用封闭楼梯间
E. 高层宾馆中连续"一"字形内走廊的 2 个防烟楼梯间的入口中心线之间的距离为 60m

100. 对某一类高层宾馆进行防火检查，查阅资料得知，该宾馆每层划分为 2 个防火分区，符合规范要求，下列检查结果中，不符合现行国家消防技术标准的有（   ）。

A. 消防电梯前室的建筑面积为 6.0m²，与防烟楼梯间合用前室的建筑面积为 10m²
B. 兼作客梯用的消防电梯，其前室门采用耐火极限满足耐火完整性和耐火隔热性判定的防火卷帘
C. 设有 3 台消防电梯，一个防火分区有 2 台，另一个防火分区有 1 台
D. 消防电梯能够停靠每个楼层
E. 消防电梯从首层到顶层的运行时间为 59s

参考答案解析与视频讲解

一、单项选择题

1. 【答案】D

【解析】本题考查的知识点是消防法的相关知识。根据《中华人民共和国消防法》第六十四条，有下列行为之一，尚不构成犯罪的，处十日以上十五日以下拘留，可以并处五百元以下罚款；情节较轻的，处警告或者五百元以下罚款：

（一）指使或者强令他人违反消防安全规定，冒险作业的；

（二）过失引起火灾的；

（三）在火灾发生后阻拦报警，或者负有报告职责的人员不及时报警的；

（四）扰乱火灾现场秩序，或者拒不执行火灾现场指挥员指挥，影响灭火救援的；

（五）故意破坏或者伪造火灾现场的；

（六）擅自拆封或者使用被公安机关消防机构查封的场所、部位的。故 D 正确。

2. 【答案】B

【解析】本题考查的知识点是消防法的相关知识。根据《中华人民共和国消防法》第六十九条，消防产品质量认证、消防设施检测等消防技术服务机构出具虚假文件的，责令改正，处五万元以上十万元以下罚款，并对直接负责的主管人员和其他直接责任人员处一万元以上五万元以下罚款；有违法所得的，并处没收违法所得；给他人造成损失的，依法承担赔偿责任；情节严重的，由原许可机关依法责令停止执业或者吊销相应资质、资格。故 B 正确。

3. 【答案】B

【解析】本题考查的知识点是重大责任事故罪的立案标准。选项 A，消防责任事故罪，是指违反消防管理法规，经消防监督机构通知采取改正措施而拒绝执行，造成严重后果，危害公共安全的行为。故 A 错误；

选项 B，重大责任事故罪，是指在生产、作业中违反有关安全管理的规定，因而发生重大伤亡事故或者造成其他严重后果的行为。

选项 C，强令违章冒险作业罪，是指强令他人违章冒险作业，因而发生重大伤亡事故或者造成其他严重后果的行为。故 C 错误；

选项 D，重大劳动安全事故罪，是指安全生产设施或者安全生产条件不符合国家规定，因而发生重大伤亡事故或者造成其他严重后果的行为。故 D 错误。故 B 正确。

4. 【答案】A

【解析】本题考查的知识点是《社会消防安全教育培训规定》中关于消防安全培训机构的相关规定。国家机构以外的社会组织或者个人利用非国家财政性经费，创办消防安全专业培训机构，面向社会从事消防安全专业培训的，应当经省级教育行政部门或者人力资源和社会保障部门依法批准，并到省级民政部门申请民办非企业单位登记。故 A 正确。

5. 【答案】B

【解析】本题考查的知识点是高层宾馆建筑的室内装修材料，根据《建筑内部装修设计防火规范》（GB 50222—2017）表 5-2-1。首先确定选项中各装修材料的燃烧性能：轻钢龙骨石膏板、大理石为 A 级；普通布艺材料为 B_2 级；彩色阻燃人造板为 B_1 级。A、C 符合标准。表 5-2-1 中高级旅馆的窗帘不低于 B_1 级，一类普通旅馆的窗帘不低于 B_1 级，二类普通旅馆

的窗帘不低于 B_2 级。高层宾馆室内应设置自动喷水灭火系统和火灾自动报警系统，但如该高层宾馆的建筑高度大于 100m 的话，窗帘的燃烧性能等级也不可降低。题干中对建筑性质描述不详，因此选项 B 有可能是不符合标准的；选项 D 根据《建筑内部装修防火施工及验收规范》（GB 50354—2005）7.0.6 条，防火门的表面加装贴面材料或其他装修时，不得减小门框和门的规格尺寸，不得降低防火门的耐火性能，所用贴面材料的燃烧性能等级不应低于 B_1 级，选项 D 符合标准。故 B 符合题意。

6. 【答案】D

【解析】本题考查的知识点是建筑的外墙外保温系统应符合的规定。当建筑的外墙外保温系统采用燃烧性能为 B_1、B_2 级的保温材料时，在保温系统的每层沿楼板位置设置不燃材料制作的水平防火隔离带，隔离带的设置高度不得小于 300mm，且与建筑外墙体全面积粘贴密实。当建筑的屋面和外墙外保温系统均采用燃烧性能为 B_1、B_2 级的保温材料时，还要检查外墙和屋面分隔处是否按要求设置不燃材料制作的防火隔离带，宽度不得小于 500mm。故 D 符合题意。

7. 【答案】B

【解析】本题考查的知识点是细水雾灭火系统泵组调试。根据《细水雾灭火系统技术规范》4.4.3 条，泵组调试应符合下列规定：

1 以自动或手动方式启动泵组时，泵组应立即投入运行。A 项符合要求。

检查数量：全数检查。

检查方法：手动和自动启动泵组。

2 以备用电源切换方式或备用泵切换启动泵组时，泵组应立即投入运行。B 项不符合要求。

检查数量：全数检查。

检查方法：手动切换启动泵组。

3 采用柴油泵作为备用泵时，柴油泵的启动时间不应大于 5s。C 项符合要求。

检查数量：全数检查。

检查方法：手动启动柴油泵。

4 控制柜应进行空载和加载控制调试，控制柜应能按其设计功能正常动作和显示。D 项符合要求。

检查数量：全数检查。

检查方法：使用电压表、电流表和兆欧表等仪表通电直观检查。

8. 【答案】C

【解析】本题考查的知识点是《建筑设计防火规范》（GB 50016—2014）中通风、空调系统的选择。选项 A，根据 9.3.9 条，排除有燃烧或爆炸危险气体、蒸气和粉尘的排风系统，应符合下列规定：1 排风系统应设置导除静电的接地装置。故 A 项符合标准。

选项 B，根据 9.3.4 条，空气中含有易燃、易爆危险物质的房间，其送、排风系统应采用防爆型的通风设备。故 B 项符合标准。

选项 C，根据 9.1.2 条，甲、乙类厂房内的空气不应循环使用。氯酸钾厂房为甲类，故 C 项不符合标准。

选项 D，根据 9.3.5 条，含有燃烧和爆炸危险粉尘的空气，在进入排风机前应采用不产生火花的除尘器进行处理。故 D 项符合标准。

故 C 项符合题意。

9. 【答案】B

【解析】本题考查的知识点是自动喷水灭火系统调试。根据《自动喷水灭火系统施工及验收规范》7.2.5 条第 3 款，雨淋阀调试宜利用检测、试验管道进行。自动和手动方式启动的雨淋阀，应在 15s 之内启动；公称直径大于 200mm 的雨淋阀调试时，应在 60s 之内启动。雨淋阀调试时,当报警水压为0.05MPa,水力警铃应发出报警铃声。故B项正确。

检查数量:全数检查。

检查方法:使用压力表、流量计、秒表、声强计和观察检查。

10. 【答案】B

【解析】本题考查的知识点是《建筑设计防火规范》(GB 50016—2014)二级耐火等级要求。选项A,根据3.2.14条,二级耐火等级多层厂房和多层仓库内采用预应力钢筋混凝土的楼板,其耐火极限不应低于0.75h。故A项满足要求。

选项B,钢结构屋顶承重构件耐火极限应为1.00h,故B项不满足要求。

选项C,根据3.2.1条注,二级耐火等级建筑内采用不燃材料的吊顶,其耐火极限不限。故C项满足要求。

选项D,根据3.2.12条,除甲、乙类仓库和高层仓库外,一、二级耐火等级建筑的非承重外墙,当采用不燃性墙体时,其耐火极限不应低于0.25h;当采用难燃性墙体时,不应低于0.50h。故D项满足要求。

故B符合题意。

11. 【答案】A

【解析】本题考查的知识点是消防救援设施的设置。选项A和D,消防救援口沿建筑外墙逐层设置,设置间距不宜大于20m,并保证每个防火分区不少于2个。故A不符合标准,D符合标准;选项B和C,最小操作场地长度和宽度不应小于15m×10m。对于建筑高度大于50m的建筑,操作场地的长度和宽度分别不小于20m×10m。场地的坡度不宜大于3%。登高场地距建筑外墙不宜小于5m,且不应大于10m,故B、C均符合标准。

12. 【答案】A

【解析】本题考查的知识点是消防设施施工前应具备的条件。根据教材《消防安全技术综合能力》(2018年版)P101,消防设施施工前,需要具备一定的技术、物质条件,以确保施工需求,保证施工质量。消防设施施工前需要具备下列基本条件:

1)经批准的消防设计文件及其他技术资料齐全。

2)设计单位向建设、施工、监理单位进行技术交底,明确相应技术要求。

3)各类消防设施的设备、组件及材料齐全,规格型号符合设计要求,能够保证正常施工。

4)经检查,与专业施工相关的基础、预埋件和预留孔洞等符合设计要求。

5)施工现场及施工中使用的水、电、气能够满足连续施工的要求。

消防设计文件包括消防设施设计施工图(平面图、系统图、施工详图、设备表、材料表等)图样及设计说明等;其他技术资料主要包括消防设施产品明细表、主要组件安装使用说明书及施工技术要求,各类消防设施的设备、组件及材料等符合市场准入制度的有效证明文件和产品出厂合格证书,工程质量管理、检验制度等。故A选项错误。

13. 【答案】D

【解析】本题考查的知识点是建筑工程施工现场临时消防设施设置。《建设工程施工现场消防安全技术规范》(GB 50720—2011)第5.3.6条,在建工程的临时室外消防用水量不应小于表5.3.6(原表号)的规定,见表2-3-1。

表2-3-1 在建工程的临时室外消防用水量

在建工程(单体)体积	火灾延续时间/h	消火栓用水量/(L/s)	每只消防水枪最小流量/(L/s)
10000m³<体积≤30000m³	1	15	5
体积>30000m³	2	20	5

根据题干描述，单位体积大于30000m³，火灾延续时间应为2.00h。选项D不符合标准。其余选项根据照本规范5.3.7条、5.3.12条均符合要求。

室内消火栓快速接口及消防软管设置的基本要求。施工现场作为在建工程，如果完全按照建成工程来要求室内消火栓的设置是不太合理的，结合施工现场特点，每个室内消火栓处只设接口，不设消防水带、消防水枪，是综合考虑初期火灾的扑救及管理性和经济性要求的结果，但要做好保护措施。综合考虑，设置临时室内消防给水系统的在建工程，各结构层均应设置室内消火栓接口及消防软管接口，并应符合下列要求：

1）在建工程的室内消火栓接口及软管接口应设置在位置明显且易于操作的部位。
2）消火栓接口的前端应设置截止阀。
3）消火栓接口或软管接口的间距，多层建筑不大于50m，高层建筑不大于30m。

14.【答案】B

【解析】本题考查的知识点是临时高压消防给水系统构成必需的设备设施。在消防给水系统管网中，平时最不利消防用水点的水压和流量不能满足灭火时的需要。在灭火时启动消防泵，使管网中最不利消防用水点的水压和流量达到灭火的要求。

15.【答案】C

【解析】本题考查的知识点是疏散楼梯设置。疏散楼梯间内不得设置烧水间、可燃材料储存室、垃圾道；不得设有影响疏散的凸出物或其他障碍物；严禁敷设甲、乙、丙类液体管道。公共建筑的楼梯间内不得敷设可燃气体管道，居住建筑的楼梯间不得敷设可燃气体管道，不得设置天然气体计量表，当住宅建筑必须设置此类设施时，应检查其是否采用金属管道和设置切断气源的装置等保护措施。选项A、B、D正确。该疏散楼梯为防烟楼梯间或封闭楼梯间，若为封闭楼梯间，不能自然通风或自然通风不能满足要求时，应设置机械加压送风系统或采用防烟楼梯间。也即若设置机械加压送风系统则可以不靠外墙；若为防烟楼梯间，则设置满足要求的防烟设施也可不靠外墙。故C选项错误。

16.【答案】C

【解析】本题考查的知识点是管道强度试验和气密性试验方法。根据《气体灭火系统施工及验收规范》附录E.1.3，当水压强度试验条件不具备时，可采用气压强度试验代替。气压强度试验压力取值：二氧化碳灭火系统取80%水压强度试验压力，IG541混合气体灭火系统取10.5MPa，卤代烷1301灭火系统和七氟丙烷灭火系统取1.15倍最大工作压力，故$4.2 \times 1.15 = 4.83$MPa。故C选项正确。

17.【答案】C

【解析】本题考查的知识点是气体灭火系统的周期性检查维护。

年检查项目检查维护要求：

1）撤下1个区启动装置的启动线，进行电控部分的联动试验，应启动正常；
2）对每个防护区进行一次模拟自动喷气试验。检查比例为20%（最少一个分区）。此项检查每年进行一次；C选项错误。
3）预制气溶胶灭火装置、自动干粉灭火装置有效期限检查；
4）
5）泄漏报警装置报警定量功能试验，检查的钢瓶比例100%；
6）主用量、备用量灭火剂储存容器的模拟切换操作试验，检查比例为20%（最少一个分区）。

月检查项目检查维护要求：

1）对低压二氧化碳灭火系统储存装置的液位计进行检查，灭火剂损失10%时应及时补充。D选项正确。
2）高压二氧化碳灭火系统、七氟丙烷管网灭火系统及IG541灭火系统等的检查内容及要求应符合下列规定：

①灭火剂储存容器及容器阀、单向阀、连接管、集流管、安全泄放装置、选择阀、阀驱动装置、喷嘴、信号反馈装置、检漏装置、减压装置等全部系统组件应无碰撞变形及其他机械性损伤，表面应无锈蚀，保护涂层应完好，铭牌和保护对象标志应清晰，手动操作装置的防护罩、铅封和安全标志应完整。

②灭火剂和驱动气体储存容器内的压力不得小于设计储存压力的90%。

③预制灭火系统的设备状态和运行状况应正常。故 B 选项正确。

18. 【答案】C

【解析】 本题考查的知识点是快速排气阀。根据《自动喷水灭火系统施工及验收规范》(GB 50261—2005) 4.2.9 条，自动喷水灭火系统应有下列组件、配件和设施：

1）应设有洒水喷头、水流指示器、报警阀组、压力开关等组件和末端试水装置，以及管道、供水设施；

2）控制管道静压的区段宜分区供水或设减压阀，控制管道动压的区段宜设减压孔板或节流管；

3）应设有泄水阀（或泄水口）、排气阀（或排气口）和排污口；

4）干式系统和预作用系统的配水管道应设快速排气阀。有压充气管道的快速排气阀入口前应设电动阀。故 C 项正确。

19. 【答案】D

【解析】 本题考查的知识点是区域火灾风险评估时应采集的信息。应收集的信息包括：评估区域内人口、经济、交通等概况；区重点单位情况；周边环境情况；市政消防设施相关资料；火灾事故应急救援预案；消防安全规章制度等。故 D 项符合题意。

20. 【答案】A

【解析】 本题考查的知识点是防排烟系统的组件启闭状态。加压送风口分为常开式、常闭式和自垂百叶式。A 项正确。常开式即普通的固定叶片或百叶风口；常闭式采用手动或电动开启，常用于前室或合用前室；自垂百叶式平时靠百叶重力自行关闭，加压时自行开启，常用于防烟楼梯间。D 项错误。排烟阀既有常开式也有常闭式，BC 项均错误。

21. 【答案】A

【解析】 本题考查的知识点是防排烟系统月检内容及要求。选项 A 为年度检查项目，每年对所安装的全部防烟排烟系统进行一次联动试验和性能检测，其联动功能和性能根据数应符合原设计要求。其余均为月检查项目。故 A 项符合题意。

22. 【答案】D

【解析】 本题考查的知识点是避难走道的防火检查。根据《建筑设计防火规范》(GB 50016—2014) 6.4.14 条，避难走道的设置应符合下列规定：

1）避难走道防火隔墙耐火极限不应低于 3.00h，楼板的耐火极限不应低于 1.50h。选项 A 符合标准；

2）避难走道直通地面的出口不应少于 2 个，并应设置在不同方向；当避难走道仅与一个防火分区相通且该防火分区至少有 1 个直通室外的安全出口时，可设置 1 个直通地面的出口。任一防火分区通向避难走道的门至该避难走道最近直通地面的出口的距离不应大于 60m。选项 B 符合标准；

3）避难走道的净宽度不应小于任一防火分区通向该避难走道的设计疏散总净宽度。选项 C 符合标准；

4）避难走道内部装修材料的燃烧性能应为 A 级；

5）防火分区至避难走道入口处应设置防烟前室。前室的使用面积不应小于 $6.0m^2$，开向前室的门应采用甲级防火门，前室开向避难走道的门应采用乙级防火门。选项 D 不符合标准。

23. 【答案】D

【解析】 本题考查的知识点是防火分区面积划分。设自动灭火系统时，防火分区最大允许建筑面积可按规范规定增加 1.0 倍；局部设置时，防火分区的增加面积可按该局部面积的 1.0 倍计算。三级多层公共建筑最大防火分区允许面积为 1200m², 1200m² × 2 = 2400m² > 1400m², 由于每层建筑面积均为 1400m², 所以每层设置为一个防火分区。故 D 项正确。

24. 【答案】C

【解析】 本题考查的知识点是消防给水及消火栓系统维护管理的内容。根据《消防给水及消火栓系统技术规范》14.0.7，每季度应对消火栓进行一次外观和漏水检查，发现有不正常的消火栓应及时更换。故 C 项正确。

25. 【答案】A

【解析】 本题考查的知识点是消防安全检查的内容。消防安全检查包括：
1) 可燃物及易燃易爆危险品的管理是否落实。
2) 动火作业的防火措施是否落实。
3) 用火、用电、用气是否存在违章操作，电、气焊及保温防水施工是否执行操作规程。
4) 临时消防设施是否完好有效。
5) 临时消防车通道及临时疏散设施是否畅通。故 A 项符合题意。

26. 【答案】D

【解析】 本题考查的知识点是火灾风险识别。火灾风险识别是开展火灾风险评估工作所必需的基础环节，只有充分、全面地把握评估对象所面临的火灾风险来源，才能完整、准确地对各类火灾风险进行分析和评判，进而采取有针对性的火灾风险控制措施，确保将评估对象的火灾风险控制在可接受的范围之内。通常认为，火灾风险是火灾概率与火灾后果的综合度量。因此，衡量火灾风险的高低，不但要考虑起火的概率，而且要考虑火灾所导致后果的严重程度。故 D 项符合题意。

27. 【答案】D

【解析】 本题考查的知识点是泡沫灭火系统灭火机理。选项 A，根据《泡沫灭火系统设计规范》4.1.10，固定式泡沫灭火系统的设计应满足在泡沫消防水泵或泡沫混合液泵启动后，将泡沫混合液或泡沫输送到保护对象的时间不大于 5min。故 A 符合标准。选项 B，低倍数泡沫系统的喷泡沫试验，喷射泡沫的时间不小于 1min。故 B 符合标准。选项 C，低倍数泡沫为发泡倍数小于 20 的灭火泡沫。故 C 符合标准。

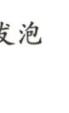

选项 D，甲醇属于水溶性液体，应选择抗溶性泡沫液进行灭火。故 D 不符合标准。

28. 【答案】B

【解析】 本题考查的知识点是消防备用电源设计。当消防电源由自备应急发电机组提供备用电源时，消防用电负荷为一级或二级的要设置自动和手动启动装置，并在 30s 内供电。故 B 项正确。

29. 【答案】B

【解析】根据《爆炸危险环境电力装置设计规范》(GB 50058—2014) 第 5.4.1 条，爆炸性环境电缆和导线的选择应符合下列规定：
1) 在爆炸环境内，低压电力、照明线路采用的绝缘导线和电缆的额定电压应高于或等于工作电压，且 U_0/U 不用低于工作电压。中性线的额定电压应与相线电压相等，并应在同一护套或保护管内敷设。
2) 在爆炸危险区内，除在配电盘、接线箱或采用金属导管配线系统内，无护套的电线不应作为供配电线路。

3）在1区内应采用铜芯电缆；除本质安全电路外，在2区内宜采用铜芯电缆，当采用铝芯电缆时，其截面不得小于16mm^2，且与电气设备的连接应采用钢—铝过渡接头。敷设在爆炸性粉尘环境20区、21区以及在22区内有剧烈振动区域的回路，均应采用铜芯绝缘导线或电缆。故B项不符合标准。

30. 【答案】C

【解析】本题考查的知识点是单位消防安全教育培训的主要内容和形式。对职工的消防教育培训包括：

1）对新上岗和进入新岗位的职工进行上岗前消防教育培训。

2）对在岗的职工每年至少进行一次消防安全培训。

3）消防安全重点单位每半年至少组织一次、其他单位每年至少组织一次灭火和应急疏散演练。定期开展全员消防教育培训，确保人人具备检查和消除火灾隐患能力、扑救初期火灾能力、组织人员疏散逃生能力。故C项符合题意。

31. 【答案】B

【解析】本题考查的知识点是消防技术服务机构违法行为应承担的法律责任。根据《社会消防技术服务管理规定》第四十七条，消防技术服务机构违反本规定，有下列情形之一的，责令改正，处一万元以上二万元以下罚款：

（一）超越资质许可范围从事社会消防技术服务活动的；

（二）不再符合资质条件，经责令限期改正未改正或者在改正期间继续从事相应社会消防技术服务活动的；

（三）涂改、倒卖、出租、出借或者以其他形式非法转让资质证书的；

（四）所属注册消防工程师同时在两个以上社会组织执业的；

（五）指派无相应资格从业人员从事社会消防技术服务活动的；

（六）转包、分包消防技术服务项目的。

对有前款第四项行为的注册消防工程师，处五千元以上一万元以下罚款。故B项正确。

32. 【答案】D

【解析】本题考查的知识点是病房楼的避难间。高层病房楼在二层及以上的病房楼层和洁净手术部应设置避难间。选项A、B、C正确。选项D，净面积按每个护理单元不小于25m^{2}确定，若建筑面积为25m^2，则净面积达不到25m^2，故D项错误。

33. 【答案】D

【解析】本题考查的知识点是防排烟系统的设置。根据《建筑设计防火规范》（GB 50016—2014）的相关规定：

8.5 防烟和排烟设施：

8.5.1 建筑的下列场所或部位应设置防烟设施：

1 防烟楼梯间及其前室；

2 消防电梯间前室或合用前室；

3 避难走道的前室、避难层（间）。

建筑高度不大于50m的公共建筑、厂房、仓库和建筑高度不大于100m的住宅建筑，当其防烟楼梯间的前室或合用前室符合下列条件之一时，楼梯间可不设置防烟系统：

1 前室或合用前室采用敞开的阳台、凹廊；

2 前室或合用前室具有不同朝向的可开启外窗，且可开启外窗的面积满足自然排烟口的面积要求。

8.5.2 厂房或仓库的下列场所或部位应设置排烟设施：

1 人员或可燃物较多的丙类生产场所，丙类厂房内建筑面积大于300m²且经常有人停留或可燃物较多的地上房间；

2 建筑面积大于5000m²的丁类生产车间；

3 占地面积大于1000m²的丙类仓库；

4 高度大于32m的高层厂房（仓库）内长度大于20m的疏散走道，其他厂房（仓库）内长度大于40m的疏散走道。

8.5.3 民用建筑的下列场所或部位应设置排烟设施：

1 设置在一、二、三层且房间建筑面积大于100m²的歌舞娱乐放映游艺场所，设置在四层及以上楼层、地下或半地下的歌舞娱乐放映游艺场所；

2 中庭；

3 公共建筑内建筑面积大于100m²且经常有人停留的地上房间；

4 公共建筑内建筑面积大于300m²且可燃物较多的地上房间；

5 建筑内长度大于20m的疏散走道。

8.5.4 地下或半地下建筑（室）、地上建筑内的无窗房间，当总建筑面积大于200m²或一个房间建筑面积大于50m²，且经常有人停留或可燃物较多时，应设置排烟设施。故D项符合题意。

34.【答案】D

【解析】本题考查的知识点是消火栓调试和测试。根据《消防给水及消火栓系统设计规范》13.1.8，消火栓的调试和测试应符合下列规定：

1）试验消火栓动作时，应检测消防水泵是否在本规范规定的时间内自动启动；

2）试验消火栓动作时，应测试其出流量、压力和充实水柱的长度；并应根据消防水泵的性能曲线核实消防水泵供水能力；

3）应检查旋转型消火栓的性能能否满足其性能要求；

4）应采用专用检测工具，测试减压稳压型消火栓的阀后动静压是否满足设计要求。

检查数量：全数检查。故D项正确。

35.【答案】B

【解析】本题考查的知识点是消火栓固定接口密封性能的现场试验。根据《消防给水及消火栓系统技术规范》第12.2.3条第14款，消火栓固定接口应进行密封性能试验，应以无渗漏、无损伤为合格。试验数量宜从每批中抽查1%，但不应少于5个，应缓慢而均匀地升压1.6MPa，应保压2min。当两个及两个以上不合格时，不应使用该批消火栓。当仅有1个不合格时，应再抽查2%，但不应少于10个，并应重新进行密封性能试验；当仍有不合格时，亦不应使用该批消火栓。故B项正确。

36.【答案】A

【解析】本题考查的知识点是疏散出口。选项A，"人员密集的公共场所、观众厅的疏散门不应设置门槛，其净宽度不应小于1.40m"，故A不符合标准；选项B，该教室可以设一个疏散门，疏散门最小净宽度为0.9m，其疏散门的开启方向、总宽度、每个门的最小净宽度均满足要求，故B符合标准；选项C，"仓库的疏散门应采用向疏散方向开启的平开门，但丙、丁、戊类仓库首层靠墙的外侧可采用推拉门或卷帘门"，棉花仓库为丙类仓库，故C符合标准；选项D，"每个房间应设2个疏散门，疏散门应分散布置，每个房间相邻两个疏散门最近边缘之间的水平距离不应小于5m"，中心线距离为6.5m，则两个疏散门最近边缘之间的水平距离不应小于5m，故D符合标准。

37.【答案】C

【解析】本题考查的知识点是《建筑设计防火规范》（GB 50016—2014）一、二级耐火等级建筑的疏散走道和安全出口的相关规定。选项 A，根据 5.5.19 条，人员密集的公共场所的室外疏散通道的净宽度不应小于 3.00m，并应直接通向宽敞地带，故 A 符合标准；选项 B，根据 5.5.17 条，该距离不应大于 20m，故 B 符合标准；选项 C，根据 5.5.30 条，住宅建筑的疏散走道、疏散楼梯和首层疏散外门的净宽度不应小于 1.10m，故 C 不符合标准；选项 D，采用敞开式外廊，可在规范规定基础上增加 5m，D 符合标准。

38. 【答案】B

【解析】 本题考查的知识点是自动喷水灭火系统巡查内容。自动喷水灭火系统巡查记录内容包括：

1）喷头外观及其周边障碍物、保护面积等。

2）报警阀组外观、报警阀组检测装置状态、排水设施状况。

3）充气设备、排气装置及其控制装置、火灾探测传动、液（气）动传动及其控制装置、现场控制装置等外观、运行状况。

4）系统末端试水装置、楼层试水阀及其现场环境状态，压力监测情况等。

5）系统用电设备的电源及其供电情况。

故 B 项符合题意。

39. 【答案】C

【解析】 本题考查的知识点是灭火器维修。根据《灭火器维修》（GA 95—2015）6.6.5条，每次维修时，零部件更换：

1）密封片、密封垫等密封零件。

2）水基型灭火剂。

3）二氧化碳灭火器的超压安全膜片。故 C 项符合题意。

40. 【答案】A

【解析】 本题考查的知识点是注册消防工程师享有的权利。根据《注册消防工程师管理规定》（公安部令第 143 号）的相关规定：

第三十一条，注册消防工程师享有下列权利：

（一）使用注册消防工程师称谓；

（二）保管和使用注册证和执业印章；

（三）在规定的范围内开展执业活动；

（四）对违反相关法律、法规和国家标准、行业标准的行为提出劝告，拒绝签署违反国家标准、行业标准的消防安全技术文件；

（五）参加继续教育；

（六）依法维护本人的合法执业权利。

第三十二条，注册消防工程师应当履行下列义务：

（一）遵守和执行法律、法规和国家标准、行业标准；

（二）接受继续教育，不断提高消防安全技术能力；

（三）保证执业活动质量，承担相应的法律责任；

（四）保守知悉的国家秘密和聘用单位的商业、技术秘密。故 A 项符合题意。

41. 【答案】C

【解析】 本题考查的知识点是消防给水系统的进场检验。《消防给水及消火栓系统技术规范》（GB 50974—2014）的相关规定：

12.2.1 消防给水及消火栓系统施工前应对采用的主要设备、系统组件、管材管件及其他设备、材料进行进场检查，并应符合下列要求：

1 主要设备、系统组件、管材管件及其他设备、材料，应符合国家现行相关产品标准的规定，并应具有出厂合格证或质量认证书；

2 消防水泵、消火栓、消防水带、消防水枪、消防软管卷盘或轻便水龙、报警阀组、电动（磁）阀、压力开关、流量开关、消防水泵接合器、沟槽连接件等系统主要设备和组件，应经国家消防产品质量监督检验中心检测合格；C 项正确。

3 稳压泵、气压水罐、消防水箱、自动排气阀、信号阀、止回阀、安全阀、减压阀、倒流防止器、蝶阀、闸阀、流量计、压力表、水位计等，应经相应国家产品质量监督检验中心检测合格；

4 气压水罐、组合式消防水池、屋顶消防水箱、地下水取水和地表水取水设施，以及其附件等，应符合国家现行相关产品标准的规定。

42．【答案】B

【解析】本题考查的知识点是《建筑设计防火规范》（GB 50016—2014）中建筑平面布置检查。电解食盐车间为甲类火灾危险性，甲、乙类生产场所（仓库）不应设置在地下或半地下，故 B 不符合标准。

3.3.6 厂房内设置中间仓库时，应符合下列规定：

1 甲、乙类中间仓库应靠外墙布置，其储量不宜超过 1 昼夜的需要量；

2 甲、乙、丙类中间仓库应采用防火墙和耐火极限不低于 1.50h 的不燃性楼板与其他部位分隔；

3 丁、戊类中间仓库应采用耐火极限不低于 2.00h 的防火隔墙和 1.00h 的楼板与其他部位分隔。

选项 A、C、D 均符合标准。

43．【答案】B

【解析】本题考查的知识点是高倍数泡沫灭火系统的相关知识。高倍数泡沫产生器的设置应符合下列规定：高度应在泡沫淹没深度以上；宜接近保护对象，但其位置应免受爆炸或火焰损坏；应使防护区形成比较均匀的泡沫覆盖层；应便于检查、测试及维修；当泡沫产生器在室外或坑道应用时，应采取防止风对泡沫产生器发泡和泡沫分布产生影响的措施。因此 A 选项符合标准。当高倍数泡沫产生器的出口设置导泡筒时，导泡筒的横截面积宜为泡沫产生器出口横截面积的 1.05～1.10 倍，因此 B 选项不符合标准。固定安装的高倍数泡沫产生器前应设置管道过滤器、压力表和手动阀门，因此 C 选项符合标准。系统干式水平管道最低点应设置排液阀，且坡向排液阀的管道坡度不宜小于 3‰。因此 D 选项符合标准。

44．【答案】D

【解析】本题考查的知识点是气体灭火系统组件现场检查。同一规格的灭火剂储存容器，其高度差不宜超过 20mm；同一规格的驱动气体储存容器，其高度差不宜超过 10mm。故 D 正确。

45．【答案】D

【解析】本题考查的知识点是泡沫灭火系统组件现场检查。系统组件的现场检查主要包括组件的外观质量检查、性能检查、强度和严密性检查。其中，外观质量检查又包括机械损伤、表面涂层等，故选项 A、B、C 均属于现场检查项目。故 D 符合题意。

46．【答案】A

【解析】本题考查的知识点是消防重点部位管理措施。消防安全重点部位的管理包括制度管理、立牌管理、教育管理、档案管理、日常管理、应急备战管理。故 A 项符合题意。

47．【答案】B

【解析】根据《建筑设计防火规范》（GB 50016—2014）的相关规定：

8.1.6 消防水泵房的设置应符合下列规定：

1 单独建造的消防水泵房，其耐火等级不应低于二级；

2 附设在建筑内的消防水泵房，不应设置在地下三层及以下或室内地面与室外出入口地坪高差大于10m的地下楼层。选项A符合标准。

5.4.12 燃油或燃气锅炉房、变压器室应设置在首层或地下一层的靠外墙部位，但常（负）压燃油或燃气锅炉可设置在地下二层或屋顶上。设置在屋顶上的常（负）压燃气锅炉，距离通向屋面的安全出口不应小于6m。选项C符合标准。

5.4.9 歌舞厅、录像厅、夜总会、卡拉OK厅（含具有卡拉OK功能的餐厅）、游艺厅（含电子游艺厅）、桑拿浴室（不包括洗浴部分）、网吧等歌舞娱乐放映游艺场所（不含剧场、电影院）的布置应符合下列规定：5 确需布置在地下或四层及以上楼层时，一个厅、室的建筑面积不应大于200m²。选项D符合标准。

5.4.4 托儿所、幼儿园的儿童用房、老年人活动场所和儿童游乐厅等儿童活动场所宜设置在独立的建筑内，且不应设置在地下或半地下；当采用一、二级耐火等级的建筑时，不应超过3层；采用三级耐火等级的建筑时，不应超过2层；采用四级耐火等级的建筑时，应为单层；确需设置在其他民用建筑内时，应符合下列规定：4 设置在高层建筑内时，应设置独立的安全出口和疏散楼梯。选项B不符合标准。

48. 【答案】A

【解析】本题考查的知识点是泡沫灭火系统月检内容。选项B、C、D均属于系统月度检查内容，选项A的系统管道清洗属于每半年检查要求的内容。故A符合题意。

49. 【答案】C

【解析】本题考查的知识点是消防应急照明和疏散指示标志的相关规定。公共建筑、建筑高度大于54m的住宅建筑、高层厂房（库房）和甲、乙、丙类单、多层厂房，应设置灯光疏散指示标志，并应符合下列规定：

1）应设置在安全出口和人员密集的场所的疏散门的正上方。

2）应设置在疏散走道及其转角处距地面高度1.0m以下的墙面或地面上。灯光疏散指示标志的间距不应大于20m；对于袋形走道，不应大于10m；在走道转角区，不应大于1.0m。故C符合题意。

50. 【答案】A

【解析】本题考查的知识点是氨制冷机房。氨制冷机房属于乙类厂房。故A正确。

51. 【答案】C

【解析】本题考查的知识点是水流指示器故障原因。水流指示器故障原因：1）桨片被管腔内杂物卡阻。2）调整螺母与触头未调试到位。3）电路接线脱落。故C符合题意。

52. 【答案】A

【解析】本题考查的知识点是火灾的处置。根据教材《消防安全技术综合能力》（2018年版）初期火灾处置程序和措施如下：

1）指挥部、各行动小组和义务消防队迅速集结，按照职责分工，进入相应位置开展灭火救援行动。

2）发现火灾时，起火部位现场员工应当于1min内形成灭火第一战斗力量，在第一时间内采取如下措施：灭火器材、设施附近的员工利用现场灭火器、消火栓等器材、设施灭火；电话或火灾报警按钮附近的员工打"119"电话报警，报告消防控制室或单位值班人员；安全出口或通道附近的员工负责引导人员进行疏散。若火势扩大，单位应当于3min内形成灭火第二战斗力量，及时采取如下措施：通信联络组按照应急预案要求通知预案涉及的员工赶赴火场，向火场指挥员报告火灾情况，

将火场指挥员的指令下达给有关员工；灭火行动组根据火灾情况利用本单位的消防器材、设施扑救火灾；疏散引导组按分工组织引导现场人员进行疏散；安全救护组负责协助抢救、护送受伤人员；现场警戒组负责阻止无关人员进入火场，维持火场秩序。

3）相关部位人员负责关闭空调系统和煤气总阀门，及时疏散易燃易爆化学危险物品及其他重要物品。

故 A 符合题意。

53.【答案】D

【解析】本题考查的知识点是自动灭火系统喷头现场检查。喷头现场检查内容及要求：

1）喷头装配性能检查

检查要求：旋拧喷头顶丝，不得轻易旋开，转动溅水盘，无松动、变形等现象，以确保喷头不被轻易调整、拆卸和重装。

2）喷头外观标识检查

检查要求：（1）喷头溅水盘或者本体上至少具有型号规格、生产厂商名称（代号）或者商标、生产时间、响应时间指数等永久性标识。（2）边墙型喷头上有水流方向标识，隐蔽式喷头的盖板上有"不可涂覆"等文字标识。（3）喷头规格型号的标记由类型特征代号（型号）、性能代号、公称口径和公称动作温度等部分组成，规格型号所示的性能根据数符合设计文件的选型要求。（4）所有标识均为永久性标识，标识正确、清晰。（5）玻璃球、易熔元件的色标与温标对应、正确。B项正确。

3）喷头外观质量检查

检查要求：（1）喷头外观无加工缺陷，无机械损伤，无明显磕碰伤痕或者损坏；溅水盘无松动、脱落、损坏或者变形等情况。（2）喷头螺纹密封面无伤痕、毛刺、缺丝或者断丝现象。A、C项正确。

4）闭式喷头密封性能试验

检查要求：（1）密封性能试验的试验压力为 3.0MPa，保压时间不少于 3min。（2）随机从每批到场喷头中抽取1%，且不少于5只作为试验喷头。当1只喷头试验不合格时，再抽取2%，且不少于10只的到场喷头进行重复试验。（3）试验以喷头无渗漏、无损伤判定为合格。累计两只以及两只以上喷头试验不合格的，不得使用该批喷头。D项错误。

5）质量偏差检查

检查要求：（1）随机抽取 3 个喷头（带有运输护帽的摘下护帽）进行质量偏差检查。（2）使用天平测量每只喷头的质量。（3）计算喷头质量与合格检验报告描述的质量偏差，偏差不得超过5%。

54.【答案】A

【解析】本题考查的知识点是干粉灭火系统进行维护管理。每月检查一次的项目包括：干粉储存装置部件、驱动气体储瓶充装量。故 A 正确。

55.【答案】A

【解析】本题考查的知识点是干式消火栓系统允许的最大充水时间。根据《消防给水及消火栓系统技术规范》7.1.6条，干式消火栓系统的充水时间不应大于5min。故 A 正确。

56.【答案】无

【解析】本题考查的知识点是防烟分区的划分。此题略过即可。此题为2017真题，按照当时防排烟规范选B。但是按照最新防排烟规范，答案均错误。

57.【答案】B

【解析】本题考查的知识点是防火卷帘的设置。防火分隔部位设置防火卷帘时，应符合下列规定：

1）除中庭外，当防火分隔部位的宽度不大于30m时，防火卷帘的宽度不应大于10m；当防火分隔部位的宽度大于30m时，防火卷帘的宽度不应大于该部位宽度的1/3，且不应大于 20m。

2）防火卷帘应具有火灾时靠自重自动关闭功能。

3）除本规范另有规定外，防火卷帘的耐火极限不应低于本规范对所设置部位墙体的耐火极限要求。

选项 B 设置 15m 宽的防火卷帘超出 40m 的 1/3，故 B 项不符合标准。

58．【答案】B

【解析】本题考查的知识点是防火墙的设置。防火墙应直接设置在建筑的基础或框架、梁等承重结构上，框架、梁等承重结构的耐火极限不应低于防火墙的耐火极限。故 B 项不符合标准。

59．【答案】B

【解析】本题考查的知识点是手动火灾报警按钮的安装。根据《火灾自动报警系统设计规范》6.3.2，手动火灾报警按钮的底边距离楼面高度应为 1.3~1.5m，故 A、C 错误；手动火灾报警按钮的连接导线的余量不应小于 150mm，故 B 正确、D 错误。

60．【答案】D

【解析】本题考查的知识点是火灾报警系统的控制。选项 A，电梯应进行 1~2 次联动返回首层功能试验，故 A 正确；选项 B，自动喷水灭火系统给水泵在消防控制室内操作启停泵 1~3 次，故 B 正确；选项 C，报警联动启动、消防控制室直接启停、现场手动启动联动防烟排烟风机 1~3 次，故 C 正确；选项 D，各类消防用电设备主、备电源的自行转换装置进行 3 次转换试验，选项 D 错误。

61．【答案】A

【解析】本题考查的知识点是消防控制室台账档案建立的内容。消防控制室内至少保存有下列纸质台账档案和电子资料：

1）建（构）筑物竣工后的总平面布局图、消防设施平面布置图和系统图以及安全出口布置图、重点部位位置图等。

2）消防安全管理规章制度、应急灭火预案、应急疏散预案等。

3）消防安全组织结构图，包括消防安全责任人、管理人、专（兼）职和志愿消防人员等内容。

4）消防安全培训记录、灭火和应急疏散预案的演练记录。

5）值班情况、消防安全检查情况及巡查情况等记录。

6）消防设施一览表，包括消防设施的类型、数量、状态等内容。

7）消防联动系统控制逻辑关系说明、设备使用说明书、系统操作规程、系统以及设备的维护保养制度和技术规程等。

8）设备运行状况、接报警记录、火灾处理情况、设备检修检测报告等资料。

故 A 项符合题意。

62．【答案】A

【解析】本题考查的知识点是城市消防远程监控系统的组成。城市消防远程监控系统由用户信息传输装置、报警传输网络、监控中心、火警信息终端组成。故 A 项符合题意。

63．【答案】A

【解析】本题考查的知识点是消防车取水用的设施。消防水泵接合器作用是向室内消防设施供水。

根据《消防给水及消火栓系统技术规范》（GB 50974—2014）5.4 条文说明，室内消防给水系统设置消防水泵接合器的目的是便于消防队员现场扑救火灾能充分利用建筑物内已经建成的水

216

消防设施,一则可以充分利用建筑物内的自动水灭火设施,提高灭火效率,减少不必要的消防队员体力消耗;二则不必敷设水龙带,利用室内消火栓管网输送消火栓灭火用水,可以节省大量的时间,另外还可以减少水力阻力提高输水效率,以提高灭火效率;三则是北方寒冷地区冬季可有效减少消防车供水结冰的可能性。消防水泵接合器是水灭火系统的第三供水水源。故 A 项符合题意。

64.【答案】D

【解析】 本题考查的知识点是电气防爆要求。金属原件抛光车间属于爆炸危险环境。爆炸危险环境的配线工程,因为铝线机械强度差、容易折断,需要进行过渡连接而加大接线盒,同时在连接技术上难于控制并保证质量,所以不得选用铝质的,而应选用铜芯绝缘导线或电缆。因此 A 选项符合规范。导线或电缆的连接,采用有防松措施的螺栓固定,或压接、钎焊、熔焊,但不得绕接。因此 B 选项符合规范。接地干线宜设置在爆炸危险区域的不同方向,且不少于两处与接地体相连。因此 C 选项符合规范。爆炸性粉尘环境应根据粉尘的种类,选择防尘结构或尘密结构的粉尘防爆电气设备。故 D 项不符合规范。

65.【答案】C

【解析】 本题考查的知识点是"三项"报告备案制度。报告备案包括以下三项内容:1)消防安全管理人员报告备案。2)消防设施维护保养报告备案。3)消防安全自我评估报告备案。故 C 项符合题意。

66.【答案】B

【解析】 本题考查的知识点是重大火灾隐患的判定。乙类厂房设置在地下,为重大火灾隐患。选项 A、C、D 均属于重大火灾隐患的综合判定要素。故 B 项符合题意。

67.【答案】B

【解析】 本题考查的知识点是自动喷水灭火系统喷头的检查。根据《自动喷水灭火系统施工及验收规范》的相关规定:

8.0.9 喷头验收应符合下列要求:

1 喷头设置场所、规格、型号、公称动作温度、响应时间指数(RTI)应符合设计要求。检查数量:抽查设计喷头数量10%,总数不少于40个,合格率应为100%。检查方法:对照图纸尺量检查。

2 喷头安装间距,喷头与楼板、墙、梁等障碍物的距离应符合设计要求。

检查数量:抽查设计喷头数量5%,总数不少于20个,距离偏差±15mm,合格率不小于95%时为合格。检查方法:对照图纸尺量检查。

故 B 正确。

68.【答案】A

【解析】 本题考查的知识点是推车式干粉灭火器进场检查项目。推车式没有间歇喷射机构。

69.【答案】C

【解析】 根据《火灾自动报警系统施工及验收规范》,点型感烟、感温火灾探测器的安装,应符合下列要求:在宽度小于 3m 的内走道顶棚上安装探测器时,宜居中安装。点型感温火灾探测器的安装间距,不应超过 10m;点型感烟火灾探测器的安装间距,不应超过 15m,探测器至端墙的距离,不应大于安装间距的一半。答案显而易见,安装间距取 14m 是可以的。

70.【答案】B

【解析】 本题考查的知识点是下沉式广场防风雨篷的设置。根据《建筑设计防火规范》6.4.12条,用于防火分隔的下沉式广场等室外开敞空间,应符合下列规定:

1) 分隔后的不同区域通向下沉式广场等室外开敞空间的开口最近边缘之间的水平距离不应小于

13m。室外开敞空间除用于人员疏散外不得用于其他商业或可能导致火灾蔓延的用途，其中用于疏散的净面积不应小于169m²。

2）下沉式广场等室外开敞空间内应设置不少于1部直通地面的疏散楼梯。当连接下沉广场的防火分区需利用下沉广场进行疏散时，疏散楼梯的总净宽度不应小于任一防火分区通向室外开敞空间的设计疏散总净宽度。

3）确需设置防风雨篷时，防风雨篷不应完全封闭，四周开口部位应均匀布置，开口的面积不应小于该空间地面面积的25%，开口高度不应小于1.0m；开口设置百叶时，百叶的有效排烟面积可按百叶通风口面积的60%计算。故B项符合题意。

71.【答案】C

【解析】本题考查的知识点是自动喷水灭火系统闭式喷头进行密封性能试验。根据教材
《消防安全技术综合能力》（2018年版）P152相关规定如下：

一、喷头现场检查

（一）检查内容及要求

1 喷头装配性能检查

检查要求：旋拧喷头顶丝，不得轻易旋开，转动溅水盘，无松动、变形等现象，以确保喷头不被轻易调整、拆卸和重装。

2 喷头外观标志检查

检查要求：

1）喷头溅水盘或者本体上至少具有型号规格、生产厂商名称（代号）或者商标、生产时间、响应时间指数等永久性标识。

2）边墙型喷头上有水流方向标识，隐蔽式喷头的盖板上有"不可涂覆"等文字标识。

3）喷头规格型号的标记由类型特征代号（型号）、性能代号、公称口径和公称动作温度等部分组成，规格型号所示的性能根据数符合设计文件的选型要求。

4）所有标识均为永久性标识，标识正确、清晰。

5）玻璃球、易熔元件的色标与温标对应、正确。

3 喷头外观质量检查

检查要求：

1）喷头外观无加工缺陷，无机械损伤，无明显磕碰伤痕或者损坏；溅水盘无松动、脱落、损坏或者变形等情况。

2）喷头螺纹密封面无伤痕、毛刺、缺丝或者断丝现象。

4 闭式喷头密封性能试验

检查要求：

1）密封性能试验的试验压力为3.0MPa，保压时间不少于3min。

2）随机从每批到场喷头中抽取1%，且不少于5只作为试验喷头。当1只喷头试验不合格时，再抽取2%，且不少于10只的到场喷头进行重复试验。

3）试验以喷头无渗漏、无损伤判定为合格。累计两只以及两只以上喷头试验不合格的，不得使用该批喷头。

5 质量偏差检查

检查要求：

1）随机抽取3个喷头（带有运输护帽的摘下护帽）进行质量偏差检查。

2）使用天平测量每只喷头的质量。

3）计算喷头质量与合格检验报告描述的质量偏差，偏差不得超过5%。

故 C 正确。

72.【答案】C

【解析】本题考查的知识点是消防应急照明系统检测内容。根据《建筑消防设施的维护管理》(GB 25201) 附录 D，应急照明系统的检测内容包括：切断正常供电，测量应急灯具照度、电源切换、充电、放电功能；测试应急电源的供电时间；通过报警联动，检查应急灯具自动投入功能。故 C 项符合题意。

73.【答案】C

【解析】本题考查的知识点是消防安全管理人职责。根据《机关、团体、企业、事业单位消防安全管理规定》(公安部令第 61 号) 第七条，单位可以根据需要确定本单位的消防安全管理人。消防安全管理人对单位的消防安全责任人负责，实施和组织落实下列消防安全管理工作：

（一）拟定年度消防工作计划，组织实施日常消防安全管理工作；

（二）组织制订消防安全制度和保障消防安全的操作规程并检查督促其落实；

（三）拟定消防安全工作的资金投入和组织保障方案；

（四）组织实施防火检查和火灾隐患整改工作；

（五）组织实施对本单位消防设施、灭火器材和消防安全标志的维护保养，确保其完好有效，确保疏散通道和安全出口畅通；

（六）组织管理专职消防队和义务消防队；

（七）在员工中组织开展消防知识、技能的宣传教育和培训，组织灭火和应急疏散预案的实施和演练；

（八）单位消防安全责任人委托的其他消防安全管理工作。故 C 项符合题意。

74.【答案】B

【解析】本题考查的知识点是一级注册消防工程师资格考试报名条件。一级注册消防工程师资格考试报名条件：

（一）取得消防工程专业大学专科学历，工作满 6 年，其中从事消防安全技术工作满 4 年；或者取得消防工程相关专业大学专科学历，工作满 7 年，其中从事消防安全技术工作满 5 年。

（二）取得消防工程专业大学本科学历或者学位，工作满 4 年，其中从事消防安全技术工作满 3 年；或者取得消防工程相关专业大学本科学历，工作满 5 年，其中从事消防安全技术工作满 4 年。

（三）取得含消防工程专业在内的双学士学位或者研究生班毕业，工作满 3 年，其中从事消防安全技术工作满 2 年；或者取得消防工程相关专业在内的双学士学位或者研究生班毕业，工作满 4 年，其中从事消防安全技术工作满 3 年。

（四）取得消防工程专业硕士学历或者学位，工作满 2 年，其中从事消防安全技术工作满 1 年；或者取得消防工程相关专业硕士学历或者学位，工作满 3 年，其中从事消防安全技术工作满 2 年。

（五）取得消防工程专业博士学历或者学位，从事消防安全技术工作满 1 年；或者取得消防工程相关专业博士学历或者学位，从事消防安全技术工作满 2 年。

（六）取得其他专业相应学历或者学位的人员，其工作年限和从事消防安全技术工作年限均相应增加 1 年。故 B 项符合题意。

75.【答案】D

【解析】本题考查的知识点是疏散引导组应履行的工作职责。疏散引导组履行以下工作职责：

1）掌握活动举办场所各安全通道、出口位置，了解安全通道、出口畅通情况。

2）在关键部位设置工作人员，确保通道、出口畅通。

3）在发生火灾或突发事件的第一时间，引导参加活动的人员从最近的安全通道、安全出口疏散，确保参加活动人员的生命安全。A、B、C 均为疏散引导组职责，故 D 项符合题意。

76. 【答案】B

【解析】本题考查的知识点是水喷雾灭火系统联动试验要求。根据《水喷雾灭火系统技术规范》8.4.11 条，当为自动控制时，以自动和手动方式各进行 1 次~2 次试验，并用压力表、流量计、秒表计量。故 B 项符合题意。

77. 【答案】A

【解析】本题考查的知识点是民用建筑灭火配置。根据《建筑灭火器配置设计规范》附录 D，该宿舍为严重危险级，单具灭火器最小配置灭火级别应为 3A；A 类火灾场所中，灭火器最大保护距离为 15m，故 C 不符合标准；MF/ABC4 为 2A，故 B 不符合标准；MS/Q6 为 1A，故 D 不符合标准。

78. 【答案】D

【解析】本题考查的知识点是白酒仓库火灾危险性为甲类 1 项；选项 A，甲类 1 项防火分区面积 250m²，设自动喷水灭火系统后增加一倍可以达到 500m²，选项 A 防火分区为 900m²，故 A 错误；选项 B，平均划分为 4 个防火分区，则每个防火分区面积为 900m² ÷ 4 = 225m² < 250m²，酒精制品按规范应设自动喷水灭火系统（严重危险 I 级），选项 B 未设自喷，故 B 错误；选项 C，仓库内的防火分区之间必须采用防火墙分隔，故 C 错误；选项 D，平均划分为 2 个防火分区，则每个防火分区面积为 900m² ÷ 2 = 450m² < (2 × 250) m²，故 D 正确。

79. 【答案】C

【解析】本题考查的知识点是防火间距，主要根据《建筑设计防火规范》（GB 50016）。选项 A，根据 4.2.1 条注 3："甲、乙、丙类液体的固定顶储罐区或半露天堆场，乙、丙类液体桶装堆场与甲类厂房（仓库）、民用建筑的防火间距，应按本表的规定增加 25%，且甲、乙类液体的固定顶储罐区或半露天堆场，乙、丙类液体桶装堆场与甲类厂房（仓库）、裙房、单、多层民用建筑的防火间距不应小于 25m，与明火或散发火花地点的防火间距应按本表有关四级耐火等级建筑物的规定增加 25%"。四级耐火等级对应距离为 40m，增加 25%，为 50m < 55m，故 A 项符合标准。

选项 B，根据 4.2.2 条，防火间距为 0.6D = 12m < 12.5m，故 B 项符合标准。

选项 C，根据 4.2.5 条第 4 款，防火堤的设计高度应比计算高度高出 0.2m，且应为 1.0m~2.2m。防火堤计算高度为 1.0m，设计高度不应小于 1.2m。故 C 项不符合标准。

选项 D，根据 7.1.8，消防车道的净宽度和净空高度均不应小于 4.0m，消防车道的坡度不宜大于 8%。故 D 项符合标准。

80. 【答案】A

【解析】本题考查的知识点是建筑保温系统防火的通用要求，主要根据《建筑设计防火规范》（GB 50016）6.7.5 条，建筑高度大于 24m，但不大于 50m 时，保温材料的燃烧性能不应低于 B₁ 级。建筑高度不大于 24m 时，保温材料的燃烧性能不应低于 B₂ 级。故 B、C、D 项符合标准。6.7.4 条，设置人员密集场所的建筑，其外墙外保温材料的燃烧性能应为 A 级，故 A 项不符合标准。

二、多项选择题

81. 【答案】ADE

【解析】本题考查的知识点是灭火器报废情景。根据《建筑灭火器配置验收及检查规

范》5.4.2条，有下列情况之一的灭火器应报废：1）筒体严重锈蚀，锈蚀面积大于、等于筒体总面积的1/3，表面有凹坑；2）筒体明显变形，机械损伤严重；3）筒体存在裂纹，无泄压机构；4）筒体为平底等结构不合理；5）没有间歇喷射机构的手提式；6）没有生产厂名称和出厂年月，包括铭牌脱落，或虽有铭牌，但已看不清生产厂名称，或出厂年月钢印无法识别；7）筒体有锡焊，铜焊或补缀等修补痕迹；8）被火烧过。故ADE符合题意。

82. 【答案】BCDE

【解析】本题考查的知识点是自动喷水灭火系统调试主控项目。系统调试包括水源测试、消防水泵调试、稳压泵调试、报警阀调试、排水设施调试和联动试验等内容。故BCDE符合题意。

83. 【答案】CDE

【解析】本题考查的知识点是火灾报警控制器。选项A、C，探测器故障报警，应在100s内发出故障信号，故A不符合标准，C符合标准；选项B、D，在故障状态下，任意非故障部位的探测器发出报警信号，监控器应在1min内发出报警信号。故B不符合标准，D符合标准；选项E，控制器与备用电源之间的联系断路和短路时，控制器应在100s内发出故障信号，故E符合标准。

84. 【答案】DE

【解析】本题考查的知识点是厂房和仓库的层数、面积和平面布置。选项A，该厂房火灾危险性为乙类，配电站不应设置在乙类车间内，故A不符合标准。

选项B，根据有爆炸危险的甲，乙类厂房的分控制室宜独立设置，当贴邻外墙设置时，应采用耐火极限不低于3.00h的防火隔墙与其他部位分隔。故B不符合标准。

选项C，办公室、休息室等不应设置在甲、乙类厂房内，确需贴邻本厂房时，其耐火等级不应低于二级，并应采用耐火极限不低于3.00h的防爆墙与厂房分隔。且应设置独立的安全出口。故C不符合标准。

85. 【答案】CDE

【解析】本题考查的知识点是物资和器材保障。主要包括：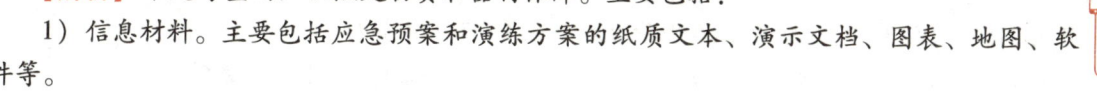

1）信息材料。主要包括应急预案和演练方案的纸质文本、演示文档、图表、地图、软件等。

2）物资设备。主要包括各种应急抢险物资、特种装备、办公设备、录音摄像设备、信息显示设备等。

3）通信器材。主要包括固定电话、移动电话、对讲机、传真机、计算机、无线局域网、视频通信器材和其他配套器材。

4）演练场景模型。进行应急预案演练时应搭建必要的模拟场景及装置设施。

故CDE项符合题意。

86. 【答案】BCE

【解析】《建筑消防设施的维护管理》（GB 25201—2010）附录D.1中，火灾自动报警系统报警控制器的检测内容主要包括试验火灾报警、故障报警、火警优先功能、打印机打印、自检、消音等功能，火灾显示盘和CRT显示器的报警、显示功能。故BCE符合题意。

87. 【答案】AB

【解析】本题考查的知识点是气体灭火系统进行检测与验收。选项A，预制灭火系统有自动控制和手动控制两种启动方式，故A符合标准。

选项B，一个防护区设置的预制灭火系统，不宜超过10台。故B符合标准。

选项 C，灭火设计浓度或实际使用浓度大于无毒性反应浓度（NOAEL 浓度）的防护区和采用热气溶胶预制灭火系统的防护区，应设手动与自动控制的转换装置。故 C 不符合标准。

选项 D，防护区内设置的预制灭火系统的充压压力不得大于 2.5MPa。故 D 不符合标准。

选项 E，预制灭火系统应设自动控制和手动控制两种启动方式。故 E 不符合标准。

88. 【答案】ACDE

【解析】本题考查的知识点是教材《消防安全技术综合能力》（2018 年版）P408 相关规定如下：

（一）安全疏散标准

1. 疏散开始时间即从起火到开始疏散的时间，选项 A 正确。

2. 疏散行动时间即从疏散开始至疏散到安全地点的时间，它由疏散动态模拟模型得到，选项 C 正确。

（三）疏散的相关参数

1. 火灾探测时间

设计方案中所采用的火灾探测器类型和探测方式不同，探测到火灾的时间也不相同，通常，感烟探测器要快于感温探测器，感温探测器快于自动喷火灭火器系统喷头的动作时间，一般情况下，对于安装火灾感温探测器的区域，火灾探测时间可采用 DETACT 分析软件，进行预测，对于安装感烟探测器的区域，火灾可通过计算各火灾场景内烟感探测动作时间来确定，为了安全起见，也可将喷淋头动作的时间作为火灾探测时间，选项 D 正确。

2. 疏散准备时间

发生火灾时，通知人们疏散的方式不同，建筑物的功能和室内环境不同，人们得到发生火灾的消息并准备疏散的时间也不同，选项 E 正确。

疏散开始时间包括火灾探测时间，选项 B 错误。

故 ACDE 符合题意。

89. 【答案】BD

【解析】本题考查的知识点是重大火灾隐患的综合判定规则。根据《重大火灾隐患判定方法》（GB 35181）中 5.3.3 条，人员密集场所存在 7.3.1～7.3.9 条和 7.5 条、7.9.3 条规定的综合判定要素 3 条以上应综合判定为重大火灾隐患；已设置的自动喷水灭火系统或其他固定灭火设施不能正常使用或运行属于 7.4.6 条；人员密集场所未按规定设置防烟、排烟设施属于 7.5 条；防火卷帘门不能正常落下不属于重大火灾综合判定要素，关于防火卷帘门的判定要素应以防火卷帘门损坏的数量超过该防火分区防火分隔设施数量的 50% 为准；民用建筑内疏散走道的装修材料燃烧性能低于 B_1 级属于 7.3.8 条；消防电源未按规定设置消防用电设备末端自动切换装置均属于 7.6.3 条。故 BD 符合题意。

90. 【答案】ABDE

【解析】本题考查的知识点是建筑内部装修检查方法。安装在钢龙骨上燃烧性能达到 B_1 级的纸面石膏板、矿棉声板，可作为 A 级装修材料使用。纸面石膏板为 B_1 级，选项 A 正确。

当采用不同装修材料进行分层装修时，各层装修材料的燃烧性能等级均应符合本规范的规定。复合型装修材料应由专业检测机构进行整体测试并划分其燃烧性能等级。选项 B 正确。选项 C 错误。

91. 【答案】ABCD

【解析】本题考查的知识点是消防水泵的检测验收。根据《消防给水及消火栓系统技术规范》13.2.6 条，消防水泵验收应符合下列要求：

1) 消防水泵运转应平稳,应无不良噪声的振动;

2) 工作泵、备用泵、吸水管、出水管及出水管上的泄压阀、水锤消除设施、止回阀、信号阀等的规格、型号、数量,应符合设计要求;吸水管、出水管上的控制阀应锁定在常开位置,并应有明显标记;

3) 消防水泵应采用自灌式引水方式,并应保证全部有效储水被有效利用;A 项正确。

4) 分别开启系统中的每一个末端试水装置、试水阀和试验消火栓,水流指示器、压力开关、压力开关(管网)、高位消防水箱流量开关等信号的功能,均应符合设计要求;

5) 打开消防水泵出水管上试水阀,当采用主电源启动消防水泵时,消防水泵应启动正常;关掉主电源,主、备电源应能正常切换;备用泵启动和相互切换正常;消防水泵就地和远程启停功能应正常;B、C 项正确。

6) 消防水泵停泵时,水锤消除设施后的压力不应超过水泵出口设计工作压力的 1.4 倍;

7) 消防水泵启动控制应置于自动启动挡;D 项正确。

8) 采用固定和移动式流量计和压力表测试消防水泵的性能,水泵性能应满足设计要求。

检查数量:全数检查。

检查方法:直观检查和采用仪表检测。

92. 【答案】BC

【解析】 本题考查的知识点是疏散楼梯净宽度。多层公共建筑疏散楼梯净宽度不小于  1.10m,高层病房楼疏散楼梯净宽度不小于 1.30m,汽车库疏散楼梯的最小净宽度不小于 1.10m,高层办公建筑疏散楼梯的净宽度不应小于 1.20m,人防工程中商场的疏散楼梯最小净宽度不小于 1.40m,故 B、C 符合题意。

93. 【答案】AC

【解析】 本题考查的知识点是管网总泄漏量计算和稳压泵设计流量的确定。根据《消防  给水及消火栓系统技术规范》(GB 50974)的相关规定:

5.3.2 稳压泵的设计流量应符合下列规定:

1 稳压泵的设计流量不应小于消防给水系统管网的正常泄漏量和系统自动启动流量;

2 消防给水系统管网的正常泄漏量应根据管道材质,接口形式等确定,当没有管网泄漏量数据时,稳压泵的设计流量宜按消防给水设计流量的 1%~3% 计,且不小于1L/s,可排除选项 B、E;

3 消防给水系统所采用报警阀压力开关等自动启动流量应根据产品确定。

室外管网泄漏量计算:2.40L/(min·km)×2km÷60s/min=0.08(L/s),室外管网漏水量为 0.2L/s,总管网泄漏量为:0.08L/s + 0.2L/s = 0.28L/s。故 AC 正确。

94. 【答案】ABD

【解析】 本题考查的知识点是防火分隔措施的检查。选项 A,铝合金轮毂抛光厂房为乙  类,乙类厂房应采用耐火极限不低于 4.00h 的防火墙划分防火分区,故 A 不符合标准;

选项 B,电石仓库为甲类,甲类仓库应采用耐火极限不低于 4.00h 的防火墙划分防火分区,故 B 不符合标准;

选项 C,防火墙两侧的窗采用乙级防火窗,窗洞之间的水平距离不限,故 C 符合标准;

选项 D,烟草成品库为丙类,丙类库房应耐火极限不低于 4.00h 的防火墙划分防火分区,故 D 不符合标准;

选项 E,通风、空气调节机房和变配电室开向建筑内的门应采用甲级防火门,消防控制室和其他设备房开向建筑内的门应采用乙级防火门,E 符合标准。

95. 【答案】ABCE

【解析】 本题考查的知识点是火灾自动报警系统使用与检查。根据《火灾自动报警系统施工及验收规范》6.2.3 条，每季度应检查和试验火灾自动报警系统的下列功能：

1）采用专用检测仪器分期分批试验探测器的动作及确认灯显示。A 项符合题意。

2）试验火灾警报装置的声光显示。B 项符合题意。

3）试验水流指示器、压力开关等的报警功能、信号显示。

4）对主电源和备用电源进行 1~3 次自动切换试验。C 项符合题意。

5）自动或手动检查下列消防控制设备的控制显示功能：

① 室内消火栓、自动喷水、泡沫、气体、干粉等灭火系统的控制设备。

② 抽验电动防火门、防火卷帘门，数量不少于总数的 25%。

③ 选层试验消防应急广播设备，并试验公共广播强制转入火灾应急广播的功能，抽检数量不少于总数的 25%。

④ 火灾应急照明与疏散指示标志的控制装置。

⑤ 送风机、排烟机和自动挡烟垂壁的控制设备。

E 项符合题意。

6）检查消防电梯迫降功能。

7）应抽取不少于总数 25% 的消防电话和电话插孔在消防控制室进行对讲通话试验。

96. 【答案】ABCD

【解析】本题考查的知识点是厂房和仓库的防爆。根据《建筑设计防火规范》（GB 50016—2014）的相关规定：

3.6.1 有爆炸危险的甲、乙类厂房宜独立设置，并宜采用敞开或半敞开式。其承重结构宜采用钢筋混凝土或钢框架、排架结构。A 符合标准。

3.6.3 泄压设施宜采用轻质屋面板，轻质墙体和易于泄压的门、窗等，应采用安全玻璃等在爆炸时不产生尖锐碎片的材料。E 不符合标准。

3.6.8 有爆炸危险的甲、乙类厂房的总控制室应独立设置。B 符合标准。

3.6.9 有爆炸危险的甲、乙类厂房的分控制室宜单独设置，当贴邻外墙设置时，应采用耐火极限不低于 3.00h 的防火隔墙与其他部位分隔。D 符合标准。

3.6.6 散发较空气重的可燃气体，可燃蒸气的甲类厂房和有粉尘、纤维爆炸危险的乙类厂房，应符合下列规定，1 应采用不发火花的地面，采用绝缘材料作整体面层时，应采取防静电措施。C 符合标准。

97. 【答案】ABDE

【解析】本题考查的知识点是自动喷水灭火系统的月检项目。选项 A、B、D、E 为月度检查维护项目，C 为每天检查项目。故 ABDE 符合题意。

98. 【答案】BC

【解析】本题考查的知识点是排烟口入口风速过低原因。题干明确排烟口入口处排烟风速过低，如果发生风机反转，后果是排烟口入口处变送风，因此 A 错误。风道阻力过大可导致风量变小，因此 B 正确。在排烟量一定的情况下，风口尺寸过小会导致风速加大，因此 D 错误。风机位置不当的情况下，包括风机距墙距离不够的情况下，这些情况并不能造成排烟口风速过低，因此 E 错误。风道漏风量过大，会导致风量不足，排烟口处风速过低，因此 C 正确。

99. 【答案】ACDE

【解析】本题考查的知识点是安全出口的检查。选项 A，疏散走道通向前室以及前室通向楼梯间的门应采用乙级防火门，首层外门采用玻璃门没有问题，故 A 符合标准；

选项 B，高层建筑、人员密集的公共建筑、人员密集的多层丙类厂房、甲、乙类厂房，其封闭楼梯间的门应采用乙级防火门,并且应向疏散方向开启,除首层外向楼梯间方向开启,即向疏散方向开启,但首层若向楼梯间方向开启,则不是向疏散方向开启,故 B 不符合标准;

选项 C,多层办公楼不需设消防电梯,封闭楼梯间可以作为日常通行用,故可设常开防火门,故 C 符合标准;

选项 D,室内外高差为 9.85m,除住宅建筑套内的自用楼梯外,室内地面与室外出入口地坪高差大于 10m 或 3 层及以上的地下、半地下建筑(室)设置防烟楼梯间,故 D 符合标准;

选项 E,设自喷可增加 25%,则 30×1.25=37.5(m),由于题干 2 个防烟楼梯间的入口中心线之间的距离为 60m,则每个房间到最近安全出口的距离≤30m,在 37.5m 范围内,故 E 符合标准。

100. 【答案】AB

【解析】本题考查的知识点是安全疏散检查。根据《建筑设计防火规范》(GB 50016—2014)的相关规定:

7.3.5 除设置在仓库连廊,冷库穿堂或谷物筒仓工作塔内的消防电梯外,消防电梯应设置前室,并应符合下列规定:

1 前室宜靠外墙设置,并应在首层直通室外或经过长度不大于 30m 的通道通向室外;

2 前室的使用面积不应小于 6.0m²,与防烟楼梯间合用的前室,应符合本规范第 5.5.28 条和第 6.4.3 条的规定;A 项不符合标准。

3 除前室的出入口,前室内设置的正压送风口和本规范第 5.5.27 条规定的户门外,前室内不应开设其他门、窗、洞口;

4 前室或合用前室的门应采用乙级防火门,不应设置卷帘。B 项不符合标准。

7.3.2 消防电梯应分别设置在不同防火分区内,且每个防火分区不应少于 1 台。

7.3.8 消防电梯应符合下列规定:

1 应能每层停靠;

2 电梯从首层至顶层的运行时间不宜大于 60s。

第三部分　消防安全案例分析历年真题解析与视频讲解

2019 年消防安全案例分析试卷

（考试时间：180 分钟，总分 120 分）

第一题

甲公司（某仓储物流园区的产权单位，法定代表人：赵某）将 1#、2#、3#、4#、5#仓库出租给乙公司（法定代表人：钱某）使用。乙公司在仓库内存放桶装润滑油和溶剂油，甲公司委托丙公司（消防技术服务机构，法定代表人：孙某）对上述仓库的建筑消防设施进行维护和检测。

2019 年 4 月 8 日，消防救援机构工作人员李某和王某对乙公司使用的仓库进行消防检查时发现：1. 室内消火栓的主、备用泵均损坏；2. 火灾自动报警系统联动控制器设置在手动状态，自动喷水灭火系统消防水泵控制柜启动开关也设置在手动控制状态；3. 消防控制室部分值班人员无证上岗；4. 仓储场所电气线路、电气设备无定期检查、检测记录，且存在长时间超负荷运行、线路绝缘老化现象；5. 5#仓库的东侧和北侧两处疏散出口被大量堆积的纸箱和包装物封堵；6. 两处防火卷帘损坏。

消防救援机构工作人员随即下发法律文书责令其改正，需限期改正的限期至 4 月 28 日，并依法实施了行政处罚。4 月 29 日复查时，发现除上述第 5、6 项已改正外，第 1、2、3、4 项问题仍然存在，同时发现在限期整改期间，甲、乙公司内部防火检查、巡查记录和丙公司出具的消防设施年度检测报告、维保检查记录、巡查记录中，所有项目填报为合格。李某和王某根据上述情况下发相关法律文书，进入后续执法程序。

4 月 30 日 17 时 29 分，乙公司消防控制室当值人员郑某和周某听到报警信号，显示 5#仓库 1 区的感烟探测器报警，消防控制室当值人员郑某和周某听到报警后未做任何处置。职工吴某听到火灾警铃，发现仓库冒烟，立即拨打 119 电话报警。当地消防出警后于当日 23 时 50 分将火扑灭。

该起火灾造成 3 人死亡，直接经济损失约 10944 万元人民币。事故调查组综合分析认定：5#仓库西墙上方的电气线路发生故障，产生的高温电弧引燃线路绝缘材料，燃烧的绝缘材料掉落并引燃下方存放的润滑油纸箱和砂砾料塑料护膜包装物，随后蔓延成灾。

根据以上材料，回答下列问题。（共 18 分，每题 2 分。每题的备选项中，有 2 个或 2 个以上符合题意，至少有一个错项。错选，本题不得分；少选，所选的每个选项 0.5 分）

1. 根据《中华人民共和国消防法》，甲公司应履行的消防安全职责有（　　）。
   A. 在库房投入使用前，应当向所在地的消防救援机构申请消防安全检查
   B. 落实消防安全责任制，根据仓储物流园区使用性质制定消防安全制度
   C. 按国家标准、行业标准和地方标准配置消防设施和器材
   D. 对建筑消防设施每年至少进行一次全面检测，确保完好有效
   E. 组织防火检查，及时消除火灾隐患

2. 根据《机关、团体、企业、事业单位消防安全管理规定》（公安部令第 61 号），乙公司法定代表人钱某应履行的消防安全职责有（　　）。
   A. 掌握本公司的消防安全情况，保障消防安全符合规定
   B. 将消防工作与本公司的仓储管理等活动统筹安排，批准实施年度消防工作计划
   C. 组织制定消防安全制度和保障消防安全的操作规程，并检查督促其落实
   D. 组织制定符合本公司实际的灭火和应急疏散预案，并实施演练
   E. 组织实施对本公司消防设施灭火器材和消防安全标志的维护保养，确保完好有效

3. 根据《机关、团体、企业、事业单位消防安全管理规定》（公安部令第 61 号），关于甲公司和乙公司消防安全责任划分的说法，正确的有（　　）。

A. 甲公司应提供给乙公司符合消防安全要求的建筑物
B. 甲公司和乙公司在订立的合同中依照有关规定明确各方的消防安全责任
C. 乙公司在其使用、管理范围内履行消防安全职责
D. 园区公共消防车通道应当由乙公司或者乙公司委托管理的单位统一管理
E. 涉及园区公共消防安全的疏散设施和其他建筑消防设施应当由乙公司或者乙公司委托管理的单位统一管理

4. 关于甲、乙公司消防安全管理工作的说法，正确的有（　　）。
A. 赵某是甲公司的消防安全责任人
B. 钱某应为甲公司的消防安全提供必要的经费和组织保障
C. 乙公司应当设置或确定本公司消防工作的归口管理职能部门
D. 孙某是乙公司的消防安全管理人
E. 甲、乙公司应根据需要，建立志愿消防队等消防组织

5. 乙公司下列应急预案编制与灭火、疏散演练的做法中，正确的有（　　）。
A. 乙公司灭火和应急疏散预案中的组织机构划分为灭火行动组、通讯联络组、疏散引导组、安全防护救护组
B. 在消防演练前，钱某事先告知演练范围内的仓库保管人员和装卸工人
C. 灭火疏散演练时，吴某在乙公司大门及各仓库门口设置了明显标识
D. 在报警和接警处置程序中规定，若本公司志愿消防队有能力控制初期火灾，员工不得随意向当地消防部门报警
E. 乙公司按照灭火和应急疏散预案，每年进行一次演练

6. 为加强该仓储物流园区消防控制室的管理和火警处置能力，针对消防救援机构工作人员提出的问题，下列整改措施中，正确的有（　　）。
A. 甲公司明确建筑消防设施及消防控制室的维护管理归口部门、管理人员及其工作人员职责，确保建筑消防设施正常运行
B. 各单位消防控制室实行每日24h专人值班制度，每班人员不少于2人，值班人员持有消防控制室操作职业资格证书
C. 正常工作状态下，将火灾自动报警系统设置在自动状态
D. 值班时发现消防设施故障，应及时组织修复，若需要暂时停用消防系统，应有确保消防安全的有效措施，并经单位消防安全责任人批准
E. 消防控制室值班人员接到报警信息后，应立即启动消音复位功能，并以最快方式进行确认

7. 根据《中华人民共和国消防法》和《社会消防技术服务管理规定》（公安部令第136号），对丙公司应追究的法律责任有（　　）。
A. 责令改正，处一万元以上二万元以下罚款，并对直接负责的主管人员和其他直接责任人员处一千元以上五千元以下罚款
B. 责令改正，处二万元以上三万元以下罚款，并对直接负责的主管人员和其他直接责任人员处一千元以上五千元以下罚款
C. 责令改正，处五万元以上十万元以下罚款，并对直接负责的主管人员和其他直接责任人员处一万元以上五万元以下罚款
D. 情节严重的，由原许可机关依法责令停止执业或者吊销相应资质
E. 构成犯罪的依法追究刑事责任

8. 对该起火灾负有责任，涉及犯罪，应被采取刑事强制措施的人员有（　　）。
A. 甲公司赵某　　　　　　　　　　B. 乙公司钱某

C. 丙公司孙某
D. 消防救援机构李某和王某
E. 乙公司周某和郑某

9. 为认真吸取该起火灾事故教训，甲公司要求园区各单位认真进行防火检查、巡查及火灾隐患整改工作，下列具体整改措施中，正确的有（　　）。

A. 各单位每季度组织一次防火检查，及时消除火灾隐患
B. 将各类重点人员的在岗情况全部纳入防火巡查内容，确保万无一失
C. 对园区内建筑消防设施每半年进行一次检测
D. 对园区内仓储场所电气线路、电气设备定期检查、检测，更换绝缘老化的电气线路
E. 在火灾隐患未消除之前，各单位从严落实防范措施，保障消防安全

第二题

华南滨海城市某占地面积 10hm² 的工厂，从北向南依次布置 10 栋建筑，均为钢筋混凝土结构，一级耐火等级。各建筑及其灭火系统的工程设计参数见下表。

建筑序号	建筑使用性质	层数	每座建筑总面积（万 m²）	建筑高度（m）	室外消火栓设计流量（L/s）	室内消火栓设计流量（L/s）	自动喷水设计流量（L/s）
①②	服装车间	2	2	15	40	20	28
③④	服装车间	4	2.4	30	40	30	28
⑤	布料仓库（堆垛高6m）	1	0.9	9	45	25	70
⑥	成品仓库（多排货架高4.5m）	1	0.6	9	45	25	78
⑦	办公楼	3	1.2	12.6	40	10	14
⑧	宿舍	2	0.9	6	30	10	14
⑨	餐厅	2	0.5	8	25	10	14
⑩	车库	3	1.4	12	20	10	28

厂区南侧和北侧各有一条 DN300 的市政给水干管，供水压力为 0.25MPa，直接供给室外消火栓和生产生活用水。生产生活用水最大设计流量 25L/s，火灾时可以忽略生产生活用水量。

厂区采用临时高压合用室内消防给水系统，高位消防水箱设置在③车间屋顶，最低有效水位高于自动喷水灭火系统最不利点喷头 8m。该合用系统底部设置消防水池和消防水泵房，室内消火栓系统和自动喷水灭火系统合用消防水泵，三用一备，消防水泵的设计扬程为 0.85MPa。零流量时压力为 0.93MPa。消防水泵房设置稳压泵，设计流量为 4L/s，启泵压力为 0.98MPa，停泵压力为 1.05MPa，消防水泵控制柜有机械应急启动功能。屋顶消防水箱出水管流量开关的原设计动作流量为 4L/s。每座建筑内设置独立的湿式报警阀，其中③④号车间每层控制本层的湿式报警阀。

调试和试运行时，测得临时高压消防给水系统漏水量为 1.8L/s，为检验屋顶消防水箱出水管流量开关的动作可靠性，在④号车间的一层打开自动喷水灭火系统的末端试水阀，消防水泵能自动启动；在四层打开末端试水阀，消防水泵无法自动启动；在一、四层分别打开 1 个消火栓时，消防水泵均能自动启泵。

根据以上材料，回答下列问题。（共 18 分，每题 2 分。每题的备选项中，有 2 个或 2 个以上符合

题意，至少有一个错项。错选，本题不得分；少选，所选的每个选项0.5分)

1. 该工厂消防给水系统的下列设计参数中，正确的有（　　）。
   A. 该厂区室外低压消防给水系统设计流量为45L/s
   B. 该厂区室内临时高压消防给水系统设计流量为103L/s
   C. ⑦办公楼室内消防给水设计流量为24L/s
   D. ⑤仓库的室内外消防给水设计流量为128L/s
   E. ⑩车库室内消防给水系统设计流量为38L/s

2. 该工厂下列室外低压消防给水管道管径的选取中，满足安全可靠、经济适用要求的有（　　）。
   A. DN100 B. DN200
   C. DN250 D. DN350
   E. DN400

3. 该工厂临时高压消防给水系统可选用的安全可靠的启泵方案有（　　）。
   A. 第一台启泵压力为0.93MPa，第二台启泵压力为0.88MPa，第三台启泵压力为0.86MPa
   B. 第一台启泵压力为0.93MPa，第二台启泵压力为0.92MPa，第三台启泵压力为0.80MPa
   C. 三台消防水泵启泵压力均为0.80MPa，消防水泵设低流量保护功能
   D. 第一台启泵压力为0.93MPa，第二台启泵压力为0.83MPa，第三台启泵压力为0.73MPa
   E. 三台消防水泵启泵压力均为0.93MPa，消防水泵设低流量保护功能

4. 关于该工厂不同消防对象一次火灾消防用水量的说法，正确的有（　　）。
   A. 该工厂一次火灾消防用水量为1317.6m³
   B. 该工厂一次火灾室内消防用水量为831.6m³
   C. ⑦办公室一次火灾室外消防用水量为288m³
   D. ①车间一次火灾自动喷水消防用水量为201.6m³
   E. ⑧宿舍一次火灾室内消火栓消防用水量为72m³

5. 该工厂下列建筑室内消火栓系统的水泵接合器设置数量中，正确的是（　　）。
   A. ①车间：0个   B. ②车间：0个
   C. ③车间：1个   D. ④车间：3个
   E. ⑦办公楼：1个

6. 对该工厂临时高压消防给水系统流量开关进行动作流量测试，动作流量选取范围不适宜的有（　　）。
   A. 大于系统漏水量，小于系统漏水量与1个消火栓的设计流量之和
   B. 大于系统漏水量与1个喷头的设计流量之和
   C. 大于系统漏水量，小于系统漏水量与1个喷头的最低设计流量之和
   D 大于系统漏水量，小于系统漏水量与1个消火栓的最低设计流量之和
   E. 小于系统漏水量与1个喷头的最低设计流量和1个消火栓的最低设计流量之和

7. 该工厂消防水泵房的选址方案中，经济合理的有（　　）。
   A. 消防水泵房与⑤仓库贴邻建造   B. 消防水泵房设置在①车间内
   C. 消防水泵房设置⑥仓库内   D. 消防水泵房设置在⑦办公楼地下室
   E. 消防水泵房设置在⑩车库

8. 关于该工厂消防水泵启停的说法，正确的有（　　）。
   A. 消防水泵应能自动启停和手动启动
   B. 消火栓按钮不宜作为直接启动消防水泵的开关
   C. 机械应急启动时，应确保消防水泵在报警后5.0min内正常工作

D. 当功率较大时，消防水泵宜采用有源器件启动

E. 消防控制室设置专用线路连接的手动直接启动消防水泵按钮后，可以不设置机械应急起泵功能。

9. 该工厂下列建筑自动喷水灭火系统设置场所火灾危险等级的划分中，正确的有（　　）。

A. ⑦办公楼：中危险Ⅰ级　　　　　B. ③车间：中危险Ⅱ级

C. ⑤仓库：仓库危险Ⅱ级　　　　　D. ⑥仓库：仓库危险Ⅱ级

E. ⑩车库：中危险Ⅰ级

第三题

某家具生产厂房，每层建筑面积 13000m²，现浇钢筋混凝土框架结构（截面最小尺寸 400mm×500mm，保护层厚度 20mm），黏土砖墙围护，不燃性楼板耐火极限不低于 1.50h，屋顶承重构件采用耐火极限不低于 1.00h 的钢网架，不上人屋面采用芯材为岩棉的彩钢夹心板（质量为 58kg/m²）。建筑相关信息及总平面布局见图 3－1－1。

家具生产厂房内设置建筑面积为 300m² 半地下中间仓库，储存不超过一昼夜用量的油漆和稀释剂，主要成分为甲苯和二甲苯。在家具生产厂房二层东南角贴邻外墙布置 550m² 喷漆工段，采用封闭喷漆工艺，并用防火隔墙与其他部位隔开，防火隔墙上设置一樘在火灾时能自动关闭的甲级防火门。中间仓库和喷漆工段采用防静电不发火花地面，外墙上设置通风口，全部电气设备按规定选用防爆设备。在一层室内西北角布置 500m² 变配器室（每台设备装油量 65kg），并用防火隔墙与其他部位隔开。

该家具生产厂房的安全疏散和建筑消防设施的设置符合消防标准要求。

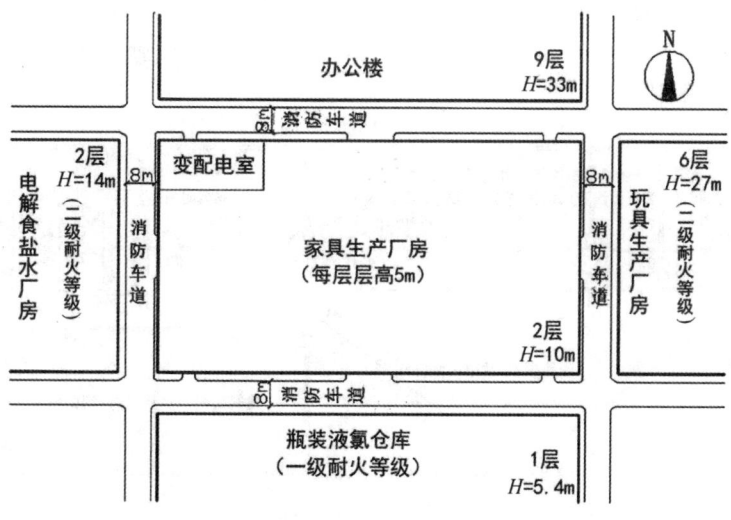

图 3－1－1　家具生产厂房总平面示意图

根据以上材料，回答下列问题。（共 20 分）

1. 该家具生产厂房的耐火等级为几级？分别指出该厂房、厂房内的中间仓库、喷漆工段、变配电室的火灾危险性类别。

2. 家具生产厂房与办公楼、玩具生产厂房、瓶装液氯仓库、电解食盐水厂房的防火间距分别不应小于多少米？

3. 家具生产厂房地上各层至少应划分几个防火分区？该厂房在平面布置和建筑防爆措施方面存在什么问题？

4. 喷漆工段内若设置管、沟和下水道，应采取哪些防爆措施？

5. 计算喷漆工段泄压面积。

（喷漆工段长径比 <3，C = 0.110m²/m³，550^{2/3} = 67，2750^{2/3} = 196，12000^{2/3} = 524，13000^{2/3} = 553）

第四题

某综合楼，地下 1 层，地上 5 层，局部 6 层，一层室内地坪标高为 ±0.000m，室外地坪标高为 −0.600m，屋顶为平屋面。该楼为钢筋混凝土现浇框架结构，柱的耐火极限为 5.00h，梁、楼板、疏散楼梯的耐火极限为 2.50h；防火墙、楼梯间的墙和电梯井的墙均采用加气混凝土砌块墙，耐火极限均为 5.00h；疏散走道两侧的隔墙和房间隔墙均采用钢龙骨两面钉耐火纸面石膏板（中间填 100mm 厚隔音玻璃丝棉），耐火极限均为 1.50h；以上构件燃烧性能均为不燃性。吊顶采用木吊顶搁栅钉 10mm 厚纸面石膏板，耐火极限为 0.25h。

该综合楼除地上一层层高 4.2m 外，其余各层层高均为 3.9m，建筑面积均为 960m²，顶层建筑面积 100m²。各层用途及人数为：地下一层为设备用房和自行车库，人数 30 人；一层为门厅、厨房、餐厅，人数 100 人；二层为餐厅，人数 240 人；三层为歌舞厅（人数需计算）；四层为健身房，人数 100 人；五层为儿童舞蹈培训中心，人数 120 人。地上各层安全出口均为 2 个，地下一层 3 个，其中一个为自行车出口。

楼梯 1 和楼梯 2 在各层位置相同，采用敞开楼梯间。在地下一层楼梯间入口处设有净宽 1.50m 的甲级防火门（编号为 FM1），开启方向顺着人员进入地下一层的方向。

该综合楼三层平面图如图 3−1−2 所示。图中 M1、M2 为木质隔音门，净宽分别为 1.30m 和 0.90m；M4 为普通木门，净宽 0.90m；JXM1、JXM2 为丙级防火门，门宽 0.60m。

该建筑全楼设置中央空调系统和湿式自动喷水灭火系统等消防设施，各消防系统按照国家消防技术标准要求设置且完整好用。

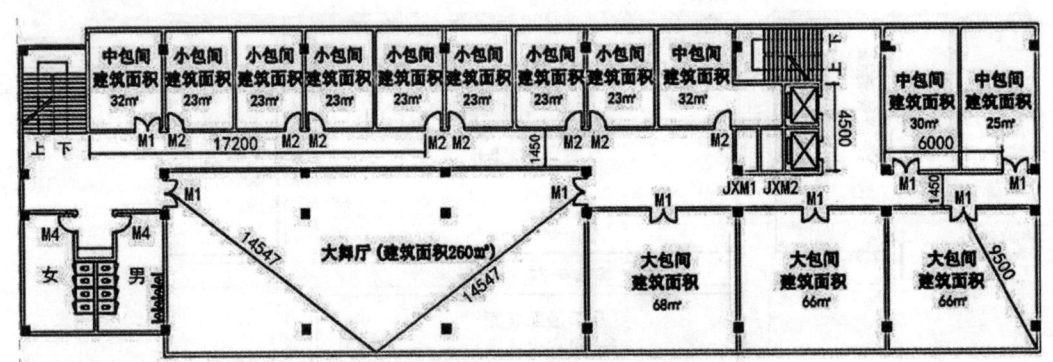

图 3−1−2 三层歌舞厅平面图

（图为示意图，图中尺寸单位为 mm）

根据以上材料，回答下列问题。（共 24 分）

1. 计算该综合楼建筑高度，并确定该综合楼的建筑分类。
2. 判断该综合楼的耐火等级是否满足规范要求，并说明理由。
3. 该综合楼的防火分区划分是否满足规范要求，并说明理由。
4. 计算一层外门的最小总净宽度和二层疏散楼梯的最小总净宽度。
5. 指出该综合楼在平面布置和防火分隔方面存在的问题。
6. 指出题干和图 2 中在安全疏散方面存在的问题。

第五题

某高层商业综合楼，地下2层，地上30层，地上一层至五层为商场，按规范要求设置了火灾自动报警系统、消防应急照明和疏散指示系统、防排烟系统等建筑消防设施，业主委托某消防技术服务机构对消防设施进行了检测，检测过程及结果如下：

1. 火灾自动报警设施功能检测

现场随机抽查20只感烟探测器，加烟进行报警功能试验。其中，1只不报警，1只报警位置信息显示不正确，其余18只报警功能正常。

2. 火灾警报器及消防应急广播联动控制功能检测

将联动控制器设置为自动工作方式，在八层加烟触发1只感烟探测器报警，八层的声光警报器启动，再加烟触发八层的另1只感烟探测器报警，七、八、九层的消防应急广播同时启动、同时播放报警及疏散信息。

3. 排烟系统联动控制功能检测

将联动控制器设置为自动工作方式，在二十八层走道按下1只报警按钮，控制器输出该层排烟阀启动信号，现场查看排烟阀已经打开，对应的排烟风机没有启动。按下排烟风机现场电控箱上的手动启动按钮，排烟风机正常启动。

4. 消防应急照明和疏散指示系统功能检测

在商业综合楼一层模拟触发火灾报警系统2只探测器报警，火灾报警控制器发出火灾报警输出信号，商业综合楼地面上的疏散指示标志灯具一直没有应急点亮，手动操作应急照明控制器应急启动，所有应急照明和疏散指示灯具转入应急工作状态。

根据以上材料，回答下列问题。（共20分）

1. 该商业综合楼感烟探测器不报警的主要原因是什么？报警位置信息不正确应如何解决？
2. 根据现行国家标准《火灾自动报警系统设计规范》（GB 50116），该商业综合楼火灾警报器及消防应急广播的联动控制功能是否正常？为什么？
3. 根据现行国家标准《火灾自动报警系统设计规范》（GB 50116），该商业综合楼排烟系统联动控制功能是否正常？为什么？联动控制排烟风机没有启动的主要原因有哪些？
4. 商业综合楼地面上的疏散指示标志灯具应选用哪种类型？消防应急照明和疏散指示系统功能是否正常？为什么？
5. 消防应急照明和疏散指示系统功能检测过程中，该商业综合楼地面上的疏散指示标志灯具一直没有点亮的原因有哪些？

第六题

东北某金融数据中心建筑，共4层，总建筑面积为11200m^2，一层为高低压配电室、消防水泵房、消防控制室、办公室等，二层为记录（纸）介质库，三层为记录（纸）介质库（备用）及重要客户档案室等，四层为数据处理机房、通讯机房，二、三层设置了预作用自动喷水灭火系统，使用洒水喷头896只（其中吊顶上、下使用喷头的数量各为316只，其余部位使用喷头数量为264只）。高低压配电室、数据处理机房、通讯机房采用组合分配方式IG541混合气体灭火系统进行防护，IG541混合气体灭火系统的灭火剂储瓶共96只，规格为90L，一级充压，储瓶间内的温度约5℃。

消防技术服务机构进行检测时发现：

1. 预作用自动喷水灭火系统设置了2台预作用报警阀组，消防技术服务机构人员认为其符合现行国家标准《自动喷水灭火系统设计现范》（GB 50084）的相关规定。

2. 预作用自动喷水灭火系统处于关闭状态，据业主反映：该系统的气泵控制箱长期显示低压报警，导致气泵一直运行。对所有的供水供气管路、组件及接口进行过多次水压试验及气密性检查，对气泵密闭性能做了多次核查，均没有发现问题，无奈才关闭系统。

3. 高低压配电室的门扇下半部为百叶，作为泄压口使用。

4. IG541气体灭火系统灭火剂储存装置的压力表显示为13.96MPa，消防技术服务机构人员认为压力偏低，有可能存在灭火剂缓慢泄漏情况。

根据以上材料，回答下列问题。（共20分）

1. 该预作用自动喷水灭火系统至少应设置几台预作用报警阀组？为什么？

2. 对预作用自动喷水灭火系统行检测时，除气泵外，至少还需检测哪些设备或组件？

3. 列举可能造成该预作用自动喷水灭火系统气泵控制箱长期显示低压报警、气泵一直运行的原因。

4. 高低压配电室的泄压口设置符合标准规范要求吗？简述理由。

5. 消防技术服务机构人员认为IG541气体灭火系统灭火剂储存"压力偏低""有可能存在灭火剂缓慢泄漏情况"是否正确？简述理由。

参考答案解析与视频讲解

第一题

1. 【答案】BDE

【解析】本题考查的是机关、团体、企业、事业等单位应当履行的消防安全职责。

根据《中华人民共和国消防法》的相关规定：

第十五条　公众聚集场所在投入使用、营业前，建设单位或者使用单位应当向场所所在地的县级以上地方人民政府消防救援机构申请消防安全检查。甲公司不属于公众聚集场所，投入使用前不需要申请消防安全检查。A 选项不正确。

第十六条　机关、团体、企业、事业等单位应当履行下列消防安全职责：

（一）落实消防安全责任制，制定本单位的消防安全制度、消防安全操作规程，制定灭火和应急疏散预案。B 选项正确。

（二）按照国家标准、行业标准配置消防设施、器材，设置消防安全标志，并定期组织检验、维修，确保完好有效。C 选项不正确。

（三）对建筑消防设施每年至少进行一次全面检测，确保完好有效，检测记录应当完整准确，存档备查。D 选项正确。

（四）保障疏散通道、安全出口、消防车通道畅通，保证防火防烟分区、防火间距符合消防技术标准。

（五）组织防火检查，及时消除火灾隐患。E 选项正确。

（六）组织进行有针对性的消防演练。

（七）法律、法规规定的其他消防安全职责。

故 B、D、E 选项正确。

2. 【答案】ABD

【解析】本题考查的是单位的消防安全责任人应当履行的消防安全职责。

根据《机关、团体、企业、事业单位消防安全管理规定》（公安部令第 61 号）的相关规定：

第六条　单位的消防安全责任人应当履行下列消防安全职责：

（一）贯彻执行消防法规，保障单位消防安全符合规定，掌握本单位的消防安全情况。A 选项正确。

（二）将消防工作与本单位的生产、科研、经营、管理等活动统筹安排，批准实施年度消防工作计划。B 选项正确。

（三）为本单位的消防安全提供必要的经费和组织保障。

（四）确定逐级消防安全责任，批准实施消防安全制度和保障消防安全的操作规程。

（五）组织防火检查，督促落实火灾隐患整改，及时处理涉及消防安全的重大问题。

（六）根据消防法规的规定建立专职消防队、义务消防队。

（七）组织制定符合本单位实际的灭火和应急疏散预案，并实施演练。D 选项正确。

第七条　单位可以根据需要确定本单位的消防安全管理人。消防安全管理人对单位的消防安全责任人负责，实施和组织落实下列消防安全管理工作：

（二）组织制订消防安全制度和保障消防安全的操作规程并检查督促其落实。C 选项错误。

（五）组织实施对本单位消防设施、灭火器材和消防安全标志的维护保养，确保其完好有效，确保疏散通道和安全出口畅通。E 选项错误。故 A、B、D 符合要求。

237

3. 【答案】ABC

【解析】本题考查的是多单位共用建筑的单位职责。

根据《机关、团体、企业、事业单位消防安全管理规定》（公安部令第61号）第八条 实行承包、租赁或者委托经营、管理时，产权单位应当提供符合消防安全要求的建筑物。A选项正确。

当事人在订立的合同中依照有关规定明确各方的消防安全责任。B选项正确。

消防车通道、涉及公共消防安全的疏散设施和其他建筑消防设施应当由产权单位或者委托管理的单位统一管理。D、E选项错误。

承包、承租或者受委托经营、管理的单位应当遵守本规定，在其使用、管理范围内履行消防安全职责。C选项正确。故A、B、C选项正确。

4. 【答案】ACE

【解析】本题考查的是单位的消防安全工作的内容。

根据《机关、团体、企业、事业单位消防安全管理规定》（公安部令第61号）的相关规定：

第四条 法人单位的法定代表人或者非法人单位的主要负责人是单位的消防安全责任人，对本单位的消防安全工作全面负责。赵某是甲公司的法定代表人，所以赵某是甲公司的消防安全责任人。A选项正确。

第十五条 消防安全重点单位应当设置或者确定消防工作的归口管理职能部门，并确定专职或者兼职的消防管理人员；其他单位应当确定专职或者兼职消防管理人员，可以确定消防工作的归口管理职能部门。归口管理职能部门和专兼职消防管理人员在消防安全责任人或者消防安全管理人的领导下开展消防安全管理工作。C选项正确。

钱某是乙公司的法定代表人，应为乙公司的消防安全提供必要的经费和组织保障，B选项错误。

孙某是丙公司的法定代表人，D选项错误。

第二十三条 单位应当根据消防法规的有关规定，建立专职消防队、义务消防队，配备相应的消防装备、器材，并组织开展消防业务学习和灭火技能训练，提高预防和扑救火灾的能力。E选项正确。故A、C、E选项正确。

5. 【答案】ABC

【解析】本题考查的是灭火和应急疏散预案的内容。

根据《机关、团体、企业、事业单位消防安全管理规定》（公安部令第61号）的相关规定：

第三十九条 消防安全重点单位制定的灭火和应急疏散预案应当包括下列内容：

（一）组织机构，包括：灭火行动组、通讯联络组、疏散引导组、安全防护救护组。A选项正确。

（二）报警和接警处置程序。

（三）应急疏散的组织程序和措施。

（四）扑救初起火灾的程序和措施。

（五）通讯联络、安全防护救护的程序和措施。

第四十条 消防安全重点单位应当按照灭火和应急疏散预案，至少每半年进行一次演练，并结合实际，不断完善预案。其他单位应当结合本单位实际，参照制定相应的应急方案，至少每年组织一次演练。

根据第十三条第（八）款，易燃易爆化学物品的储存单位属于消防安全重点单位，又因为乙公司仓库储存的润滑油和溶剂油分别为丙类、乙类易燃易爆化学品，所以乙公司作为消防安全重点单位，应至少每半年进行一次演练。E选项错误。

消防演练时，应当设置明显标识并事先告知演练范围内的人员。B、C选项正确。故A、B、C选项正确。

6. 【答案】ABCD

【解析】本题考查的是火灾隐患的整改措施。

根据《机关、团体、企业、事业单位消防安全管理规定》（公安部令第61号）第十五条，消防安全重点单位应当设置或者确定消防工作的归口管理职能部门，并确定专职或者兼职的消防管理人员；其他单位应当确定专职或者兼职消防管理人员，可以确定消防工作的归口管理职能部门。归口管理职能部门和专兼职消防管理人员在消防安全责任人或者消防安全管理人的领导下开展消防安全管理工作。A选项正确。

根据《消防控制室通用技术要求》（GB 25506）的相关规定：

4.2.1 消防控制室管理应符合下列要求：

a）应实行每日24 h专人值班制度，每班不应少于2人，值班人员应持有消防控制室操作职业资格证书。B选项正确。

c）应确保火灾自动报警系统、灭火系统和其他联动控制设备处于正常工作状态，不得将应处于自动状态的设在手动状态。根据该标准的第4.2.2条b）款，火灾确认后，值班人员应立即将火灾报警联动控制开关转入自动状态（处于自动状态的除外），判断火灾报警联动控制开关可以设置为手动状态，也可以设置为自动状态。C选项为自动状态，所以正确。

4.2.2 消防控制室的值班应急程序应符合下列要求：

a）接到火灾警报后，值班人员应立即以最快方式确认。应先进行消音操作，保证当再有报警信号输入时，能再次启动警报声音。不应进行复位操作。进行消音操作后，值班人员一人留守，另一人根据报警的地址编码去现场查看确认。E选项错误。

根据《建筑消防设施的维护管理》（GB 25201—2010）第4.6条，不应擅自关停消防设施。值班、巡查、检测时发现故障，应及时组织修复。因故障维修等原因需要暂时停用消防系统的，应有确保消防安全的有效措施，并经单位消防安全责任人批准。D选项正确。

故A、B、C、D选项正确。

7. 【答案】CDE

【解析】本题考查的是单位违反消防法的处罚规定。

根据《中华人民共和国消防法》第六十九条，消防产品质量认证、消防设施检测等消防技术服务机构出具虚假文件的，责令改正，处五万元以上十万元以下罚款，并对直接负责的主管人员和其他直接责任人员处一万元以上五万元以下罚款；有违法所得的，并处没收违法所得；给他人造成损失的，依法承担赔偿责任；情节严重的，由原许可机关依法责令停止执业或者吊销相应资质、资格。前款规定的机构出具失实文件，给他人造成损失的，依法承担赔偿责任；造成重大损失的，由原许可机关依法责令停止执业或者吊销相应资质、资格。C、D选项符合题意。

根据《社会消防技术服务管理规定》（公安部令第136号）第五十一条，消防技术服务机构有违反本规定的行为，给他人造成损失的，依法承担赔偿责任；经维修、保养的建筑消防设施不能正常运行，发生火灾时未发挥应有作用，导致伤亡、损失扩大的，从重处罚；构成犯罪的，依法追究刑事责任。E选项符合题意。故C、D、E选项符合题意。

8. 【答案】ABCE

【解析】本题考查的是个人违反消防法的处罚规定。

该起火灾造成3人死亡，直接经济损失约10944万元人民币。该火灾属于特别重大火灾。

甲公司委托丙公司（消防技术服务机构，法定代表人：孙某）对上述仓库的建筑消防设施进行维护和检测。赵某、孙某作为甲公司、丙公司消防安全责任人，需要承担相应的法律责任，A、C选项符合要求。

根据背景，发现在限期整改期间甲、乙公司内部防火检查，巡查记录和丙公司出具的消防设施年度检测报告,维保检查记录、巡查记录中,所有项目填报为合格。因此乙公司在消防安全管理中存在违反管理规定行为,并造成严重后果,因此乙公司的钱某也要承担相应的法律责任。B选项符合要求。

根据背景,乙公司消防控制室当值人员郑某和周某听到报警信号,显示5#仓库1区的感烟探测器报警,消防控制室当值人员郑某和周某听到报警后未做任何处置。他们的行为属于在生产、作业中违反有关安全管理的规定,因而发生重大伤亡事故或造成其他严重后果的行为。定为重大责任事故罪。根据《中华人民共和国刑法》第一百三十四条规定,犯本罪的,处3年以下有期徒刑或者拘役;情节特别恶劣的,处3年以上7年以下有期徒刑。E选项符合要求。

根据背景,消防救援机构李某和王某在本次消防安全检查工作中完全依据相关规定执行,因此不需要承担法律责任。D选项不符合要求。故A、B、C、E选项符合要求。

9.【答案】CDE

【解析】本题考查的是火灾隐患的整改措施。

根据《机关、团体、企业、事业单位消防安全管理规定》(公安部令第61号)的相关规定:

第二十六条 机关、团体、事业单位应当至少每季度进行一次防火检查,其他单位应当至少每月进行一次防火检查。园区内的企业单位应当每月进行一次防火检查,A选项错误。

第二十五条 消防安全重点单位应当进行每日防火巡查,并确定巡查的人员、内容、部位和频次。其他单位可以根据需要组织防火巡查。巡查的内容应当包括:(一)用火、用电有无违章情况;(二)安全出口、疏散通道是否畅通,安全疏散指示标志、应急照明是否完好;(三)消防设施、器材和消防安全标志是否在位、完整;(四)常闭式防火门是否处于关闭状态,防火卷帘下是否堆放物品影响使用;(五)消防安全重点部位的人员在岗情况;(六)其他消防安全情况。B选项为各类重点人员,不符合第(五)款的要求。B选项不正确。

根据《中华人民共和国消防法》的相关规定:

第十六条 机关、团体、企业、事业等单位应当履行下列消防安全职责:

(三)对建筑消防设施每年至少进行一次全面检测,确保完好有效,检测记录应当完整准确,存档备查。C选项为一年检测两次,符合要求。C选项正确。D、E选项正确。故C、D、E选项正确。

第二题

1.【答案】ABCE

【解析】本题考查的是消防给水系统的设计流量计算。

根据《消防给水及消火栓系统技术规范》(GB 50974—2014)的相关规定:

3.1.1 工厂、仓库、堆场、储罐区或民用建筑的室外消防用水量,应按同一时间内的火灾起数和一起火灾灭火所需室外消防用水量确定。

1 工厂、堆场和储罐区等,当占地面积小于等于$100hm^2$,且附有居住区人数小于或等于1.5万人时,同一时间内的火灾起数应按一起确定。该工厂占地面积为$10hm^2$,所以室外消防用水量按照一起火灾来计算。

3.1.2 一起火灾灭火所需消防用水的设计流量应由建筑的室外消火栓系统、室内消火栓系统、自动喷水灭火系统、泡沫灭火系统、水喷雾灭火系统、固定消防炮灭火系统、固定冷却水系统等需要同时作用的各种水灭火系统的设计流量组成,并应符合下列规定:

1 应按需要同时作用的各种水灭火系统最大设计流量之和确定。

2 两座及以上建筑合用消防给水系统时,应按其中一座设计流量最大者确定。

3 当消防给水与生活、生产给水合用时,合用系统的给水设计流量应为消防给水设计流量与生活、生产用水最大小时流量之和。

题干背景交代"厂区南北两侧的市政给水干管直接供给室外消火栓和生产生活用水,生产生活用水最大设计流量25L/s，火灾时可以忽略生产生活用水量"，因此生产生活用水设计流量25L/s可不计入流量设计参数。

因此，该厂区室外低压消防给水系统设计流量按照一起火灾计算，且按照整个厂区室外设计流量最大的建筑确定，即⑤⑥号仓库45L/s，A选项正确。

该厂区室内临时高压消防给水系统设计流量按照整个厂区室内设计流量最大的建筑确定，即⑥号仓库25+78=103(L/s)，B选项正确。

⑦办公楼室内消防给水系统设计流量=10+14=24(L/s)，C选项正确。

⑤仓库室内外消防给水系统设计流量=25+70+45=140(L/s)，D选项错误。

⑩车库室内消防给水系统设计流量=10+28=38(L/s)，E选项正确。

故A、B、C、E选项正确。

2.【答案】BC

【解析】本题考查的是消防给水管道管径的计算。

根据《消防给水及消火栓系统技术规范》(GB 50974—2014)的相关规定：

8.1.4 室外消防给水管网应符合下列规定：

1 室外消防给水采用两路消防供水时应采用环状管网，但当采用一路消防供水时可采用枝状管网。

2 管道的直径应根据流量、流速和压力要求经计算确定，但不应小于DN100。

8.1.8 消防给水管道的设计流速不宜大于2.5m/s，自动水灭火系统管道设计流速，应符合现行国家标准《自动喷水灭火系统设计规范》(GB 50084)、《泡沫灭火系统设计规范》(GB 50151)、《水喷雾灭火系统设计规范》(GB 50219)和《固定消防炮灭火系统设计规范》(GB 50338)的有关规定，但任何消防管道的给水流速不应大于7m/s。

根据下面公式，可推算进水管径与设计流量的匹配。

$$Q_f = 3600Av$$

式中，A为横截面积，v为流速。

按照水流速度最大为2.5m/s，并按照该建筑群最大室外设计流量45L/s，简单计算管道的直径：

1秒钟流过2.5m长供水管道的水量是45L，则该水管的横截面积为$0.045m^3 \div 2.5m = 0.18m^2$；所以管道直径为$2 \times (0.18 \div 3.14)^{1/2} \approx 151$（mm）

因为流量一定的情况下，管径越小，需要的流速越快，所以规范中规定了最大流速2.5m/s，所以151mm为最小管径。A选项不符合要求。

该建筑群最大室外设计流量为45L/s，且室外消防给水的管径应不大于市政给水干管的管径DN300。因此，满足安全可靠、经济适用要求的管径为DN200~DN250。故B、C选项符合要求。

3.【答案】AE

【解析】本题考查的是消防水泵的启泵压力。

根据《消防给水及消火栓系统技术规范》(GB 50974—2014)的相关规定：

5.3.3 稳压泵的设计压力应符合下列要求：

1 稳压泵的设计压力应满足系统自动启动和管网充满水的要求。

2 稳压泵的设计压力应保持系统自动启泵压力设置点处的压力在准工作状态时大于系统设置自动启泵压力值，且增加值宜为0.07~0.10MPa。

3 稳压泵的设计压力应保持系统最不利点处水灭火设施在准工作状态时的静水压力应大于0.15MPa。

设置在底部水泵房中的稳压泵的启泵压力为0.98MPa，因此消防水泵的启泵压力设定值为：0.98-(0.07~0.10)=0.88~0.91（MPa）附近。

为保证系统安全可靠，消防主泵启动压力一般不小于消防主泵的设计扬程，即不小于0.85MPa。故 A、E 选项符合要求。

4. 【答案】ABCE

【解析】本题考查的是一次火灾消防用水量。

该厂区建筑群中，对于消火栓系统，服装生产车间火灾延续时间为3.0h；布料仓库和成品仓库火灾延续时间均为3.0h；其它建筑均为2.0h。对于自动喷水灭火系统，布料仓库和成品仓库火灾延续时间均为2.0h，其它建筑均为1.0h。

根据《消防给水及消火栓系统技术规范》（GB 50974—2014）的相关规定：

3.6.1 消防给水一起火灾灭火用水量应按需要同时作用的室内、外消防给水用水量之和计算，两座及以上建筑合用时，应取最大者。

该建筑群中，⑥成品仓库用水量最大：$(45+25) \times 3 \times 3.6 + 78 \times 2 \times 3.6 = 1317.6$（m³），A 选项正确。

该建筑群中，⑥成品仓库室内用水量最大：$25 \times 3 \times 3.6 + 78 \times 2 \times 3.6 = 831.6$（m³），B 选项正确。

⑦办公楼室外用水量：$40 \times 2 \times 3.6 = 288$（m³），C 选项正确。

①车间一次火灾自动喷水消防用水量：$28 \times 1 \times 3.6 = 100.8$（m³），D 选项错误。

⑧宿舍楼一次火灾室内消火栓消防用水量：$10 \times 2 \times 3.6 = 72$（m³），E 选项正确。

故 A、B、C、E 选项正确。

5. 【答案】DE

【解析】本题考查的是消防水泵接合器的设置。

根据《消防给水及消火栓系统技术规范》（GB 50974—2014）的相关规定：

5.4.1 下列场所的室内消火栓给水系统应设置消防水泵接合器：

1 高层民用建筑。

2 设有消防给水的住宅、超过五层的其他多层民用建筑。

3 超过2层或建筑面积大于10000m² 的地下或半地下建筑（室）、室内消火栓设计流量大于10L/s 平战结合的人防工程。

4 高层工业建筑和超过四层的多层工业建筑。

5 城市交通隧道。

5.4.3 消防水泵接合器的给水流量宜按每个10～15L/s 计算。每种水灭火系统的消防水泵接合器设置的数量应按系统设计流量经计算确定，但当计算数量超过3个时，可根据供水可靠性适当减少。

5.4.4 临时高压消防给水系统向多栋建筑供水时，消防水泵接合器应在每座建筑附近就近设置。

①②车间，虽然规范没有明确要求一定要设，但是这两个厂房是工厂中的重要建筑，因此建议室内消火栓系统设置水泵接合器。A、B 选项错误。

③车间属于高层工业建筑，规范要求必须设置水泵接合器，数量 = 30÷(10～15) = 2～3（个）。C 选项错误。

④车间属于高层工业建筑，规范要求必须设置水泵接合器，数量 = 30÷(10～15) = 2～3（个）。D 选项正确。

⑦办公楼根据规范要求，可以不设置水泵接合器，若设置更好，则数量 = 10÷(10～15) = 1（个）。E 选项正确。故 D、E 选项正确。

6. 【答案】ACDE

【解析】本题考查的是临时高压消防给水系统流量开关的动作范围。

根据《自动喷水灭火系统设计图示》（19S910）中"自动喷水灭火系统设计说明"的相关规定：

3.5 高位消防水箱出口应设置流量开关，并满足以下要求：

3.5.1 高位水箱出口的流量开关，宜设置在水箱间内。

3.5.2 设有稳压泵的系统，流量开关应设在稳压泵出水管与水箱出水管汇流后的总管上。

3.5.3 流量开关启动消防泵的设定值，宜为1个喷头的流量+系统漏失量（系统漏失量可根据系统大小按系统流量的1%~3%选择），流量开关最终设定值应根据现场调试确定。

为了防止系统误动作，也就是防止误启泵，对于自动喷水灭火系统，流量开关设定值是不小于（≥）1个喷头的流量+系统漏失量的；对于消火栓系统，流量开关设定值是不小于（≥）1个消火栓的流量+系统漏失量的。实际工程中，当消火栓系统与自动喷水灭火系统合用消防泵时，一般设置两个流量开关，其中一个的动作范围设置为漏水量加喷头量，另一个设置为漏水量加消火栓量，无论哪个开关先动作，消防泵都能启动。因此选项B符合规范要求。

故A、C、D、E选项符合题意。

7. 【答案】AC

【解析】本题考查的是消防水泵房的设置。

本题主要从消防给水管网的布置考虑，独立设置的消防水泵房宜靠近用水量大的建筑。⑤⑥仓库用水量最大，A、C选项符合要求。

①车间和⑩车库在厂区的边缘地带，导致管道敷设复杂，距离水力最不利处最远，不经济合理，B、E不符合要求。

消防水泵房设置在⑦办公楼地下室，水泵扬程0.85MPa，考虑管网水头损失后，可能无法满足③④车间顶层最不利点室内消火栓的栓口动压要求。D选项不符合要求。故A、C选项符合要求。

8. 【答案】BC

【解析】本题考查的是消防水泵的控制与操作。

根据《消防给水及消火栓系统技术规范》（GB 50974—2014）的相关规定：

11.0.2 消防水泵不应设置自动停泵的控制功能，停泵应由具有管理权限的工作人员根据火灾扑救情况确定。A选项错误。

11.0.19 消火栓按钮不宜作为直接启动消防水泵的开关，但可作为发出报警信号的开关或启动干式消火栓系统的快速启闭装置等。B选项正确。

11.0.12 消防水泵控制柜应设置机械应急启泵功能，并应保证在控制柜内的控制线路发生故障时由有管理权限的人员在紧急时启动消防水泵。机械应急启动时，应确保消防水泵在报警5.0min内正常工作。C选项正确，E选项错误。

11.0.14 火灾时消防水泵应工频运行，消防水泵应工频直接启泵；当功率较大时，宜采用星三角和自耦降压变压器启动，不宜采用有源器件启动。D选项错误，B、C选项正确。

9. 【答案】BCD

【解析】本题考查的是自动喷水灭火系统设置场所火灾危险等级的划分。

根据《自动喷水灭火系统设计规范》（GB 50084—2017）附录A设置场所火灾危险等级分类：

⑦办公楼建筑高度12.6m，确定为轻危险级，A选项错误。

③车间为高层服装生产车间，属于纺织、织物及其制品工业建筑，确定为中危险Ⅱ级，B选项正确。

⑤仓库为布料仓库，⑥仓库为成品服装，属于棉毛丝麻化纤及制品仓库，两座仓库均为仓库危险Ⅱ级，C、D选项正确。

⑩车库，车库为中危险Ⅱ级，E选项错误。

故B、C、D选项正确。

第三题

1. 【解析】（1）该家具厂生产厂房的耐火等级为一级；

钢筋混凝土框架结构一般情况下都属于一级耐火等级。具体解释：该厂房的楼板不燃、且耐火极限不低于1.5h，符合《建筑设计防火规范》（GB 50016—2014）（2018年版）表3.2.1中一级耐火等级的要求，一级耐火等级的屋顶承重构件的耐火极限应为1.5h。此处为1.00h仍符合要求的原因是：

① 根据《建筑设计防火规范》（GB 50016—2014）（2018年版）第8.3.1条，占地面积大于1500m²的木器厂房应设置自动灭火系统，并宜采用自动喷水灭火系统。木器厂房主要指以木材为原料生产、加工各类木质板材、家具、构配件、工艺品、模具等成品、半成品的车间。

② 根据《建筑设计防火规范》（GB 50016—2014）（2018年版）第3.2.11条，采用自动喷水灭火系统全保护的一级耐火等级单、多层厂房（仓库）的屋顶承重构件，其耐火极限不应低于1.00h。

（2）家具厂房的火灾危险性为丙类；

二层喷漆工段面积为550m²，550÷13000=4.23%<5%，故二层的火灾危险性为丙类，厂房总体火灾危险性为丙类。

厂房内的中间仓库的甲苯和二甲苯的火灾危险性为甲类。

喷漆工段的火灾危险性为甲类。

65kg的变配电室的火灾危险性为丙类。

中间仓库和喷漆工段储存使用的油漆和稀释剂的主要成分甲苯和二甲苯，火灾危险性均为甲类；配电室（每台装油量大于60kg的设备）的火灾危险性为丙类。

2.【解析】家具生产厂房与二类高层办公楼的防火间距不应小于15m，家具生产厂房与高层玩具厂房的防火间距不应小于13m，家具生产厂房与瓶装液氯乙类仓库的防火间距不应小于10m，家具生产厂房与电解食盐水厂房的防火间距不应小于12m。该办公楼为二类高层民用建筑，玩具厂房为高层丙类厂房，液氯仓库为单层乙类仓库，电解食盐水厂房为多层甲类厂房。根据《建筑设计防火规范》（GB 50016—2014）（2018年版）表3.4.1，得出相应的防火间距数值。

3.【解析】（1）防火分区：地上一层和二层均应至少划分2个防火分区。

该厂房为丙类一级耐火等级多层厂房，应设置自动喷水灭火系统。地上一层和二层的火灾危险性均为丙类，每个防火分区最大允许建筑面积为6000m²，设自喷加倍为12000m²。每层建筑面积13000m²，故地上一层和二层至少划分2个防火分区。

（2）该厂房在平面布置和建筑防爆措施方面存在的问题：

① 半地下中间仓库储存油漆和稀释剂，主要成分为甲苯和二甲苯，错误。原因：甲类火灾危险性的物质不应设置在地下或半地下。

② 喷漆工段采用防火隔墙与其他部位隔开，隔墙上设置一樘在火灾时能自动关闭的甲级防火门，错误。原因：喷漆工段应采用门斗与其他部位隔开，门斗的隔墙应为耐火极限不应低于2.00h的防火隔墙，门应采用甲级防火门并应与楼梯间的门错位设置。

③ 屋顶承重构件采用钢网架，错误。原因：承重结构宜采用钢筋混凝土或钢框架、钢排架结构。

4.【解析】（1）不宜设置地沟，确需设置时，其盖板应严密，地沟应采取防止可燃气体、可燃蒸气和粉尘、纤维在地沟积聚的有效措施，且应在与相邻厂房连通处采用防火材料密封。

（2）其管、沟不应与相邻厂房的管、沟相通，下水道应设置隔油设施。

5.【解析】泄压面积为 $A = 10CV^{2/3} = 10 \times 0.110 \times (550 \times 5)^{2/3} = 215.6$ （m²）。

第四题

1.【解析】建筑高度为：$4.2 + 3.9 \times 4 + 0.6 = 20.4$（m）。该建筑为多层公共建筑。

局部突出屋顶的瞭望塔、冷却塔、水箱间、微波天线间或设施、电梯机房、排风和排烟机房以及楼梯出口小间等辅助用房占屋面面积不大于1/4者，可不计入建筑高度。本题未说明6层局部用房的使用性质，根据示意图可以按照设备用房考虑。

2.【解析】地上部分的水平疏散走道和安全出口的门厅的吊顶不满足规范要求，地下部分满足规范要求。

理由：该建筑地上部分的耐火等级不应低于二级，地下部分不应低于一级。题干中构件柱、梁、楼板、疏散楼梯、楼梯间的墙、疏散走道两侧的墙、房间隔墙均达到了一级的要求，木吊顶搁栅钉10mm厚纸面石膏板为难燃，耐火极限0.25h，满足二级耐火等级的要求。但是，地上水平疏散走道和安全出口的门厅的吊顶应采用不燃材料，所以地上不满足要求。地下一层为设备间和自行车库，一般没有吊顶，不存在吊顶的问题，所以地下一层满足规范要求。（解释：根据《建筑内部装修设计防火规范》（GB 50222—2017）第4.0.4条，地上建筑的水平疏散走道和安全出口的门厅，其顶棚应采用A级装修材料；地下民用建筑的疏散走道和安全出口的门厅，其顶棚、墙面和地面均应采用A级装修材料。）

3.【解析】地上部分和地下部分防火分区划分均符合要求。理由：地上地下楼梯间采用甲级防火门，隔墙耐火极限达到5.0h，可认为地上地下做防火分隔，防火分区按照地上地下分别看待。规范要求多层公建每个防火分区最大面积为2500m²，设置自喷后每个防火分区最大面积可达到5000（m²），题干中楼梯间为敞开楼梯间，因此只能认为地上部分整体为一个防火分区，960×5+100=4900（m²），未超过最大允许防火分区的面积。规范要求地下每个防火分区最大面积为500m²，设备间每个防火分区最大面积为1000m²，设置自喷后每个防火分区最大面积加倍，题目中地下一层总建筑面积为960m²划分一个防火分区满足要求。

4.【解析】（1）对于歌舞娱乐放映游艺场所，在计算疏散人数时，可以不计算该场所内疏散走道、卫生间等辅助用房的建筑面积，而可以只根据该场所内具有娱乐功能的各厅、室的建筑面积确定，内部服务和管理人员的数量，可根据核定人数确定。23×7+25+30+32×2+68+66×2+260=740（m²）。740m²×0.5人/m²=370人。

（2）根据《建筑设计防火规范》（GB 50016—2014）（2018年版）第5.5.21条第1款的规定，当每层疏散人数不等时，疏散楼梯的总净宽度可分层计算，地上建筑内下层楼梯的总净宽度应按该层及以上疏散人数最多一层的人数计算；地下建筑内上层楼梯的总净宽度应按该层及以下疏散人数最多一层的人数计算。

二层疏散楼梯的最小总净宽度计算370人×1m/100人=3.7m。

（3）首层外门的疏散总净宽度应按该建筑疏散人数最多一层的人数计算确定，不供其他楼层人员疏散的外门，可按本层的疏散人数计算确定。因此，首层外门的最小总净宽度取值为3.7m。

5.【解析】问题一：五层为儿童舞蹈培训中心。儿童活动场所设置在一、二级耐火等级的建筑内时，应布置在首层、二层或三层，并应（宜）设置独立的安全出口。

问题二：该综合楼三层M1、M2为木质隔音门。歌舞娱乐放映游艺场所设置在厅、室墙上的门和该场所与建筑内其他部位相通的门均应采用乙级防火门。

问题三：疏散走道两侧的隔墙和房间隔墙均采用钢龙骨两面钉耐火纸面石膏板（中间填100mm厚隔音玻璃丝棉），耐火极限均为1.50h。疏散走道两侧应采用耐火极限不低于1.00h的防火隔墙，歌舞娱乐游艺放映场所的厅室之间及与建筑的其他部位之间应采用耐火极限不低于2.00h的防火隔墙进行分隔。

问题四：儿童活动场所和其他场所的防火分隔不满足要求，该场所应采用耐火极限不低于2.00h的防火隔墙和其他场所分隔。

6.【解析】问题一：楼梯1和楼梯2在各层位置相同，采用敞开楼梯间。设置歌舞娱乐放映游艺场所的建筑，其疏散楼梯应采用封闭楼梯间。

问题二：在地下一层楼梯间入口处设有净宽1.50m的甲级防火门（编号为FM1），开启方向顺着人员进入地下一层的方向。应向人员疏散方向开启，即向外开启。民用建筑和厂房的疏散门，应采用向疏散方向开启的平开门。

问题三：图中M1的净宽度1.3m。人员密集的公共场所（公共娱乐场所主要指大厅、舞厅）的疏散门，其净宽度不应小于1.40m。图中M1、M2为木质隔音门，净宽分别为1.30m和0.90m；歌舞娱乐放映游艺场所设置在厅、室墙上的门和该场所与建筑内其他部位相通的门，均应采用乙级防火门。

问题四：大舞厅室内任一点至直通疏散走道的疏散门的距离为14547mm。歌舞娱乐放映游艺场所室内任一点至房间疏散门的距离不应大于9.00m，设自动喷水灭火系统不应大于11.25m。

问题五：疏散楼梯净宽度为1.5m。两部楼梯总计3.0m，不满足要求。疏散楼梯的最小总净宽度经计算：370人×1m/100人=3.7m。每部楼梯净宽度不应小于1.85m。

问题六：两个66m^{2}包间、2个32m^{2}的包间和68m^{2}的包间各设置了一个疏散门，不满足要求。歌舞娱乐游艺放映场所当房间建筑面积大于50m^2，或停留人数超过15人的厅、室，应设不少于2个疏散门，且疏散门的距离不应小于5m。

问题七：三个大包间和大舞厅的疏散门开启方向，不满足要求。应朝外开启。

问题八：最右侧25m^{2}包间的房间门至最近安全出口疏散距离不满足要求。歌舞娱乐场所位于袋形走道尽端时，疏散门至最近安全出口的直线距离不应大于9m。设自动喷水灭火系统距离为9×1.25=11.25（m），敞开式楼梯间位于袋形走道尽端距离减少2m，为9.25m。该包间的疏散距离为6+4.5=10.5（m），不满足要求。

问题九：儿童舞蹈培训中心未设置独立安全出口。

问题十：自行车库设置1个安全出口。

第五题

1.【解析】感烟探测器不报警的主要原因：探测器与底座脱落、接触不良；报警总线与底座接触不良；报警总线开路或接地性能不良造成短路；探测器本身损坏；探测器接口板故障；与其它探测器或者模块等设备的地址重码。

报警位置信息不正确的解决措施：(1)检查探测器与联动控制器的通信线路，若接错线路，重新连接线路。(2)检查消防联动系统的消防控制室图形显示装置，若存在故障，维修或更换图形显示装置。(3)若图形显示装置的标注位置信息与联动控制器标注的报警位置信息不符，则进行调整。对该探测器位置重新定义。

2.【解析】不正常。原因：同一报警区域内两只独立的火灾探测器或一只火灾探测器与一只手动火灾报警按钮的报警信号作为火灾警报和消防应急广播系统的联动触发信号，消防联动控制器启动建筑内所有火灾声光警报器、启动全楼的消防应急广播，火灾声警报应与消防应急广播交替循环播放。

3.【解析】不正常。原因：由同一防烟分区内的两只独立的火灾探测器的报警信号或一只火灾探测器与一只手动报警按钮报警信号，作为排烟口、排烟窗或排烟阀开启的联动触发信号，并应由消防联动控制器联动控制排烟口、排烟窗或排烟阀的开启，同时停止该防烟分区的空气调节系统。由排烟口、排烟窗或排烟阀开启的动作信号，作为排烟风机启动的联动触发信号，并应由消防联动控制器联动控制排烟风机的启动。

排烟风机没有启动的原因：(1)排烟风机控制柜处于手动状态。(2)消防联动控制器与排烟风机控制柜的连线故障。(3)消防联动控制器与排烟风机控制柜之间的模块故障。(4)控制逻辑设定错误。(5)排烟阀直接启动风机线路故障。

4.【解析】(1)该商业综合楼地面上的疏散指示标志灯具应选择集中电源集中控制A型灯具。(2)消防应急照明系统和疏散指示系统的自动控制不正常，原因：模拟报警信号后，火灾报警控制器发出火灾报警信号后应启动商业综合楼地面的疏散指示标志灯具,但背景中一直没有应急点亮。消防应急照明系统和疏散指示系统的手动控制正常。原因:手动操作应急照明控制器应急启动,所有应急照明和疏散指示标志灯转入应急工作状态。

5.【解析】该商业综合楼地面上的疏散指示标志灯具一直没有点亮的原因:(1)输出模块出现故障。(2)输出模块与集中电源之间的线路故障。(3)集中电源与应急照明灯具之间的线路故障。(4)应急照明控制器处于手动状态。(5)火灾报警控制器与应急照明控制器之间的连线故障。(6)控制器逻辑设置错误。

第六题

1.【解析】预作用自动喷水灭火系统至少应设置1台预作用报警阀组。原因:当配水支管同时设置保护吊顶下方和上方空间的洒水喷头时,应只将数量较多一侧的洒水喷头计入报警阀组控制的洒水喷头总数。吊顶上、下使用喷头的数量各为316只,其余部位使用喷头数量为264只,因此报警阀组控制的洒水喷头数为580只。一个报警阀组控制的洒水喷头数,预作用系统不宜超过800只,至少应设置一台预作用报警阀组。

2.【解析】除气泵外,还需检测预作用阀组(即预作用报警装置),包括电磁阀、试水阀、泄水阀、压力开关、水力警铃、信号阀等管路控制阀;水流指示器;末端试水装置;排气阀入口的电动阀;流量开关;低压压力开关;消防水泵;增压稳压设备;水箱水池、喷头、管道等。

3.【解析】(1)未按设计要求进行调试。(2)排气阀入口的电动阀故障、末端试水阀、阀组处的试水阀、泄水阀、电磁阀等故障或未完全关严。(3)预作用报警阀的单向阀没有充注一定量的水做密封。(4)充气管路压力开关故障和气泵控制箱故障。(5)气泵选型不正确。(6)供气管路过滤器堵塞。

4.【解析】高低压配电室的百叶泄压口不符合规范要求。理由:防护区设置的泄压口,宜设在外墙上,本题中利用门扇下半部的百叶作为泄压口不正确。

《气体灭火系统设计规范》(GB 50370—2005)3.2.8 防护区设置的泄压口,宜设在外墙上。泄压口面积按相应气体灭火系统设计规定计算。

5.【解析】判断不正确。

理由:根据IG541系统储存压力随温度变化参考值,5℃压力约为13.9MPa,背景中压力表显示为13.96MPa,符合要求。

根据《气体灭火系统施工及验收规范》(GB 50263—2007)4.3.3 条文解释的表1(原表号,见表3-1-1)插值计算得到。

表3-1-1 IG541和七氟丙烷系统储存压力随温度变化参考值

储存温度(℃)		0	10	20	30	40	50
储存压力(MPa)	IG541	15.0	13.5	14.3	15.0	15.7	16.5	17.2
	七氟丙烷	2.5	1.88	1.93	2.16	2.45	3.02	4.2
		4.2	3.74	3.86	4.30	4.93	5.94	6.7
		5.6	4.73	4.81	5.33	6.04	7.06	8.25

注:IG541 为计算值。

2018年消防安全案例分析试卷

（考试时间：180分钟，总分120分）

第一题

华北地区的某高层公共建筑，地上7层，地下3层，建筑高度35m，总建筑面积70345m²，建筑外墙采用玻璃幕墙，其中地下总建筑面积28934m²，地下一层层高6m，为仓储式超市（货品高度3.5m）和消防控制室及设备用房；地下二、三层层高均为3.9m，为汽车库及设备用房，设计停车位324个；地上总建筑面积41411m²，每层层高为5m，一至五层为商场，六、七层为餐饮、健身、休闲场所，屋顶设消防水箱间和稳压泵，水箱间地面高出屋面0.45m。

该建筑消防给水由市政供水管引入1条DN150的管道供给，并在该地块内形成环状管网，建筑物四周外缘5~150m内设有3个市政消火栓，市政供水管道压力为0.25MPa。每个市政消火栓的流量按10L/s设计，消防储水量不考虑火灾期间的市政补水。地下一层设消防水池和消防泵房，室内外消火栓系统分别设置消防水池，并用DN300管道连通，水池有效水深3m，室内消火栓水泵扬程84m，室内外消火栓系统均采用环状管网。

根据该建筑物业管理的记录，稳压泵启动次数20次/h。

根据以上材料，回答下列问题（共18分）。

1. 该建筑消防给水及消火栓系统的下列设计方案中，符合规范的有（　　）。
   A. 室内外消火栓系统合用消防水池
   B. 室内消火栓系统采用由高位水箱稳压的临时高压消防给水系统
   C. 室内外消火栓系统分别设置独立的消防给水管网系统
   D. 室内消火栓系统设置气压罐，不设水锤消除设施
   E. 室内消火栓系统采用由稳压泵稳压的临时高压消防给水系统

2. 该建筑室内消火栓的下列设计方案中，正确的有（　　）。
   A. 室内消火栓栓口动压不小于0.35MPa，消防水枪充实水柱按13m计算
   B. 消防电梯前室未设置室内消火栓
   C. 室内消火栓的最小保护半径为29.23m，消火栓的间距不大于30m
   D. 室内消火栓均采用减压稳压型消火栓
   E. 屋顶试验消火栓设在水箱间

3. 该建筑室内消火栓系统的下列设计方案中，不符合相关规范的有（　　）。
   A. 室内消火栓系统采用一个供水分区
   B. 室内消火栓水泵出水管设置低压压力开关
   C. 消防水泵采用离心式水泵
   D. 每台消防水泵在消防泵房内设置一套流量和压力测试装置
   E. 消防水泵接合器沿幕墙设置

4. 该建筑供水设施的下列设计方案中，正确的有（　　）。
   A. 高位消防水箱间采用采暖防冻措施，室内温度设计为10℃
   B. 高位消防水箱材质采用钢筋混凝土材料
   C. 高位消防水箱的设计有效容量为50m³
   D. 高位消防水箱的进、出水管道上的阀门采用信号阀阀门

E. 屋顶水箱间设置高位水箱和稳压泵流量为 0.5L/s

5. 该建筑消火栓水泵控制的下列设计方案中，不符合相关规范的有（   ）。

A. 消防水泵由高位消防水箱出水管上的流量开关信号直接自动启停控制

B. 火灾时消防水泵工频直接启动，并保持工频运行消防水泵

C. 消防水泵由报警阀压力开关信号直接自动启停控制

D. 消防水泵就地设置有保护装置的启停控制按钮

E. 消火栓按钮信号直接启动消防水泵

6. 确定该建筑消防水泵主要技术参数时，应考虑的因素有（   ）。

A. 室内消火栓设计流量　　　　　　B. 室内消火栓管道管径

C. 消防水泵的抗震技术措施　　　　D. 消防水泵控制模式

E. 试验用消火栓标高和消防水池水位标高

7. 该建筑室内消火栓系统稳压泵出现频繁启停的原因有（   ）。

A. 管网漏水量超过设计值　　　　　B. 稳压泵配套气压水罐有效储水 200L

C. 压力开关或控制柜失灵　　　　　D. 稳压泵设在屋顶

E. 稳压泵选型不当

8. 建筑消火栓系统施工的做法正确的有（   ）。

A. 消火栓控制阀采用沟槽式阀门或法兰式阀门

B. 钢丝网骨架塑料复合管的过渡接头钢带端与钢管采用焊接连接

C. 室内消火栓管道的热浸镀锌钢管采用法兰连接时二次镀锌

D. 室内消火栓架空管道采用钢丝网骨架塑料复合管

E. 吸水管变径连接时，采用偏心异径管件并采用管顶平接

9. 该建筑消防供水的下列设计方案中，不符合规范的有（   ）。

A. 距该建筑 18m 处，设置消防水池取水口

B. 消防水池水泵房设在地下一层

C. 消防水池地面与室外地面高差 8m

D. 将距建筑物外缘 5~150m 范围内的 3 个市政消火栓计入建筑的室外消火栓数量

E. 室外消火栓采用湿式地上式消火栓

第二题

某企业的食品加工厂房，建筑高度 8.5m，建筑面积 2130m²，主体单层，局部二层，厂房屋顶承重构件为钢结构，屋面板为聚氨酯夹芯彩钢板，外墙 1.8m 以下为砖墙，砖墙至屋檐为聚氨酯夹芯彩钢板，厂房内设有室内消火栓系统。厂房一层为熟食车间，设有烘烤、蒸煮、预冷等工序；二层为倒班宿舍，熟食车间炭烤炉正上方设置不锈钢材质排烟罩，炭烤时热烟气经排烟道由排烟机排出屋面。

2017 年 11 月 5 日 6：00 时，该厂房发生火灾。最先发现起火的值班人员赵某，准备报火警，被同时发现火灾的车间主任王某阻止。王某与赵某等人使用灭火器进行扑救，发现灭火器失效后，又使用室内消火栓进行扑灭，但消火栓无水。火势越来越大，王某与现场人员撤离车间，撤离后先向副总经理汇报，再拨打 119 报警，因紧张未说清起火厂房的具体位置，也未留下报警人员姓名。消防部门接群众报警后，迅速到达火场，2 小时后大火被扑灭。

此次火灾面积约 900m²，造成值班宿舍内 5 名员工死亡，4 名员工受伤，经济损失约 160 万元，经调查询问、现场勘察、综合分析，认定起火原因系生炭工刘某为加速炭烤炉升温，向已点燃的炭烤炉倒入汽油，瞬间火焰蹿起，导致排烟管道内油垢起火，引燃厂房屋面彩钢板聚氨酯保温层，火势迅速

蔓延。调查还发现，该车间生产有季节性，高峰期有工人 156 人。企业总经理为法定代表人，副总经理负责消防安全管理工作。消防部门曾责令将倒班宿舍搬出厂房，拆除聚氨酯彩钢板，企业总经理拒不执行，该企业未依法建立消防组织机构，消防安全管理制度不健全，未对员工进行必要的消防安全培训，虽然制定了灭火和应急疏散预案，但从未组织过消防演练，排烟管道使用多年，从未检查和清洗保养。

根据以上材料，回答下列问题（共 18 分）。

1. 根据《中华人民共和国刑法》《中华人民共和国消防法》，下列对当事人的处理方案正确的有（　　）。

　　A. 生炭工刘某犯有失火罪，处三年有期徒刑

　　B. 对值班人员赵某处五百元罚款

　　C. 对车间主任王某处十日拘留，并处五百元罚款

　　D. 该企业总经理犯有消防责任事故罪，处三年有期徒刑

　　E. 该企业副总经理犯有消防责任事故罪，处三年有期徒刑

2. 根据《中华人民共和国消防法》和《机关、团体、企业、事业单位消防安全管理规定》（公安部令第 61 号），关于该企业的说法，正确的有（　　）。

　　A. 该企业不属于消防安全重点单位　　　　B. 该企业属于消防安全重点单位

　　C. 该企业总经理是消防安全责任人　　　　D. 该企业副总经理是消防安全责任人

　　E. 该企业副总经理是消防安全管理人

3. 在火灾处置上，车间主任王某违反《中华人民共和国消防法》《机关、团体、企业、事业单位消防安全管理规定》（公安部令第 61 号）的行为有（　　）。

　　A. 发现火灾时未及时组织、引导在场人员疏散　　B. 发现火灾时未及时报警

　　C. 撤离现场后先向副总经理报告再拨 119 报案　　D. 报警时未说明起火部位，未留下姓名

　　E. 组织人员灭火，但未能将火扑灭

4. 火灾发生前，该厂房存在直接或综合判定的重大火灾隐患要素的有（　　）。

　　A. 车间内设有倒班宿舍

　　B. 倒班宿舍使用聚氨酯泡沫金属夹芯板材

　　C. 消防设施日常维护管理不善，灭火器失效，消火栓无水

　　D. 排烟管道从未检查、清洗

　　E. 未设置企业专职消防队

5. 依据《中华人民共和国消防法》，对该企业消火栓无水、灭火器失效的情形，处罚正确的有（　　）。

　　A. 责令改正并处五千元罚款　　　　　　B. 责令改正并处三千元罚款

　　C. 责令改正并处四千元罚款　　　　　　D. 责令改正并处五万元罚款

　　E. 责令改正并处六万元罚款

6. 根据《机关、团体、企业、事业单位消防安全管理规定》（公安部令第 61 号）该企业制定的灭火和应急疏散预案中，组织机构应包括（　　）。

　　A. 疏散引导组　　　　　　　　　　　　B. 安全防护救护组

　　C. 灭火行动组　　　　　　　　　　　　D. 物资抢救组

　　E. 通讯联络组

7. 根据《机关、团体、企业、事业单位消防安全管理规定》（公安部令第 61 号），该企业应对每名员工进行消防培训，培训内容应包括（　　）。

　　A. 消防法规、消防安全制度和消防安全操作规程

B. 食品生产企业的火灾危险性和防火措施
C. 消火栓的使用方法
D. 初期火灾的报警、扑救及火场逃生技能
E. 灭火器的制造原理

8. 根据《机关、团体、企业、事业单位消防安全管理规定》（公安部令第61号），该企业总经理应当履行的消防安全职责有（   ）。

A. 批准实施消防安全制度和保障消防安全的操作规程
B. 拟订消防安全工作资金投入上报公司董事会批准
C. 指导本企业的消防安全管理人开展防火检查
D. 组织制定灭火和应急疏散预案，并实施演练
E. 统筹安排本单位的生产、经营、管理、消防工作

9. 根据《机关、团体、企业、事业单位消防安全管理规定》（公安部令第61号）关于该企业消防安全管理的说法，正确的有（   ）。

A. 该企业应报当地消防部门备案
B. 该企业的总经理、副总经理应报当地消防部门备案
C. 该企业的总经理，负责消防安全管理的副总经理应报当地消防部门备案
D. 该企业的灭火、应急疏散预案应报当地消防部门备案
E. 对于消防部门责令限期改正的火灾隐患，该企业应在规定期限内消除，将改正情况报告消防部门

第三题

消防技术服务机构对东北地区某公司的高架成品仓库开展消防设施检测工作。该仓库建筑高度24m，建筑面积4590m²。储存物品为单层机涂布白板纸成品。业主介绍，仓库内曾安装干式自动喷水灭火系统，后改为由火灾自动报警系统和充气管道上的压力开关联动开启的预作用自动喷水灭火系统。该仓库的高位消防水箱、消防水池以及消防水泵的设置符合现行国家消防技术标准规定。检测中发现：

1. 仓库顶板下设置了早期抑制快速响应喷头，自地面起每4m设置一层货架内置洒水喷头，最高层货架内置洒水喷头与储存货物顶部的距离为3.85m。

2. 确认火灾报警控制器（联动型）、消防水泵控制柜均处于自动状态后，检查人员触发防护区内的一个火灾探测器，并手动开启预作用阀组上的试验排气阀，仅火灾报警控制器（联动型）发出声光报警信号，系统的其他部件及消防水泵均未动作。

3. 检测人员关闭预作用阀组上的排气阀后再次触发另一火灾探测器，电磁阀、排气阀入口处电动阀、报警阀组压力开关等部件动作，消防水泵启动，火灾报警控制器（联动型）接收反馈信号正常。

4. 火灾报警及联动控制信号发出后2min，检查末端试水装置，先是仅有气体排出，50s后出现断续水流。

根据以上材料，回答下列问题（共20分）：

1. 该仓库顶板下的喷头选型是否正确？简要说明原因。
2. 该仓库货架内置洒水喷头的设置是否正确？为什么？
3. 预作用自动喷水灭火系统的实际开启方式与业主介绍的是否一致？这种开启方式合理吗？为什么？
4. 除气泵外，对该仓库预作用自动喷水灭火系统至少应检测哪些内容？
5. 火灾报警及联动控制信号发出后2min，检查末端试水装置，先是仅有气体排出，50s后出现断续水流的现象，说明什么问题？分析其最有可能的原因。

第四题

某医院病房楼，地下1层，地上6层，局部7层，层面为平屋面。首层地面设计标高为±0.000m，地下室地面标高为-4.200m，建筑室外地面设计标高为-0.600m。六层屋面面层的标高为23.700m，女儿墙顶部标高为24.800m；七层屋面面层的标高为27.300m。该病房楼首层平面示意图如图3-2-1所示。

该病房楼六层以下各层建筑面积均为1220m²。图中⑨号轴线东侧地下室建筑面积为560m²，布置设备用房。中间走道北侧自西向东依次布置消防水泵房、通风空调机房、排烟机房，中间走道南侧自西向东依次布置柴油发电机房、变配电室（使用干式变压器）；⑨号轴线西侧的地下室布置自行车库。地上一层至地上六层均为病房层，七层（建筑面积为275m²）布置消防水箱间、电梯机房和楼梯出口小间。

地下室各设备用房的门均为乙级防火门，各层楼梯1、楼梯2的门和地上各层配电室的门均为乙级防火门，首层M1、M2、M3、M4均为钢化玻璃门，其他各层各房间的门均为普通木门。楼内的M1门净宽为3.4m，所有单扇门净宽均为0.9m，双扇门净宽均为1.2m。

该病房楼内按规范要求设置了室内外消火栓系统、湿式自动喷水灭火系统、火灾自动报警系统、防烟和排烟系统及灭火器。疏散走道和楼梯间照明的地面最低水平照度为6.0lx，供电时间1.5h。

根据以上材料，回答下列问题（共24分）。

1. 该病房楼的建筑高度是多少？按《建筑设计防火规范》（GB 50016）分类，属哪类？地下室至少应划分几个防火区？地上部分的防火分区如何划分？并说明理由。
2. 指出图中抢救室可用的安全出口，判断抢救室的疏散距离是否满足《建筑设计防火规范》（GB 50016）的相关要求，并说明理由。
3. 指出该病房楼的地下室及首层在平面布置和防火分隔方面的问题，并给出正确做法。
4. 指出该病房楼在灭火救援设施和消防设施配置方案的问题，并给出正确做法。
5. 指出图中安全疏散方面的问题，并给出正确做法。

第五题

某高层公共建筑，地下2层，地上30层。地下各层均为车库及设备用房，地上一层至四层为商场，五至三十层为办公楼，商场中庭贯通一至四层，二至四层中庭回廊按规范要求设置防火卷帘，其他部位按规范要求设置了火灾自动报警系统、防排烟系统以及消防应急照明和疏散指示系统等。某消防技术服务机构对该项目进行年度检测，情况如下：

1. 火灾报警控制器（联动型）功能检测

消防技术服务机构人员拆下安装在消防控制室顶棚上的1只感烟探测器，火灾报警控制器（联动型）在50s内显示故障信息并发出故障声音，选取另外1只感烟探测器加烟测试，火灾报警控制器（联动型）在50s内显示探测器火灾报警信息和故障报警信息，并切换为火灾报警声音。

2. 防火卷帘联动控制功能检测

消防技术服务机构人员将联动控制功能设置为自动工作方式，在一层模拟触发两只火灾探测器报警。二至四层中庭回廊防火卷帘下降到楼板面；复位后在二层模拟触发两只火灾探测器报警，二至四层中庭回廊防火卷帘下降到距楼面1.8m处。

3. 排烟系统联动控制功能检测

消防技术服务机构人员将联动控制功能设置为自动工作方式，在二十八层模拟触发2只感烟探测器，排烟风机联动启动，现场查看该层排烟阀没有打开；通过消防联动控制器手动启动二十八层排烟阀，该排烟阀打开。

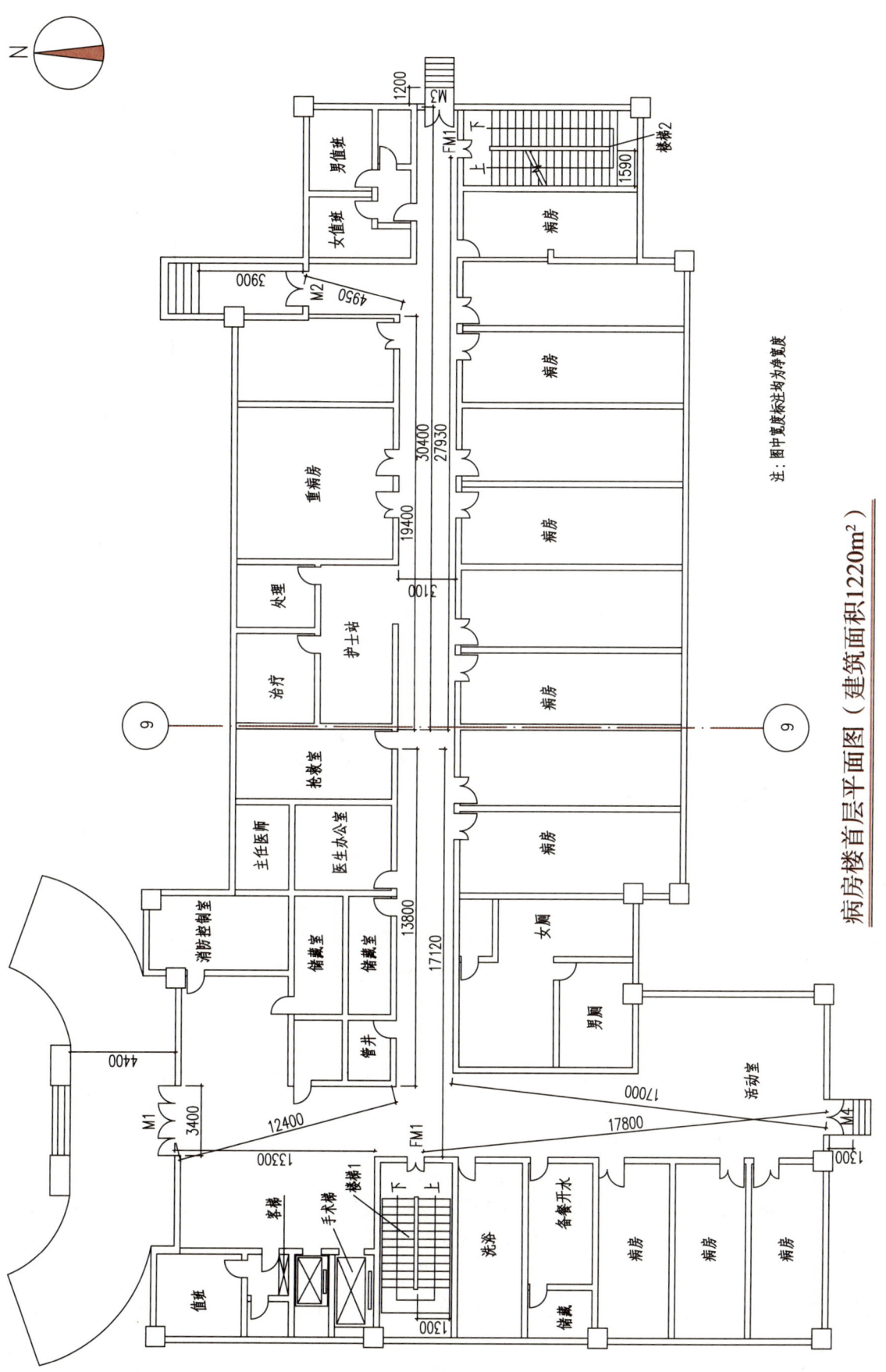

图 3-2-1 病房楼首层平面图

4. 消防应急照明和疏散指示系统功能检测

系统由一台应急照明集中控制器、消防应急灯具、消防应急照明配电箱组成，应急照明控制器显示工作正常，现场发现5个消防应急标志灯不同程度损坏；消防控制室发出十层以上应急转换联动控制信号，十层以上除十一层、十二层以外的消防应急灯具均转入应急工作状态。

5. 消防控制室记录

消防技术服务机构人员检查了消防控制室值班记录，发现地下车库有2只感烟探测器近半年来多次报警，但现场核实均没有发生火灾，确认为误报火警后，值班人员做复位处理。

根据以上材料，回答下列问题（20分）。

1. 该建筑火灾报警控制器（联动型）功能检测过程中的火灾报警功能是否正常？火灾报警控制器（联动型）功能检查还应包含哪些内容？
2. 该建筑防火卷帘的联动控制功能是否正常？为什么？
3. 该建筑排烟系统的联动控制功能是否正常？为什么？
4. 对5个损坏的消防应急标志灯应更换为什么类型的消防应急灯具？十一层、十二层的消防应急灯具未转入应急工作状态的原因是什么？
5. 该建筑地下车库感烟探测器误报火警的可能原因有哪些？值班人员对误报警的处理是否正确？为什么？

第六题

某钢筋混凝土框架结构的印刷厂房，长和宽均为75m。地上2层，地下建筑面积2000m²，地下一层长边为75m。厂房屋面采用不燃材料，其他建筑构件的燃烧性能和耐火极限见下表。

建筑构件的燃烧性能和耐火极限性

构件名称	防火墙、柱、承重墙	梁、楼梯间的墙	楼板、屋顶承重构件、疏散楼梯	疏散走道两侧隔墙	非承重外墙、房间隔墙	吊顶
燃烧性能，耐火极限（h）	不燃性 3.00	不燃性 2.00	不燃性 1.50	不燃性 1.00	不燃性 0.75	不燃性 0.25

该厂房地下一层布置了燃煤锅炉房、消防泵房、消防水池和建筑面积400m²的变配电室及建筑面积为600m²的纸张仓库。地上层为印刷车间，在二层车间中心部位布置一个中间仓库储存不超过1昼夜需要量的水性油墨、溶剂型油墨和甲苯、二甲苯、醇、醚等有机溶剂。中间仓库用防火墙和甲级防火门与其他部位分隔，建筑面积为280m²。

地上楼层在四个墙角处分别设置一部有外窗并能自然通风的封闭楼梯间，楼梯间门采用能阻挡烟气的双向弹簧门，并在首层直通室外。地下一层在长轴轴线的两端各设置1部封闭楼梯间，并用1.40m宽的走道连通；消防水泵房、锅炉房和变配电室内任一点至封闭楼梯间的距离分别不大于20m、30m和40m；地下层封闭楼梯间的门采用乙级防火门，楼梯间在首层用防火隔墙与车间分隔，通过长度不大于3m的走道直通室外。在一层厂房每面外墙居中位置设置宽度为3.00m的平开门。

该房设置了室内、室外消火栓系统和灭火器，地下一层设置自动喷水灭火系统。该厂房地上部分利用外窗自然排烟，地下设备用房、走道和设备仓库设置机械排烟设施。

根据以上材料，回答下列问题（共20分）。

1. 判断该厂房的耐火等级，确定厂房内二层中间仓库，地下纸张仓库、锅炉房、变配电室和该印刷厂的火灾危险性。
2. 指出该厂房平面布置和防火分隔构件中存在的不符合现行国家消防标准规范的问题，并给出解决办法。

3. 该厂房各层分别应至少划分几个防火分区？
4. 指出该建筑在安全疏散方面存在的问题，并提出整改措施。
5. 二层中间仓库应采取哪些防爆措施？

参考答案解析与视频讲解

第一题

1. 【答案】ACE

【解析】根据《消防给水及消火栓系统技术规范》（GB 50974—2014）的相关规定。4.3.6条消防水池的总蓄水有效容积大于500m³时，宜设两格能独立使用的消防水池；当大于1000m³时，应设置能独立使用的两座消防水池。每格（或座）消防水池应设置独立的出水管，并应设置满足最低有效水位的连通管，且其管径应能满足消防给水设计流量的要求。本题室内外消火栓系统分别设置消防水池，并用DN300管道连通，因此室内外消火栓系统合用消防水池的设计方案是正确的，选项A符合规范要求。5.2.2条一类高层公共建筑高位消防水箱的设置位置应高于其所服务的水灭火设施，且最低有效水位至水灭火设施最不利点的静水压力不应低于0.10MPa，当不能满足静压要求时，应设稳压泵。室内消火栓系统采用由稳压泵稳压的临时高压消防给水系统，选项B不符合规范要求，选项E符合规范要求。6.1.6条当室外采用高压或临时高压消防给水系统时，宜与室内消防给水系统合用。选项C符合规范要求。8.3.3条当消防水泵出水管上设有囊式气压水罐时，可不设水锤消除设施。选项D并没有明确设置的气压罐是否为囊式，不建议选择。故选择ACE。

2. 【答案】AE

【解析】根据《消防给水及消火栓系统技术规范》（GB 50974—2014）的相关规定。第7.4.12条第2款高层建筑消火栓栓口动压不应小于0.35MPa，且消防水枪充实水柱应按13m计算，选项A正确。7.4.5条消防电梯前室应设置室内消火栓，选项B错误。选项C，考虑到水带弯折以及可能的地形，不建议选。第7.4.12条第1款消火栓栓口动压力不应大于0.50MPa；当大于0.70MPa时必须设置减压装置，该建筑并非所有楼层消火栓栓口动压都大于0.70MPa，因此选项D错误。7.4.9条第1款高层建筑的试验消火栓应在其屋顶设置，可设置在水箱间内，选项E正确。故选择AE。

3. 【答案】DE

【解析】根据《消防给水及消火栓系统技术规范》（GB 50974—2014）的相关规定。8.2.3条第4款采用稳压泵稳压的临时高压消防给水系统的系统工作压力，应取消防水泵零流量时的压力、消防水泵吸水口最大静压二者之和与稳压泵维持系统压力时两者其中的较大值。6.2.1条第1款系统工作压力大于2.40MPa时消防给水系统应分区供水，本题室内消火栓水泵扬程84m，建筑高度35m，不需要分区供水，选项A符合规范。11.0.4条消防水泵应有消防水泵出水干管上设置的压力开关、高位消防水箱出水管上的流量开关，或报警阀组压力开关等开关信号应能直接自动启动消防水泵，选项B慎重选择。消防给水系统中选用的消防水泵多为离心泵，选项C符合规范。5.1.11条一组消防水泵应在消防水泵房内设置流量和压力测试装置，选项D不符合规范。5.4.8条墙壁消防水泵接合器不应安装在玻璃幕墙下方，选项E不符合规范。故选择DE。

4. 【答案】ABCD

【解析】根据《消防给水及消火栓系统技术规范》（GB 50974—2014）的相关规定。5.2.5条高位消防水箱间当必须设置在严寒、寒冷等冬季结冰地区的非采暖房间时，应采取防冻措施，环境温度或水温不应低于5℃，选项A正确。5.2.3条高位消防水箱可采用钢筋混凝土建造，选项B正确。5.2.1条第1款一类高层公共建筑高位消防水箱的最小有效容积不应小于36m³，5.2.1条第6款总建筑面积大于10000m²且小于30000m²的商店建筑，高位消防水箱的有效容积不应小于36m³，两者比较取大值，选项C正确。5.2.6条第11款高位消防水箱进、出水管应设置带有指示启闭装置的阀门，信号阀门在控制室有显示启闭，选项D正确。5.3.2条第2款消防给水系统管网的正常泄漏量应根据管道材质、接口形式等确定，当没有管网泄漏量数据时，稳压泵的设计流量宜按消防给水设计流量的1%～3%计，且不宜小于1L/s，选项 E 错误。故选择 ABCD。

5. **【答案】** ACE

【解析】 根据《消防给水及消火栓系统技术规范》(GB 50974—2014)的相关规定。11.0.5 条消防水泵应能手动启停和自动启动，选项 A 不符合规范、选项 C 不符合规范。11.0.14 条火灾时消防水泵应工频运行，消防水泵应工频直接启泵，选项 B 符合规范。11.0.8 条消防水泵应设置就地强制启停泵按钮，并应有保护装置，选项 D 符合规范。11.0.9 条消火栓按钮不宜作为直接启动消防水泵的开关，选项 E 不符合规范。故选择 ACE。

6. **【答案】** AE

【解析】 根据《消防给水及消火栓系统技术规范》(GB 50974—2014)的相关规定。5.1.1 条消防水泵宜根据可靠性、安装场所、消防水源、消防给水设计流量和扬程等综合因素确定水泵的型式，选项 A 确定消防给水设计流量，选项 E 是确定扬程的因素。故选择 AE。

7. **【答案】** AE

【解析】 根据《消防给水及消火栓系统技术规范》(GB 50974—2014)的相关规定。5.3.4 条设置稳压泵的临时高压消防给水系统应设置防止稳压泵频繁启停的技术措施。稳压泵频繁启停的原因：管网的泄漏量增大、未采取措施延长稳压泵启停泵压力值变化的时间、稳压泵的选型不当。故选择 AE。

8. **【答案】** AE

【解析】 根据《消防给水及消火栓系统技术规范》(GB 50974—2014)的相关规定。12.3.2 条第 5 款消防水泵控制阀应采用沟槽式或法兰式阀门，选项 A 正确。12.3.13.3 钢丝网骨架塑料复合管给水管道与金属管道或金属管道附件的连接，应采用法兰或钢塑过渡接头连接，选项 B 错误。12.3.11 条文说明：法兰连接时，如采用焊接法兰连接，焊接后要求必须重新镀锌或采用其他有效防锈蚀的措施，法兰连接采用螺纹法兰可不要二次镀锌，选项 C 错误。8.2.8 条架空管道应采用热浸镀锌钢管，选项 D 错误。12.3.2 条第 7 款吸水管变径连接时，应采用偏心异径管件并应采用管顶平接，选项 E 正确。故选择 AE。

9. **【答案】** CDE

【解析】 根据《消防给水及消火栓系统技术规范》(GB 50974—2014)的相关规定。4.3.7 条第 2 款取水口（井）与建筑物（水泵房除外）的距离不宜小于15m，选项 A 符合规范。5.5.12 条第 2 款附设在建筑物内的消防水泵房，不应设置在地下三层及以下，或室内地面与室外出入口地坪高差大于10m 的地下楼层，选项 B 符合规范。4.3.7 条第 1 款供消防车取水的消防水池应设置取水口（井），且吸水高度不应大于6.0m，选项 C 不符合规范。6.1.5 条当市政给水管网为枝状时，计入建筑的室外消火栓设计流量不宜超过一个市政消火栓的出流量，选项 D 不符合规范。华北地区寒冷，室外消火栓应采用干式地上式消火栓，选项 E 不符合规范。故选择 CDE。

第二题

1. **【答案】** ACD

【解析】 （一）失火罪。失火罪是指由于行为人的过失引起火灾，造成严重后果，危害公共安全的行为。根据《中华人民共和国刑法》第一百一十五条，【放火罪、决水罪、爆炸罪、投放危险物质罪、以危险方法危害公共安全罪之二】放火、决水、爆炸以及投放毒害性、放射性、传染病病原体等物质或者以其他危险方法致人重伤、死亡或者使公私财产遭受重大损失的，处十年以上有期徒刑、无期徒刑或者死刑。过失犯前款罪的，处三年以上七年以下有期徒刑；情节较轻的，处三年以下有期徒刑或者拘役。根据《中华人民共和国刑法》第九十九条，【以上、以下、以内之界定】本法所称以上、以下、以内，包括本数。因此选项 A 正确。根据《中华人民共和国消防法》第六十四条，违反本法规定，有下列行为之一，尚不构成犯罪的，处十日以上十五日以下拘留，可以并处五百元以下罚款；情节较轻的，处警告或者五百元以下罚款：（三）在火灾发生后阻拦报警，或者负有报告职责的人员不及时报警的；值班人员赵某不及时报警，车间主任王某阻拦报警，事故造成 5 人死亡，属于较大事故，选项 B 对赵某处罚过轻，错误。选项 C 正确。根据《中华人民共和国消防法》，总经理为法定代表人，是单位的消防安全责任人。题干明确企业总经理拒不执行，属于直接责任人。根据《中华人民共和国刑法》第一百三十九条，【消防责任事故罪；不报、谎报安全事故罪】违反消防管理法规，经消防监督机构通知采取改正措施而拒绝执行，造成严重后果的，对直接责任人员，处三年以下有期徒刑或者拘役；后果特别严重的，处三年以上七年以下有期徒刑。选项 D 正确，选项 E 错误。故选择 ACD。

2. 【答案】BCE

【解析】《公安部关于实施〈机关、团体、企业、事业单位消防安全管理规定〉有关问题的通知》（公通字〔2001〕97 号）提出了消防安全重点单位界定标准：生产车间员工在 100 人以上的服装、鞋帽、玩具等劳动密集型企业，该企业高峰期有工人 156 人，属于消防安全重点单位。选项 A 错误，B 正确。《机关、团体、企业、事业单位消防安全管理规定》（公安部令第 61 号）第四条，法人单位的法定代表人或者非法人单位的主要负责人是单位的消防安全责任人，对本单位的消防安全工作全面负责。选项 C 正确，D 错误。根据题干描述，副总经理负责消防安全管理工作，选项 E 正确。故选择 BCE。

3. 【答案】ABC

【解析】根据《中华人民共和国消防法》第四十四条，任何人发现火灾都应当立即报警。任何单位、个人都应当无偿为报警提供便利，不得阻拦报警。严禁谎报火警。人员密集场所发生火灾，该场所的现场工作人员应当立即组织、引导在场人员疏散。根据《中华人民共和国消防法》附则第七十三条第四款，该厂房属于人员密集场所。所以 ABC 正确。选项 D 有争议，不建议选。故选择 ABC。

4. 【答案】ABC

【解析】根据《重大火灾隐患判定方法》（GB 35181—2017）的规定。6.10 条人员密集场所的居住场所采用彩钢夹芯板搭建，且彩钢夹芯板芯材的燃烧性能等级低于 GB 8624 规定的 A 级。选项 B 属于直接判定要素，符合题意。7.1.3 条在厂房、库房、商场中设置员工宿舍，或是在居住等民用建筑中从事生产、储存、经营等活动，且不符合 GA 703 的规定。选项 A 属于综合判定要素。7.4.3 条未按国家工程建设消防技术标准的规定设置室内消火栓系统，或已设置但不符合标准的规定或不能正常使用。选项 C 属于综合判定要素，符合题意。选项 D 属于违反《人员密集场所消防安全管理》（GA 654—2006）规定，第 7.9.2 条第 7 款，旅馆、餐饮场所、医院、学校等厨房的烟道应至少每季度清洗一次，不属于重大火灾隐患判定要素，不符合题意。选项 E，根据《中华人民共和国消防法》第三十九条，下列单位应当建立单位专职消防队，承担本单位的火灾扑救工作：（一）大型核设施单位、大型发电厂、民用机场、主要港口；（二）生产、储存易燃易爆危险品的大型企业；（三）储备可燃的重要物资的大型仓库、基地；（四）第一项、第二项、第三项规定以外的火灾危险性较大、距离公安消防队较远的其他大型企业；（五）距离公安消防队较远、被列为全国重点文物保护单位的古建筑群的管理单位。判断该企业不需要建立专职消防队，不符合题意。故选择 ABC。

5. 【答案】AD

【解析】根据《中华人民共和国消防法》第六十条，单位违反本法规定，有下列行为之一的，责令改正，处五千元以上五万元以下罚款：（一）消防设施、器材或者消防安全标志的配置、设置不符合国家标准、行业标准，或者未保持完好有效的；故选择 AD。

6. 【答案】ABCE

【解析】根据《机关、团体、企业、事业单位消防安全管理规定》（公安部令第61号）第三十九条，消防安全重点单位制定的灭火和应急疏散预案应当包括下列内容：（一）组织机构，包括：灭火行动组、通讯联络组、疏散引导组、安全防护救护组；（二）报警和接警处置程序；（三）应急疏散的组织程序和措施；（四）扑救初起火灾的程序和措施；（五）通讯联络、安全防护救护的程序和措施。故选择ABCE。

7.【答案】ABCD

【解析】根据《机关、团体、企业、事业单位消防安全管理规定》（公安部令第61号）第三十六条，单位应当通过多种形式开展经常性的消防安全宣传教育。消防安全重点单位对每名员工应当至少每年进行一次消防安全培训。宣传教育和培训内容应当包括：（一）有关消防法规、消防安全制度和保障消防安全的操作规程；选项A正确；（二）本单位、本岗位的火灾危险性和防火措施；选项B正确；（三）有关消防设施的性能、灭火器材的使用方法；选项C正确；选项E错误；（四）报火警、扑救初起火灾以及自救逃生的知识和技能。选项D正确。故选择ABCD。

8.【答案】ADE

【解析】根据《机关、团体、企业、事业单位消防安全管理规定》（公安部令第61号）第四条，法人单位的法定代表人或者非法人单位的主要负责人是单位的消防安全责任人，对本单位的消防安全工作全面负责。根据题干描述，企业总经理为法定代表人，为单位的消防安全责任人。第六条，单位的消防安全责任人应当履行下列消防安全职责：（一）贯彻执行消防法规，保障单位消防安全符合规定，掌握本单位的消防安全情况。（二）将消防工作与本单位的生产、科研、经营、管理等活动统筹安排，批准实施年度消防工作计划，选项E正确。（三）为本单位的消防安全提供必要的经费和组织保障；选项B错误，拟订消防安全工作的资金投入和组织保障方案是消防安全管理人的职责。（四）确定逐级消防安全责任，批准实施消防安全制度和保障消防安全的操作规程；选项A正确。（五）组织防火检查，督促落实火灾隐患整改，及时处理涉及消防安全的重大问题，选项C说法不正确，应为组织不是指导。（六）根据消防法规的规定建立专职消防队、义务消防队。（七）组织制定符合本单位实际的灭火和应急疏散预案，并实施演练。选项D正确。故选择ADE。

9.【答案】ACE

【解析】根据《机关、团体、企业、事业单位消防安全管理规定》（公安部令第61号）第十四条，消防安全重点单位及其消防安全责任人、消防安全管理人应当报当地公安消防机构备案。选项A、C正确。第三十五条，对公安消防机构责令限期改正的火灾隐患，单位应当在规定的期限内改正，并写出火灾隐患整改复函，报送公安消防机构。选项E正确。故选择ACE。

第三题

1.【答案】该仓库顶板下的喷头选型不正确。

【解析】题目中该仓库建筑高度为24m，根据规范，早期抑制快速响应喷头适用于净空高度小于13.5m的场所。

2.【答案】不正确。

【解析】（1）仓库属于仓库危险Ⅱ级，仓库危险级Ⅰ级、Ⅱ级场所应在自地面起每3.0m设置一层货架内置洒水喷头。

（2）最高层货架内置洒水喷头与储物顶部的距离不应超过3.0m。

3.【答案】不一致，不合理。

【解析】不一致，题目里描述的开启方式不合理，理由如下：

（1）手动开启预作用阀组上的试验排气阀，充气管道上的压力开关应该动作，题目里说系统的其他部件未动作是不合理的。

（2）检测人员关闭预作用阀组上的排气阀后再次触发另一火灾探测器，电磁阀、排气阀入口处电动阀、报警阀组压力开关等部件动作，消防水泵启动，火灾报警控制器（联动型）接收反馈信号正常。这是不合理的。这里仅有两路探测器信号，属于单联锁控制。

4. 【解析】还应检测：

1) 模拟火灾探测报警，火灾报警控制器确认火灾后，自动启动预作用装置（雨淋报警阀）、排气阀入口电动阀以及消防水泵、水流指示器、压力开关、流量开关动作。

2) 报警阀组动作后，测试水力警铃声强，不得低于70dB。

3) 开启末端试水装置，火灾报警控制器确认火灾1min后，其出水压力不低于0.05MPa。

4) 消防控制设备准确显示电磁阀、电动阀、水流指示器、压力开关、流量开关以及消防信号反馈准确。

5. 【解析】存在的问题：

（1）排气阀可能存在故障，不能及时将气体排出；

（2）系统管网容积过大，不能满足充水时间的要求。

原因：（1）高位消防水箱水量不足；

（2）报警阀组未完全开启；

（3）控制阀未完全开启；

（4）压力开关或流量开关设定值过高；

（5）压力开关与消防水泵控制柜连线故障；

（6）消防水泵控制元器件故障；

（7）水泵控制柜未设置在"自动"状态。

第四题

1. 【解析】该病房楼的建筑高度为：23.7－（－0.6）＝24.3（m），属于一类高层公共建筑。

地下室应划分为两个防火分区。原因：设备用房应和其他部分分别设置防火分区，设备用房面积为560m^2，不超过规范规定。设置自动喷水灭火系统后防火分区最大允许建筑面积1000m^2；自行车库面积为660m^2，不超过规范规定。设备用房设置自动喷水灭火系统后防火分区最大允许建筑面积2000 m^2。因此可以各划分为一个防火分区，共两个。地上部分防火分区，应每层划分为一个防火分区。原因：该建筑属于一类高层公共建筑，设置自动喷水灭火系统每层最大防火分区建筑面积可为3000m^2，该建筑地上部分每层面积1220m^2，可每层划分为一个防火分区。

2. 【解析】按照图示，抢救室可用的安全出口为M1、M2，高层病房楼位于两个安全出口之间的疏散门到安全出口的最大疏散距离不应超过24m，设置自喷可增加到24×1.25＝30（m），其中，抢救室疏散门到M1、M2疏散距离分别为26.2m、24.35m，因此疏散距离满足要求。

3. 【解析】①问题：地下室设备用房的门均为乙级防火门。

正确做法：除消防水泵房外其他设备用房均应采用甲级防火门。

②问题：地下一层设置柴油发电机房。

正确做法：柴油发电机房不得在人员密集场所的上一层、下一层或贴邻。可以把柴油发电机房单独设置在建筑外。

③问题：地上一层消防控制室无直通室外的安全出口，采用了普通门。

正确做法：消防控制室应设置直通室外的安全出口，且应设置乙级防火门。

4. 【解析】①问题：该病房楼缺少消防软管卷盘。

正确做法：应增设消防软管卷盘。

② 问题：该病房楼未设置消防电梯。

正确做法：该病房楼应设置至少一台消防电梯，并延伸至地下。

③ 问题：该病房楼未设置灭火救援窗。

正确做法：应每层设置符合规范要求的灭火救援窗。

④ 问题：楼梯间照明的地面最低水平照度为6.0lx。

正确做法：病房楼楼梯间照明的地面最低水平照度应不小于10.0lx。

5. 【解析】① 问题：该病房楼疏散楼梯间为封闭楼梯间。

正确做法：应设置防烟楼梯间。

② 问题：该病房楼M3、M4通向地下的两个楼梯间的门开启方向错误。

正确做法：均应向疏散方向开启。

③ 问题：M3出口1.2m处设置了台阶。

正确做法：台阶应在安全出口1.4m以外。

④ 问题：M2、M3、M4宽度均为1.2m不符合要求。

正确做法：应设置宽度不小于1.3m的首层疏散外门。

⑤ 问题：1号楼梯距离直通室外的安全出口为13.3m，不符合要求。

正确做法：应在首层设置扩大的防烟楼梯间前室。

第五题

1. 【解析】火灾报警功能正常。还应包含：
1）自检功能和操作级别；
2）检查消音、复位功能；
3）检查总线隔离器的隔离保护功能；
4）检查屏蔽功能；
5）检查消防联动控制器的最大负载功能；
6）检查主、备电源的自动转换功能。

2. 【解析】该建筑防火卷帘的联动控制功能不正常。

原因：① 一层两只探测器动作联动二至四层防火卷帘动作，不符合规范设计要求；
② 二层两只探测器动作联动二至四层防火卷帘动作，不符合规范设计要求。
③ 中庭设置防火卷帘分隔，当两只探测器动作时应联动防火卷帘降落至楼板面。

非疏散通道上设置的防火卷帘的联动控制设计，应由防火卷帘所在防火分区内任两只独立的火灾探测器的报警信号，作为防火卷帘下降的联动触发信号，并应联动控制防火卷帘直接下降到楼板面。

3. 【解析】该建筑排烟系统的联动控制功能不正常。

原因：排烟系统应由同一防烟分区内的两只独立的火灾探测器的报警信号，作为排烟口、排烟窗或排烟阀开启的联动触发信号，应由排烟口、排烟窗或排烟阀开启的动作信号，作为排烟风机启动的联动触发信号。此检测中，排烟阀未开启，但风机启动，该排烟系统的联动控制功能不正常。

4. 【解析】应采用自带电源集中控制型灯具。

消防应急灯具未转入应急工作状态的原因：
① 十一层、十二层配电箱故障；
② 十一层、十二层配电箱输出线路故障；
③ 应急照明控制器至十一层、十二层配电箱线路故障。

5. 【解析】1）建筑地下车库感烟探测器误报火警的可能原因：
① 进入异物或者灰尘；

② 探测器灵敏度过高；
③ 元件老化；
④ 探测器本身质量问题。
2）值班人员对误报警的处理不正确。
3）值班人员在值班中发现的消防设施存在问题和故障，应按照规定填写《建筑消防设施故障维修记录表》，向建筑使用管理单位消防安全管理人报告。消防安全管理人对值班人员上报的消防设施存在的问题和故障，要立即通知维修人员或者委托具有资质的消防设施维修保养单位进行维修。

第六题

1. 【解析】一级耐火等级。

火灾危险性分别为：

中间仓库的火灾危险性为甲类；地下纸张仓库的火灾危险性为丙类二项；锅炉房火灾危险性为丁类；变配电室火灾危险性为丙类（题目没说，规范规定应与充油量有关）；印刷厂火灾危险性为丙类。

2. 【解析】① 问题：在二层车间中心部位布置一个中间仓库，不符合规范要求。

整改措施：将该中间仓库靠外墙设置。

② 问题：中间仓库用防火墙和甲级防火门与其他部位分隔，建筑面积为280m²。

整改措施：甲级防火门应改为门斗，建筑面积不应大于250m²。

③ 问题：房间隔墙的耐火极限0.75h。

整改措施：消防水泵房、锅炉房、变压器室等与其他部位之间应采用耐火极限不低于2.00h的防火隔墙分隔。

3. 【解析】该厂房地上两层应每层划分为1个防火分区；地下应将600m²仓库划分为1个防火分区，其他部分划分为2个防火分区，地下应设置3个防火分区。

4. 【解析】① 问题：消防水泵房、锅炉房和变配电室室内任一点至封闭楼梯间的距离分别不大于20m、30m、40m。

整改措施：将消防水泵房、锅炉房重新改造直通室外、安全出口或者将其单独设到建筑外。

② 问题：楼梯间在首层通过长度不大于3m的走道直通室外。

整改措施：重新改造将疏散楼梯设置在首层直通室外或者设置扩大的封闭楼梯间。

③ 问题：地下一层在长轴轴线的两端各设置1部封闭楼梯间。

整改措施：地下一层应至少划分2个防火分区，每个防火分区不少于2个安全出口。因此增设2部楼梯直通室外。

④ 问题：地下一层长边75m，室内任一点至疏散楼梯间的距离不小于37.5m。

整改措施：地下丙类厂房、室内任一点至疏散楼梯间的距离应不大于30m，增设楼梯。

5. 【解析】二层中间仓库应采取以下防爆措施。

① 其承重结构宜采用钢筋混凝土或钢框架、排架结构。

② 有爆炸危险的厂房或厂房内有爆炸危险的部位应设置泄压设施。

③ 泄压设施宜采用轻质屋面板、轻质墙体和易于泄压的门、窗等，应采用安全玻璃等在爆炸时不产生尖锐碎片的材料。

④ 泄压设施的设置应避开人员密集场所和主要交通道路，并宜靠近有爆炸危险的部位。作为泄压设施的轻质屋面板和墙体的质量不宜大于60kg/m²。屋顶上的泄压设施应采取防冰雪积聚措施。

2017 年消防安全案例分析试卷

(考试时间：180 分钟，总分 120 分)

第一题

某居住小区由 4 座建筑高度为 69.0m 的 23 层单元式住宅楼和 4 座建筑高度为 54.0m 的 18 层单元式住宅楼组成。设备机房设地下一层（标高为 -5.0m）。小区南北侧市政道路上各有一条 DN300 的市政给水管，供水压力为 0.25MPa，小区所在地区冰冻线深度为 0.85m。

住宅楼的室外消火栓设计流量为 15L/s，23 层住宅楼和 18 层住宅楼的室内消火栓设计流量分别为 20L/s、10L/s；火灾延续时间为 2h，小区消防给水与生活用水共用，采用两路进水环状管网供水，在管网上设置了室外消火栓，室内采用湿式临时高压消防给水系统，其消防水池、消防水泵房设置在一座住宅楼的地下一层，高位消防水箱设置在其中一座 23 层高的住宅楼屋顶，消防水池两路进水，火灾时考虑补水，每条进水管的补水量为 50m³/h。

消防水泵控制柜与消防水泵设置在同一房间，系统管网泄漏量测试结果为 0.75L/s，高位消防水箱出水管上设置流量开关，动作流量设定值为 1.75L/s。

消防水泵性能和控制柜性能合格，室内外消火栓系统验收合格。竣工验收一年后，在对系统进行季度检查时，打开试水阀，高位消防水箱出水管上的流量开关动作，消防水泵无法自动启动；消防控制中心值班人员按下手动专用线路按钮后，消防水泵仍不启动，值班人员到消防水泵房操作机械应急开关后，消防水泵启动。经维修消防控制柜后，恢复正常。

在竣工验收三年后的日常运行中，消防水泵经常发生误动作，勘察原因后发现，高位消防水箱的补水量与竣工验收时相比，增加了 1 倍。

根据以上材料，回答下列问题。（共 16 分）

1. 两路补水时，下列消防水池符合现行国家标准的有（   ）。
   A. 有效容积为 4m³ 的消防水池
   B. 有效容积为 24m³ 的消防水池
   C. 有效容积为 44m³ 的消防水池
   D. 有效容积为 55m³ 的消防水池
   E. 有效容积为 60m³ 的消防水池

2. 下列室外埋地消防给水管道的设计管顶覆土深度中，符合现行国家标准的有（   ）。
   A. 0.70m   B. 1.00m   C. 1.10m   D. 1.15m
   E. 1.25m

3. 下列室外消火栓的设置中，符合现行国家标准的有（   ）。
   A. 保护半径 150m
   B. 间距 120m
   C. 扑救面一侧不宜少于 2 个
   D. 距离路边 0.5m
   E. 距离建筑物外墙 2m

4. 根据现行国家标准，室内消火栓系统竣工验收时，应检查的内容有（   ）。
   A. 消火栓设置位置
   B. 栓口压力
   C. 消防水带长度
   D. 消火栓安装高度
   E. 消火栓试验强度

5. 下列消防水泵控制柜的 IP 等级中，符合现行国家标准的有（   ）。
   A. IP25   B. IP35   C. IP45   D. IP55
   E. IP65

6. 工程竣工验收时应测试的消防水泵性能有（   ）。

A. 电机功率全覆盖性能曲线　　　　　B. 设计流量和扬程
C. 零流量的压力　　　　　　　　　　D. 1.5 倍设计流量的压力
E. 水泵控制功能

7. 对系统进行季度检查时发现，消防水泵的自动和远程手动启动功能均失效，机械应急启动功能有效，消防水泵控制柜故障的可能原因有（　　）。

A. 控制回路继电器故障　　　　　　　B. 控制回路电气线路故障
C. 主电源故障　　　　　　　　　　　D. 交流接触器电磁系统故障
E. 信号输出模块故障

8. 针对消防水泵经常发生误动作，下列整改措施中，可行的有（　　）。

A. 检测管道漏水点并补漏　　　　　　B. 更换流量开关
C. 关闭高位消防水箱的出水管　　　　D. 调整流量开关启动流量至 2.5L/s
E. 更换控制柜

第二题

某购物中心地上 6 层，地下 3 层，总建筑面积 126000m²，建筑高度 35.0m。地上一至五层为商场，六层为餐饮。地下一层为超市、汽车库，地下二层为发电机房、消防水泵房、空调机房、排烟风机房等设备用房和汽车库，地下三层为汽车库。

2017 年 6 月 5 日，当地公安消防机构对购物中心进行消防监督检查，购物中心消防安全管理人首先汇报了自己履职情况，主要有：实施和组织落实了（一）拟定年度消防工作计划，组织实施日常消防安全管理工作；（二）组织制订消防安全制度和保障消防安全的操作规程并检查监督促其落实；（三）组织实施防火检查工作；（四）组织实施单位消防设施、灭火器材和消防安全标志的维护保养，确保其完好有效；（五）组织管理志愿消防队；（六）在员工中组织开展消防知识、技能的宣传教育和培训，组织灭火和应急疏散预案的实施和演练。

然后，检查组对该购物中心的消防安全管理档案进行了检查，其中包括：消防安全教育、培训，防火检查、巡查，灭火和应急疏散预案演练，消防控制室值班，用火用电管理，易燃易爆危险物品和场所防火防爆，志愿消防队的组织管理，燃气和电气设备的检查和管理及消防安全考评和奖惩等消防安全管理制度。检查组还对 2017 年的消防教育培训的计划和内容进行检查，根据资料该单位消防培训的内容有消防法规、消防安全制度和保障消防安全的操作规程；本单位的火灾危险性和防火措施；灭火器材的使用方法；报火警和扑救初起火灾的知识和技能等。

最后，检查组对该购物中心进行了实地检查。在检查中发现：个别防火卷帘无法手动起降或防火卷帘下堆放商品；个别消火栓被遮挡；部分疏散指示标志损坏；少数灭火器压力不足；承租方正在对三层部分商场（约 6000m²）进行重新装修并拟改为儿童游乐场所，未向当地公安消防机构申请消防设计审核。在检查消防控制室时，消防监督员对消防控制室的值班人员现场提问：接到火灾警报后，你如何处置？值班员回答："接到火灾警报后，通过对讲机通知安全巡查人员携带灭火器到达现场核实火情，确认发生火灾后，立即将火灾报警联动控制开关转换为自动状态，启动消防应急广播，同时拨打保安经理电话，保安经理同意后拨打"119"报警。报警时说清楚火灾地点、起火部位、着火物种类和火势大小，留下姓名和联系电话，报警后到路口迎接消防车。"

根据以上材料，回答下列问题。（共 20 分）

1. 根据《机关、团体、企业、事业单位消防安全管理规定》（公安部令第 61 号），消防安全管理人还应当实施和组织落实的消防安全管理工作有（　　）。

A. 确定逐级消防安全责任
B. 确保疏散通道和安全出口畅通

C. 拟订消防安全工作的资金投入和组织保障方案
D. 组织实施火灾隐患整改工作
E. 招聘消防控制室值班人员

2. 根据《机关、团体、企业、事业单位消防安全管理规定》（公安部令第61号），该购物中心还应制定（　　）。

A. 安保组织制度　　　　　　　　　　B. 安全疏散设施管理制度
C. 火灾隐患整改制度　　　　　　　　D. 安全生产例会制度
E. 消防设施、器材维护管理制度

3. 根据《机关、团体、企业、事业单位消防安全管理规定》（公安部令第61号），该购物中心中应确定为消防安全重点部位的有（　　）。

A. 空调机房　　　B. 消防控制室　　　C. 汽车库　　　D. 发电机房
E. 消防水泵房

4. 根据《机关、团体、企业、事业单位消防安全管理规定》（公安部令第61号），在该购物中心消防档案中必须存放有（　　）。

A. 灭火和应急疏散预案
B. 灭火和应急疏散预案的演练记录
C. 消防控制室值班人员的消防控制室操作职业资格证书
D. 消防设施的设计图
E. 消防安全培训记录

5. 下列人员中，可以作为该购物中心志愿消防队成员的有（　　）。

A. 该单位的消防安全责任人　　　　　B. 该单位的消防安全管理人
C. 该单位的营业员　　　　　　　　　D. 维保公司维保该单位消防设施的技术人员
E. 该单位的保安员

6. 根据《机关、团体、企业、事业单位消防安全管理规定》（公安部令第61号），该购物中心的灭火和应急疏散预案演练记录除了记录演练时间和参加部门外，还应当记明演练（　　）。

A. 经费　　　B. 地点　　　C. 内容　　　D. 灭火器型号和数量
E. 参加人员

7. 根据《机关、团体、企业、事业单位消防安全管理规定》（公安部令第61号），2017年该购物中心的消防宣传教育和培训内容还应有（　　）。

A. 消防控制室值班人员操作职业资格　　B. 有关现行国家消防技术标准
C. 该消防设施的性能　　　　　　　　　D. 自救逃生的知识和技能
E. 组织、引导在场群众疏散的知识和技能

8. 检查中发现的下列火灾隐患，根据《机关、团体、企业、事业单位消防安全管理规定》（公安部令第61号），应当责成当场改正的有（　　）。

A. 防火卷帘无法手动起降　　　　　　B. 防火卷帘下堆放商品
C. 消火栓被遮挡　　　　　　　　　　D. 疏散指示标志损坏
E. 灭火器压力不足

9. 对承租方将部分商场改为儿童游乐场的行为，根据《中华人民共和国消防法》，公安机关消防机构应责令停止施工并处罚款，罚款额度符合规定的有（　　）。

A. 一万元以上五万元以下　　　　　　B. 二万元以上十万元以下
C. 三万元以上十五万元以下　　　　　D. 四万元以上二十万元以下

10. 消防控制室值班人员的回答中，不符合《消防控制室通用技术要求》（GB 255066—2010）规

定的有（　　）。

A. 接到火灾报警后，通过对讲机通知安全巡视人员携带灭火器到达现场进行火情核实
B. 确认火灾后，立即将火灾报警联动控制开关转入自动状态，启动消防应急广播
C. 拨打保安经理电话，保安经理同意后拨打"119"报警
D. 报警时说明火灾地点，起火部位，着火物种类和火势大小，留下姓名和联系电话
E. 报警后到路口迎接消防车

第三题

某高层建筑，设计建筑高度为68.0m，总建筑面积为91200m²。标准层的建筑面积为2176m²，每层划分为1个防火分区；一至二层为上，下连通的大堂，三层设置会议室和多功能厅，四层以上用于办公；建筑的耐火等级设计为二级，其楼板、梁和柱的耐火极限分别为1.00h、2.00h和3.00h。高层主体建筑附建了3层裙房，并采用防火墙及甲级防火门与高层主体建筑进行分隔；高层主体建筑和裙房的下部设置了3层地下室。高层主体建筑设置了1部消防电梯，从首层大堂直通至顶层；消防电梯的前室在首层和三层采用防火卷帘和乙级防火门与其他区域分隔，在其他各层均采用乙级防火门和防火隔墙进行分隔。高层建筑内的办公室均为半开敞办公室，最大一间办公室的建筑面积为98m²。办公室的最多使用人数为10人，人数最多的一层为196人。办公室内的最大疏散距离为23m，直通疏散走道的房间门至最近疏散楼梯间前室入口的最大间距为18m，且房间门均向办公室内开启，不影响疏散走道的使用。核心筒内设置了1座防烟剪刀楼梯间用于高层主体建筑的人员疏散，楼梯梯段以及从楼层进入疏散楼梯间前室和楼梯间的门的净宽度为1.10m，核心筒周围采用环形走道与办公区分离，走道隔墙的耐火极限为2.00h。高层主体建筑的三层增设了2座直通地面的防烟楼梯间。裙房的一至二层为商店，三层为展览厅，首层的建筑面积为8100m²，划分为1个防火分区；二、三层的建筑面积均为7640m²，分别划分为2个建筑面积不大于4000m²的防火分区；一至三层设置了一个上下连通的中庭，除首层采用符合要求的防火卷帘分隔外，二、三层的中庭与周围连通空间的防火分隔为耐火极限为1.5h的非隔热性防火玻璃墙。高层建筑地下一层设置餐饮、超市和设备室；地下二层为人防工程和汽车库、消防水泵房、消防水池、燃油锅炉房、变配电室（干式）等；地下三层为汽车库。地下各层均按标准要求划分了防火分区；其中，人防工程区的建筑面积为3310m²，设置了歌厅、洗浴桑拿房、健身用房及影院，并划分为歌厅、洗浴桑拿与健身、影院三个防火分区，建筑面积分别为820m²、1110m²和1380m²。该高层建筑的室内消火栓箱内按要求配置了水带、水枪和灭火器。该高层主体建筑及裙房的消防应急照明的备用电源可连续保障供电60min，消防水泵、消防电梯等建筑内的全部消防用电设备的供电均能在这些设备所在防火分区的配电箱处自动切换。该高层建筑防火设计的其他事项均符合国家标准。

根据以上材料，回答下列问题。（共24分）

1. 指出该高层建筑在结构耐火方面的问题，并给出正确做法。
2. 指出该高层建筑在平面布置方面的问题，并给出正确做法。
3. 指出该高层建筑在防火分区与防火分隔方面的问题，并给出正确做法。
4. 指出该高层建筑在安全疏散方面的问题，并给出正确做法。
5. 指出该商层建筑在灭火救援设施方面的问题，并给出正确做法。
6. 指出该高层建筑在消防设施与消防电源方面的问题，并给出正确做法。

第四题

消防技术服务机构对某商业大厦中的湿式自动喷水灭火系统进行验收前检测，该大厦地上5层，

地下1层，建筑高度22.8m，层高均为4.5m，每层建筑面积均为1080m²。五层经营地方特色风味餐饮，一至四层为服装、百货、手机电脑经营等。地下一层为停车库及设备用房。该大厦顶层的钢屋架采用自动喷水灭火系统保护，其给水管网串联接入大厦湿式自动喷水灭火系统的配水干管。大厦屋顶设置符合国家标准要求的高位消防水箱及稳压泵，消防水池和消防水泵房均设置在地下一层。消防水池为两路供水，有效容积为105m³且无消防水泵吸水井，自动喷水灭火系统的供水泵为两台流量为40L/s，扬程为0.85MPa的卧式离心水泵（一用一备）。

检查时发现：钢屋架处的自动喷水管网未设置独立的湿式报警阀，且未安装水流指示器，消防技术服务机构人员认为这种做法是错误的，随后又发现如下情况：消防水泵出水口处的止回阀下游与明杆闸阀之间的管路上安装了压力表，但吸水管路上未安装压力表；湿式报警阀的报警口与延迟器之间的阀门处于关闭状态，业主解释说，此阀一开，报警阀就异常灵敏而频繁动作报警。检测人员对于湿式报警阀相关的管路及附件、控制线路、模块、压力开关等进行了全面检查，未发现异常。

消防技术服务机构人员将末端试水装置打开，湿式报警阀、压力开关相继动作，主泵启动，运行5min后，在业主建议下，将其余各层喷淋系统给水管网上的试水阀打开，观察给水管网是否通畅。全部试水阀打开10min后，主泵虽仍运行，但出口压力显示为零；切换至备用泵试验，结果同前。经检查，电气设备、主备用水泵均无故障。

根据以上材料，回答下列问题。（共20分）

1. 水泵出水管路处压力表的安装位置是否正确？说明理由。
2. 有人说，水泵吸水管上应安装与出水管上相同规格型号的压力表，这种说法是否正确？说明理由。
3. 消防技术服务机构人员认为该大厦钢屋架处独立的自动喷水管网上应安装湿式报警阀及水流指示器，这种说法是否正确？简述理由。
4. 分析有可能导致报警阀异常灵敏而频繁启动的原因，并给出解决办法。
5. 分析有可能导致自动喷水灭火系统主、备用水泵出水管路压力为零的原因。

第五题

某商业大厦按规范要求设置了火灾自动报警系统、自动喷水灭火系统以及气体灭火系统等建筑消防设施，消防技术服务机构受业主委托，对相关消防设施进行检测。有关情况如下：

1. 火灾自动报警设施功能性检测

消防技术服务机构人员切断火灾报警控制器主电源，控制器显示主电故障，选择2只感烟探测器加烟测试，控制器正确显示报警信息，5min后，控制器自行关机，恢复控制器主电源供电，控制器重新开机工作正常，现场拆下一只探测器，将探测器底座上的总线信号端子短路，控制器上显示48条探测器故障，检测过程中控制器显示屏上显示2只感烟探测器报故障情况，据业主值班人员介绍，经常有此类故障出现，一般取下后用高压气枪吹扫几次后就可以恢复，检测人员到现场找到故障探测器，取下后用高压气枪吹扫，然后重新安装到原来位置，其中一只探测器恢复正常，另一只探测器故障依然存在；更换新的探测器后，该故障依然存在。

该商业大厦中庭15m高，设置了1台管路吸气式火灾探测器，安装在距地面1.5m高的墙面上，探测器采样管路长90m，垂直管路上每隔4m设置一个采样孔，消防技术服务机构人员随机选择一个采样孔加烟进行报警功能测试，125s后探测器报警；封堵末端采样孔后，120s时探测器报气流故障。

2. 自动喷水灭火系统联动控制功能检测

消防技术服务机构人员开启末端试水装置，湿式报警阀、压力开关随之动作，但喷淋泵一直未启动，再将火灾报警控制器的联动启泵功能设置为自动方式后，喷淋泵自动启动。

3. 气体灭火联动控制功能检测

配电室设置了5套七氟丙烷气体灭火装置，消防技术服务人员加烟触发配电室内一只感烟探测器报警，再加温触发一只感温探测器报警，配电室内声光报警器随之启动，但气体灭火控制器一直没有输出灭火启动及联动控制信号；按下气体灭火控制器上的启动按钮，气体灭火控制器仍然一直没有输出灭火启动及联动控制信号。经检查，确认气体灭火控制连接线路及接线均无问题。

根据以上材料，回答下列问题。（共20分）

1. 指出火灾自动报警系统存在的问题，并简要说明原因。
2. 指出消防技术服务机构检测人员处理探测器故障的方式是否正确并说明理由。探测器故障的原因可能有哪些？
3. 指出吸气式探测器设置功能及测试方法有哪些不符合规范之处，并说明理由。
4. 指出自动喷水灭火系统的喷淋泵启动控制是否符合规范要求，并说明理由。
5. 指出配电室气体灭火控制功能不符合规范之处，并说明理由。
6. 气体灭火控制器没有输出灭火启动及联动控制信号的原因主要有哪些？

第六题

某框架结构仓库，地上6层，地下1层，层高3.8m，占地面积6000m²，地上每层建筑面积均为5600m²。仓库各建筑构件均为不燃性构件，其耐火极限见下表。仓库一层存储桶装润滑油，二层存储水泥刨花板，三至六层存储皮毛制品，地下室存储玻璃制品，每件玻璃制品重100kg，其木质包装重20kg。该仓库地下室建筑面积为1000m²。一层内靠西侧外墙设置建筑面积为300m²的办公室、休息室和员工宿舍，这些房间与库房之间设置一条走道，且直通室外，走道连接库房之间采用防火隔墙和楼板分隔，其耐火极限分别为2.50h和1.00h。走道连接仓库的门采用双向弹簧门。仓库内的每个防火分区分别设置2个安全出口，两个安全出口之间距离12m，疏散楼梯采用封闭楼梯间，通向疏散走道或楼梯间的门采用能阻挡烟气侵入的双向弹簧门。该建筑的消防设施和其他事项符合国家消防标准要求。

构件名称	防火墙	承重墙、柱	楼梯间、电梯井的墙	梁	疏散走道两侧的隔墙、楼板、上人屋面板、屋顶承重构件、疏散楼梯	非承重外墙
耐火极限（h）	4.00	2.50	2.00	1.50	1.00	0.25

根据以上材料，回答下列问题。（共20分）

1. 判断该仓库的耐火等级。
2. 确定该仓库及其各层的火灾危险性分类。
3. 指出该仓库在层数、面积和平面布置中存在的不符合国家标准的问题，并给出解决方法。
4. 该仓库各层至少应划分几个防火分区？
5. 指出该建筑在安全疏散方面存在的问题，并提出整改措施。
6. 拟在地下室东侧设置一个25m²的甲醇桶装仓库，甲醇仓库与其他部位之间用耐火极限不低于4.00h的防爆墙分割，防爆墙上设置防爆门，并设置一部通室外的疏散楼梯，这种做法是否可行？此时，该地下室的火灾危险性应划分为哪一类？

参考答案解析与视频讲解

第一题

1. 【答案】DE

【解析】本题考查消防水池的补水。根据《消防给水及消火栓系统技术规范》（GB 50974—2014）中第4.3.4条，当消防水池采用两路消防供水且在火灾情况下连续补水能满足消防要求时，消防水池的有效容积应根据计算确定，但不应小于100m³，当仅设有消火栓系统时不应小于50m³。故 DE 正确。

2. 【答案】DE

【解析】本题考查给水管道安装要求。根据《消防给水及消火栓系统技术规范》（GB 50974—2014）第8.2.6条，埋地金属管道的管顶覆土应符合下列规定：

1) 管道最小管顶覆土应按地面荷载、埋深荷载和冰冻线对管道的综合影响确定；

2) 管道最小管顶覆土不应小于0.70m；但当在机动车道下时管道最小管顶覆土应经计算确定，并不宜小于0.90m；

3) 埋地管道最小管顶覆土应至少在冰冻线以下0.3m，因此管顶覆土深度最小为1.15米。故 DE 正确。

3. 【答案】ABCD

【解析】本题考查的是室外消火栓的设置。根据《消防给水及消火栓系统技术规范》（GB 50974—2014）中条款：

7.3.1 建筑室外消火栓的布置除应符合本节的规定外，还应符合本规范第7.2节的有关规定。

7.3.2 建筑室外消火栓的数量应根据室外消火栓设计流量和保护半径经计算确定，保护半径不应大于150.0m，每个室外消火栓的出流量宜按10～15L/s计算。

7.3.3 室外消火栓宜沿建筑周围均匀布置，且不宜集中布置在建筑一侧；建筑消防扑救面一侧的室外消火栓数量不宜少于2个。

7.2.5 市政消火栓的保护半径不应超过150m，间距不应大于120m。

7.2.6 市政消火栓应布置在消防车易于接近的人行道和绿地等地点，且不应妨碍交通，并应符合下列规定：

市政消火栓距路边不宜小于0.5m，并不应大于2.0m；

市政消火栓距建筑外墙或外墙边缘不宜小于5.0m；

市政消火栓应避免设置在机械易撞击的地点，当确有困难时，应采取防撞措施。

故 ABCD 正确。

4. 【答案】AD

【解析】本题考查的是室内消火栓系统验收的内容。根据《消防给水及消火栓系统技术规范》（GB 50974—2014）中第13.2.13条，消火栓验收应符合下列要求：

1) 消火栓的设置场所、位置、规格、型号应符合设计要求和本规范第7.2节～第7.4节的有关规定；

2) 室内消火栓的安装高度应符合设计要求；

3) 消火栓的设置位置应符合设计要求和本规范第7章的有关规定，并应符合消防救援和火灾扑救工艺的要求；

4) 消火栓的减压装置和活动部件应灵活可靠，栓后压力应符合设计要求。

故 AD 正确。

5. 【答案】DE

【解析】本题考查的是消防水泵控制柜的设置要求。根据《消防给水及消火栓系统技术规范》（GB 50974—2014）中第 11.0.9 条：消防水泵控制柜设置在专用消防水泵控制室时，其防护等级不应低于 IP30；与消防水泵设置在同一空间时，其防护等级不应低于 IP55。本题中消防水泵控制柜与消防水泵设置在同一房间，所以不应低于 IP55。故 DE 正确。

6. 【答案】BCD

【解析】本题考查消防水泵的性能测试。根据《消防给水及消火栓系统技术规范》（GB 50974—2014）中条款：

13.2.6 消防水泵验收应符合下列要求：

1 消防水泵运转应平稳，应无不良噪声的振动；

2 工作泵、备用泵、吸水管、出水管及出水管上的泄压阀、水锤消除设施、止回阀、信号阀等的规格、型号、数量，应符合设计要求；吸水管、出水管上的控制阀应锁定在常开位置，并应有明显标记；

3 消防水泵应采用自灌式引水方式，并应保证全部有效储水被有效利用；

4 分别开启系统中的每一个末端试水装置、试水阀和试验消火栓，水流指示器、压力开关、压力开关（管网）、高位消防水箱流量开关等信号的功能，均应符合设计要求；

5 打开消防水泵出水管上试水阀，当采用主电源启动消防水泵时，消防水泵应启动正常；关掉主电源，主、备电源应能正常切换；备用泵启动和相互切换正常；消防水泵就地和远程启停功能应正常；

6 消防水泵停泵时，水锤消除设施后的压力不应超过水泵出口设计额定压力的 1.4 倍；

7 消防水泵启动控制应置于自动启动挡；

8 采用固定和移动式流量计和压力表测试消防水泵的性能，水泵性能应满足设计要求。

5.1.6 消防水泵的选择和应用应符合下列规定：

1 消防水泵的性能应满足消防给水系统所需流量和压力的要求；

2 消防水泵所配驱动器的功率应满足所选水泵流量扬程性能曲线上任何一点运行所需功率的要求；

3 当采用电动机驱动的消防水泵时，应选择电动机干式安装的消防水泵；

4 流量扬程性能曲线应无驼峰、无拐点的光滑曲线，零流量时的压力不应大于设计工作压力的 140%，且宜大于设计工作压力的 120%；

5 当出流量为设计流量的 150% 时，其出口压力不应低于设计工作压力的 65%；

6 泵轴的密封方式和材料应满足消防水泵在低流量时运转的要求；

7 消防给水同一泵组的消防水泵型号宜一致，且工作泵不宜超过 3 台；

8 多台消防水泵并联时，应校核流量叠加对消防水泵出口压力的影响。

故 BCD 正确。

7. 【答案】AB

【解析】本题主要考查消防水泵控制柜产生故障的原因。自动和远程手动自动功能均失效，只能机械应急启动，说明故障可能发生在控制部件和控制回路。故 AB 正确。

8. 【答案】ABD

【解析】本题考查的是误动作消防水泵的整改措施。本题中，选项 B 正确。打开试水阀，高位消防水箱出水管上的流量开关动作，消防水泵无法自动启动，说明流量开关可能损坏，应更换。勘察原因后发现，系统管网泄漏量测试结果为 0.75L/s，高位消防水箱的补水量与竣工验收时相比，增加了 1 倍，说明可能管道存在漏水点。高位消防水箱出水管上设置流量开关，动作流量设定值为 1.75L/s。高位消防水箱出水管上设置的流量开关的动作流量应大于系统管网的泄漏量。故 ABD 正确。

第二题

1.【答案】 BCD。

【解析】本题考查的是消防安全管理人实施和组织落实的消防安全管理工作。根据《机关、团体、企业、事业单位消防安全管理规定》（公安部令第 61 号）的相关规定：

第七条 单位可以根据需要确定本单位的消防安全管理人。消防安全管理人对单位的消防安全责任人负责，实施和组织落实下列消防安全管理工作：

（一）拟订年度消防工作计划，组织实施日常消防安全管理工作；

（二）组织制订消防安全制度和保障消防安全的操作规程并检查督促其落实；

（三）拟订消防安全工作的资金投入和组织保障方案；

（四）组织实施防火检查和火灾隐患整改工作；

（五）组织实施对本单位消防设施、灭火器材和消防安全标志维护保养，确保其完好有效，确保疏散通道和安全出口畅通；

（六）组织管理专职消防队和义务消防队；

（七）在员工中组织开展消防知识、技能的宣传教育和培训，组织灭火和应急疏散预案的实施和演练；

（八）单位消防安全责任人委托的其他消防安全管理工作。

消防安全管理人应当定期向消防安全责任人报告消防安全情况，及时报告涉及消防安全的重大问题。未确定消防安全管理人的单位，前款规定的消防安全管理工作由单位消防安全责任人负责实施。选项 A 为消防安全责任人职责。选项 E 为单位人力资源部门职责，消防安全责任人提供必要的经费和组织保障。故答案 BCD 正确。

2.【答案】 BCE

【解析】本题考查的是单位消防安全制度。根据《机关、团体、企业、事业单位消防安全管理规定》（公安部令第 61 号）的相关规定：

第十八条 单位应当按照国家有关规定，结合本单位的特点，建立健全各项消防安全制度和保障消防安全的操作规程，并公布执行。

单位消防安全制度主要包括以下内容：消防安全教育、培训；防火巡查、检查；安全疏散设施管理；消防（控制室）值班；消防设施、器材维护管理；火灾隐患整改；用火、用电安全管理；易燃易爆危险物品和场所防火防爆；专职和义务消防队的组织管理；灭火和应急疏散预案演练；燃气和电气设备的检查和管理（包括防雷、防静电）；消防安全工作考评和奖惩；其他必要的消防安全内容。故 BCE 正确。

3.【答案】 BCDE

【解析】本题考查的是消防安全重点部位的确定。确定消防安全重点部位不仅要根据火灾危险源的辨识来确定，还应根据本单位的实际，即物品储存的多少、价值的大小、人员的集中量以及隐患的存在和火灾的危险程度等情况而定，通常可从以下几个方面来考虑：

1）容易发生火灾的部位。如化工生产车间、油漆、烘烤、熬炼、木工、电焊气割操作间；化验室、汽车库、化学危险品仓库；易燃、可燃液体储罐，可燃、助燃气体钢瓶仓库和储罐，液化石油气瓶或储罐；氧气站，乙炔站，氢气站；易燃的建筑群等。

2）发生火灾后对消防安全有重大影响的部位，如与火灾扑救密切相关的变配电站（室）、消防控制室、消防水泵房等。

3）性质重要、发生事故影响全局的部位，如发电站、变配电站（室），通信设备机房、生产总控制室，电子计算机房、锅炉房，档案室、资料、贵重物品和重要历史文献收藏室等。

4）财产集中的部位，如储存大量原料、成品的仓库、货场，使用或存放先进技术设备的实验室、车间、仓库等。

5）人员集中的部位，如单位内部的礼堂（俱乐部）、托儿所、集体宿舍、医院病房等。

故 BCDE 正确。

4. 【答案】ABDE

【解析】本题考查的是消防档案的内容。根据《机关、团体、企业、事业单位消防安全管理规定》（公安部令第61号）的相关规定：

第四十一条 消防安全重点单位应当建立健全消防档案。消防档案应当包括消防安全基本情况和消防安全管理情况。消防档案应当详实，全面反映单位消防工作的基本情况，并附有必要的图表，根据情况变化及时更新。

单位应当对消防档案统一保管、备查。

第四十二条 消防安全基本情况应当包括以下内容：

（一）单位基本概况和消防安全重点部位情况；

（二）建筑物或者场所施工、使用或者开业前的消防设计审核、消防验收以及消防安全检查的文件、资料；

（三）消防管理组织机构和各级消防安全责任人；

（四）消防安全制度；

（五）消防设施、灭火器材情况；

（六）专职消防队、义务消防队人员及其消防装备配备情况；

（七）与消防安全有关的重点工种人员情况；

（八）新增消防产品、防火材料的合格证明材料；

（九）灭火和应急疏散预案。

第四十三条 消防安全管理情况应当包括以下内容：

（一）公安消防机构填发的各种法律文书；

（二）消防设施定期检查记录、自动消防设施全面检查测试的报告以及维修保养的记录；

（三）火灾隐患及其整改情况记录；

（四）防火检查、巡查记录；

（五）有关燃气、电气设备检测（包括防雷、防静电）等记录资料；

（六）消防安全培训记录；

（七）灭火和应急疏散预案的演练记录；

（八）火灾情况记录；

（九）消防奖惩情况记录。

故 ABDE 正确。

5. 【答案】CE

【解析】本题考查的是消防组织的成员组成。单位的消防安全责任人的职责是根据消防法规的规定建立专职消防队、义务消防队；消防安全管理人的职责是组织管理专职消防队和义务消防队；维保公司维保该单位消防设施的技术人员不属于该购物中心人员。故 CE 正确。

6. 【答案】BCE

【解析】本题考查的是消防安全管理情况的内容。根据《机关、团体、企业、事业单位消防安全管理规定》（公安部令第61号）第四十三条，灭火和应急疏散预案的演练记录应当记明演练的时间地点内容参加部门以及人员等，故 BCE 正确。

7. 【答案】CDE

【解析】 本题考查的是消防安全宣传教育和培训的内容。根据《中华人民共和国消防法》附则第七十三条，购物中心属于公众聚集场所。根据《机关、团体、企业、事业单位消防安全管理规定》（公安部令第61号）的相关规定：

第三十六条 单位应当通过多种形式开展经常性的消防安全宣传教育。消防安全重点单位对每名员工应当至少每年进行一次消防安全培训。宣传教育和培训内容应当包括：

（一）有关消防法规、消防安全制度和保障消防安全的操作规程；
（二）本单位、本岗位的火灾危险性和防火措施；
（三）有关消防设施的性能、灭火器材的使用方法；
（四）报火警、扑救初起火灾以及自救逃生的知识和技能。

公众聚集场所对员工的消防安全培训应当至少每半年进行一次，培训的内容还应当包括组织、引导在场群众疏散的知识和技能。单位应当组织新上岗和进入新岗位的员工进行上岗前的消防安全培训。故 CDE 正确。

8. 【答案】 BC

【解析】 本题考查的是火灾隐患整改。根据《机关、团体、企业、事业单位消防安全管理规定》（公安部令第61号）的相关规定：

第三十一条 对下列违反消防安全规定的行为，单位应当责成有关人员当场改正并督促落实：

（一）违章进入生产、储存易燃易爆危险物品场所的；
（二）违章使用明火作业或者在具有火灾、爆炸危险的场所吸烟、使用明火等违反禁令的；
（三）将安全出口上锁、遮挡，或者占用、堆放物品影响疏散通道畅通的；
（四）消火栓、灭火器材被遮挡影响使用或者被挪作他用的；
（五）常闭式防火门处于开启状态，防火卷帘下堆放物品影响使用的；
（六）消防设施管理、值班人员和防火巡查人员脱岗的；
（七）违章关闭消防设施、切断消防电源的；
（八）其他可以当场改正的行为。

只有选项 B、C 符合题意，其余选项均不能当场改正。故 BC 正确。

9. 【答案】 CD

【解析】 本题考查的是违反消防法的处罚规定。首先，根据《建设工程消防监督管理规定》（公安部令第106号、第119号）第十三条第五款，建筑总面积大于 $1000m^2$ 的托儿所、幼儿园的儿童用房，儿童游乐厅等室内儿童活动场所，建设单位应当向公安机关消防机构申请消防设计审核，并在建设工程竣工后向出具消防设计审核意见的公安机关消防机构申请消防验收。

其次，根据题干描述：承租方正在对三层部分商场（约 $6000m^2$）进行重新装修并拟改为儿童游乐场所，未向当地公安消防机构申请消防设计审核。

根据《中华人民共和国消防法》第五十八条，违反本法规定，有下列行为之一的，责令停止施工、停止使用或者停产停业，并处三万元以上三十万元以下罚款：

（一）依法应当经公安机关消防机构进行消防设计审核的建设工程，未经依法审核或者审核不合格，擅自施工的；

可知，这种情形罚款应在三万和三十万之间，选项只有4个，我们暂时判断选项 CD 符合要求。

10. 【答案】 CE

【解析】 根据《消防控制室通用技术要求》（GB 25506—2010）中第4.2.2条消防控制室应急程序的规定：

a）接到火灾警报后，消防控制室必须立即以最快方式确认；
b）火灾确认后，消防控制室必须立即将火灾报警联动控制开关转入自动控制状态（处于自动状态的除外），同时拨打"119"报警。报警时说明火灾地点、起火部位、着火物种类和火势大小，并留下报警人姓名和联系电话；

c) 值班人员应立即启动单位内部应急灭火、疏散预案，并应同时报告单位负责人。

选项 A，可以认为是一种以最快方式确认的方式，可排除误报的可能，符合规定，不选；选项 B、D 均符合规定，不选。选项 C 火灾确认后，同时拨打"119"，不应经保安经理同意后才拨打，延误灭火时机，不符合规定；选项 E 是通信联络组的任务，根据 4.2.1 条规定，消防值班室应 24h 专人值班，每班不应少于 2 人，因此值班人员应在控制室岗位，不得离岗。故 CE 满足题意。

第三题

1. 【解析】该建筑的耐火等级为二级，存在问题；正确的做法是把建筑的耐火等级调整为一级，楼板的耐火极限调整为 1.5h。

2. 【解析】1) 歌厅、洗浴桑拿房设置在地下二层存在问题；正确的做法是设置在地下一层且室内地面与室外出入口地坪高差不应大于 10m 或不设置；

2) 燃油锅炉房设置在地下二层存在问题；正确做法是燃油锅炉房应设置在首层或地下一层的靠外墙部位，但常（负）压燃油锅炉可设置在地下二层，但不应布置在人员密集场所的上一层、下一层或贴邻。

3. 【解析】1) 高层主体的消防电梯的前室在首层和三层采用防火卷帘和乙级防火门与其他区域分隔，存在问题；正确的做法是采用乙级防火门和符合规范要求的防火隔墙与其他区域分隔；

2) 裙房首层的建筑面积为 8100m² 的商店划分为一个防火分区，存在问题；正确的做法是划分为每个建筑面积不大于 5000m² 的多个防火分区。

3) 裙房二、三层的中庭与周围连通空间的防火分隔为耐火极限为 1.5h 的非隔热性防火玻璃墙，存在问题；正确的做法是采用耐火隔热性和耐火完整性均不低于 1.00h 的隔热性防火玻璃或者增加自动喷水灭火系统保护非隔热性防火玻璃墙；

4) 人防工程区的洗浴桑拿与健身、影院防火分区面积分别为 1110m² 和 1380m²，存在问题；正确的做法是划分为每个建筑面积不大于 1000m² 的多个防火分区。

4. 【解析】1) 核心筒内设置了 1 座防烟剪刀楼梯间用于高层主体建筑的人员疏散，直通疏散走道的房间门至最近疏散楼梯间前室入口的最大间距为 18m，存在问题；正确的做法是改成两座防烟剪刀楼梯间或者缩小直通疏散走道的房间门至最近疏散楼梯间前室入口之间的距离为不大于 10m；

2) 楼梯梯段以及从楼层进入疏散楼梯间前室和楼梯间的门的净宽度为 1.10m，存在问题；正确的做法是把楼梯梯段以及从楼层进入疏散楼梯间前室和楼梯间的门的净宽度调整为不小于 1.20m。

5. 【解析】1) 高层主体建筑设置了 1 部消防电梯，从首层大堂直通至顶层，未通至地下楼层，存在问题；正确的做法是把此消防电梯从地下三层一直通至顶层，并层层停靠；

2) 地下室未设置消防电梯，存在问题；正确的做法是地下室增设消防电梯，并满足每个防火分区不少于 1 部。

6. 【解析】1) 室内消火栓箱内按要求配置了水带、水枪和灭火器，未设置消防软管卷盘或轻便消防水龙，存在问题；正确的做法是增设消防软管卷盘或轻便消防水龙；

2) 消防水泵、消防电梯等建筑内的全部消防用电设备的供电均能在这些设备所在防火分区的配电箱处自动切换，存在问题；应在消防水泵控制柜间和电梯机房内最末一级配电箱处设置自动切换。

第四题

1. 【解析】水泵出水管处压力表的安装位置不正确。按照国家标准图集《消防专用水泵选用及安装》04S204，水泵出水管处压力表应安装在可曲绕橡胶管接头下游，即止回阀上游。

2.【解析】水泵吸水管上安装与出水管上相同规格型号的压力表的说法是错误的。按照《消防给水及消火栓系统技术规范》（GB 50974—2014）第5.1.17条，消防水泵吸水管和出水管上应设置压力表，并应符合下列规定：1）消防水泵出水管压力表的最大量程不应低于其设计工作压力的2倍，且不应低于1.60MPa；2）消防水泵吸水管宜设置真空表、压力表或真空压力表，压力表的最大量程应根据工程具体情况确定，但不应低于0.70MPa，真空表的最大量程宜为−0.10MPa。

3.【解析】消防技术服务机构人员认为该大厦钢屋架处独立的自动喷水管网上应安装湿式报警阀及水流指示器，这种说法不完全正确。

理由：保护钢屋架的闭式系统为独立的自动喷水灭火系统，因此应当设置独立的湿式报警阀组。水流指示器的功能是及时报告发生火灾的部位。当湿式报警阀组仅用于保护钢屋架时，压力开关和水力警铃已经可以起到这种作用，故钢屋架处的自动喷水灭火系统无需设置水流指示器。

4.【解析】有可能导致报警阀异常灵敏而频繁启动的原因：

（1）原因1：报警阀组渗漏通过报警管路流出，阀瓣密封垫老化或损坏。解决方法：更换阀瓣密封垫。

（2）原因2：延迟器下部节流孔板出水孔堵塞。解决方法：卸下筒体，拆下节流孔板进行清洗。

5.【解析】有可能导致自动喷水灭火系统主、备用水泵出水管路压力为零的原因：1）由于消防水池未设置消防水泵吸水井，全部试水阀打开10min后，消防水池的补水不足，导致消防水池液位降低到水泵吸水口以下。2）压力表本身损坏。

第五题

1.【解析】存在问题：

1）5min后，控制器自行关机；
2）拆下一只探测器，进行短路，显示48条故障；
3）切断火灾报警控制器主电源，5min后，控制器自行关机。

原因：1）备用电源应保证3h正常工作。
2）短路隔离器保护设备点数不大于32点。
3）火灾报警控制器的备用电源电量不足。

根据《火灾自动报警系统设计规范》（GB 50116—2013）中条款：

10.1.1 火灾自动报警系统应设置交流电源和蓄电池备用电源。

10.1.5 消防设备应急电源输出功率应大于火灾自动报警及联动控制系统全负荷功率的120%，蓄电池组的容量应保证火灾自动报警及联动控制系统在火灾状态同时工作负荷条件下连续工作3h以上。

3.1.6 系统总线上应设置总线短路隔离器，每只总线短路隔离器保护的火灾探测器、手动火灾报警按钮和模块等消防设备的总数不应超过32点。

2.【解析】不正确。

理由：1）检测人员不应进行探测器清洗，不具备相应资质。
2）不应用高压气枪吹扫，直接重新安装；应清洗后重新标定。
3）更换新的探测器后，该故障依然存在；应查找其他原因解决问题。

原因可能有：
1）探测器与底座脱落，接触不良；
2）总线与底座接触不良；
3）总线断路或短路；

4）探测器本身损坏；

5）探测器接口板故障。

根据《火灾自动报警系统施工及验收规范》（GB 50166—2007）中条款：

6.2.5　探测器的清洗应由有相关资质的机构根据产品生产企业的要求进行。探测器清洗后应做响应阈值及其他必要的功能试验，合格者方可继续使用。

3. 【解析】不符合规范之处：

1）垂直管路上每隔4m设置一个采样孔；

2）随机选择一个采样孔加烟；

3）125s后探测器报警；

4）120s时探测器报气流故障。

理由：1）垂直管路间隔不应超过3m；

2）应在最末端（最不利点）采样孔加烟；

3）应在120s内发出火灾报警信号；

4）应100s内报故障。

根据《火灾自动报警系统设计规范》（GB 50116—2013）中条款：

6.2.17　管路采样式吸气感烟火灾探测器的设置，应符合下列规定：

7　当采样管道布置形式为垂直采样时，每2℃温差间隔或3m间隔（取最小者）应设置一个采样孔，采样孔不应背对气流方向。

根据《火灾自动报警系统施工及验收规范》（GB 50166—2007）中条款：

4.7.1　在采样管最末端（最不利处）采样孔加入试验烟，探测器或其控制装置应在120s内发出火灾报警信号。

4.7.2　根据产品说明书，改变探测器的采样管路气流，使探测器处于故障状态，探测器或其控制装置应在100s内发出故障信号。

4. 【解析】不符合规范。

压力开关动作信号，直接控制启动喷淋消防泵，联动控制不应受消防联动控制器处于自动或手动状态影响。

根据《火灾自动报警系统设计规范》（GB 50116—2013）中条款：

4.2.1　湿式系统和干式系统的联动控制设计，应符合下列规定：

1　联动控制方式，应由湿式报警阀压力开关的动作信号作为触发信号，直接控制启动喷淋消防泵，联动控制不应受消防联动控制器处于自动或手动状态影响。

5. 【解析】不符合规范之处：

1）第一个感烟动作后，声光报警器未启动；

2）第二个感温动作后，应关闭送（排）风机及送（排）风阀门；停止通风和空气调节系统及关闭设置在该防护区域的电动防火阀；联动控制防护区域开口封闭装置的启动，包括关闭防护区域的门、窗；启动气体灭火装置。

3）按下气体灭火控制器上的启动按钮，气体灭火控制器没有输出灭火启动及联动控制信号。

理由：根据《火灾自动报警系统设计规范》（GB 50116—2013）中的规定：

4.4.2　气体灭火控制器直接连接火灾探测器时，气体灭火系统的自动控制方式应符合下列规定：

2　气体灭火控制器在接收到满足联动逻辑关系的首个联动触发信号后，应启动设置在该防护区内的火灾声光警报器，且联动触发信号应为任一防护区域内设置的感烟火灾探测器、其他类型火灾探测器或手动火灾报警按钮的首次报警信号；在接收到第二个联动触发信号后，应发出联动控制信号，且联动触发信号应为同一防护区域内与首次报警的火灾探测器或手动火灾报警按钮相邻的感温火灾探测器、火焰探测器或手动火灾报警按钮的报警信号。

3　联动控制信号应包括下列内容：
1）关闭防护区域的送（排）风机及送（排）风阀门；
2）停止通风和空气调节系统及关闭设置在该防护区域的电动防火阀；
3）联动控制防护区域开口封闭装置的启动，包括关闭防护区域的门、窗。

6. 【解析】 主要原因有：
1）逻辑错误；
2）模块损坏；
3）输出电压不足。
根据题意，线路及接线均无问题，只能从主机、信号和设备找原因。

第六题

1. 【解析】 根据《建筑设计防火规范》（CB 50016—2014）第3.2.1条、第3.2.9条、第3.2.12条、第3.2.15条的规定，二级耐火等级仓库内承重墙、柱的耐火极限均不应低于2.50h，楼梯间的墙、电梯井的墙的耐火极限均不应低于2.00h，梁的耐火极限不应低于1.50h，疏散走道两侧的隔墙、楼板、屋顶承重构件、疏散楼梯的耐火极限均不应低于1.00h；丙类仓库内防火墙的耐火极限不应低于4.00h；除甲、乙类仓库和高层仓库外，二级耐火等级仓库的非承重外墙，当采用不燃性墙体时，其耐火极限不应低于0.25h；二级耐火等级仓库内上人平屋顶的屋面板的耐火极限不应低于1.00h；所以情景描述中该仓库的耐火等级应为二级。

2. 【解析】 仓库火灾危险性为丙类，同一座仓库或仓库的任一防火分区内储存不同火灾危险性物品时，仓库或防火分区的火灾危险性按火灾危险性最大的物品确定。仓库一层储存物品润滑油，火灾危险性为丙类；仓库二层储存物品为水泥刨花板火灾危险性为丁类；仓库三至六层储存物品为皮毛制品火灾危险性为丙类；地下室储存物品为玻璃制品火灾危险性为戊类。

3. 【解析】 1）该仓库属于丙类1项，二级耐火，层数为6层，存在问题；解决方法是降低该仓库建筑层数至5层及以下或改变储存物质种类；
2）该仓库占地面积6000m²，超过丙类1项最大允许占地面积5600m²的规范要求，存在问题；解决办法是减小仓库占地面积至5600m²以下；
3）一层内靠西侧外墙设置建筑面积为300m²的办公室、休息室和员工宿舍，存在问题；解决的办法是取消此处设置的员工宿舍。

4. 【解析】 该仓库属于丙类1项仓库，设有自动灭火系统。地上各层：防火分区最大允许建筑面积为700×2=1400（m²），5600m²÷1400m²=4（个）。地上各层每层设4个不大于1400m²的防火分区。地下防火分区最大允许建筑面积为150×2=300（m²）。地下建筑面积为1000m²，应设4个不大于300m²的防火分区。

5. 【解析】 1）问题：办公室、休息室和员工宿舍与库房之间设置一条走道，且直通室外。整改措施：在丙、丁类仓库内设置的办公室、休息室，应设置独立的安全出口。
2）问题：疏通向疏散走道或楼梯间的门采用能阻挡烟气侵入的双向弹簧门。整改措施：将双向弹簧门改为乙级防火门。

6. 【解析】 1）不可行。理由：规范要求地下室不能存放火灾危险性为甲、乙类的物品，甲醇属于甲类；
2）仓库防火分区的火灾危险性应按火灾危险性最大的物品确定，此时地下室火灾危险性属于甲类。